焦虑症与恐惧症手册

THE ANXIETY AND PHOBIA WORKBOOK

原书第7版

[美]艾德蒙·伯恩 Edmund Bourne —— 著

邹枝玲 程 黎 —— 译

重庆大学出版社

THE ANXIETY AND PHOBIA WORKBOOK (SEVENTH EDITION) by
EDMUND BOURNE PHD
Copyright: © 2020 by Edmund Bourne
This edition arranged with NEW HARBINGER PUBLICATIONS
through BIG APPLE AGENCY, INC., LABUAN, MALAYSIA.
Simplified Chinese edition copyright
2024 CHONGQING UNIVERSITY PRESS
All rights reserved.
版贸核渝字（2022）第062号

图书在版编目（CIP）数据

焦虑症与恐惧症手册：原书第7版 /（美）艾德蒙·
伯恩（Edmund Bourne）著；邹枝玲，程黎译. —— 重庆：
重庆大学出版社，2024.1
（鹿鸣心理. 心理自助系列）
书名原文：THE ANXIETY AND PHOBIA WORKBOOK
(SEVENTH EDITION)
ISBN 978-7-5689-4208-9

Ⅰ.①焦… Ⅱ.①艾…②邹…③程… Ⅲ.①焦虑—
心理调节②恐惧—自我控制 Ⅳ.①B842.6

中国国家版本馆CIP数据核字（2023）第214760号

焦虑症与恐惧症手册（原书第7版）
JIAOLÜZHENG YU KONGJUZHENG SHOUCE
〔美〕艾德蒙·伯恩（Edmund Bourne） 著
邹枝玲 程 黎 译
鹿鸣心理策划人：王 斌
责任编辑：敬 京 版式设计：刘 伟
责任校对：关德强 责任印制：赵 晟
*
重庆大学出版社出版发行
出版人：陈晓阳
社址：重庆市沙坪坝区大学城西路 21 号
邮编：401331
电话：（023）88617190 88617185（中小学）
传真：（023）88617186 88617166
网址：http://www.cqup.com.cn
邮箱：fxk@cqup.com.cn（营销中心）
全国新华书店经销
重庆市正前方彩色印刷有限公司印刷
*
开本：787mm×1092mm 1/16 印张：37.5 字数：560 千
2024 年 3 月第 1 版 2024 年 3 月第 1 次印刷
ISBN 978-7-5689-4208-9 定价：99.00 元

最新版赞誉

"好几代咨询师和医生都受益于艾德蒙·伯恩的《焦虑症与恐惧症手册》。该书经过了深入研究，非常实用，我的同事们几乎人手一本，在治疗焦虑症患者时会查阅。如今，气候变化加剧了社会焦虑，这本书显得尤其重要。世界卫生组织和美国国家卫生研究院都报告了'生态焦虑'的显著增加。最近，美国心理学会的特别报告"心理健康和不断变化的气候"指出美国飓风使自杀率和有自杀想法的人数增加了一倍多，近50%的受调查人群患上了较长期的焦虑症或情绪障碍，如创伤后应激障碍（PTSD）。如果你还不知道更新后的治疗焦虑症的"黄金标准"，现在是时候把它作为临床必备工具了。"

克里斯蒂安·R. 科默，心理学博士，《解决气候变化的最后期限：2035年》作者

"这是对自助领域经典书籍的一次全面而有价值的更新。这本简明的手册揭示了焦虑症和恐惧症的奥秘，传递了以行动为导向的'操作'技巧。有了这些强大的工具，你会

过得更充实快乐。"

里德·威尔逊，博士，《远离焦虑》作者

"这本书是对焦虑症及其治疗领域的经典著作的一次及时而全面的更新。最新版本通俗易懂，非常适合对治疗焦虑症或以焦虑为特征的病症感兴趣的人阅读。非常感谢艾德蒙·伯恩的卓越贡献。"

杰弗里·布兰特利，医学博士，精神病学家，杜克大学综合医学院创始教员，正念减压计划创始董事，《让焦虑的心灵平静下来》作者

"精益求精！伯恩赋予了经典著作新的主题，如克服焦虑和预防复发。这本手册是浩瀚的知识宝库，全面地讲述了焦虑症、恐惧症、强迫症和与之相关的实践步骤。焦虑症患者可以从本书中获得很多帮助。"

蒂莫西·A.西塞莫尔，加州浸会大学心理学教授，《焦虑谱系障碍暴露疗法的临床医师指南》作者

"艾德蒙·伯恩又一次对他的经典著作进行了彻底更新。本书详细描述了症状和最新的治疗技术，提供了大量的练习，对来访者和临床医生都非常有帮助。本书包括引发焦虑症的健康问题、使焦虑持续存在的安全行为、调整饮食和药物治疗减少焦虑和预防复发等。本书基于新的研究更新了对暴露的定义，讲述了有助于确定个体最佳抗抑郁药物的基因检测以及基于精神追求确定价值观和设定目标。"

林恩·亨德森，博士，社会健身中心创始人，和菲利普·津巴多共同创立了害羞诊所，《使用同情聚焦疗法来增强社会自信和减少害羞》《害羞与社交焦虑症》作者

"艾德蒙·伯恩的《焦虑症与恐惧症手册》是与焦虑症和恐惧症作斗争的人的必读之作。本书超越了前六个版本，扩展了对焦虑症和恐惧症的原因的认识，清晰地叙述了循序渐进的治疗方案。你可以遵循书中的方案，也可以制定个性化的方案。伯恩基于科学和自己的实践，写就了这本条理清晰、实用易读的自助书，指明了摆脱糟糕感觉，迎接积极变化的道路。"

　　威廉·克瑙斯，教育学博士，《焦虑的认知行为手册》《抑郁的认知行为手册》作者，《愤怒的认知行为手册》合著者

第7版序

本书为焦虑症患者归纳了不同的诊疗方法,自第1版出版以来已经30余年。其间,本书被译为多种语言在全球不同地区出版,受到广大读者青睐。

过去40年间,关于焦虑症的研究不断发展,在很多方面都取得了进步。20世纪八九十年代,认知行为疗法逐渐发展为治疗各类焦虑症的首要疗法。21世纪以来,此领域被不断细分,各种相关的书籍、电视节目以及专门组织(如强迫症基金会)越来越多。最近几年,互联网上也开始广泛传播焦虑症的信息,我的网站就是其中之一。美国焦虑症协会(Anxiety Disorders Association of America)将名字改为了美国焦虑症和抑郁症协会(Anxiety and Depression Association of America),表明多数焦虑症患者还常常伴随着抑郁现象。

第7版在许多方面都不同于以前的所有版本,每章都有不同程度的修订(有的是大量修订),新增了第10章"克服焦虑"和第20章"预防复发"。

关于第7版各章节内容的总结及修订如下。由于篇幅限制,无法对所有章节的所有修订进行说明。

第1章"认识焦虑症"更新了对焦虑症的描述,使其与目前所有心理健康从业人员使用的《行为障碍诊断手册》和2013年出版的《精神障碍诊断与统计手册(第5版)》(DSM-5)一致。本章还包括对焦虑症患病数据和性别差异的修订,包括广场恐惧症、社交焦虑症、广泛性焦虑症(GAD)和强迫症(OCD)。

第2章"焦虑症的主要原因"根据神经生物学的最新研究,更新了惊恐发作、广泛性焦虑症、强迫症的生物学原因,新增一节详细讲述抗抑郁药物是如何减少焦虑的,在"使焦虑持续的原因"一节中新增了"依赖安全行为"。

第6章"应对惊恐发作:这样的'危险'不可怕"聚焦于学会克服和替代引发惊恐发作的灾难性想法,比如"我要犯心脏病了""我要疯了"或"这永远不会结束"。惊恐发作早期阶段的中断策略包括腹式呼吸、使用应对陈述、放弃安全行为和体育锻炼。

第7章"直面恐惧:暴露疗法"新增了关于暴露的新研究。本章改变了对暴露工作原理的理解。有效的暴露是认识到某种情境并不像你最初认为的那么可怕和具有威胁性,而不是促进对恐惧症的脱敏。本章总结了促进暴露疗法成功的因素。

第8章"自我对话:让积极战胜消极"和第9章"错误信念"介绍了认知行为疗法的主要观点和实践。认知行为疗法是几乎所有治疗焦虑症的治疗师都会用到的方法。第8章的重点是学习用更有建设性和更让人安心的自我对话来取代消极的自我对话(你对自己说的话)。第9章重点讲述了通过使用几种不同的策略(包括肯定信念),用建设性信念取代错误的核心信念(消极自我对话的起因)。

第10章"克服焦虑"是新增的一章,讲述了处理焦虑的各种策略,包括中断技术、解离、焦虑暴露、推迟焦虑和采取建设性行动。

第11章"加重焦虑的人格类型"描述了焦虑症患者常见的人格特征，如完美主义、过度需求认可、过度控制欲。本章提供了许多策略来处理这些人格特征。

第12章"十种常见的恐惧症"介绍了常见的恐惧症及其治疗，如表演恐惧症、飞行恐惧症、牙医恐惧症，死亡恐惧症。很多人是和一种特定的恐惧症作斗争，这种恐惧症严重地限制了他们的生活。

第13章"抛开羞怯：表达你的情感"，第14章"不要轻言放弃：坚持自我"和第15章"尊重自己的人才值得尊重"不局限于认知行为疗法，涵盖了与几乎所有焦虑症患者相关的三个主题：1）表达和交流被压抑的感觉，2）坚持自我：坚持你想要的，拒绝你不想要的，3）通过各种提高自我价值感和自尊感的策略来建立自尊。

第16章"营养：让你学会如何吃"为焦虑症患者提供了最新的营养建议和减少焦虑和压力的饮食指南。本章还推荐了一些非处方的、可以缓解焦虑症和抑郁症的保健品。

第17章"引发焦虑的健康问题"讲述了一些常常伴随焦虑症的健康问题，如肾上腺衰竭、甲状腺失衡、经前期综合征、更年期和失眠，还给出了处理这些问题的指导方针。

第18章"药物治疗焦虑"新增了最近用于治疗焦虑症和抑郁症的药物，如SMS抗抑郁药物（5-羟色胺调节和刺激抗抑郁剂），如维拉佐酮和心达悦。本章还探讨了基因检测新的试验领域，即使用DNA检测来确定最适合特定个体的抗抑郁药物。

第20章"预防复发"提出问题：为什么尽管人们得到了很好的治疗却没有好转？为什么会复发？本章的第一部分讲述了在接受认知行为治疗和/或药物治疗焦虑症后未完全康复的五个可能的原因，第二部分列举了一些可能暗示复发的"警告信号"。

第21章"人生的意义"在 第一节"发现你自己的目标"中新增了确定价值观、设定个人目标以及根据这些目标采取行动的内容。本章的最后部分"精神追求"新增了：1）定义自己独特的精神信念；2）发展精神生活的实践。

我们所处的时代，充满了压力，也存在大量诱发人们产生焦虑的原因。从大的环境来说，存在经济萧条、薪酬不均、政治分化、自然环境恶化等问题；从发生在我们身边的事情来看，医疗体系、子女教育、城市交通堵塞、食品安全、技术的复杂性等问题都让我们倍感压力。人们越来越焦虑，一些人甚至发展成焦虑症。

幸好，化解焦虑的方法并非遥不可及。我希望本书提供的一些治疗方法能为读者带来更多的选择，帮助他们更好地应对伴随时代改变而产生的各种形式的焦虑症。

前言

　　美国国家精神卫生研究院的报告指出，焦虑症是困扰全美女性的第一大精神疾病，也是位列滥用酒精和毒品问题之后，全美男性所遭受的第三大困扰。过去一年，约有18%的美国人，亦即超过5千万人遭受过惊恐发作、恐惧症或其他焦虑症所带来的痛苦。约四分之一的成年人会在一生中经历焦虑症，但只有一小部分人接受了治疗。在过去的25年间，惊恐发作和焦虑症不断蔓延发展，媒体上的相关报道也越来越多。近年来，随着经济震荡、环境迅速恶化以及全球恐怖主义等新的不确定性因素的出现，焦虑症患者人群不断扩大。

　　为什么惊恐发作、恐惧症以及焦虑症的问题变得如此严重呢？在我看来，是日积月累的压力导致焦虑的产生。当然，有很多因素会导致一个人产生惊恐发作、恐惧症或是其他困扰——但是累积起来的压力是其关键原因。我们每一个人也许自己给自己造成了很多压力，但同时社会环境也深深地影响了我们。西方社会的人群目前所承受的压力比过去要大得多，也正是压力导致焦虑症患者数量越来越多。可以说，人们总是不得不去解决一系列紧张的社会问题（战争、饥荒、瘟疫、经济萧条,等等),当今社会面临的压力比过去大得多,主要有以下两个原因。

首先,与300年前相比,我们身处的自然环境和社会秩序在过去30年间发生了巨大变化。其次,只经历了不到20年的发展,数字信息技术就大大地改变了我们的生活。发展节奏变快以及技术更新频率加快,剥夺了人们能够从容适应这些变化的时间。

综合以上因素,我们所有人的未来生活迅速增加了很多不确定性。2008年末爆发的自大萧条以来最糟糕的一次经济危机,波及了全世界,其后续影响一直持续到现在。气候改变、极端天气出现、生物多样化危机、全球范围的自然栖息地遭到破坏,以至于相当大一部分科学家认为社会发展已到达了一个临界点,世界自然环境的未来发展方向被严重质疑。一旦这些临界点被突破,我们将很难返回到过去所熟悉的环境中。此外,核扩散问题极有可能直接导致恐怖组织发展,并且利用核武器对抗发达国家。不确定性因素还会持续产生,但是上述发生的情形已成为焦虑产生的社会背景。当社会变得越来越让人担忧和不确定,人群中患焦虑症的概率就会不断增加。

最后,文化价值变得模糊了也是因素之一。不是所有人都有一致的、被外部如社会和种族认可的价值观,由此使人们在生活中产生空虚感。媒体传播的各种相悖的世界观和准则阻碍了我们思考,因此,我们必须负责任地学会独立思考和建立自我道德标准。

所有这些因素导致现代社会中的许多人难以在生活中找到平衡感或稳定感。焦虑症只是人们丧失了化解压力的能力的其中一个后果,还有毒瘾、抑郁以及发生率不断提高的各类病变等都是后果的体现。

过去20年里,市面上涌现了多部关于焦虑症的优秀作品。这些流行书籍大多数重在叙述。即便少数有涉及治疗方法和实际的康复对策,其重点也是为读者提供最基础的理解。

我写这本书的意图包括:1)描述克服惊恐发作、焦虑症和恐惧症的专业技巧;2)讲解掌握这些技巧必须具备的循序渐进的步骤和练习。虽然书中有非常多的描述内容,但这本书的定位是一本工具书,重点讲解了促进恢复健康的对应策略和技巧以及相关的练习。

书中只有少数内容没有更新。各章分别详细讲解了放松练习、处理惊恐发作的技巧、暴露疗法、认识和表达真实情感、表达自我主张、自尊、营养、药物治疗、冥想等内容。我一直希望能够提供足够多的方法来帮助读者克服焦虑问题。读者在康复治疗中融入的技巧方法越多,取得的进步就越明显和迅速。

这本工具书提及的治疗方法非常全面,可以从很多层面上影响你的日常生活,如身体、行为、感情、内心、人际关系、自我评价和精神。过去,大多数广受欢迎的治疗惊恐发作和恐惧症的方法,首要强调的是认知(或心理)行为疗法。此方法非常重要,并且仍然是成功治愈所有焦虑症的核心疗法。本书有4个章节讲解这一诊疗方法。第6章描述了应对惊恐发作的重要概念和对策。第7章讲解了暴露疗法,它是治疗陌生环境恐惧症、社交恐惧症和其他恐惧症的必要方法。第8章和第9章分别讲述了如何应对消极的“自我对话”以及怎样纠正导致焦虑累积的错误观念。第10章提出了处理过度焦虑的各种策略。

放松身心和保持个人健康对于对抗焦虑同样非常重要。如前所述,焦虑症是长期不断累积的压力发展而成的结果。众所周知,这种压力明显表现为大多数焦虑症患者基本处于慢性的生理高透支状态。康复需要人们对生活方式作出调整，让生活变得更加放松、平衡和健康，简单来说，就是提升身体的健康度。本书所有关于放松、运动和营养的方法技巧是书中其他治疗方法的必要基础。举个例子，如果你先学会了如何有效地进入深度放松状态，再去进行暴露疗法，治疗过程就变得简单多了。还有，当你觉得身体更加健康和放松时，你会更容易识别和改变消极的"自我对话"。只有当你学习进行积极的"自我对话"，才会使感觉变得更好一些，所以请通过正确的放松练习来改善你的身体状况，合理的膳食营养也有助于减少抑郁并降低陷入消极的"自我对话"的概率。

本书的最后章节提到，如果生活没有方向或个人意义，就会使人变得更加脆弱，从而引起焦虑。惊恐发作症和陌生环境恐惧症患者——特别是当其陷入被封闭或是不能逃离出来的恐惧情绪中时——会产生"穷途末路"或"迷茫"的感觉。鉴于当下社会的复杂性以及外在价值观的缺失，人们对人生意义和生活方向感到迷茫和不确定也不奇怪。可以通过更多地去接触更具意义的目标来振作精神，从而获得人生有意义的感觉，以帮助消除焦虑。这是对抗焦虑以及其他行为异常状态都具有同等价值的一个重要尝试。（见第21章）

总的来说，整体地运用书中教导的所有治疗方法，对充分、持久地解决焦虑非常有必要。从焦虑中恢复正常，需要全方位地介入患者的生活。

还要强调的一点是，我们需要始终怀着强大的自信心，持续地鼓励自己正确运用书中的各种技巧。如果你能做到自我激励和自律，就有可能获得持久的康复。还要注意的是，一个人单独进行康复治疗并不是最可取和最有效的途径。许多读者会在运用本书的同时，接受具有焦虑症临床经验的医师的治疗。治疗师会为你提供指导和支持，并且帮助你根据自身的状况去调节和运用书中的方法和策略。一部分人可能发现寻求支持小组或治愈团体（尤其是陌生环境恐惧症和社交恐惧症）的帮助会更有效。团体能够给予你鼓励，使你保持学习必要康复技巧的热情。很多人都能从团体提供的帮助中获取激励、指导和支持。

最后，你需要选择最适合自己的方法。如果你决定寻求外部的建议，你也许会倾向于咨询一位焦虑症治疗专家来帮助你作出决定。美国焦虑症和抑郁症协会将为你提供所有美国和加拿大的专业组织的名单，以及焦虑症支持组织的名单。

通过运用本书讲解的方法和练习，你完全可能克服自身的惊恐发作、恐惧症或焦虑症。当然，如果你倾向于将此书作为配合医师或专门组织治疗的辅助方法，也是有价值的、正确的。无论你选择哪一种方法，都是有益的。当你下定决心，然后遵循书中的方法坚持练习，焦虑症所带来的困扰是可以被改善的，甚至能够实现你自己完全康复的目标。

1

**认识
焦虑症**

每天晚上，苏珊睡几个小时后，几乎都会从梦中
惊醒，她感觉嗓子发紧、心跳加快、头晕目眩，
并会感到一种将要死去的恐惧。她全身发抖，却
不知道为什么会这样。

2 焦虑症的
主要原因

如果你患有某种焦虑症，你可能会关心致病的原因。于是会问自己："为什么我会遭受惊恐发作？是因为遗传，还是因为受我成长经历的影响呢？什么原因导致了恐惧症状的进一步恶化？为什么我害怕一些我明明知道不危险的东西呢？"

3 整合治疗：
最佳的
康复途径

很多医疗从业者发现，只解决引起焦虑的其中一两个原因，焦虑问题是不会根除的。只有你愿意在习惯、态度和生活方式这些方面作根本的、全面的改变，康复才能够最终实现。

4

**别笑，你真的
知道如何放松吗？**

放松不只是意味着看会儿电视或者晚上睡觉前在
浴缸中泡会儿澡，尽管这些做法能够使人放松是
毫无疑问的。每天定期进行一些深度放松活动对
克服焦虑确实有效果。

5

**体育锻炼：
选择适合你的运动**

定期的体育运动还能够消除经受焦虑并转为恐惧
的可能性，加快从各种恐惧——从害怕在公共场
合讲话到害怕孤独中恢复过来。

6

**应对惊恐发作：
这样的
"危险"不可怕**

在惊恐发作开始的时候，会出现心悸、胸闷气短、窒息感、头晕眼花、乏力多汗、哆嗦震颤、手足发麻等身体症状。伴随着这些身体变化的通常有以下心理反应：精神恍惚、强烈的逃避愿望，担心自己会失控发疯、会死掉等。

7

**直面恐惧：
暴露疗法**

克服恐惧症最有效的办法就是直接面对它。那些逃避恐惧场景的做法，表面上可以使你免于惊恐，但其实是在加重你的恐惧症。

8　自我对话：
让积极战胜消极

受恐惧症、惊恐发作和广泛性焦虑折磨的人群尤其容易产生消极的自我对话。反复对自己说"如果……那该怎么办？"这类的话就是焦虑产生的开始，在预计会面对困难时产生的焦虑都是这一类"如果式陈述"的产物。

9 错误信念

在成长的过程中，我们从父母、老师、同伴那里以及整个社会中习得了这些信念。它们通常根深蒂固得让我们甚至都意识不到这只是一种主观的信念，而理所当然地认为它们就是现实的真实反映。

10 克服焦虑

焦虑往往会变成一个逐渐严重的负面循环。陷入焦虑循环时，你往往会反复思考感知到的危险的方方面面，直到焦虑淹没了所有其他想法，你就会感觉被困住了。

11 加重焦虑的人格类型

有焦虑症倾向的人们一般都拥有一些共同的人格特质。其中某些是积极的，比如创造性、直觉、情绪敏感性、移情及友善。这些特质可以把有焦虑倾向者与其亲朋好友更紧密地联系在一起。另外一些共同特质则可能加重焦虑并影响有焦虑倾向者的自信。

---

12 十种常见的恐惧症

特定性恐惧症是对某种特殊物体目标或情形产生恐惧。本章列举了十种常见的特定性恐惧症，包括引发的原因和常规的治疗方法。

13 抛开羞怯：
表达你的情感

许多害怕或容易焦虑的人往往不能很好地处理情感。有时你可能识别不出情感，或者你能够识别出情感，但不能正确地表达出来。

14 不要轻言放弃：
坚持自我

你尊重自己和自己的需要，就如同尊重他人和他人的需要一样。坚持自我的行为是培养自我尊重和自我价值感的有效途径。

15 尊重自己的人
才值得尊重

自尊是一种思维、情感和行为的方式，它意味着
你接受自己、尊重自己、相信且信任自己。当你
接受自己时，你对自己的优点和缺点都能坦然承
认，不会妄自菲薄。当你尊重自己时，你承认自
己作为一个独一无二的人所拥有的尊严和价值。

16 营养：
让你学会如何吃

相对来说，人们较少关心营养与焦虑症的关系。
然而，如果我们认为恐惧和焦虑都具有生物学基
础的话，那么营养的问题就显得很重要了。

17 引发焦虑的
健康问题

导致焦虑的原因究竟是什么？这个问题并没有确定的答案，事实上，焦虑往往源自各种生活风格、身体和心理因素。

---

18 药物治疗
焦虑

药物治疗是通向康复路上的一个转折点，但另一些人为摆脱焦虑而长时期服用镇静剂，最终导致对其成瘾，这样看来，药物就可能会影响康复的进程并使其变得更复杂。

19 冥想：
物我两忘的境界

通过冥想训练，人们就有可能回过头来清楚地看到自己的"自动思维"和缺少判断的反应模式。有规律的冥想训练可以帮助人们摆脱自动思维模式而免于深受该模式的困扰。

20 预防复发

大约有30% 到40% 的人接受了最先进的治疗来解决他们的焦虑问题，但恢复的程度有限。他们没有体验到他们希望找到的解脱。在那些最初从治疗中获益的人中，很大一部分人在一段时间后复发。

21 人生的意义

到目前为止，本书所介绍的全部技术是有很大帮助的，然而对某些特定人群来说还远远不够。有可能还存在隐藏的焦虑——来自于未明确有关人生意义和目标的焦虑。

1

认识
焦虑症

每天晚上，苏珊睡几个小时后，几乎都会从梦中惊醒，她感觉嗓子发紧、心跳加快、头晕目眩，并会感到一种将要死去的恐惧。她全身发抖，却不知道为什么会这样。许多夜里，她只能睡睡醒醒。为使自己镇定下来，她在卧室里来回徘徊，最后她决定去看看医生，检查一下是不是自己的心脏出了什么毛病。

　　辛迪是一名医药秘书，当她出现在限制较多的公众场合，就会出现和苏珊一样不舒服的症状。她害怕控制不了自己，也害怕一旦出现这种情况别人对她会有看法。最近，如果没有男友的陪伴，除了当地的便利店之外，别的地方她都不敢去了。约会的时候，她也不去餐馆和电影院。现在她甚至怀疑自己是否能应付工作了。她一直强迫自己去投入工作，但跟同事待在一起只要几分钟，她就开始担心无法控制自己了。那一瞬间她真觉得自己必须离开。

　　史蒂夫担任软件工程师的要职，但他感觉自己升迁无望，因为在小组会上他总是很少发言。即使坐在座位上，他都觉得极不舒服，更不用说发表见解了。昨天，上司询问史蒂夫是否能在第二天的会上对一个大项目中他负责的部分做个介绍。听到这些，史蒂夫感到极度紧张，舌头打结说不出话来。他走出办公室，结结巴巴地说会在第二天将详细的安排告诉上司。其实此刻，他真正想到的是辞职。

过去几个月迈克一直被一种莫名的恐惧所困扰，他没法告诉任何人，甚至是他的妻子。开车的时候他常常害怕自己会撞倒什么人或什么动物。即使根本没有听到撞击声，他也会强迫自己调转车头，重走一遍来时的路以确认没有发生任何事情。事实上，他的妄想倾向越来越严重，以至于他不得不在同一条路上来回开上三四趟以确认没有任何事发生。迈克是个聪明、事业有成的专家，他为自己这种像强迫症一样的行为感到十分羞耻，并怀疑自己是不是要疯了。

苏珊、辛迪、史蒂夫和迈克面对的都是焦虑，但这并不是普通的焦虑。在日常生活中，他们的体验主要在两个方面与正常焦虑的体验不同。第一，他们无法控制自己的焦虑感。在每件事上，他们每个人都因为未来的不确定性而感到无助，这种无助感又让人更加焦虑。第二，这种焦虑干扰了他们的正常生活。就上面的例子而言，苏珊睡眠紊乱，辛迪和史蒂夫可能会丢掉工作，而迈克已经无法正常驾车。

苏珊、辛迪、史蒂夫和迈克的例子代表了四种类型的焦虑症：惊恐症（panic disorder）、广场恐惧症（agoraphobia）、社交恐惧症（social phobia）和强迫症（obsessive-compulsive disorder）。在本章的后面部分，你会看到对每种焦虑症特征的更为详尽的描述。但我还是想先介绍一下几者的共性。焦虑本身有什么特点呢？

焦虑症的本质

如果你知道了哪些属于焦虑，哪些不属于，你就可以更好地理解焦虑的特点。例如，有几种方法可以将焦虑和恐惧区分开。当你害怕的时候，内心的恐惧一般只是因为外界某些具体的事物和情境。你害怕的事通常有几种可能性：你可能害怕到了最后期限还未完成任务，或者考试没法通过，或者是付不起账单，又或者是你想讨好的人会拒绝你。与之不同，当你处于焦虑状态时，你常常无法说清自己焦虑的是什么。焦虑的起因通常是内心而不是外界，似乎是对某个模糊、遥远、不可辨识的危险的反应。你可能会因为对自己或某些情况失去控制而焦虑。你可能没来由地担心某种灾祸会发生。

焦虑会影响你的整个生活。个体在生理、行为和心理方面都会有所反应。生理上，焦虑会引起心跳加快、肌肉紧张、恶心、口干舌燥、流汗等反应；行为上，焦虑会限制你活动、表达以及处理日常事务的能力；心理上，焦虑会引起恐惧不安的主观体验。最严重时，你可能感到你脱离了自己的身体，陷入死亡或发疯的恐惧中。

事实是，焦虑引起的生理、行为和心理水平的变化对于努力治疗焦虑症的人来说有重要的指示作用。一个完整的焦虑症治疗方案必须涉及这三个方面：

1.减少机体应激反应性；

2.消除回避行为；

3.改变那些让你紧张担心的自我诠释（也可称为"自我对话"）。

焦虑有不同的表现形式和强度。轻者可能只是内心的不安，严重者如惊恐症可能出现心悸、晕眩、恐怖等症状。跟特定情境无关的焦虑，也就是忧伤带来的焦虑，称为自由浮动性焦虑，更严重的被叫作自发性惊恐症。二者的区别在于你是否会在焦虑时同时出现下面列出的四种以上症状（如果同时伴随出现四种以上症状就可诊断为惊恐症）：

◎呼吸短促

◎心悸（心跳急促或者心律不齐）

◎战栗、颤抖

◎汗流不止

◎窒息

◎恶心反胃和腹部不适

◎麻痹

◎头昏眼花或站立不稳

◎与身体的分离感

◎发热或打寒战

◎害怕自己会死

◎害怕自己发疯或失去理智

如果你只是在某种情况下才会焦虑，则称为条件性焦虑（situational anxiety）或恐惧性焦虑（phobic anxiety）。条件性焦虑与平常的害怕不同，因为它经常是大惊小怪或不切实际的。在高速路上驾驶、看医生、跟配偶在一起，如果你对这类事情都会过分担忧的话，就可以称作条件性焦虑。如果你开始回避这些事情了，那么你已经患恐惧症了：你不敢在高速路上开车，生病不敢看医生，或者不愿面对你的配偶。换句话说，恐惧症是对情境永久回避的条件性焦虑。

　　通常情况下，焦虑感只会在想起一种特殊情境时才会产生。当你因为可能发生的事感到难过，或者面对让你害怕的情境时，你会感到焦虑，这就是预期性焦虑（anticipatory anxiety）。有时这种表现很轻微，甚至无法将其与日常的担心区分开来。也有可能预期性焦虑十分严重进而发展成预期性惊恐（anticipatory panic）。

　　自发性焦虑（或惊恐）与预期性焦虑（或惊恐）两者间有一个显著的区别。自发性焦虑一般是由伤心引起的，情绪一瞬间达到顶点，然后逐渐平息下来。通常五分钟内情绪就会达到高潮，然后经过一个小时左右，情绪就可以平息下来。而预期性焦虑一般是逐渐累积的，起因是碰到了或仅仅是想象到自己陷入了危险情境，但通常很快就能恢复平静。你可能在一个小时甚至更长的时间里一直忐忑于自己会突然为某事发狂，但当其他事占据了你的脑海时，你又可以平静下来。

焦虑与焦虑症

　　在当今社会，焦虑已经成了生活中的一部分。也就是说，在生活中出现的许多状况前，产生焦虑是合情合理的。认识到这一点对你大有裨益。如果你对潜在的失败、损失，或诸如此类的现实挑战毫无焦虑的感觉，那倒是出问题了。本书作为一本实用手册对那些有正常的焦虑感的个体也是有用的（换句话说，对每个人都有用）。这也是专为那些受各种焦虑症困扰的人们设计的。一方面，在日常生活中注意外部环境的和谐，即协作活动、呼吸技巧、放松练习和健康的生活习惯；另一方面，对自我对话、错误信念、情感、坚持自我和自尊这些内在因素多加注意。无论你所经受的焦虑性质和程度如何，这些都可以让你的生活更加平衡，少一些焦虑。

焦虑症与生活中的正常焦虑区别在于：第一，前者程度更重（举例来说，惊恐发作）；第二，前者持续时间更长（焦虑感不会随着压力情境的消失而消失，并可能持续几个月）；第三，引起恐惧，这种恐惧会干扰你的生活。

美国精神病学会（American Psychiatric Association）已经制定了诊断各种焦虑症的标准，并将其写进了权威诊断手册当中，被从业于精神健康领域的专业人士广泛应用。这本手册即《精神疾病诊断与统计手册（第5版）》（以下简称DSM-5）。以下对于各种焦虑症的描述都以该手册中的标准为依据，包括本章最后的自我测查问卷。即使你的症状或反应与DSM-5诊断标准中的描述并不完全吻合，本书也可以帮助你。换句话说，不要过分关心你的症状是否与诊断标准里说的一致。在美国，大约有15%的成年人和20%的青少年与你处境相当。

本书描述的焦虑症患者包括成年人和青少年。若你关注儿童焦虑症，包括分离焦虑症、选择性缄默症等，可先查阅DSM-5，再查询儿童焦虑症专著。

惊恐症

惊恐症表现为在没有显著缘由的情况下，突然感到一阵强烈的悲伤或恐惧。这种强烈的恐惧感通常在几分钟内就会消失，但也有个别的情况，恐惧感可以在两个小时里时不时地发作。当你处于恐惧中，下面列出的症状都可能出现：

◎呼吸短促甚至窒息

◎心悸，即心跳剧烈或心跳加速

◎头晕眼花，站立不稳或意识模糊

◎战栗、颤抖

◎呼吸困难

◎汗流不止

◎恶心反胃和腹部不适

◎不真实感，好像有一部分的你不在这儿（人格解体）

◎手脚有麻木或麻刺感

◎发热或打寒战

◎胸部疼痛或其他的不适感

◎忧虑自己发疯，失去理智

◎忧虑死亡

真正的惊恐发作会同时出现至少其中的四种症状，如果只表现出两种或三种症状则叫作症状有限的惊恐。

如果你符合以下几条就可以被诊断为惊恐症：1）经历过两次以上的惊恐发作；2）至少有一次你在一个月甚至更长的时间里一直处于忧虑惊恐会再次包围你的担心中。关键是认识到惊恐症本身跟恐惧无关。惊恐并不是因为你思考着一种恐怖的状况，接近危险或者真的碰上了恐怖的状况，但你可能会开始回避惊恐发作的地方。如果一直如此，就有可能发展为广场恐惧症。在大多数情况下，惊恐会不明原因地自发产生。惊恐发作也并不是缘于药物的生理影响（无论是处方药还是毒品），或者医疗状况。

惊恐发作的频率因人而异。

你可能很久前经历过两到三次惊恐发作之后就再也没有发生过。或者惊恐发作间歇性地在你身上发生，可能一两个月会经历一次。有些情况下，惊恐发作起始表现为恐惧感的反复发作，每星期会有三次以上，最后你不得不寻求治疗。上述所有的情况都有可能发展成预期性焦虑，或是在两次惊恐发作的间歇产生对恐惧再次发作的恐惧心理。这种恐惧心理是惊恐症的特点之一。

如果你正饱受惊恐症的折磨，你可能对自己表现出的症状非常担心，并希望从医生那里得到医学上的解释。如果出现心悸、心律不齐的情况，你可能会去做个心电图（EKG）或其他心脏功能测试，但结果一般都是你的心脏机能没有出问题（有时惊恐症会并发二尖瓣脱垂和良性的心律不齐）。让人高兴的是，越来越多的医生已开始了解惊恐症，并能将其与纯生理疾病作出区分了。

只有当生理病因的可能性被排除之后，才能诊断为惊恐症。可能的生理病因包括低血糖、甲状腺功能亢进、摄入过量咖啡因、酒精断瘾，或是服用镇静剂、止痛药。惊恐症的产生是遗传特征、大脑中化学成分失衡和个人压力的联合作用。突如其来的损失或重大的生活转变都可能引起惊恐发作。

一般人们患惊恐症都是在青春期晚期或二十几岁的时候，而且大多数病例的惊恐都与广场恐惧症（本章下一部分将详细讨论这类焦虑症）的发展有着密切联系。人群中仅有2%~3%是单纯的惊恐症，而大约有5%，也即20个人中就有一个人受到上述两种焦虑症的困扰。

极少数的人会在童年期或65岁以后患上惊恐症。女性患惊恐症的概率大约是男性的两倍（3.6%：1.6%）。但这种差异极大地反映了男性和女性在发现惊恐症并寻求帮助上的性别差异。美国白人比其他民族更容易患上惊恐症。

吸烟会增加患上惊恐症的风险（Isensee et al. 2003）。大约30%的惊恐症患者会用酒精进行自我治疗，但酒精的作用消失后他们的症状就会加重。大约四分之一的惊恐症患者偶尔会有夜间惊恐发作（从睡眠中醒来时的惊恐）。

惊恐症在一定程度上受到大脑中杏仁核和下丘脑过度活动的影响。详见第2章关于惊恐症的神经生物学的介绍。

现有治疗手段

以下这些疗法都是治疗惊恐症的常用方法。

放松训练　每天做一些腹式呼吸和深度肌肉放松练习（比如强度递进的肌肉放松练习），这有助于减轻惊恐发作时的机体应激反应和预期焦虑感。体育锻炼计划在减少焦虑时也经常被采用。（详见第4章、第5章）

惊恐控制疗法　找出那些会引发惊恐发作的灾难性的想法，摒弃它

们（比如，"我无路可走了！""我要疯了！"或者"我的心脏要崩溃了！"之类的）。（详见第6章）

内感受脱敏法 训练自己不去关注恐惧引起的生理症状，如心跳加快、手心出汗、呼吸短促、头晕目眩等。在治疗医生那里，这些症状通常是故意制造出来的。比如说，坐在椅子里转来转去可以引起晕眩，反复地上下楼可以使心跳加快。这种反复体验生理不适症状会造成脱敏（desensitization），也就是减少机体对它们的敏感性，直到不再为这些症状而恐慌。（详见第7章）

药物治疗 选择性5-羟色胺再摄取抑制剂类药物（SSRIs）像舍曲林、西酞普兰、依地普仑，或5-羟色胺-去甲肾上腺素再吸收抑制剂类药物（SNRIs）像文拉法辛、度洛西汀是治疗惊恐症的首选药物。苯二氮䓬类的各种镇静剂如阿普唑仑、氯羟安定、氯硝西泮、地西泮都可用以减轻惊恐症状。这些药物最好与前三种治疗方法结合使用。（详见第18章）惊恐症药物治疗的一个缺点是，如果在开始服药六个月至一年后停用药物，超过50%的人会复发。

改变生活方式和个性 可以减少你的惊恐发作概率的生活方式是压力管理、有规律的锻炼、不吃刺激性和含糖的食物、放慢节奏、享受闲暇，还有改变过分追求完美和取悦他人的生活态度，抑制你过强的控制欲。（详见第4章、第5章、第10章、第15章）

广场恐惧症

指个体害怕开阔的空间，但本质是害怕惊恐发作。如果你有广场恐惧症，你会害怕待在那些不便逃离的地方或处于你感到惊恐时无人援助的情境。你可能尽量避免去杂货店、高速公路这类地方。倒不是因为这些地方本身，而是因为在这些地方发生事故时逃跑很困难而且极易使人陷入惊恐的难堪中。害怕遭遇难堪是一个主要因素。大多数广场恐惧症患者不仅害怕惊恐发作，也害怕其他人看到自己惊恐时的样子。

广场恐惧症患者经常表现出对很多场所的回避。其中最常回避的场所有以下几种：

◎拥挤的公共场所，比如杂货店、百货公司、餐厅等

◎狭窄封闭的空间，比如隧道、桥梁或者理发店的椅子

◎公共交通工具，比如火车、公共汽车、地铁、飞机等

◎排队或在人群中

◎独自在家

一旦远离家庭或者"安全的人"（一般是你的配偶、伙伴、父母或者任何一个有密切关系的人）不在身边时会感到焦虑，这也许是广场恐惧症最明显的特点。你可能完全回避独自驾车，或者单独驾车离家稍远就感到害怕。症状更严重的话，你可能只能在离家几米的范围内活动，甚至根本不能离开家。

要确诊为广场恐惧症，你必须至少避免以上两种情况，甚至更多。一般来说，你会避免三种情况，但如果有同伴陪伴，你可能会带着强烈焦虑忍受它们。

如果你得了广场恐惧症，你不仅对一些特定的场所感到恐惧，而且大多数时间里都感到焦虑。产生这种焦虑是因为你对可能要去的场所感到惊恐。举例来说，如果你得去一个你一直回避去的地方，并且还需自己搞清路线，你会怎样？如果突然落单，你会有什么感觉？因为在生活、社交活动中的种种限制，你可能会感到不堪重负。这是因为你对某种情境无法控制又不能作出改变，因而产生压力。

对大多数广场恐惧症患者而言，广场恐惧症是由惊恐症发展而来的。起初你是不明缘由地感到惊恐，经过一段时间，你才能意识到在远离家庭的幽闭环境或独处时更容易产生焦虑，于是开始担心自己碰到这些情况。从你开始回避这些情况时，你已经表现出广场恐惧症了。可以根据恐惧程度将广场恐惧症分为三个级别。

如果患者症状轻微，处于幽闭环境中可能会感到不舒服，但并不回避，并继续从事工作，也可以进行购物等活动，但是尽量避免到离家远的地方去。如症状较严重，可能对一些情况采取回避态度，比如乘坐公共交通工具、电梯，开车出远门、到餐馆吃饭等。不过这也只是部分地限制了

你的生活。在某些情况下，如离家远或没人陪伴，即使你会感觉不舒服，你也能应付。如果惊恐已经非常严重，患者会回避一切社交活动，甚至到没有他人陪伴就不敢离开家门的地步。

为什么只有一部分患惊恐发作的人会发展成广场恐惧症，其他人则不会呢？其中的原因尚未弄清（只有很少人没有经过任何惊恐发作就直接患上广场恐惧症）。同时令人困惑的还有为什么其中一些人表现出比其他人更严重的症状。目前已经明确的是广场恐惧症是遗传因素和环境共同作用的结果。广场恐惧症患者家族中可能有人有同样的焦虑症。同卵双胞胎中如有一个患广场恐惧症，则另一个患广场恐惧症的可能性就非常高。从环境因素来分析，有几种童年经历容易使儿童日后患上广场恐惧症。这几种童年经历包括：1）父母是完美主义者，对孩子求全责备；2）对孩子过度保护；3）过于急切地告知孩子外界的阴暗面。遗传和环境因素在广场恐惧症和其他焦虑症中所起的作用在后面章节中有更深入的探讨。

广场恐惧症会影响我们生活的方方面面，社会各阶层的人们都无法摆脱。大约有80%的广场恐惧症患者是女性，虽然这个比例最近有所下降。一种说法是越来越多的女性愿意拥有一份全职工作（使得家庭主妇这种生活方式的社会接受度降低），未来患广场恐惧症的男女百分比将可能持平。

广场恐惧症在青春期后期和成年早期有较高的发病率。不幸的是，广场恐惧症如果没有正确处理，会是一个慢性复发病。不治疗就完全缓解的情况是罕见的。

现有治疗手段

现有治疗手段有放松训练、惊恐控制疗法、脱敏疗法等，因为广场恐惧症通常由对惊恐发作的恐惧发展而来，前面提到的对惊恐发作的治疗方法也同样适用。（详见第4章、第6章）

暴露疗法 暴露疗法指直面令你害怕的情境。这是一个循序渐进的过程，最后达到你可以独自面对的效果。治疗伊始，暴露疗法只在想象中进行，一段时间后才在现实中实践（详见第7章）。例如，如果你害怕开车出远门，你可以通过逐渐延长行驶路程来达到独立长途驾驶的目的。早期，有人坐在身边陪伴你，适应一段时间后，他（她）坐在另一辆车上跟在你车后，最后你将练习独自驾驶。或者，假如你害怕单独在家，用暴露疗法可以采用这样的步骤：开始时，经常与你一起的人只离开你几分钟，然后逐渐延长时间。随着治疗的进行，你可以学习如何独处并应对以前回避的各种情况。

认知治疗　这一治疗的目的是帮助你把头脑中夸大并引起恐惧的想法转换成更现实、更积极的心理观念。这要求你辨别、质疑头脑中的错误观念，代之以建设性的新观念。（详见第8章、第9章）

药物治疗　现有针对广场恐惧症的治疗经常用到药物。尤其是SSRI类药物如舍曲林、依地普仑、西酞普兰或度洛西汀等最常用于治疗一些较为严重的患者，一般是那些不敢离家、能力严重受限的人。在使用暴露治疗的早期，也经常给患者服用低剂量的镇静剂如阿普唑仑、氯硝西泮等辅助治疗。低剂量的镇静剂（例如0.25毫克的阿普唑仑或劳拉西泮）在暴露治疗开始时可能有效，会激发完成暴露治疗的意愿。但这些药物的剂量需要逐渐减少，并最终在暴露治疗更晚期的时候停止，以确保从广场恐惧症中完全康复。（详见第7章）

坚持自我的训练　因为广场恐惧症患者在肯定自己、维护权利时通常存在困难。坚持自我的训练是常见的治疗内容。（详见第14章）

团队疗法　广场恐惧症治疗在团队中进行会非常有效。个体在团队中可以得到很多支持，意识到你并不是独自面对，也不是只有你要每周完成没完没了的家庭事务。

社交恐惧症

社交恐惧症是一种更为常见的焦虑症，如担心在众目睽睽下出丑或遭到羞辱。相比没有焦虑症的人，焦虑症患者在公共场合所经历的焦虑强烈得多。尽管很多患社交恐惧症的人即便感觉焦虑也暂且能够忍受公共场合，但很多时候焦虑感太强烈以至于你完全回避这些场合。一个典型表现是你担心自己的所作所为会让别人觉得你有精神问题，会被认为是傻子或是疯子。通常你是担心得过了头并且自己也意识到了这一点（但儿童社交恐惧症患者自己不能意识到这一点）。要确诊为社交恐惧症，焦虑必须至少持续6个月。社交恐惧症与辍学可能性增加、工作满意度和工作效率下降、社会经济地位低下以及总体上较差的生活质量有关。

最常见的社交恐惧症就是对公众演讲的恐惧。实际上，这也是所有恐惧中最常见的。演员、演讲者、需要当众作报告的职业人、在课堂上演讲的学生，各行各业的人们都会受其影响。对公众演讲的恐惧影响了许多人，并且它没有性别差异，在男性和女性中同样普遍。

其他常见的社交恐惧症有：

◎害怕参加会议或任何团体活动。

◎害怕被别人评价。

◎害怕当众脸红。

◎害怕一起吃饭噎着或喷饭。

◎害怕工作时被关注。

◎害怕使用公共厕所。

◎害怕在他人在场的情况下起草或签署文件。

◎害怕拥挤。

◎害怕考试。

◎害怕和陌生人说话。

◎害怕在人群中表现得焦虑或/和他人说话（以下是广义社交恐惧症的例子）。

有时，社交恐惧症并不易分辨，当你感觉自己在集体中成为焦点并受到评价时，就会产生一种恐惧感。当你恐惧的场合过多时（如发起对话、加入小团体、跟权威人士交谈、约会、参加聚会之类的活动），这种情况被称为广泛性社交恐惧症。

尽管社交焦虑感是普遍的，但只有当你的回避行为干扰了你的工作、社交或其他重要关系，或给你造成巨大的压力的时候，才会被诊断为社交恐惧症。和广场恐惧症一样，社交恐惧症也伴随着惊恐发作，但是发作的起因不是环境使你感觉难受，更多的是因为害怕当众难堪或者被羞辱。惊恐也只在特定的社交情境下出现。

社交恐惧症比广场恐惧症发展得早，在童年晚期或青春期就会出现。那些内向的儿童在面对日益增长的来自于同伴的压力时，更易患社交恐惧症。一般来说，这种恐惧症（如果不加治疗）会持续整个青春期甚至成人早期，但随着年龄增长有减缓趋势。社交恐惧症影响了大约7%的美国人。研究显示，女性的发病率（近8%）略高于男性（约7%），这可能反映出在暴露和寻求社交恐惧症治疗方案上增长的趋势。在过去，男性被认为比女性更容易患社交恐惧症，直到男性和女性在工作上平等后这一情况有所改变，多达13%的成年人在生活中的某个时候经历过社交恐惧症。

大部分患社交恐惧症的人患有临床抑郁症，比如恐慌症、广泛性焦虑症等焦虑症，抑或是滥用药物。如果不采取治疗，高达50%的社交恐惧症患者的症状会持续相当长时间。

和其他焦虑症一样，社交恐惧症的发病原因既有遗传因素，也有环境因素。如果同卵双胞胎中的一个患上社交恐惧症，另一个有30%~50%的可能性患上社交恐惧症。一级亲属的遗传可能性是陌生人的遗传可能性的五至六倍。同时，养父母的社交焦虑与其子女的社交焦虑显著相关。（Kendler, Karkowski & Prescott, 1999）。

现有治疗方法

以下所有干预手段都可作为社交恐惧症的治疗手段之一：

放松训练　有规律地练习腹式呼吸和深度放松技术，减轻焦虑的生理症状。（详见第4章）

认知疗法　找出萦绕在头脑中引起社交恐惧症的想法并质疑其不合理性，代之以更符合实际的观念（详见第8章）。例如，"我一开口就显得自己是个傻瓜。"变成"我开始演讲的时候可能有点烂，可大多数人不会介意的。"认知治疗师聚焦于认知扭曲的三种特定类型：过度关注焦虑症状以及这些症状对他人的影响、关于社会吸引力的自我概念的扭曲、倾向于高估负面价值的可能性。

暴露疗法　这是指逐渐增加你在恐惧环境中的参与程度。先从想象中进行，再在现实生活中实践。例如，如果你害怕当众演讲，那么可以先在朋友们面前演讲一分钟，然后慢慢增加演讲内容的长度，逐渐延长演讲时间和增加听众人数。另一个例子是，如果你害怕当众发言，你可以逐步延长发言时间和提高自我展示的程度（见第7章）。每次发言结束后，你再回过头检验自己头脑中虚幻的引起焦虑的想法并提出疑问。尽管社交恐惧症治疗可以个别实施，但团队治疗才是最理想的治疗方式，因为后者可以直接制造出治疗所需的环境。

全神贯注于你的工作　社交恐惧症患者在公众场合发言时关注的主要是自己的表现和别人的反应。这种治疗要求你专心于手头的工作，不管是跟上司谈话，还是在课堂上发言，或是在团体中作演讲。

药物治疗　SSRI类药物如舍曲林、氟伏沙明、度洛西汀、依地普仑或低剂量的苯二氮䓬类镇静剂如阿普唑仑、氯硝西泮可作为在使用认知等疗法时的辅助治疗手段。有时单胺氧化酶抑制剂类药物（MAO）如苯乙肼、硫酸反苯环丙胺等治疗社交恐惧症也能取得良好效果。（详见第18章）

社交技能训练　有些社交恐惧症患者需要在治疗过程中学习一些基本的社交技能，比如微笑、眼神交流、维持对话、自我表达、积极倾听等。

坚持自我的训练　练习的目的在于让你敢于要求你想要的，拒绝所不想要的。在治疗中常包括这项内容。（详见第14章）

特定性恐惧症

特定性恐惧症通常是对某种事物或情境感到强烈恐惧，从而尽量回避而不去面对。与广场恐惧症比较，特定性恐惧症不是自发性产生，也不是担心恐惧会发生；与社交恐惧症相比，特定性恐惧症不会使人产生内疚或羞耻感。特定性恐惧症是突然遭遇自己害怕的事物时引发的惊恐。这种特定性恐惧和回避太过强烈，以致打乱你的行程、工作和人际关系等，把你的生活搞得一团糟，给你带来巨大的压力。即使你意识到它是不合理的,但你依然感觉焦虑。

下面是最常见的几类特定性恐惧症。注意,最常见恐惧症清单有多个,且排序不一。以下是最常见的特定性恐惧症的一个代表性样本。

动物恐惧症 包括对蛇、蝙蝠、老鼠、蜘蛛、蜜蜂、狗等动物的害怕和回避。这些恐惧经常是在童年就有,不过那时的恐惧被认为是正常的。只有当恐惧持续到成年,并干扰了你的生活,对你造成压力时,才被认为是特定性恐惧症。

恐高症(害怕到海拔高的地方) 如果你有恐高症,当你站在建筑物的高层或山顶时会感到害怕。这时你可能会感到:1)头晕目眩;2)有从高处跳下的冲动,一般是感觉有什么外力推着你走向边缘。

电梯恐惧症 这种恐惧症是因为你害怕电梯电路出故障、电梯坠毁或自己被困在电梯里,因而会造成这种恐惧。你之前并没有过度恐惧或广场恐惧症的病史,但你可能出现惊恐发作的各种反应。

飞行恐惧症 你担心飞机会坠毁,或者担心机舱减压以致缺氧窒息,从而产生飞行恐惧症。近年来,很多人担心遭遇劫机或者飞机爆炸。在航行过程中,你可能会有惊恐发作,即使你并没有过度恐惧或广场恐惧症的病史。飞行恐惧症是一种非常普遍的心理症。大约10%的人从来不乘坐飞机,另外还有20%的人在乘坐飞机时感到非常焦虑。

医生或牙医恐惧症 这可能开始于在医生或牙医那里一次不愉快的经历(如注射、补牙等)。随着年龄增长,你可能会害怕任何与医生或牙医有关的东西。这种恐惧的危害在于你可能会拒绝必要的医疗。

雷电恐惧症 雷电恐惧症十有八九起源于童年。当已过了青少年时期仍然存在这种恐惧时,就称为雷电恐惧症。

血液/注射恐惧症 这是一种特殊的恐惧。当见到注射或意外受伤造成的出血或疼痛时,你可能会晕厥过去(而不是惊恐)。你的心率和血压会先升高再降低,这就是血管迷走神经性反应。这类患者在其他方面堪称身心健康。

患病恐惧症 通常这种恐惧来源于你害怕被传染或患上某种特殊疾病的担忧,如心脏病、癌症等,有这种病的人需要不断从医生那里获得对自身健康情况的肯定，并回避任何提醒自己想起那种疾病的情境。

特定性恐惧症很常见，大约有10%的人受其影响（青少年发病率高达16%）。但是，这些恐惧一般不会造成很大影响，只有很少患者会寻求治疗。特定性恐惧症在男女身上出现的比例几乎相等，其中女性更易患动物恐惧症，而男性更易得患病恐惧症。一般来说，女性报告特定性恐惧症的可能性是男性的两倍，但这可能反映了寻求治疗的人的差异。在60岁以上的人群中，特定性恐惧症的患病率趋于下降。

如上面所提到的，特定性恐惧症通常与童年经历有关，但也存在其他的可能。例如，个体可能因为交通事故、自然灾难、疾病、看医生等受过外部创伤，即创伤是由一定条件引起的，个体则容易产生对这种条件的焦虑。还有一个可能的原因是儿童的模仿行为，如果一个家长患有特定性恐惧症，对一些情境过分关注，那么其子女也可能患特定性恐惧症。

现有治疗方法

一般情况下，特定性恐惧症的发作不是自发性的，因此一些针对惊恐发作的治疗方法，如惊恐控制疗法、脱敏疗法、药物疗法等通常不会在特定性恐惧症治疗中使用。

放松训练　有规律地练习腹部呼吸和深度肌肉放松，从而缓解面对或担心要面对所恐惧的情境时（预期性焦虑）的焦虑感，以及由此产生的生理症状。（详见第4章）

认知疗法　质疑并改变那些萦绕在脑海中引起特定焦虑症的想法。举例来说，你可能会想"如果我在航行中被困住了，感到惊恐该怎么办？"打消这个念头，换成更现实、更积极的想法，比如，"如果我两个小时内不能离开飞机，那我仍可以活动一下，有需要的话可以离开座位去趟洗手间。如果有惊恐的感觉，我可以让自己平静下来，做做腹式呼吸、跟同伴聊聊天、听点儿轻松的音乐，实在不行还可以吃点药"。自我陈述应对策略也是个好方法，像"这个我以前做得到，现在一样可以做到"，或"这只是我乱想的而已，没有任何意义"。可以反复练习这些应对的自我

陈述，直到内化为观念。（详见第8章）

暴露疗法 循序渐进地应对自己害怕的情境。比如，如果你害怕乘飞机，治疗可以遵循这样的程序：先在头脑中想象自己乘飞机的情境（想象暴露），然后观看现实中飞机的起飞降落；坐在停止的飞机上感受一下；进行短距离的飞机航行；进行更长距离的飞机航行。起初让一个同伴全程陪伴你，然后你再独立尝试这个过程。

对一些恐惧症患者来说，在现实情境中进行暴露治疗是难以实现的。例如，如果你害怕地震，但治疗过程中却无法创造真实的地震情境。因此，这种情况在治疗过程中就要强调认知疗法，在头脑中出现地震的意象从而进行虚拟的暴露治疗（或观看包含地震场景的电影）。关于意象和现实暴露疗法将在第7章中详细介绍。

虚拟现实暴露疗法 借用简单几件配备相关技术的设备，特定性恐惧症便可以通过虚拟现实暴露疗法来治疗。虚拟现实暴露疗法使用特殊编程的设备，通过大屏幕模拟恐惧场景，如蜘蛛、高空、飞行、公众演讲，甚至是幽闭的环境等。为达到真实暴露的效果，患者将暴露在还原度极高的恐惧场景中，通过视、听、触等感知渠道产生身临其境的感觉，从而完全沉浸在情境之中。临床医生可以调整每个场景的体验强度，从而找出引发患者特定性恐惧症的诱因。患者通常可通过控制器来改变虚拟环境，从而实现与环境的交互。患者在场景中的一系列反应都会得到密切监控。若患者对某一场景反应激烈，这个场景就会反复出现，直到患者对其产生适应性，症状消除。20世纪90年代早期，该技术被用于缓解对高空的恐惧感，类似现实暴露治疗恐高症。在那之后，该技术还用于治疗退伍军人的创伤后应激障碍（在治疗中重塑战争场景，使患者对战争情境产生相反的认识）。近年来，虚拟现实暴露疗法被用来治疗青少年抑郁症。患者进入某人物角色，穿行于虚拟世界，与虚拟世界中的负面情绪作斗争。同其他特殊治疗一样，实施虚拟现实暴露疗法的临床医生需要接受相应的培训。当前就存在一个问题，购买设备的医生未经过专业训练，随心所欲地使用设备。研究结果证明，虚拟现实暴露疗法能还原现实中的恐惧感，有效治疗恐惧症。有关虚拟现实暴露疗法在治疗恐高症、飞行恐惧症及创伤后应激障碍方面的详细研究总结，请参考罗斯鲍姆（Roth-baum，2006）的见解。

综上所述，特定性恐惧症一般不会造成很大的影响，尤其当这种恐惧是由儿童期经历的某种恐惧发展而来时。虽然这种恐惧会延续很多年，但一般都会随着时间的推移而减轻。典型的特定性恐惧症不会并发其他的心理失调，患上此症的人在其他各方面通常表现出高效能。

广泛性焦虑症

广泛性焦虑症（generalized anxiety disorder，GAD）是一种慢性焦虑，至少持续6个月，但不并发惊恐发作、恐惧症或强迫性神经症。你长期感觉到焦虑、担心，但并不出现其他焦虑症的症状。要诊断一个人是GAD，则其必然是在最近6个月的多数时间里，为两个以上生活中的压力事件（如收支、人际关系、健康状况、在校表现等）感到焦虑和担心。如果你患有GAD，典型表现是你总有各种各样的担心，并在上面耗费大量时间，可要控制这种担心却显得力不从心。更重要的是，担心的强度和频率事实上夸大了恐惧事件发生的实际可能性。

除了经常发生的担心外，GAD还会伴随至少三种下列症状的出现（有些表现在6个月前就出现了）：

◎心神不宁，紧张不安

◎易疲劳

◎难以集中注意力

◎焦躁

◎易怒

◎肌肉紧张

◎睡眠困难

◎难以控制焦虑

GAD通常和身体症状有关，比如：紧张性头痛、肠易激综合征、高血压、失眠症，甚至是骨质疏松症。但这些疾病并不必然导致广泛性焦虑症。GAD主要是由持续存在的担忧造成的。

当你的担心和相关症状使你不堪重负，甚至影响了你在工作、社交及其他重要场合的正常表现，你就很可能会被诊断为GAD。

如果医生诊断你为GAD，他/她就排除了由药物引起慢性焦虑的可能性，例如换气过度、甲状腺问题或药物引起的焦虑。GAD通常与抑郁症并发，这种情况有时被称为混合性焦虑抑郁障碍。一个优秀的治疗师能判断出二者中哪个是原发的。

人们在任何年龄段都可能发生GAD。儿童和青少年群体最担心在校表现和体育竞技活动中的表现，而成人群体担心的事物则表现出多元化，但通常是常见的主题，比如经济情况、人际关系、健康、工作责任等。大约4%的成年人患有GAD，9%的人一生都患有GAD。女性的发病率大约是男性的两倍（3.4%∶1.9%）。30~60岁是发病率最高的时期，之后发病率会降低，欧洲血统的人群比非欧洲血统的人群更容易发展出GAD。

GAD不会并发特定性恐惧症，阿伦·贝克和加里·埃默里提出的观点是，GAD是由"基本恐惧"造成的。"基本恐惧"比特定恐惧的特征更为广泛，如：

◎害怕失控。

◎害怕不能应对。

◎害怕失败。

◎害怕遭到反对或抛弃。

◎害怕疾病和死亡。

任何压力事件都会使GAD的程度加重。压力事件是引发恐惧的一切情境，如追求过高的表现、夫妻间矛盾激化、生理疾病或任何让你感到危险迫在眉睫的情境。

GAD深层的致病原因尚未发现，但很可能是遗传因素、神经生物学和早期的经历，如父母过高的期望、父母放纵或过于严苛、父母焦虑行为的榜样作用等的综合作用。基于这些诱因，青春期或成年期的累积压力会引发GAD。有关GAD及其治疗的更完整的探讨见第10章：克服焦虑。

现有治疗方法

放松训练　有规律地练习腹式呼吸和深度放松技术可直接减少焦虑。一个身体训练计划也可能作为治疗手段之一。（详见第4章、第5章）

认知疗法　鉴别出引发焦虑的自我对话方式，质疑它，并用更现实的观点加以替换。当你觉得担心时，你可能过高估计了事情发生后的消极影响，或过低估计了你解决问题的能力。认知疗法的目的在于纠正这两种歪曲事实的想法。同时你要学习改变关于担心本身的消极观念或"转变信念"，其中包括焦虑会有助于避免一些消极事情发生的观念，如："如果我担忧，它就不会发生了"，以及有关焦虑本身的一些恐惧观念，如："我根本没办法控制我的担心"，"我担心得要发疯了"。反复进行符合实际的自我陈述，逐渐内化以控制焦虑。

焦虑暴露疗法　在焦虑暴露疗法中，你反复地做或者观看自己害怕的场景（可以是你害怕的电影），并一次次逐渐延长时间。在观看过程中减少焦虑，积极学习应对技巧。

减少焦虑引起的外化行为　你过于强调"安全行为"反而会增加你的焦虑。例如，你如果一天要打几次电话给你的爱人/孩子，以确认他们的安全，这时你就需要减少这种行为发生的频率。

问题解决训练　这是指采用系统的步骤解决你担心的问题。简而言之，将注意力集中在探寻解决问题的方法上，而不是过分关注焦虑本身。如果实在找不到解决方法，就改变你对此事的态度，接受你所不能改变的。

转移注意力　如果担心认知疗法和问题解决训练不能奏效，那么转移注意力可能比较有用。经常用于转移注意力的活动有跟朋友聊天、写日记、听音乐、园艺、锻炼、解字谜、艺术和手工活动、烹饪等。注意，应以主动分散焦虑而不是逃避焦虑的态度来反复练习这些活动。

药物治疗　从程度一般到较为严重的GAD，可以使用SSRI类药物如舍曲林、氟伏沙明、依地普仑或西酞普兰，SNRI类药物文拉法辛和普瑞克替在治疗GAD中也有较好的效果。另一种药物布斯哌隆在这一领域的治疗中已有多年的历史，布斯哌隆有时可以与SSRI类药物配合使用以获得更好疗效。尽管有些精神科医生担心苯二氮䓬类药物潜在的耐药性和滥用，苯二氮䓬类药物经常用于治疗GAD。加巴喷丁作为一种情绪稳定剂有减缓焦虑的作用，也被用于治疗GAD。（更多关于药物治疗的信息见第18章）

注意力练习　关注你现在的思维和感觉时，要求你不带好恶判断，这来源于佛教的冥想练习，这种治疗方法现已广泛应用于应激障碍、抑郁、GAD治疗中。（更多关于GAD的治疗内容见第19章）

改变生活方式和个性　这些改变的方式与在惊恐症中提到的方法非常类似，如压力管理、增加闲暇时间、规律运动、不吃刺激性和含糖的食物、缓解人际矛盾、改变过分追求完美和取悦他人的生活态度、抑制过强的控制欲。

请注意，关于战胜焦虑的策略和技巧的详细讨论见第10章"克服焦虑"。

强迫症

在DSM-5中，强迫症（obsessive-compulsive disorder, OCD）区别于其他焦虑症，并以单独的章节进行了呈现。它与其他强迫谱系障碍一起列出，如躯体变形障碍（对身体的扭曲感知）、拔毛症、囤积障碍、撕皮症（表皮脱落）和物质/药物诱导的强迫症。下一节将对这些疾病进行更多介绍。基于强迫症与其他焦虑症病因的某种神经生物学差异，DSM-5将强迫症（以及强迫症谱系障碍）放在单独的一章。

不管是在工作还是家庭中，一些人天生就比别人更喜欢整洁干净、井井有条，这些特质在很多情况下都是有用的。但如果这些特质发展到了一个极端，就会变成强迫症，从而干扰你的生活。强迫症患者会花更多的时间在收拾打扫、检查安排上，并占用了从事其他活动的时间。

强迫性观念是一些毫无意义但总盘旋在你脑中的念头、意想或冲动，比如，暴力、对别人施暴、忘记关灯、关煤气、锁门等。你知道这些想法很荒唐，也试着去克制它们，但它们就是成天甚至几周或更长时间地盘踞在你的脑海中。这些念头或意想并不只是对现实生活中遇到的麻烦的过分焦虑，有的常常是对现实中根本不存在的麻烦焦虑。

强迫性行为是你为了消除由强迫性观念引起的焦虑而表现出的行为。例如，你可能要不断地洗手以驱除对传染病的恐惧；一遍遍地检查煤气是否关掉；驾驶时不断看后视镜以确定没有撞到人。你知道这些行为是不合情理的，但你觉得非得这样做才能打消内心的焦虑。你急于摆脱强迫症状的愿望和作出强迫性行为的欲望之间的矛盾就是焦虑、羞愧甚至于绝望的来源。最终你将停止与你的冲动的抗争，并彻底妥协。

强迫性观念可能是自发的，但并不一定发展成强迫性行为。实际上，大约20%的强迫症患者只是有强迫性观念，其核心一般是害怕伤害自己心爱的人。

最常见的强迫性行为包括：清洗、检查、计数。如果你反复清洗，很可能是因为害怕被传染，你还怕碰门把手，不敢握手，不敢接触任何你认为带有致病细菌的物体，不由自主地花许多时间洗手、洗澡来减少被传染的焦虑。女性相对易患这种强迫症，而男性更易患检查强迫症。要一遍一遍地检查门来打消有人入室行窃的念头，需反复检查煤气是否关紧以免发生火灾，开车时一次次看后视镜以确定没有撞到他人。而如果是计数强迫症，就会重复计算很多遍以保证没有计算错误。

强迫症通常与抑郁症并发。强迫性观念强烈与否实际上与抑郁的程度密切相关。恐惧回避也是典型表现之一，比如，一个对污垢特别敏感的人会回避公共卫生间、触碰门把手等。有时，回避会干扰一个人的社会和职业功能。世界卫生组织将强迫症列为所有疾病中最棘手的十种疾病之一。

必须认识到一点，强迫症行为虽然看起来不可理喻，但绝非"精神失常"。患者自始至终能够认识自己行为和观念的不合理性，同时为无力控制强迫倾向而感到痛苦（甚至抑郁）。

强迫症不同于强迫性行为障碍，如赌博、暴饮暴食。患有强迫性行为障碍的人会从他们的强迫性行为中获得快乐，但强迫症患者既不想表现出强迫性行为（除了减少恐惧），也不想从中获得快乐。在DSM-5中，有一些诊断指标表明，大多数强迫症患者都能认识到自己的强迫性观念的不合理性。

　　强迫症曾被认为是一种少见的行为混乱。但是近期研究发现，2%~3%的人在不同程度上受其困扰。大约1.5%的患者会寻求治疗。发病率一直被低估的原因是大多数强迫症患者不愿将自己的问题告诉他人。女性似乎比男性受到的影响略大，但男性在童年时期比女孩更容易受到影响。强迫症的平均发病年龄为19.5岁，症状的发作通常是渐进的。如果不进行治疗，成年后强迫症的缓解率很低，通常不到20%。通过有效的治疗，高达60%的病例可以部分或完全康复。

　　强迫症病因尚未弄清。有研究表明，大脑中一种复合胺性质的神经递质缺乏或代谢紊乱与强迫症发病有关。之所以有此认识，是因为很多患者通过服用氯米帕明或服用提高复合胺水平的抗抑郁药物（如百忧解、氟伏沙明、舍曲林、依地普仑）后，强迫症状有所改善。也有研究表明强迫症患者大脑特定区域过分活跃，如额叶前部皮质和尾状核区域（详见第2章）。强迫症具有较高的遗传率，同卵双胞胎同时患强迫症的概率为57%，而异卵双胞胎同时患病的概率只有22%。

现有治疗方法

　　放松训练　在所有焦虑症中，日常有规律地练习腹式呼吸和深度肌肉放松对减轻生理症状都能起到很好的效果（详见第4章）。

　　认知疗法　找出与强迫性观念有关的害怕、迷信或罪恶的想法，质疑这些想法，并以更具建设性的观念取代。例如，"如果我有加害儿童的念头，我可能真的会这么做"的想法可以换作"这只是胡思乱想，什么也证明不了，绝不代表我真的会这么做"（详见第8章）。

　　暴露和反应预防疗法　这种疗法是将患者置身于引发焦虑性观念的环境中，并利用外力解除强迫性行为。例如，如果你有一碰门把手就要马上洗手的习惯，那么在治疗中会帮助你在碰完后减少洗手的次数或根本不洗。类似的还有如果你每次出门要检查五次以上是否锁门，你会加以练习，把检查锁门的次数最终减少为一次。

你和治疗师一起设计情境，其中比较理想的是在家庭环境中进行。你能逐渐合理地处理情况，停止强迫性行为。在这一过程中你的治疗师或支持者会在你身边进行提示指导。

如果你只是有强迫性观念，并不表现出强迫性行为时，任何你用来减轻焦虑的想法都需要停止，或者你可以练习心平气和地接受而不是彻底打消这些念头（更多相关信息可参考埃德娜·福阿和里德·威尔逊合著的《自我训练2：不要强迫你自己》一书，或布鲁斯·海曼和切莉·佩德瑞克合著的《强迫症——你和你家人需要知道的》）。

药物治疗 如氯米帕明和SSRI类药物包括百忧解、氟伏沙明、依地普仑、度洛西汀、舍曲林帮助治愈了60%~70%的强迫症患者。可以使用SNRI类药物，如文拉法辛、度洛西汀。长期服药对OCD患者来说是普遍现象，但也有病例仅采用上面提到的暴露和反应预防疗法就能治愈。SSRI类药物或SNRI类药物治疗强迫症的有效剂量通常高于其他类型的焦虑症。这些药物的益处往往只有在高剂量服用两到三个月后才会出现。低剂量的抗精神病药物，如再普乐和维思通，已被发现是治疗某些人强迫症的有效辅助药物，这表明强迫症的部分脑机制涉及多巴胺受体的作用。使用SSRI类药物或SNRI类药物通常是强迫症正常治疗方案的一部分。长期服药是必要的，因为停药通常会导致原始强迫症状的复发。

改变生活方式和个性 广泛性焦虑症和惊恐症部分介绍的改变生活方式和个性的方法对强迫症同样适用。

本书提到的治疗方法对患者非常实用，由于强迫症是一个严重的使人衰弱的问题，我建议患者与非常擅长行为疗法的职业治疗师就诸如如何进行暴露和反应预防疗法及合理用药等问题进行交流。本书可以在行为学和药理学治疗方面提供辅助。

强迫谱系障碍

强迫谱系障碍（obsessive-compulsive spectrum disorders）与OCD有共同的神经生物学基础。强迫谱系障碍按临床症状可分为不同种类，常见有：

◎躯体变形障碍　过分关注想象中的外表方面的缺点或缺陷。

◎撕皮症　无法抑制地反复抓扯皮肤（导致伤痕）。

◎囤积障碍　难以丢弃占有物，导致生活空间拥挤。

◎拔毛症　无法抑制地反复动手拔掉自己的头发（导致明显的毛发缺失）。

◎疑病症　对身体健康或疾病过分担心，或过分关注身体症状，对其异常感觉作出疑病性解释。

强迫谱系障碍已成为特别研究领域，尤其受到OCD临床医生的关注，也受到采用暴露和反应预防疗法来治疗强迫谱系障碍的医生的关注。

另外一些与强迫症相关的障碍在完整版DSM-5中的OCD一章可以找到。包括OCD和强迫谱系障碍直接归为一种生理状况的情况，或者被当作物质诱发中毒或戒断症状的临床表现。

创伤和应激相关障碍

DSM-5中，强迫症、创伤后应激障碍（PTSD）都单独列为一章。本节"创伤和应激相关障碍"实则探讨其他几种与应激相关的问题。这一新的章节集合了所有由创伤或应激事件引起的精神疾病。除PTSD外，还有急性应激障碍（ASD），它是指与PTSD相同的症状群［包括闯入性创伤记忆、痛苦的梦境、噩梦、病理性重现及解离症状（如人格分裂）等］且在应激源出现后3~30天内，出现明显症状。当这些症状持续超过一个月时，可诊断为创伤后应激障碍。

DSM-5还纳入了适应性障碍。适应性障碍与PTSD的区别在于，它是指遭受日常生活不良刺激3个月后发生的一系列适应不良症状。但是，这些症状与PTSD症状的范围或严重程度均不相同，但它们确实包括明显的痛苦（由应激源影响严重程度决定），并对工作及人际交往造成了一定程度的损害。适应性障碍不包括解离性症状，如人格丧失和现实感丧失（见下文），但它们在DSM-5中又被详细划分为是否包括焦虑症、抑郁症，或混合性焦虑和抑郁症等几类。

本章还提到了影响5岁以下儿童的其他两种病症：反应性依恋障碍和去抑制型社会参与障碍。反应性依恋障碍指儿童表现出严重的社交退缩行为，其在感觉痛苦时，明显缺乏亲近或回应安抚的能力。相反，去抑制型社会参与障碍则指儿童在与陌生成年人交往时，不能表现出正常的社交抑制或沉默的行为模式。

创伤后应激障碍

创伤后应激障碍（post-traumatic stress disorder, PTSD）的本质是外伤发生后的病态心理症状。PTSD在第一次世界大战中被首次发现。参战的许多士兵都受到慢性焦虑困扰，做噩梦，在战后很长时间里始终想着战场上的残酷场景。这种情况又被称为弹震症。

PTSD一般发生在经历过严重创伤的人身上，这种遭遇会使人产生深度恐惧和无助感。这种创伤通常是因自然灾难如山火、地震、龙卷风等，严重事故如汽车、火车、飞机爆炸等，强奸、攻击或其他针对你或你的家庭的暴力罪行而起。如果发生在个人身上，一般来说症状会更严重，持续时间会更长，如遭遇强奸或暴力犯罪。目睹他人遭受严重创伤足以引发创伤后应激障碍。得知亲密的家庭成员或其他重要他人受到了创伤也可能成为创伤源。

在PTSD各种各样的症状表现中，下面九项最为常见：

◎对事情抱有厌倦、悲观的想法。

◎做跟创伤事件有关的噩梦。

◎创伤场景历历在目并且感觉自己在反复经历这些事情。

◎尽力回避一切与创伤事件有关的想法或感觉。

◎回避会引起不愉快联想的场景和活动，如遭遇车祸后不敢开车。

◎感情麻木，即不能感知内心的情感。

◎抛弃感或与他人疏远。

◎对过去喜欢的东西不再感兴趣。

◎长期深陷焦虑之中，入睡困难，注意力无法集中，易受惊、易怒。

　　如果你被诊断为患有PTSD，那么上述症状至少已经持续一个月（如不到一个月，可能为急性应激症，如下所述）。这样的心理障碍会对你在社交、闲暇和生活中的其他方面造成巨大压力。在DSM-5中，PTSD可以根据上述症状特征进行诊断，也可以增加诸如人格解体或现实感丧失等解离性症状。人格解体是一种脱离自我的感觉，就好像你是自己心理过程或身体的外部观察者。现实感丧失是对不真实的感知，你的整个环境看起来是不真实的、梦幻的或遥远的。

　　对PTSD患者来说，他们无时无刻不感到焦虑抑郁。有时他们会发现自己像被驱动似的去做出些莫名其妙的事情，如突然搬家、事先毫无计划地出游。如果你经历过亲近的人离去的悲痛，可能会对自己的存活感到愧疚。

　　PTSD可能发生在任何年龄阶段，有9%的人受其影响。而且，有这种焦虑症的儿童并不能自觉地走出悲伤内疚，焦虑会在游戏和噩梦中不断重演。PTSD发病率最高的是强奸、军事战斗或出于种族动机的禁闭和/或迫害的幸存者。全谱PTSD的发作可能会推迟数月，甚至数年。然而，至少有一些症状通常在创伤事件发生后的一周到三个月内出现。

　　有充分证据表明，易患PTSD有遗传因素。最近的一项研究汇集了世界各地参与11项多民族研究的2万多人，为遗传学在PTSD中的作用提供了有力的证据（Duncan, Ratanatharathorn, et,al., 2017）。此外，对于在越南作战的同卵双胞胎来说，如果同卵双胞胎中的一个患上了这种疾病，与异卵双胞胎相比，同卵双胞胎的另一个患这种疾病的概率更高。

现有治疗方法

针对PTSD的治疗是非常复杂的，除了上面提到的治疗焦虑症的方法外，还需要应用其他技术。

放松训练 经常练习腹式呼吸法和逐步放松训练可以更好地控制焦虑症状。（详见第4章）

认知疗法 对头脑中引起抑郁、恐惧的想法进行质疑，将其替换成更具创造性的想法。例如，认为自己应为创伤负责的负罪感或是亲近的人离去而自己侥幸存活的内疚心理，这些想法都应该改变，代之以更具适应性、建设性的想法，如"那件事太突然了，我根本做不了什么，我现在要做的就是好好活下去。"（详见第8章、第9章）

暴露疗法 治疗过程中治疗师或支持者会陪伴你面对你回避的场景。在意象暴露法中，在脑海中重新演绎令你恐惧的创伤事件或对你造成伤害的人。现实暴露需要你回到创伤现场，如果你曾经在电梯里被袭击过，治疗中就要重新练习乘坐电梯，如此反复直至你不再感觉乘坐电梯危险。（详见第7章）

药物治疗 SSRI类药物如舍曲林、氟伏沙明、西酞普兰等可用于本症的治疗，尤其是对症状严重、长期焦虑的患者，需要服药1~2年，镇静剂（如阿普唑仑、氯硝西泮等）可以短期服用。（详见第18章）

团队疗法 这能帮助患者意识到自己不是唯一的受害者，对病情缓解非常有效。在较大的城市，治疗因强奸、劫后余生造成的PTSD时，经常使用这一方法。大量研究表明，团队疗法在预防和治疗PTSD上具有保护作用。

眼动脱敏法和催眠疗法 这两种方法经常用以帮助PTSD患者搜索并平息脑中外伤事故造成的创伤记忆，增加治疗的效果，克服患者对暴露疗法的抵触心理。研究表明，针对各种焦虑症，眼动脱敏法和催眠疗法与认知行为疗法（CBT）、暴露疗法同等有效，同样是PTSD的首选疗法。更多有关信息，请访问眼动脱敏法和催眠疗法研究所的网站。

关于PTSD治疗的全面总结，请参阅玛丽·贝斯·威廉姆斯和索利·鲍伊朱拉的《创伤后应激障碍自助手册（第3版）》。

还需说明的是，治疗各类焦虑症，都必须包括婚姻或家庭治疗。与配偶或家庭成员的关系问题如不能及时发现，会影响治疗，使患者一直深陷焦虑之中。家庭治疗也有助于成员之间相互理解和支持。在一些病例中，还可为患者及家庭提供相处的准则。

DSM-5中提到的其他焦虑症

《精神疾病诊断与统计手册（第4版）》（DSM-4）出版时，增加了两种焦虑症，DSM-5将其保留。

生理状况引起的焦虑症

这是因生理疾病影响而感到明显焦虑的情况（可能是惊恐发作或广泛性焦虑）。很多生理条件可以引发焦虑，包括内分泌状况（甲状腺功能亢进/减退）、副神经节瘤、低血糖症、心血管状况（充血性心力衰竭）、肺栓塞、代谢状况（维生素B_{12}缺乏、卟啉症）、神经状况（前庭问题、脑炎）。要获得更完整的信息，请查阅第2章"生理的原因"一节。

物质诱发型焦虑症

当广泛性焦虑或惊恐发作是由某种物质引发的生理症状时，则被归为物质诱发型焦虑症。滥用药物、药物治疗或暴露于毒性物质中都可能是物质诱因。焦虑可能是因暴露于这种物质或停止服用药物所致。例如，如果你没有焦虑症的病史，但因突然停药而引发惊恐发作，就属于物质诱发型焦虑症。

自我测查问卷

下面的问卷是帮助你测查自己患有哪种类型的焦虑症的。本问卷是以DSM-5中公布并经专业人士认可的官方诊断分类标准为根据制订的。

1.你是否有过突然发生自发性惊恐发作的经历？（如果你没有任何恐惧症，就回答"否"）（是/否）

2.上个月你是否至少经历过一次惊恐发作？（是/否）

3.如果上个月你经历过惊恐发作，你是否担心它会再次发生？或者担心这表明你的身心机能出了问题？（是/否）

4.在你最焦虑的时候，你是否会出现以下至少四种症状？（是/否）

  ◎呼吸短促，窒息

  ◎头晕目眩、站立不稳

  ◎心悸，心跳加快

  ◎战栗或颤抖

  ◎流汗不止

  ◎窒息

  ◎恶心反胃，腹部不适

  ◎被孤立感或与身体的分离感

  ◎麻木或刺痛感

  ◎发热或发冷

  ◎胸部作痛或不舒服

  ◎害怕自己将要死去

  ◎害怕有失控的举动

如果你在1—4题上都回答"是"，就不必继续答了，你已经符合恐惧症的条件了。

如果你第1题回答"是"，但你的焦虑反应不够第4题中列出的三条，你可能是症状有限的惊恐，而不是真正的恐惧症。

如果你有惊恐发作和恐惧症，就继续往下做。

5.对惊恐发作的焦虑会让你回避一些特定的情境吗？（是/否）

如果你这一题回答"是"，注意一下，你很可能患有广场恐惧症。继续看第6题以判断你的严重程度。

6.由于害怕惊恐发作，你会回避下列哪些情境？

◎去离家很远的地方

◎在杂货店买东西

◎在杂货店排队

◎去百货公司

◎去购物广场

◎在高速公路上驾驶

◎在离家很远的道路上行驶

◎独自驾车去某地

◎乘坐公共交通工具（公交车、火车等）

◎开车过桥（不论作为司机还是乘客）

◎穿越隧道（不论作为司机还是乘客）

◎乘飞机

◎乘电梯

◎去高处

◎看医生或牙医

◎坐在理发店或美容院的椅子上

◎在餐厅吃饭

◎去工作

◎远离安全的人或地方

◎独处

◎离开家

◎其他_____

你所回避的情境的数量表明了广场恐惧症的严重程度和对你活动的受限程度。

如果你第5题回答"否"，但你确实有恐惧症，那么继续往下做。

7.你回避某些情境的主要原因不是害怕恐慌，而是害怕难堪或别人的负面评价（由难堪引起恐惧）？（是/否）

如果你的答案为"是"，注意一下，你可能有社交恐惧症。继续做第8题来确定严重程度。

8.由于害怕难堪或被羞辱,你会回避下列哪些情境?

◎坐在一群人当中(如办公室、教室、社交团体、自助团体等)

◎在少数人面前发言

◎在多数人面前发言

◎聚会或社交

◎使用公共卫生间

◎在其他人面前进餐

◎在他人面前写字或签字

◎约会

◎任何你可能会说话不得体的场合

◎其他_____

你选择的数目说明了你患社交恐惧症的严重程度和对你生活的影响程度。

如果你第5题和第7题回答"否",但你确实有其他恐惧症,继续向下作答。

9.下面列出的是否有一项或一项以上是你害怕和回避的?

◎昆虫或动物(如蜘蛛、蜜蜂、蛇、老鼠、蝙蝠或狗)

◎高空(建筑物的高层、山顶、很高的桥)

◎驾驶

◎隧道

◎桥

◎电梯

◎航行中的飞机

◎医生或牙医

◎打雷、闪电

◎水

◎血

◎注射或医疗手术

◎疾病（如心脏病、癌症）

◎黑暗

◎其他＿＿＿＿＿＿＿＿＿＿＿＿＿

10.你是只有在上述情境下才感到极度焦虑吗？（是/否）

如果第9题你选择了一个以上的选项，并且第10题回答"是"，注意一下，你可能是特定性恐惧症。如果不是，继续作答。

11.你大多数时间感到非常焦虑但是没有明显的惊恐发作、恐惧症或特别的强迫性观念/行为？（是/否）

12.你会在过去的六个月或更长时间内，一直强烈地担心某些事情吗？（是/否）

13.在下面六项症状中，当你焦虑和担心时，会至少同时出现下列三种的症状吗？

◎心神不宁，处于崩溃边缘

◎易疲劳

◎注意力不集中，头脑一片空白

◎易怒

◎肌肉紧张

◎睡眠紊乱（不易入睡，睡着后易醒，睡眠质量差）

如果你11—13题都回答"是"，注意一下，你可能是广泛性焦虑症。如果第11题回答"是"，后面两题回答"否"，你可能处于一种过渡状态，程度还不至于判断为广泛性焦虑症。

14.你头脑中是否反复出现类似这样的念头，例如，伤害了亲近的人，接触了肮脏或有毒的物质，害怕自己忘记锁门或关掉电器，或想象正面临一场灾祸？（你知道这很荒谬，但你就是无法将它们从大脑中赶走。）（是/否）

15.你是否有仪式性行为以缓解焦虑？如洗手时，反复检查确认、不断计数。（是/否）

如果第14题回答"是"，第15题回答"否"，你可能有强迫症，但只是有强迫性观念。

如果第14、15题你都回答"是"，那么你确实患有强迫症，并有强迫性观念和强迫性行为。

焦虑症的并发症

自本书第1版面世以来，一个问题日益显著，那就是很多人都患有不止一种焦虑症。例如，在对过度恐惧患者的研究中发现，他们当中15%~30%的人同时患有社交恐惧症，10%~20%的人患有特定性恐惧症，25%的人有广泛性焦虑症，还有8%~10%的人同时患有强迫症。广场恐惧症患者往往也患有社交恐惧症或强迫症。所以，即使你发现自己的情况符合不止一种病症，你也绝不是特例。

2

焦虑症的
主要原因

如果你患有某种焦虑症，你可能会关心致病的原因。于是会问自己：
"为什么我会遭受惊恐发作？是因为遗传，还是因为受我成长经历的影响呢？什么原因导致了恐惧症状的进一步恶化？为什么我害怕一些我明明知道不危险的东西呢？是什么原因导致了我的妄想和强迫行为呢？"

　　焦虑症的症状常常看似不合理，并令人感到莫名其妙，所以很自然地会有人提出"为什么"之类的问题。但是，在详细考虑引起焦虑症的各种原因之前，我们应该铭记两个基本观点。首先，虽然通过学习引发焦虑症的原因，你可以更深入地了解这些问题是如何发展的，但这些知识并不是解决你个人问题的必需。这本书中用来解决焦虑症的各种策略，如放松疗法、体育锻炼法、脱敏法、自我对话和改变错误信念、情感表达等，这些策略是否有效并不取决于焦虑背后的原因是什么。虽然本章节内容可能会很有趣，但对于如何治愈焦虑症并不是必要的。其次，不要认为任何一种焦虑症只有一个或一种主要的原因。我们要知道：不管患有的是惊恐发作、社交恐惧症、广泛性焦虑，还是强迫症，如果要治疗的话，单独考虑任何一种原因都是不够的。焦虑是由于各种作用于不同方面的原因引起的，包括遗传、生理、家庭背景和教养方式、心理因素、目前的压力源、自我对话、个人信念体系和表达情感的能力等。本书的部分章节对此进行了介绍，你可以从中了解焦虑症的原因和治疗方法。

焦虑症领域的一些专家提出"单因素"理论。这种理论试图最大限度上简化焦虑症的原因，并极易使人误入有关推理的两条错误路线之一：生理学谬误或心理学谬误。生理学谬误认为仅仅由于大脑或身体的一些生理或心理上的失衡就会导致一种特定类型的焦虑症，例如，最近就有一种趋势，把惊恐症以及强迫症的原因严格限制在生理水平上。人们认为恐惧症是由于大脑部分机能失调引起的，如杏仁核和蓝斑。人们认为如果大脑中缺乏一种叫作"血清素"的特定的神经递质（一种化学物质，它可以使神经冲动从一个神经细胞传递到另一个神经细胞），或者大脑神经细胞中系统失常，就会产生强迫症。

　　生理机能失调也许是造成惊恐症或强迫症的因素之一。了解到这一点对我们是很有帮助的，对于治疗这些症状也是很有意义的。但是，这并不意味着惊恐发作或者强迫症就只是生理失调导致的。这里仍存在一个问题：什么导致了生理缺陷本身？也许是长期的压力引起了心理的冲突，从而导致了惊恐症期间大脑中杏仁核以及蓝斑功能的失调；又或者是长期遭到压抑的愤怒情绪引起了血清素的紊乱，从而导致了强迫症。反过来，一个人所受到的养育方式也会造成心理冲突以及愤怒情绪的压抑。由于任何一种具体的生理失调都可以追溯到压力或者其他的心理因素，因此将焦虑症仅仅归因于生理失调是错误的。

　　与之相对，心理学谬误犯了同一种错误。心理学谬误假设由于父母在养育过程中对你的忽视、抛弃或者虐待，使你内心深处没有安全感并感到害羞，这造成你成年后经常无端地感到恐惧、要回避，并且焦虑，从而导致了社交恐惧症。诚然，家庭背景对于你的问题有很重要的影响，但是把家庭背景看作唯一原因合理吗？当然不合理了。那样做就完全忽视了遗传和生理因素的影响。况且，并不是所有家庭不和谐的孩子都会患焦虑症。因此，更为合理的假设应该是这样的：1）由于遗传，你们的体质更容易感到焦虑（更有可能是恐惧）；2）由于童年早期经历产生的不安全感以及焦虑。

　　总的来说，把你们的问题只归因于生理失调或者心理失调，就忽视了先天遗传因素和后天养育因素相互影响的事实。我们没有办法去区分哪一个因素是第一位的，是所谓的基本原因。换句话说，一种治疗恐慌、恐惧、焦虑的综合方法不能只是孤立地去考虑生理的和心理的原因。治疗不同程度的焦虑症的各种策略，对于一个全面而持久的恢复计划而言是非常必要的，这些策略包括生理的、行为的、情绪的、精神的、人际关系的，甚至是灵魂方面。这种多层次的治疗方法将在下一章节重点讨论，并会贯穿于全书。

引起焦虑症的原因之所以有差异，不仅仅是由于焦虑程度不同，还会因为焦虑持续的时间不同。一些是前置因素，这些因素从你出生或者童年期就存在，并一直伴随着你，后来促使你恐慌和焦虑的产生。另一些是近期或者短期原因——也就是说，促使遭受惊恐发作或者广场恐惧症的情况。其他的就是使焦虑持续的原因，即你的日常生活方式、态度和行为中的因素，一旦这些因素得以发展，它们就会促使焦虑症的继续。本章节后面的部分详细讲述了每一种类型的原因。生物因素的章节可以使你了解一些著名的理论，这些理论是关于"惊恐发作和焦虑中，大脑有什么作用"的。

以下概要列出了引起焦虑症的各类原因。

焦虑症的原因：

1.长期、前置的原因

（1）遗传

（2）童年经历

◎你的父母表现出了对世界过分谨慎的态度

◎你的父母过分挑剔，并设置了过高的标准

◎情感上缺乏安全感和情感依赖

◎你的父母限制你独立作决断

（3）长时间累积的压力

2.生理的原因

（1）生理上的惊恐

（2）惊恐发作

（3）广泛性焦虑

（4）强迫症

（5）抗抑郁药物如何发挥作用

（6）会导致惊恐发作和焦虑的医学条件

3.短期的诱导因素

（1）促使惊恐发作的压力

◎重大的个人丧失

◎重大的生活变化

◎刺激性的或娱乐性的药物

（2）恐惧的条件和根源

（3）外伤、简单恐惧症和创伤后应激障碍

4.使焦虑持续的原因

（1）回避恐惧的情境

（2）依赖安全行为

（3）焦虑的自我对话

（4）错误信念

（5）情感受压制

（6）缺乏坚持自我的能力

（7）缺乏自我照顾的能力

（8）肌肉紧张

（9）兴奋剂或其他与饮食相关的因素

（10）高压的生活方式

（11）缺乏人生意义和目标

长期、前置的原因

遗传

焦虑症会遗传吗？目前，只有少量证据证明焦虑症至少会部分遗传，例如，父母双方或一方患有广场恐惧症，那么其子女中至少有15%~25%的概率会患广场恐惧症，但是一般人群患广场恐惧症的比例只有5%。这个事实本身并不能证明广场恐惧症就是遗传的，因为我们可以认为广场恐惧症是孩子从父母那里习得的一种行为。

对同卵双胞胎的研究甚为引人注目。同卵双胞胎意味着他们有着极其相似的基因构造。从研究结果我们可以看到，如果同卵双胞胎的其中一个患焦虑症，另一个患焦虑症的概率为31%~88%，而当研究异卵双胞胎（他们的基因与不在同一时间出生的兄弟姐妹的基因基本一致），结果发现如果其中一个有焦虑症，另一个有焦虑症的概率在0~38%。如果双方有相同的基因构造，那么一方有恐惧症和焦虑症，另一方有相同问题的可能性就是一般人群的两倍。有趣的是，异卵双胞胎中如果有一个患焦虑症，另一个患焦虑症的概率要比一般人的发病率高（一般人的发病率是8%~10%）。这些可以表明：成长于同一个家庭，即有相同的父母，这至少对焦虑症的形成有一定影响。先天遗传和后天养育两者共同起着作用。

哪些症状是遗传的呢？据我们现在所知，广场恐惧症、社交恐惧症，甚至特定的惊恐发作，似乎都不会从父母那里遗传。所遗传的东西可能是一种综合的人格类型，这种人格类型促使你过度焦虑。这是一种易变、易激动、有叛逆性的个性，与那些没有焦虑症的人相比，有这种个性的人更容易被任何微小的、有危险性的刺激物所激发。一旦你天生就具有这种高度敏感的个性特征，你就很有可能有这种或那种焦虑症，但这也受你所处的特定环境和所受的养育方式影响。例如：你是否会患广场恐惧症或社交恐惧症，取决于在要出席的场合中，你体验到的羞愧程度如何。你是否会遭受惊恐发作，可能会取决于在青春期或成年早期，你接触到的压力性质和轻重程度。简而言之，尽管由于遗传因素，你可能会天生就有更加敏感、更易激动的神经系统，但是之后的童年经历，以及所处的环境和压力，都会对你随后产生的特定类型的焦虑症有些作用。

最近，行为遗传学研究领域开始探索特殊基因与焦虑症之间的关系。比如，第17对染色体（我们都有23对染色体）上有一个叫作SERT（五羟色胺转化基因）的基因，它的功能是产生大脑神经递质。SERT基因短的人，就更有可能患焦虑症（包括情绪障碍，比如抑郁），而SERT基因长的人，不管他们在童年期间或成年期间遭受的压力如何，都会在一定程度上免受焦虑的困扰。

童年经历

怎样的童年经历和家庭环境可能使你更有可能患焦虑症？很少有人进行这方面的研究，这着实令人惋惜。研究者发现，成年后遭受惊恐发作和患广场恐惧症的人，通常情况下，他们童年期有过分离焦虑症，即与父母分离时，还有去上学甚至睡觉前，儿童体验到焦虑、恐慌以及身体不适等症状。成年后，当离开"安全"的人或地方，这些人也会感到焦虑。我们推测，首次引起分离焦虑症的那些条件可能是导致日后焦虑症的原因。

在童年所有的经历中，导致你有患焦虑症倾向的原因次序是什么？下列次序是按照多年来我与患者交往过程中的发现来排列的。如果你正在治疗广场恐惧症和社交恐惧症，这些原因尤其相关，并且对于其他类型的焦虑症也适用。

你的父母表现出了对世界过分谨慎的态度

恐惧症患者的父母不仅更有可能有恐惧症，也比一般人更容易害怕和焦虑。通常情况下，他们过分关注子女身边一些潜在的危险。他们可能会一遍又一遍地这样说："下雨了，不要出去了，否则你会感冒""不要一直看电视，否则会有损你的眼睛的"或者"要非常小心"。他们越是在孩子面前表现出害怕、过分谨慎的态度，他们的孩子就越会把世界看作是危险的地方。如果你得知外部世界是危险的，自然就会限制自己的探索和冒险行为。在成长的过程中，你也会经常倾向于过分地担心，并过分地关注安全问题。

你的父母过分挑剔，并设置了过高的标准

如果父母要求过于严格、过于完美，其子女就不会很确信自己是否被接纳。他们经常怀疑自己是否真的"足够好"或有价值。因此，为了取悦父母，并赢得父母赞许，你要不断地努力。成年后，你也可能为了取悦他人，使自己看上去很好、不错，从而以牺牲自己的真情实感和独断能力为代价。在成长的过程中，你总是没有安全感，并可能会过分地依赖某一个人或者某一个安全的地方，在那些可能会"丢脸"的公共或社交场合约束自己的言行。你把父母的价值观内化为自己的价值观，从而变得异常追求完美，并且对自己要求十分苛刻（或者对别人吹毛求疵）。

情感上缺乏安全感和情感依赖

一直到四五岁，孩子都是完全地依赖他们的父母，尤其是他们的妈妈。在这个年龄阶段，任何一个引起不安全感的情境都会导致孩子过度的依赖，并且这种依赖会很持久。对于焦虑症患者而言，童年时期父母过于苛刻和追求完美是造成他们缺乏安全感的主因。由于父母的离异或者死亡而遭受忽视、排斥、遗弃，或者是体罚以及性侵犯，都会导致不安全感（以及情感依赖），这是形成焦虑症的基础。

我所见到的患者中，有20%~25%的人成长于父母一方或双方酗酒的家庭，这是部分患者患病的一个普遍原因。正如该领域中许多畅销书所描述的那样，酗酒者的子女在成长过程中有如下特征：1）强迫控制；2）回避感情；3）很难相信其他人；4）承担过多的责任；5）想得很多或什么都不想；6）极度渴望取悦他人，甚至以牺牲自己的需要为代价。尽管并不是所有酗酒者的成年子女都会有焦虑症，但是上述的个性特点在有惊恐和/或恐惧症状的人身上是很常见的。

酗酒者的成年子女、遭受过其他形式虐待的幸存者、有焦虑症的大部分人都有这种共同的特点：根深蒂固的不安全感。也许不安全感的轻重

程度以及孩子的应对方式将决定日后他们形成哪一种类型的焦虑症，而不能决定他们的成瘾个性或其他行为问题。如果儿童以过度的依赖来应对自己的不安全感，那么，在以后的生活中，他会极度依赖某一安全的人或地方。这就是广场恐惧症的普遍原因。

你的父母限制你独立作决断

父母也许不仅仅助长依赖性，还压制你表达自己情感和坚持己见的固有能力。比如，在孩提时，由于你大声说话、做出冲动的行动、发脾气而不断地受到斥责和惩罚。结果你长大后，你会约束，甚至惩罚自己表现出本能冲动和感情。如果这些冲动和感情被压制得太久的话，它们会在压力之下再度发生，从而导致焦虑甚至是恐慌。一般而言，童年时习得不外露自己的感情并不表达的人，更容易紧张，更有可能焦虑，并且成年后也没有表达自己想法的能力。当然，这种童年的压抑状态还会导致日后的沮丧和消极感。从这两种情况可见，学会表达自己的感情，变得更自主一些，对个人将有极大的潜在影响。

看了以上讨论的四个因素，会促使你思考自己的童年都发生过什么。使用后面的"家庭背景问卷"，进一步探讨你的家庭状况会对你现在的焦虑问题有何影响。

长时间累积的压力

形成焦虑症的第三个有效因素是长时间累积的压力的影响。如果压力在一段时间内持续不减，比如许多个月或者许多年，压力就很可能会累积下来。相比较由于搬家、天气恶劣或短期经济危机带来的一般性或暂时性压力，这种累积下来的压力更持久。累积的压力可能由持续了很多年的未解决的心理冲突引起，也可能是由于生活中的某一个时期所经历的困难——如婚姻问题、身体健康问题——这些困难持续了很长一段时间，也可能是由于一大堆生活事件同时发生。生活事件包括生活道路的改变，要求对你的计划作出新的调整和适应，比如，退学、换工作、结婚，或者一种特别亲密关系的终结、到一个新的环境、生孩子、孩子离家，等等。一年之中一个或两个生活的变故是很平常的，也是可以掌控的，但是如果一系列的变故同时发生在一两年时间里，会导致人陷入慢性的压力和疲惫状态。

"生活事件"这个概念是理查德·霍姆斯和托马斯·瑞赫博士在其著作中提出的，他们编制了一个调查工具，称作"生活事件量表"（也被称为"社会再适应量表"），用来评估个体在两年之内经历的生活事件的数量和严重性，他们甚至使用该调查表来预测一个人身体患病的危险程度。同时，这个量表也可用作评估累积压力大小的一般性测量工具。填完本章中的"生活事件量表"，你可以估计自己累积的压力有多少了。

这些年来，我们已经知道压力会增加发生身心障碍的危险性，比如高血压、头痛、溃疡。直到最近，我们才认识到心理障碍也可能是压力累积的结果。随着时间的推移，压力会影响到大脑中的内分泌神经控制系统，这个系统对情绪障碍起着重要作用，比如抑郁和焦虑症。压力本身并没有什么特殊的作用，它仅仅对神经系统中的薄弱点有着巨大的影响力。如果压力作用于你的心血管系统，你可能会得高血压或是周期性偏头痛。如果压力正好作用于大脑的内分泌和神经传导系统，你可能更易有行为障碍，比如情绪不稳定、广泛性焦虑或遭受惊恐发作。简而言之，累积的压力无论是引起头痛、疲劳还是惊恐发作，都将取决于你哪个部位更脆弱。那个脆弱、极易受伤害的部位也许会受到遗传的影响。基因、累积的压力和童年经历都可能引起某种特定的焦虑症，如下图所示：

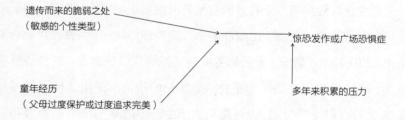

当审视这些长期的原因时，你将会发现任何单独一种原因都不足以引起某种特定的焦虑症。由于遗传，你可能极易遭受惊恐发作，但事实上

你一次都没有遭受过。也许20年中的生活事件产生了足够多的压力,从而激活了只是潜在的东西——你第一次遭受了惊恐发作。如果在成长的过程中总是有不安全感,并被告知外部世界是危险的,你可能会患广场恐惧症。如果在成长过程中,只要出席某种场合,你就感到害羞,那么,也许你这种特定的恐惧、回避类型与地域无关,而与社会性有关(换句话说,即社交恐惧)。

家庭背景问卷

用下列的问题去反映你的童年时代。你能确定什么因素可能对你现在的焦虑问题有影响吗?

1.你的父母遭受过惊恐发作或有过恐惧症吗?

2.你的兄弟姐妹、祖父母或是其他亲戚中有谁遭受过惊恐发作或有过恐惧症吗?

3.你的父母看起来过度担忧吗?

4.对那些可能降临在你或家庭成员身上的潜在危险,你的父母是否会过度关注?

5.你的父母是鼓励你探索外部世界,还是使你形成谨慎、怀疑或不信任的态度?

6.你觉得你的父母是否对你过于苛刻或有过高要求?如果是的话,你是如何应对的:

□降低要求或置之不理　　□感到害羞或是有罪恶感

□感到被伤害或是被否认　　□感到很生气并且会反叛

7.作为一个孩子,你觉得你可以很自由地表达自己的想法或者冲动吗?你的家庭是怎么处理你的这些想法的?

□自由开放地表达　　□惩罚　　□否定

8.你可以想哭就哭吗?当你哭时,你的父母反应如何?

9.你可以很自由地表达自己的愤怒吗?当你发脾气时,你的父母是如何反应的?

10.你在家庭中的角色是什么?你是怎样看待和家庭中的其他孩子的关系的?

11.你认为自己是在不安全的环境中长大的吗?下列的哪个因素可能造成了你的不安全感?

☐父母过度吹毛求疵

☐过度的惩罚

☐父母让你有羞耻感

☐父母让你有罪恶感

☐父母忽视你

☐父母离婚或因为一双或双方死亡而遗弃你

☐体罚

☐性侵犯

☐父母酗酒

12.如果你在不安全的感觉中长大,你是怎样应对这种不安全感的?

☐非常依赖你的家庭(你在离家时感到很困难吗?)

☐变得很独立(你很早离家吗?)

☐变得很愤怒、很反叛

生理的原因

生理的原因是指与焦虑症相关的身体或大脑的生理失衡,身体或大脑上生理的失调不一定会导致焦虑症,它们可能由下列原因导致,认识到这一点是很重要的。

◎由于遗传而得来的脆弱性

◎长时间累积的压力

◎长时间累积的压力把遗传而来的脆弱性激活

曾经不止一次,我们认为很有可能是遗传、生活经历和压力共同作用,从而引起了潜在的焦虑症。

最近的研究表明，不同的焦虑症有不同的生理学解释。与自发的惊恐发作相关的生理失调肯定和与广泛性焦虑相关的生理失调不一样。而这两种类型的生理失调又都和与强迫症相关的生理失调不同。这些我们都将在下面单独讨论。

当前，我们缺乏对焦虑症的全面了解，也无法对其生理诱因盖棺论定。因此，下文即将讨论的与大脑机制相关的内容，因缺乏事实证明，应该看作一种假设。详见"生理上的惊恐"一节。

最后，即使你的焦虑症背后潜藏着大脑生理上的不平衡，也没有理由推断你就不能治好。认识到这一点是很重要的。为了减少压力和提升自己的健康水平，如果你愿意改变自己的生活方式，与恐慌、恐惧、焦虑、妄想相关的任何生理上的失衡都会减少甚至全部消失。而所谓的"生活方式的改变"是指每天留出时间放松放松，制订一个运动计划，获得充足的营养和社会支持，以及自我照顾（参看本书相关章节）。调整生理不平衡的另一个可选方法是服用可以改变大脑功能的处方药物。尽管药物对于克服引起焦虑症的生理因素很有效，但是我认为药物应该在万不得已的情况下才服用。通常情况下，提高自己的健康水平就可以调整生理上的不平衡。

在这个章节的后面部分，你将读到关于大脑中的机制问题的内容。根据最近的研究，人们认为大脑机制加剧了惊恐发作、广泛性焦虑、强迫症。然而，最先描述的是遭受惊恐发作的基本生理学，这些东西比较好理解。

生理上的惊恐

当你遭受惊恐发作时，你的身体有什么变化呢？当你的身体处于任何威胁状态时，恐慌是一种警觉反应的极端表现。几年前，沃尔特·坎农把恐慌称作"搏斗—逃跑"反应。它是一个内在的机制，可以使高级动物迅速激发大量的能量，从而来应对侵犯者或是威胁他们生命的事情。这个警觉反应使我们可以很好地在确实存在危险的环境中生存。不幸的是，我们很多人还将"'搏斗—逃跑'反应"适用于诸如心理上的不安全、受威胁的情境中。比如,和配偶吵架,或者晚上没睡好却要起床工作等,这些都会引起明显的压力反应,因为你察觉到了这些并将其意识为威胁,即使它并没有直接威胁到你的生存。不幸的是,我们中有很多人,在任何感到有危险、危险确实存在的时候和在有不可抵抗的力量面前,都会有"搏斗—逃跑"反应。

生活事件量表

生活事件	平均压力分数	生活事件	平均压力分数
配偶的死亡	100	子女离家	29
离婚	73	惹上官司	29
分居	65	个人取得杰出成就	28
被监禁	63	配偶开始或停止工作	26
家庭中亲密成员的逝世	63	开始或结束学业	26
个人受伤或生病	53	生活条件的改变	25
结婚	50	个人习惯的改变	24
失业	47	与老板之间有麻烦	23
婚姻问题	45	工作时间或工作环境的改变	20
退休	45	搬家	20
家庭成员的身体变故	44	转学或升学	20
怀孕	40	娱乐活动的改变	19
性生活困难	39	宗教活动的改变	19
家庭中增添新成员	39	社交活动的改变	18
生意的重新调整	39	为购买小宗商品(如车、电视机)而贷款或借债	17
经济上的变故	38	睡眠习惯的改变	16
密友的逝世	37	家庭成员聚会次数的变动	15
工作的变动	36	饮食习惯的改变	15
和配偶发生分歧和争论的次数增多	35	度假	13
为大宗购买(比如房子)而抵押或借债	31	圣诞节	12
回赎抵押或还债	30	轻微的违法	11
工作职责的改变	29		

选出你过去两年内经历的生活事件,并将压力的总分相加。比如,如果你结婚了、换工作了、搬家了,并且休了两个假期,你压力的总分将是50+36+20+13+13=132。如果你的压力总分在150分以下,你可能不会有累积的压力的困扰。如果你的压力总分为150~300分,你可能会遭受慢性压力的困扰,但这要取决于你如何应对这些发生了的生活事件。如果你的分数超过了300分,很有可能你正承受着累积压力给你带来的不利影响。请注意上述调查问卷的压力分数是根据许多人的分数得出的平均值。大多数时候,生活事件会对你产生多大的压力将取决于你如何看待它。

在遭受惊恐发作时，很可能预想的威胁根本就不存在——这种反应可能是一种"下意识的反应"。有时候"搏斗—逃跑"反应会失控，如果在没有任何背景和明显原因的情况下发生这种状况，表明控制反应的大脑机制没有很好地发挥作用。本章节的后面部分将介绍当前有关此类功能失调原因的理论。但是，恐慌本身的生理原因更为人们所熟知。

神经系统有两种相互独立的活动：自主神经系统和非自主神经系统。一方面，自主神经系统使你的肌肉运动执行着你直接的命令，另一方面，非自主神经系统调整除自主控制神经系统之外的一般的自动功能，比如你的心跳、呼吸和消化。非自主神经系统自身又可以划分为两个部分：交感神经系统和副交感神经系统。当你有情绪或是很兴奋的时候，交感神经系统负责动员一系列身体反应。在你平静或是休息的时候，副交感神经系统维持着你各种内部器官正常平稳的功能。

在遭受某种惊恐发作时，交感神经系统快速而强烈地调动各种不同的身体反应。首先，它使你的肾上腺释放大量的肾上腺素。伴随着畏惧或是恐惧感，你会感到一种突然的"震惊"。在几秒钟里，过多的肾上腺素会引发：1）心跳加速；2）你的呼吸变得快而浅；3）大量流汗；4）颤抖哆嗦；5）手脚冰冷。你的交感神经系统也会使肌肉收缩（这方面最极端的例子是动物因恐惧而变僵硬），这很可能会使你感到胸口发闷或喉咙发干，并有一种要死亡的恐惧感。交感神经系统引起的另外一些反应包括胃酸分泌过多、消化不良、脾脏产生血红细胞、肝脏释放储存的糖、新陈代谢速度加快、瞳孔放大。

其实，当你有情绪或是兴奋的时候，这些反应都会发生，不过程度较低。恐慌时的情况是，这些反应的程度达到了一种极端的状态，以至于你感到不安、受惊并且有强烈的要逃跑的冲动。我们必须认识到，恐慌时释放的肾上腺素将在几分钟内被肝脏和肾脏重新吸收。如果你可以对因恐慌产生的身体症状不采取任何措施，不害怕，也不暗示自己这些症状很严重，它们很有可能会在很短的时间里平息下去。第6章将会介绍一些策略，使你学会在恐慌时，只是静观，而不会有身体症状上的反应。通过正确的呼吸和对自己作支持性、从容性陈述，你会学会很好地应付恐慌，而不是吓唬自己，使自己有更强烈的反应。

恐慌的生理症状很容易理解，但是大脑中的那些引发这些生理反应的机制就不是那么好理解了。接下来的部分呈现了当前的一些理论，这些理论将告诉读者惊恐发作是由于特定机能的失调引起的。

惊恐发作

大脑是你身体中最复杂的部分，包括了超过1 000亿的大脑细胞或神经细胞。在任何特定时候，都有数以百万计的神经冲动沿着连接大脑各个区域的复杂通路传递。

每次一个单独的神经冲动从一个神经细胞传到下一个，它必须要跨越一定的间隔。每一个神经细胞之间没有连接，而是被一个很小的间隔分开，称作"突触"。我们知道神经冲动从突触上通过的过程在本质上是化学反应。突触中微量的化学成分使得一个神经冲动可以从一个神经细胞传递到下一个。这些化学成分称为神经递质，大脑中有20多种不同的神经递质。

很显然，大脑中有不同的系统，这些系统对某些特定神经递质极其敏感。每一个系统包括了一个巨大网状结构的神经细胞，对某些神经递质极其敏感。有一种系统叫作去甲肾上腺素激活系统，它似乎对一种叫作去甲肾上腺素的神经递质极其敏感。另一种系统叫作血清素激活系统，它包括一种极其敏感的神经细胞，一种叫作血清素的神经递质。在大脑的一些主要部分两种神经系统都有大量的神经末梢，当遭受惊恐发作时，神经末梢会被激活。尤其是（脑灰质颞叶前部的）杏仁核，它是脑干的一部分，在引起恐慌中起关键作用。研究发现，杏仁核不是单独起作用，而是与大脑中的其他结构共同起作用来引起恐慌。这些结构包括：大脑较高级中枢，如前额叶皮质和脑岛，它们调制着感觉信息以说明这些信息是"危险的"还是"安全的"。记忆中的这些信息存储在大脑的海马区（延伸于脑的每一个侧脑室下角底上的一条海马状突起）里。大脑较高级中枢和海马区由杏仁核直接连接起来。杏仁核通过刺激脑干的其他各种结构来触发恐慌反应。这些脑干结构包括：1）可以引起一般行为和生理上警觉的蓝斑；

2）控制肾上腺素的分泌并刺激交感神经系统的下丘脑（见本章节的前面部分）；3）刺激抵抗或回避行为的灰质；4）引起呼吸急促的神经核。

如果大脑中的整个神经系统过分敏感时，你就会更有可能遭受惊恐发作。也许是由于先前神经系统受到了过于频繁、强度过大的刺激，又或者两者兼有。因此，引起恐慌的神经学基础上的解释，确切地说，不是"化学物质失衡"，也许你的医生已经告诉过你这一点，而更有可能是过于敏感的害怕系统，包括上面所提到的所有大脑结构。研究者认为，神经递质血清素和去甲肾上腺素的缺乏可能会导致杏仁核、蓝斑以及害怕系统的相关结构的控制失效。SSRI类或者SNRI类的抗抑郁药物能提高血清素和去甲肾上腺素的数量，并使它们有效地遍布大脑。这也就是为什么SSRI类或者SNRI类的抗抑郁药物可以消除惊恐发作。2~4周后，这些药物可以使过度敏感的杏仁核、蓝斑和相关的害怕系统保持稳定或是降低敏感度。

到目前为止，我们还不是很清楚害怕系统过度敏感最初产生的原因。有假设认为，害怕系统的这些变化可能是严重的紧张或是长期累积的压力引起的结果。尽管这个假设还没有被证实，但是"积累的压力对于惊恐发作起着很重要的作用"是很有可能的（就像在这章前面所讨论的那样）。如果证实该理论是正确的话，即压力能改变杏仁核和害怕系统，那么可以得到如下一个重要的推论：要治疗与惊恐发作有关的大脑功能失调，最有效的方法是制订长期而全面的计划，用以减少生活中的压力。从目前来看，药物对重新使你大脑中与恐慌和焦虑有关的结构稳定有所帮助。但是，如果没有生活方式上的改变（比如定期的放松和运动、有效的时间管理、合理的营养、个人支持、积极和有建设性的态度）——这些改变能够有助于你的生活更简单、更平静，停止服药后，恐慌和焦虑很有可能复发。

广泛性焦虑

苯二氮䓬类镇静剂，比如，阿普唑仑、氯羟安定和氯硝西泮，可以很有效地缓解广泛性焦虑（还有恐慌和恐惧症里表现出的预期性焦虑）。研究发现，GABA（伽马氨基丁酸）系统是大脑中的一个特殊系统，是唯一对苯二氮䓬药物过敏的系统。这个系统包含对神经递质GABA很敏感的神经细胞。GABA在大脑中的功能是抑制神经递质——它倾向于抑制或是降低大脑的活跃程度，尤其是大脑中枢里控制情绪的边缘系统。因此，GABA和大脑本身自然安静反应有关。当你给人们直接输入GABA，或者让人们服用增强GABA活性的药物时，他们的焦虑就会得到缓解。

我们知道苯二氮䓬类镇静剂，如阿普唑仑，会使GABA系统更活跃，就跟神经递质GABA起到的效果一样。这就是为什么镇静剂会减轻焦虑和其他情绪唤起。

患慢性焦虑的人的GABA系统是怎么回事呢？关于这方面的理论已经有很多了。也许GABA本身的缺乏导致了GABA系统的抑制活动性降低，或者可能是大脑中自然产生的一些苯二氮䓬物质（那些已被我们认识到的）的缺乏导致了GABA系统活跃性的降低。也许是有太多的GABA受体而GABA数量不足。这个情况实在是太过复杂，因为大脑的活跃并不是只受GABA系统的控制，血清素和去甲肾上腺素系统（甚至和其他神经递质系统）对其也有着影响。此外，关于大脑的研究还发现这些系统相互作用和相互影响。我们只能说GABA系统在广泛性焦虑的神经学基础中起着主导作用，这就足够了。GABA系统缺乏活跃性，导致了边缘系统结构的抑制不足，比如杏仁核和蓝斑，这些边缘系统结构都会引起各种形式的焦虑。

强迫症

那些可以应用于广泛性焦虑的推理同样也可以应用于强迫症。一些药物，比如，氯米帕明和选择性5-羟色胺再摄取抑制剂（SSRIs）——氟西汀（百忧解）、左洛复（舍曲林）、帕罗西汀、氟伏沙明——这些药物减少强迫症状的功效向我们揭示了一些关于强迫症的生理机制。我们知道这些药物可以提高大脑中一种叫作血清素的特殊神经递质的数量。它们比其他抗抑制的药物更为有效。所以，血清素（以及大脑中血清素系统）在神经生物学基础上对强迫症也起着重要的作用。

最近，关于大脑的研究发现，强迫症神经通路与大脑中的三个结构有关：眶额叶、丘脑和尾状核。脑成像研究发现：这些结构所形成的一个环路或圈，在强迫症的患者中显现得异常活跃。当你焦虑时，眶额叶会传递焦虑信号给丘脑，丘脑转而会通过尾状核把信号返回到眶额叶。对于正常人来说，这个环路只有1次或几次，但对强迫症患者来说，这个环路会重复很多次，因为他们的尾状核有问题。SSRIs可以用以降低强迫症环的兴奋。大脑中的许多血清素神经细胞有抑制性，并且强迫症环的结构中似乎有大量的抑制性神经细胞。大脑中血清素的提高，提高了抑制性血清素神经细胞的活跃性，反过来可以降低强迫症环的过度兴奋。

与强迫症有关的另外一个大脑结构是扣带前回。扣带前回的功能之一是能够使你自如地将注意力从一个主题转移到另一个主题。当扣带前回的这个功能无法正常发挥时，你会很容易地困惑于或是陷入某一个主题，这也就是你强迫自己做某些事的原因。SSRI类药物似乎可以帮助扣带前回发挥正常的功能。脑成像研究发现：认知行为疗法，尤其是暴露和反应预防疗法可以使与强迫症有关的大脑结构功能正常化。严格的心理学方法的干预法使得大脑功能发生了持久的变化，并且这些变化与药物治疗的效果相似，这令我们兴奋不已。

抗抑郁药物如何发挥作用

本节将对抗抑郁药物如何起作用作一个更加专业的解释，这可能会引起立志学医或对大脑生理学感兴趣的人的特别兴趣。如果你不是，可以直接跳到下一节"会导致惊恐发作和焦虑的医学条件"。

在过去的20年里，对抗抑郁药物如何减轻焦虑和抑郁的科学理解在不断发展。选择性5-羟色胺再摄取抑制剂类药物（SSRIs）通过阻断5-羟色胺（一种主要的脑神经递质）在突触（大脑中每个神经连接之间的微小空间）的再摄取而起作用。更多的5-羟色胺留在突触中，因为它没有被通向特定突触的神经细胞重吸收（突触前神经细胞的重吸收通常在没有药物的情况下发生）。

大脑中的神经传递包含神经脉冲（离子交换产生的电信号）沿着神经细胞或神经元的传递。在大脑中，数十亿个神经元之间有数万亿个微小的空间，这就是突触。突触用于将传入神经元（特别是它们细长的轴突）与大量传出神经元（其接收终端被称为树突）分开。

抗抑郁药物（SSRIs和SNRIs，参见第18章"药物治疗焦虑"）通过阻断突触前轴端对5-羟色胺的再摄取来起作用，其结果是这些药物增加了突触中游离5-羟色胺的数量。

既然突触中有更多的5-羟色胺（以及带有SNRIs的去甲肾上腺素），为什么抗抑郁药物不能立即减轻焦虑或抑郁？神经生物学研究已经确定，这些药物的疗效并不是直接由它们在大脑突触中产生更大数量的5-羟色胺而导致的。实际上，增加的5-羟色胺会下调突触后（树突状细胞）受体的数量。简单来说，突触中5-羟色胺的增加减少了突触后受体的数量。为什么？因为不需要那么多的受体来处理突触中5-羟色胺的增加量。突触后受体下调和减少的过程需要时间，通常至少需要两到三周，这就是抗抑郁药物不能立即起效，而是需要两到三周才有疗效的原因。事实上，SSRI类抗抑郁药物和SNRI类抗抑郁药物可能最多需要12周的时间来达到最大治疗效果，全面的下调效果可能只需要这么长时间。

第18章"药物治疗焦虑"中"SSRI类抗抑郁药物"这一节简要总结了下调过程。

最近，有证据表明抑郁症会伴随脑源性神经营养因子（BDNF）水平的降低，尤其是在大脑的海马区（与新记忆和学习形成相关的区域）。这有时被称为抑郁的"神经营养假说"（包括一般的焦虑）。神经营养假说提出，抑郁/焦虑的增加与海马中脑源性神经营养因子水平的降低有关。因此，SSRI类药物也通过提高脑源性神经营养因子水平来缓解抑郁或焦虑症状。本章没有进一步讨论神经营养假说。

最新研究表明，抗抑郁药物通过下调突触后受体和增加脑源性神经营养因子活性，增加了大脑神经元可塑性，尤其是杏仁核、海马和尾状核等关键区域。几项研究发现，抑郁症患者的神经可塑性会受损，有自杀行为的患者的神经可塑性受损更严重。我们已经知道各种药剂可以增加大脑的可塑性（未受损区域对受损大脑区域的控制能力）。抗抑郁药能帮助增加神经元可塑性，这对于其减少抑郁和自杀行为具有启发性的指示作用。

会导致惊恐发作和焦虑的医学条件

本章最开始描述的恐慌的生理学机制已经得到了很好的证实。但是各种有关大脑不同神经递质系统的生理机制的提议目前还只是假设。这些生理学假设，可以应用到大部分惊恐发作和广泛性焦虑的案例中，但不是全部，把这一点牢记在心是很重要的。有时，因为医学条件引发的恐慌反应或是焦虑，和我们所了解的焦虑症就很不一样。比如，甲状腺功能亢进和低血糖会引起惊恐发作，其所有表现看上去和恐慌引起的症状几乎是一致的。钙、镁的缺乏或是对某种食物添加剂过敏也会导致恐慌或焦虑。当改变这些条件后，焦虑也就消失了。

下面的任何一个条件都可能成为惊恐发作或广泛性焦虑的原因，其中前六个是最常见的。

过度换气综合征

从胸口位置快速地或浅地呼吸，有时会导致血液里二氧化碳的含量过低。这个结果导致的症状和遭受惊恐发作的症状很相似，比如：头轻飘飘的、头昏眼花、出现幻觉、呼吸急促、颤抖和/或手脚嘴唇有刺痛感。这些症状是很危险的，可能会引发真正的惊恐发作（参看第4章关于腹式呼吸的部分，那里将深入讨论过度呼吸综合征）。

低血糖

对于很多人来讲，因为不合理的饮食或是压力，血糖含量会大幅降低。一旦这种情况发生了，这些人的症状会和恐慌反应极其相似，包括焦虑、发抖、头昏眼花、虚弱和晕头转向。低血糖会导致惊恐发作，甚至会加剧那些由于其他因素引起的恐慌反应（参看第15章中的详细讨论）。

甲状腺功能亢奋

甲状腺荷尔蒙分泌过多会导致心悸（心跳很快）、流汗和广泛性焦虑。甲状腺功能亢奋的其他症状包括体重下降、体温升高、失眠、眼睑浮肿。如果你有上述的一些症状，你可能需要你的医生为你做一次甲状腺机能测试，看看这种情况是否与你的焦虑或恐慌的症状有关（参看第16章，有更多内容是关于甲状腺状况是如何影响焦虑的）。

二尖瓣脱垂

二尖瓣脱垂是导致心悸的各种原因中危害最小的一个。二尖瓣脱垂是由于心脏左边上下部分隔开的瓣膜上有微小的缺陷。血液通过流经瓣膜，实现从左心房流入左心室。由于二尖瓣脱垂，瓣膜没有完全封闭，因此一些血液从左心室回流到左心房，引起了心律的失调。心律失调足以令人惊惶不安从而引起恐慌，但是这并不危险。二尖瓣脱垂不会引发心脏病。

与普通人群相比，惊恐症在患有二尖瓣脱垂综合征的人群中发生率更高，但是原因并不明确。在一些病情严重的案例中，二尖瓣脱垂综合征可以通过服用β-受体阻滞剂类药物来治疗，例如，心得安。

经前期综合征（premenstrual syndrome, PMS）

如果你是女性，你应该留意观察你的恐慌或广泛性焦虑是不是正好在月经期前变得更严重，这样做很重要。如果是的话，治疗你的经前期综合征可能会足以缓解你的恐慌或焦虑问题。治疗方法有：提高饮食质量、加强运动、补充维他命B$_6$等。在某种情况下，还可以采取自然妊娠的方式来缓解（参看第16章中的详细讨论）。

内耳病症

对于一小部分人来说，惊恐发作可能和耳朵内部肿大（由于传染、过敏、梅尼埃尔氏综合征或其他问题）而引起的平衡失调有关。如果你焦虑或恐慌问题的明显症状是头昏眼花、头轻飘飘的或者情绪不稳定，你可能应该请耳鼻喉学专家检查一下你的内耳系统。

以下是其他一些会引起恐慌或焦虑的医学条件：

◎ 对可卡因、安非他明、咖啡因、天（门）冬氨酰苯丙氨酸甲酯、食欲抑制物、哮喘药、类固醇，或其他刺激物极其敏感

◎ 停止服用酒、镇静药或镇静剂

◎ 甲状腺中毒

◎ 库兴综合征（Cushing's syndrome）

◎ 肾肿瘤

◎ 侧甲状腺疾病

◎ 颞叶癫痫

◎ 脑震荡后综合征

◎ 钙、镁、钾、尼亚新、维生素B$_{12}$缺乏

◎ 肺气肿

◎ 肺栓塞

◎ 心律失常

◎ 充血性心力衰竭

◎ 高血压

◎ 环境中毒，如汞、碳、二氧化碳、碳氢化合物、食品添加剂、农药

在采取行为或心理策略进行治疗之前，为了排除一切可能引起或加重你病情的医学上的状况，让你的医生为你做一个彻底的全身检查，包括

血液分析。记住,上述的那些医学状况(除了过度换气和低血糖外),只在一小部分病例中引起过恐慌和焦虑。

短期的诱导因素

长期的因素,如遗传、童年经历、长时间累积的压力,形成了焦虑症的前置原因。但是短期的诱导因素有着很多特别的情况,尽管在短时间内发生,但实际上却是引起惊恐发作或恐惧症的真正原因。这一部分我们将简单介绍:

◎在第一次惊恐发作之前的特定压力

◎引起恐惧症时身心的调整过程

◎外伤和创伤后应激障碍在引起压力中的作用

促使惊恐发作的压力

在第一次惊恐发作之前,当事人常常面临一件很有压力的事情或是一个很有压力的环境。由于先前所描述的诱因存在,他们就很容易患上惊恐症。在与他们的接触中,我发现下列三种类型的压力常常促使第一次惊恐发作:

重大的个人丧失

因为死亡、离婚或是分离而造成的重大的个人丧失,似乎是引发第一次惊恐发作的重要因素。其他的重大丧失,比如失业、生病或是严重的经济困难,也可能引起第一次惊恐发作。

重大的生活变化

一个需要数月来调整与适应的重大生活事件,有时也会引发第一次惊恐发作。这些重大的生活事件包括结婚、生小孩、辍学、换工作、参军、搬家或者是久病不愈。

任何一个重要的压力，无论是重大的损失还是生活中的重大变化，都可以促使一个已经因为其他原因而很脆弱的个体遭受第一次惊恐发作。

刺激性的或娱乐性的药物

由于摄入大量咖啡因而引发第一次惊恐发作是件很普遍的事情。人们时常是直到遭受了惊恐发作时，才会意识到他们食用的咖啡因太多了。

食用可卡因的人群中遭受惊恐发作的概率更高。可卡因是一种刺激性很强的药物，它会使人遭受惊恐发作，即使不曾因先前描述的长期原因而患过惊恐症。服用安非他明通常会引发惊恐发作。此外，停止服用巴比妥酸类药物或镇静剂都容易使人第一次遭受惊恐发作。

恐惧的条件和根源

恐惧症是指一种对特殊物品、行为或是场景产生了持久的、不合理的害怕感受，致使主体不得不回避这些可怕的物品、行为或是场景的病症。有三个显著的特征来区分恐惧症和日常生活中普通的害怕。首先，很长时间内，你一直都很害怕某个物品或是场景。其次，虽然你知道自己的害怕不合理，但是这种认识并不能帮助你消除害怕。最后，也是恐惧症最显著的特征，是你回避害怕的场景。对某些东西的不合理害怕还不是恐惧症，但是当你开始回避你所害怕的东西时，就真的是恐惧症了。

不同类型的恐惧症所试图避免的场景也是不同的。如果你是广场恐惧症，你会试图去回避那些如果遭受惊恐发作，你害怕自己不能够很容易脱身的场景。这类场景包括在杂货店排队付款、高速公路上、电梯里或者大桥上。如果你有社交恐惧症，你会试图去回避那些你害怕自己可能会在别人面前丢脸或尴尬的场景，比如，在公共场合发表演说、舞会上、公共休息的地方和求职面试中。简单恐惧症使你害怕由自然灾害或某些动物引起的潜在的死亡或伤害，尤其害怕被围困。

这些恐惧症是怎样产生的呢？有两种过程是最为合理的：条件性作用和外伤。外伤并不总是产生恐惧症的原因，但条件性作用却总会引起恐惧症。对恐惧症有影响的条件性作用有两种类型：1）关联性条件反射；2）回避性条件反射。

在关联性条件反射中，一个本来很平常的情境开始让你感觉到强烈的焦虑。这是因为你在某一天的同一种情境中感到了恐慌或是强烈的焦虑。比如，你在高速公路上开车时，突然产生了恐惧感。使情况变得更糟糕的是你产生了一些可怕想法，比如"我应该往哪里开？"或者"如果发生事故，我该怎么办？"在你的意识里形成了"高速公路"和"焦虑经历"的强烈联系。因此，以后只要是位于、靠近甚至是想到高速公路，你就会感到焦虑。简而言之，你建立了"高速公路"和"焦虑经历"之间的联系。同样的，你第一次试图在公共场合发表演讲时经历了很强的焦虑，这就会导致二者之间的联系的建立。后来，只要每次你试图在别人面前演讲时，甚至是你一想到要做这件事时，就会产生强烈的焦虑感。

关联性条件反射可能会导致你对特定的情况或物体产生恐惧，但它本身并不会产生恐惧。只有当你开始避免这种情况或物体时，你才会"学会"害怕。行为心理学中一个由来已久的原则是，任何得到奖励的行为都会重复。避免让你焦虑的情况是一种明显的回报——回报就是减少焦虑。每次你回避这种情况，焦虑得到缓解的回报随之而来，因此你的回避行为会得到加强，并趋于重复。你的回避能很好地把你从焦虑中拯救出来。

学会远离恐惧的情况，因为这样做是有益的，这就是回避性条件反射。回避性条件反射是任何恐惧症形成过程中最关键的过程。第7章中描述的图像和现实生活中的暴露疗法直接逆转或克服了恐惧症。

外伤、简单恐惧症和创伤后应激障碍

刚才所讲的那些条件性作用过程最容易引发广场恐惧症和社交恐惧症。另外，某些简单恐惧症是伴随着特殊伤害经历而出现的。小时候，我对蜜蜂有恐惧感。这是因为两岁时，我捉蜜蜂时被蜇了一下。这就是关联性条件反射的一个实例。我被蜇时所感到的痛苦使我把蜜蜂与恐惧联系起来。后来关联性条件反射发生了作用，只要我一看见蜜蜂靠近就逃离。同样的，经历了一次车祸会导致一个人后来害怕开车，甚至是害怕坐在车里。有溺水经历的人会对水产生恐惧。许多简单恐惧症可以追溯到一些童年的意外创伤。其他的恐惧，特别是那些我们从很小就有的对黑夜或昆虫的恐惧，可能部分原因是我们的进化遗传。这些恐惧可能已经作为生理特征编入所有哺乳动物的神经系统中以促进种族的生存。这些人们与生俱来的恐惧感不能被认为是恐惧症，除非是：1) 它们导致持续的逃避；2) 它们持续到成年。

创伤的另一个结果是发展出PTSD，如第1章所述，不会出现特定的恐惧症；相反，往往会出现一系列症状，"重新制造"最初的创伤。对所发生的事情的痛苦回忆和梦境是大脑试图控制最初的事件，并抵消它所带来的情感电荷。

使焦虑持续的原因

使焦虑症持续的原因，也就是什么使焦虑继续发展。包括对焦虑、惊恐或恐惧持久的思考、感受和处理。这本书的许多部分都可以帮助你掌握这些原因。我们考虑的四类原因中只有维持原因是在此时此地产生作用并且是最容易处理的。下面所列的维持原因并不全面，而只是那些最为显著的。维持原因将会在本书的其他章节中进行详细的讨论。

回避恐惧的情境

恐惧症的产生是因为回避那些使你产生焦虑的场景，尽管回避可以暂时让你减轻焦虑。只要你不断地回避应对那个令你恐惧的场景、行为或是事物，恐惧症就无疑会存在。如果你坚持回避直接面对它，仅仅以你自己的方式去尝试思考或推理来摆脱恐惧症是不会起作用的。只要你回避一个场景，你就会很容易担心自己能否处理好这个场景。

克服某种恐惧意味着你学会了其他应对恐惧的方式，不再有恐惧的反应。当你最终面对这种情形时，你不再产生：1）提前恐惧——场景中可能的恐慌带来的预先的焦虑；2）自行回避这种情形。同时，你给了自己一个认知的机会——你可以进入并且处于一种恐惧状态中而没有过分焦虑。如果你足够谨慎地使自己置于那些恐惧的情形中，你可以学会容忍，并最终轻松自在地处于任何恐慌的情形中。第7章讨论的想象暴露法和现实生活脱敏法就是用来培养这种类型的处理方法的。

依赖安全行为

安全行为是你为了逃避恐惧而采取的自我防御策略，这通常会适得其反，加重恐惧。逃避恐惧反而会产生恐惧。放弃安全行为意味着你接受了恐惧，回报就是你最后会发现处理恐惧比你预想的简单。常见的安全行为如下：

拖延症。例如，你将在一群人面前举行音乐独奏会或演讲。你没有给自己留充足的时间去准备，而是等到最后一分钟，然后给自己施加压力，试图在过短的时间内充分准备，这加重了焦虑。

过度准备。你将面临一项艰巨的任务，比如期末考试或现场音乐表演。你花了过多时间准备，导致"预期性焦虑"（对即将发生的、对个人要求较高的情境的焦虑），这让你在实际事件发生的前几天感到痛苦。在即将要进行实际表演时，你可能会因为过度准备和随之产生的焦虑感到疲惫或失眠。

寻求安心。例如，你在过去一两天里承受了过大的压力，所以心跳异常剧烈或快速，这对大多数的人来说是很正常的事。但你担心自己可能患有严重的心脏病，为了安心，你预约了你的主治保健医生，甚至是一个心脏病学家。你做了一些检查，比如压力测试和超声波心电图。即使检查结果显示无异常，你仍然心存疑虑并要求医生进行额外的检查。如果你等待三四天，等压力消退后，你的心脏症状可能会自然消失。寻求安心的冲动只会增加你的恐惧。

过度检查。假如你偶尔会出现心跳过快（甚至不是严格意义上的心动过速，即持续性每分钟超过100次）。这种情况可能是由于压力过大，近几天急匆匆地忙碌奔波，或者只是因为喝了太多咖啡。即使你的心脏连续几天以每分钟100次的速度跳动，但在没有真的危险的情况下，你还是要不断地测量脉搏来确定心率。也许你每小时检查几次，每天检查的次数多达二三十次。在心率下降后，你还是不放心，打电话给你的主治保健医生，甚至是一个心脏病学家，想检查是否真的出了问题。在所有的测量中，一半甚至更多的测量结果都显示你的脉搏率在完全正常的范围内（每分钟70~99次），即使是这样，你还是要不断检查以确保自己没事。不断检查心率的过程只会加剧你的焦虑。或者你的丈夫要晚点到家（可能是因为加班或交通堵塞），尽管他对此做了合理的解释，但你还是很担心，一直给他打电话。当然，如果你的丈夫决定关掉手机来拒绝接听重复的电话，情况可能会变得更糟。

完美主义。追求完美不仅会造成潜在的焦虑，还会增加幻想甚至抑郁。完美主义往往在面对需要花费大量时间和精力的任务时会显现出来，比如参加大学招生考试或工作面试，参加期末考试或执业证书考试，也可以是进行一场音乐表演。在以上事件发生之前或在此期间过度追求完美往往会适得其反。你过度紧张的期望会让你在实际任务之前和任务期间感到过度焦虑，甚至羞愧，有时会干扰你发挥出最佳表现。有关完美主义和如何应对完美主义的更多内容，参阅第11章"加重焦虑的人格类型"。

过度依赖支持者。在面对长期存在的恐惧症时，一开始就有一个支持者陪伴通常会有所帮助。例如，如果你在多年不坐飞机后第一次飞行，有人陪伴可以分散你的注意力，缓解焦虑，让你安心。或者你对于去医院做常规检查有恐惧症，但你已经好几年不去医院了。当你很长一段时间以来第一次去看医生时，有人陪伴会很有帮助。当你进行检查时，让支持者坐在候诊室就可以了。当你第一次面对多年来一直逃避的恐惧情境时，支持者是可以帮助你的"拐杖"。但如果你每次面对恐惧时都需要支持者，你就永远不会知道你有独自处理恐惧的能力。为了完全暴露在大多数恐惧症中，放弃需要支持者这样的安全行为是有必要的，这样你就会对自己克服恐惧的能力充满信心。这种信心在你真的需要独自面对某种情境时尤其重要，比如独自待在家里或在离家很远的地方开车。

仪式。在你面对一种要求很高的情境之前，比如坐飞机或去看牙医，你可以试着通过一种仪式来缓解你的焦虑，比如祈祷四次，或者随身携带特殊的安全物品，比如泰迪熊或某件珠宝。这种仪式是为了形成一种错误信念，即你只能通过仪式来处理这种情境。但你只有放弃仪式，意识到在没有仪式的情况下进入这种情境也不会发生糟糕的事，才能对自己全面掌控情境的能力有信心。如果你想尝试不用任何仪式就进入情境，你需要循序渐进。例如，进入情境时少说几句祷词，或者只拿一个填充球而不是一个填充玩具熊。

为了减少对安全行为的依赖，请遵循以下三点：

1.意识到你正在采用安全行为来保护自己免受焦虑。

2.暴露而不是反抗。不要反抗或逃避不舒服的暴露情境（面对你害怕的事情）。克服安全行为的关键是完全接受这种情境和具备容忍不适的能力（除非不适飙升到压倒性的程度，但这通常是不可能的）。

3.应对。暴露在不适的情境中，使用对你来说最有用的应对策略，忍受这种不适。可用的应对策略很多，所以要选择你认为最有帮助的策略。

在第6章"应对惊恐发作：这样的'危险'不可怕"的"应对惊恐早期阶段的措施"一节中找到一个应对策略，例如腹式呼吸练习、反复使用积极的应对陈述、与一个支持你的人通电话或面对面地聊天、参加身体锻炼等。所有这些策略都有助于减少并最终消除干扰你目标的焦虑。当你使用应对策略时，要确保积极使用它们来打破你逃避恐惧的倾向，而不是使用本身就是安全信号的应对策略，即用来逃避恐惧的策略。应对策略在刚开始面对困难时是有帮助的，但不会一直有效。

无论是对外部环境的恐惧，对内部身体感觉的恐惧，还是单纯的过度焦虑，主动应对恐惧的最终目的都是在没有他人任何帮助的情况下，借助应对策略面对恐惧，甚至直接面对恐惧。关于"应对暴露"与"掌控暴露"之间的区别，请参阅第7章"直面恐惧：暴露疗法"。

无论你是在腹式呼吸等应对策略的帮助下学会面对恐惧，还是在没有任何策略帮助的情况下面对恐惧,你都会学到两个非常重要的教训:1)你能够很好地处理恐惧,而不会产生之前对恐惧的所有预期性焦虑;2)即使完全面对你的恐惧不是很舒服,但你会发现自己高估了它的糟糕程度,它并没有你预期的那么糟糕。

焦虑的自我对话

自我对话即在自己的意识里自己对自己说话。它是你长时间的自我内部的独白。虽然它可能是无意识和微小的,以至于除非你回顾或是特别的注意,否则你意识不到它。你的许多焦虑是由你对你自己作的一些叙述引起的。这个叙述以"如果……该怎么办?"开始,比如:"如果我的另一种惊恐发作,该怎么办?""如果我在开车的时候失去控制,该怎么办?""如果我在排队的时候产生焦虑,人们会怎么看我?"这种自我对话,在事情发生之前就把事情预料得最糟。最常见的说法就是庸人自扰。

自我对话也会引起较严重的惊恐发作。这种侵袭开始以身体症状为表现形式,如胸闷、心悸。如果你可以接受和容纳这些症状,并不让它们使你害怕,这些病症将会迅速减少并且逐渐平息。然而,更普遍的是你告诉自己"不,我感到惊慌失措""我得了心脏病该怎么办?""我要远离这里,但是我不能""如果因为觉得我的腿无力,就用几分钟休息或是依靠着一些东西,人们一定会认为很怪异的。"这些惊恐的言语只会加重身体的症状,这些又反过来引发更加极端的惊恐的言语,导致一个恶性循环,引发较为严重的惊恐发作。

令人开心的是,通过有支持力的、镇静的叙述可以使你自己学会认识、停止并补偿焦虑挑衅性自我对话。自我对话的主题将在第8章中详细介绍。

错误信念

你消极的自我对话来自于你对自我、他人和世界的潜在错误信念。

比如，如果你相信你不可以安全地独处，你就会说服你自己和其他人，让他们一定要有人在你的身边。如果你毫无疑问地相信生活常常是一场斗争，那么当你开始感觉很好时或是当别人提供帮助时，你会告诉自己，里面肯定有问题。如果你相信世间险恶，那么你会对一切事物都不信任，也不愿为了战胜广场恐惧症而冒必要的险。

改变你关于自己和生活的基本想法比仅仅改变焦虑的自我对话要花费更多的时间和精力。但是这种改变会对你的自尊，接受不完美的自己和他人的意愿以及你长期平静的心态都会有长远的影响。错误信念的主题将在第9章详细介绍。

情感受压抑

否认生气、失望、伤心甚至是兴奋的感受，会引发自由浮动性焦虑。自由浮动性焦虑是指你莫名其妙地感到焦虑。你可能会注意到，当你发泄出自己的怒火或是痛痛快快地哭一场之后，你会感到平静，感到更加轻松。表达感情会产生明显的生理效果，使焦虑水平下降。

如前所述，有焦虑倾向的人天生就带有更情绪化和反复无常的癖性。然而，在他们成长的家庭中，获得父母的赞赏比表达自己的需要和感受更为优先。因此，当他们长大后，他们仍然觉得实现完美和取悦他人比表达他们自己的感受更重要。这种否定内心感受的倾向会导致其长期处于紧张和焦虑的状态。一些人深信由病态性恐惧引起的对外在危险的躲避其实是掩盖了深藏的内在危险：长期抑制的恐慌感重新出现。当这种感受有彻底爆发的危险时，恐惧就会出现。比如，你有对水的恐惧，这可能被视为一种否定情绪的深层恐惧的替代。你对凶猛野兽的害怕意味着你对经历愤怒后也不能从中得到满足的一种深层恐惧。在我看来，这种恐惧症的情绪基本理论至少部分是正确的。

幸运的是，学会更容易和更频繁地认识和表达自己的情感是很有可能的。虽然过多自由地表达自己的情感，尤其是愤怒，并不是常常有效的，但是重要的是至少要知道你的感受是什么，并且允许你的感受以一些形式表达出来。这样做会大大地降低焦虑的水平，减少恐慌的倾向。这个话题将在第12章里详细叙述。

缺乏坚持自我的能力

为了向其他人表达自己的感受，形成一种坚持自我的交流风格，以直接、坦率的方式表达自己是很重要的。坚持自我的交流方式使你在顺从和独断中找到了很好的平衡。顺从是指你害怕要求你真正想要的东西；独断是指你通过高压或威胁的方式获得你想要的东西。如果你有焦虑或是恐惧的倾向，你可能会表现出顺从。你不会直接要求你想要的东西，并且害怕表达强烈的情感，尤其是生气。你常常害怕强加给别人什么，你不想放弃自己在他人心目中好的和让人喜欢的印象。或者是你害怕坚持自我的交流方式会使你和在你基本的安全观念中所依赖的那个人的关系疏远。缺少独断的问题是它会在你的内心产生愤恨和被限制的感受。而愤恨和被限制的感受会加重焦虑和恐惧，这是众所周知的。

学会坚持自我和直接地表达自己的愿望和需求是很有可能的。这种交流方式在第13章中有介绍。

缺乏自我照顾的能力

许多有焦虑症的人的通病是缺乏安全感。这在广场恐惧症中是极其明显的，患此症的人强烈地需要靠近安全的地方和安全的人。这些不安全的感觉是由各种不同的童年经历引起的，包括父母的忽视、遗弃、虐待，父母过分的保护和过分的苛求，以及父母嗜酒成性或是瘾君子。因为小时候没有得到稳定的和可靠的养育，在这些恶劣条件下幸存下来的孩子成年后常常缺乏适当照顾自己的能力。由于不知道如何去爱护和养育自己，他们承受着较低的自尊，在面对成年人该做的事情和需要承担责任时，可能会感到焦虑和不知所措。缺乏自我照顾的能力只会助长焦虑的情绪。

父母虐待、缺少照顾和关爱，解决这些问题最持久的方法是当好自己的父母。增加自我需求的意识，治愈童年内心的伤害，从而变得更自食其力的方法将在第14章介绍。

肌肉紧张

当你肌肉紧张时，你会觉得焦虑不安。肌肉紧张会导致你的呼吸受限。当你的呼吸很急促，受到限制时，你很有可能正在经历焦虑。紧张的肌肉还会使你的情绪压抑，正如上面所描述的那样，使焦虑程度加重。你可能会意识到，当你的身体很紧张时，你的意识将会更容易慌乱。当全身肌肉放松时，你的意识流动将会减慢并且逐渐平静。放松的系统方法的创立者艾德蒙·雅各布曾经说过："焦虑的意识不会存在于一个放松的身体里。"在焦虑中，身体和意识是不能分开的。

你可以通过坚持每天深层放松和高强度的体力运动相结合、相协调的计划来降低肌肉紧张的水平。任何一个单方面的计划都可以减缓肌肉紧张，但是把两者结合起来会有更深远的影响。在你的生活方式中，如何结合放松和运动的详细指导方针将在第4章、第5章中呈现。

兴奋剂或其他与饮食相关的因素

类似咖啡因和尼古丁之类的兴奋剂会加重焦虑，并且使惊恐更容易发作。直到你少量或不再服食它们时，你才能意识到它们的影响。在两个病例中，我见到了当患者不再食用咖啡因（咖啡因并不单单来源于咖啡，茶、可乐饮料、非处方药都可能含有咖啡因）时，惊恐发作也完全不见了。对于一些人，其他的饮食因素，比如，糖和食物添加剂会加重，甚至是偶尔引发惊恐反应。

食物—焦虑的联系在通俗或是专业的关于焦虑症的书本中几乎没有被探究。本书的第15章中对这个联系有详细的叙述。

高压的生活方式

压力的作用在先前被描述为焦虑症的诱发剂和短期原因。紧张的生活方式使得焦虑问题更为持久并不是很奇怪的事。惊恐发作的频率和恐惧症的严重性的增加或减少取决于你处理日常生活中压力的好坏程度。把握好这个部分所讨论的所有使焦虑维持的原因——焦虑的自我对话、错误信念、情感受压抑、缺乏坚持自我的能力、缺乏自我照顾的能力、肌肉紧张和饮食——将大大有助于减少你生活中的压力。另外一些没有在书中提到的和压力有关的因素，比如，时间管理、A类人格类型和交流等，这些因素在许多关于调节压力的优秀畅销书里都有讨论。我可以推荐如下书籍：马丁·谢弗的《压力后的生活》，约翰·梅森的《减压指南》，玛莎·戴维斯、伊丽莎白·埃谢尔曼、马修·麦克凯的《放松与减压手册》。

缺乏人生意义和目标

关于这一点，我曾反复提到过。当患者开始感到他们的生活有意义、有目的、有方向性时，他们的焦虑和恐惧就会逐渐减轻。直到你发现有一些事大于自我满足——那些赋予你的生活以目标意义的事——否则你可能会感到厌倦和朦朦胧胧的束缚感，因为你没有完全认识到自己的潜力。这种束缚感会成为滋生焦虑、恐慌，甚至是惊恐发作的温床。

无意义、无目的以及它们与心理健康间的关系问题，已经被当代心理学家比如维克多·弗兰克和罗洛·梅深刻论述了。在生活中面对和致力于解决这些问题的许多方法在第19章里介绍。

练 习

1.你认为下列哪些因素可能会导致你的特定的症状？

□回避恐慌情形　　　　　□焦虑的自我对话

□错误信念　　　　　　　□情感受压抑

□缺乏坚持自我的能力　　□缺乏自我照顾的能力

□肌肉紧张　　　　　　　□兴奋剂或其他与饮食相关的因素

□高压的生活方式　　　　□缺乏人生意义和目标

2.请将以上这些因素根据它们对你的影响程度依次排序。你觉得哪一个对你是最重要的呢?

3.具体指出三个你最想在下个月解决的焦虑症致病因素?

3

整合治疗：

最佳的康复途径

整合治疗法的七个方面

　　第2章论证了有多少种不同类型的因素会导致焦虑症。遗传、大脑生理机能的失衡、童年期的贫困以及错误的抚养方式和长期压力的影响都会造成惶惶不安、广场恐惧症或其他任何形式的焦虑症。引起这些病症，并使这些病症持续的原因是多种多样的。这些因素能够在你的生理（如浅呼吸、肌肉紧张、营养不良）、情感（压抑情感）、行为（避免接触极端恐惧的情境）、心理（害怕谈话或错误信念）以及"自我"（如缺乏自信或缺乏照顾自我的能力）5个层次上产生作用。

　　既然造成焦虑症的原因是多种多样的，那么也就需要一种适当的方法来使其康复。治疗惊恐、恐惧症，或其他任何与焦虑相关的问题，最有效的方法是最大范围地解决引起这些症状的因素，这是本书的基本原理。这类方法可以称之为"整合法"。它的假设是，你不能只给人们提供所谓"正确"的药物处理，并以此就期望恐慌或一般化的焦虑消失。你也不能只解决童年期遭遇的问题，让人们致力于由于父母糟糕的抚养方式而导致的情感问题，且期望这些问题消失。出于同样的原因，你不能只是教人们掌握新的行为和自我对话，并期望只做这些就可以解决他们的问题。一些临床医生依然按照用药物治愈精神病的方法来治疗焦虑症，或只是把焦虑症看作童年发展的问题，或只是作为行为问题；但这种单一评量方式的倾向在近年来有所改变。很多医疗从业者发现，只解决引起焦虑的其中一两个原因，焦虑问题是不会根除的。只有你愿意在习惯、态度和生活方式这些方面作根本的、全面的改变，康复才能够最终实现。

这一章概括并阐述了治疗焦虑症的综合方法，这些方法是我这些年来在治疗焦虑疾病的过程中逐渐总结出来的。之所以称之为整合的治疗方法，是因为它所提供的干预方案涉及七种不同层次的原因。包括：

◎生理的

◎情感的

◎行为的

◎心理的

◎人际的

◎自我的

◎存在主义的和精神的

下面将简单介绍这些方法，也是对本书其他章节的一个预览。

生理方面

生理方面的原因包括大脑或身体的生理机能失衡（参见第2章"生理的原因"部分）。这些原因包括：1）浅呼吸；2）肌肉紧张；3）持续的压力对身体的影响；4）营养和饮食因素（如在你的饮食中咖啡因含量过多）。这本书中，有五个不同的章节涉及了解决生理原因的策略。第4章讲解了呼吸技术，以帮助你改变会引起焦虑的浅的、胸部层面的呼吸方式。这一章还提供了两种彻底放松的技术——渐进式肌肉放松和调节，这两种技术可以缓解肌肉紧张并减弱压力的影响。只要定期地练习，无论你使用哪种技术，你都会感到比较平静，并且，在通常情况下没有必要服用镇静剂。

关于锻炼，第5章花了很多的笔墨，讲解要执行定期的有氧运动计划。我的一些病人发现要缓解肌肉紧张，定期的锻炼是唯一的、最有效的策略，所以说锻炼能够降低焦虑（无论是慢性的还是急性的）。第16章讨论了改变各种不良的饮食习惯，这些改变有助于降低焦虑，包括拒绝使用那些对身体有影响的兴奋剂和药物，而是更多地依靠食物和补充营养来使人性情更加平静。第17章论证了各种会使焦虑加重的健康问题——如肾虚、经前期综合征（PMS）、季节性紊乱和失眠症。为了克服焦虑，所有这些问题都需要在一个全面的治疗计划中得到解决。最后，第18章讨论了在什么情况下最适合采用药物治疗，以及伴随每种用药物治疗焦虑症的方案中可能存在的风险和疗效。

情感方面

抑制情绪——特别是抑制生气的情绪——可能是引起慢性焦虑和遭受惊恐发作的重要原因。通常情况下，恐慌的感觉只是沉浸于生气、沮丧、悲伤或绝望的表象。很多有焦虑症的人成长的家庭不鼓励表达自己的情绪。作为一个成年人，你可能对确认自己当时的情绪怎样都感到有困难，更不要说表达这些情绪了。第13章为下述问题的解决提供了特别的指导和策略：

◎识别情绪被压抑时的症状.

◎确认你当时的情绪如何。

◎学会表达你的情绪。

◎与他人交流你的情绪。

行为方面

恐惧症会因为单一回避行为的存在而持续。如果你拒绝到高速公路上驾车、过桥、在公共场合讲话或者只是独自待在家里，你就会一直害怕面对这些情境。因为你的逃避行为被强化，即如果你不去面对让你害怕的东西，那么就不必去应对如果你去面对所必经的焦虑，你就会一直保持着恐惧的心理去回避它。第7章介绍了一些已经证明出对治疗恐惧症很有效的策略。

通过想象暴露使你首次理性地面对自己的恐惧，一次次地想象你能够很好地战胜它。现实生活脱敏法需要你面对恐惧——但是有他人的帮助，并且恐惧度逐渐地递增。这两种类型的脱敏法的共同特点是让你一小步、一小步地去面对害怕的事情。

　　某些行为会引起惊恐发作。尝试与恐慌作斗争通常只能是加剧恐慌。大多数情况下，按照你的方式克服恐慌是不可能的。第6章介绍了一些策略，当恐慌刚刚出现时，运用这些策略可以使恐慌最小化。学会观察并与恐慌共处，而不要太在意生理上出现的惊恐症状，这也许是你能够作出的最重要的行为上的转变。与另一个人谈话、转移你的注意力、运动起来、表达自己的要求和情绪、做腹式呼吸和重复给自己打气，这些特定的技术都能够培养更强的能力，从而使人积极地解决由于恐慌造成的身体上的症状，而不再只是消极地回应。

心理方面

　　你自己的内心独白，又称作自我对话，对你焦虑的状态有很大的影响。各种类型的焦虑症都具有的人倾向于过多地考虑"如果……该怎么办？"，在面临他们所害怕的事情之前就想象最坏的结果。想着"如果……该怎么办？"这种可能出现的情况来恐吓自己，这传统上叫作担心。自我批评式的思考和完美主义者的自我对话（告诉自己"我应该""我不得不""我必须"）同样会加剧焦虑。

　　第8章介绍了识别和克服有破坏性的思考方式的具体策略。通过重构消极的自我对话，使其更加有鼓励性、利于建立自信，你就会改掉那些使你焦虑持续的习惯，例如，担心、自我批评和要求完美。

　　能导致焦虑的自我对话背后隐藏着你对于自己、他人和社会的错误信念，这是产生焦虑最基本的原因。例如，如果你看到自己不足以与别人相比，或者把外部世界看作是危险的地方，你将会一直焦虑，直到你修正了这些基本的态度。第9章提供了识别和克服会导致焦虑的错误信念的策略。

人际关系方面

　　人们经受的大多数焦虑来源于人际关系中遇到的困难。当你在与别人交流自己的感情和需要时遇到困难，你可能会发现自己饱受沮丧情绪的折磨，甚至发展到长期紧张和焦虑的程度。这种情况同样会发生在你无限度地接受或不能拒绝别人的要求或请求时。第13章提供了各种策略，以使你学会保护自己的权利并且表达自己真实的想法和情绪。在与人交流时，坚定而自信的态度能够使你明确地表达自己想要什么或不想要什么，这种方式对别人也是一种尊重。学会坚定并很有自信是康复过程中的一个非常重要的部分，特别是你正在克服广场恐惧症或者社交恐惧症时。

　　能够同别人谈论你的情况也是康复过程中的重要一步。第6章的结尾处讨论了这样做的方法。

自我方面（自尊）

　　在引起焦虑症的所有原因中，缺乏自尊是最为深层的。你可能成长于一个功能失调的家庭，这样的家庭缺乏各种应有的关爱和照顾，充斥着虐待或忽视，从而使你的自我价值感很低。结果，成年之后，你可能依然缺乏安全感，感觉害羞和力不从心。而这些往往以惊恐发作、恐惧到户外去（广场恐惧症）、恐惧当众受辱（社交恐惧症），或者广泛性焦虑等方式更清晰地表现出来。通常情况下，缺乏自尊与上述所有的原因都有关——特别是缺乏自信、自我批评或完美主义的自我对话以及表达情感上的困难。

　　有很多种方法可以用来建立自尊。如塑造完美的体型，有明确的工作目标并达到目标，坚定地克服消极的自我对话都是有帮助的。第15章提供了增强自我价值感的体育锻炼和训练策略。

存在主义的和精神的方面

有时候，人们可能已经在前面提及的所有原因上得到了改善，但依然会感到焦虑。他们依稀地感到不满意、空虚或者对生活厌倦，这些感觉可能会引起恐慌或慢性的、一般意义上的焦虑。在我的患者当中，有很多人发现找到能使他们生活更有意义的目标或方向是解决焦虑问题的最终办法。通常情况下，度过一个能够满足他们才能和兴趣的假期也包括在其中。一种情况包括发展能够提供创意的艺术才能。焦虑症状（抑郁也一样），可能是一种心理表达方式，通过它督促你探索并实现现实生活中尚未实现的潜能。不管是涉及智力的发展、情感的发展，还是更多地发挥你的身体潜能，不要只是认为你的恐慌或恐惧是生理的、情感或心理因素的消极反应，你可能会惊奇地发现这些能够使你了解自己所有的潜能。

对很多人来讲，精神上的坚定信仰和归属感是帮助他们从焦虑的困境中解脱出来的一种非常有效的方法。已经证实了12步计划在成瘾领域中精神唤醒的效果，这对焦虑症的康复是一样的。与更高的力量（可以称之为上帝、灵魂，或随便你怎么称呼）建立联系能够为获得内心的安全、心理支撑、心灵上的安静以及认为外部世界是友善的态度提供重要的途径。第21章分析了存在主义和精神层面上的康复。

整合康复计划的四个例子

前一部分主要帮助你加深对各个层次的理解，从而以一种综合的方法使自己从焦虑症中康复过来。为了让自己更明确，我希望你考虑一下在四个特定案例中这种方法的效果如何。第1章的开始部分就呈现了这四个案例，它们属于一类，反映了最经常出现的四种焦虑症类型：惊恐发作、广场恐惧症、社交恐惧症和强迫症。当你通读这些案例时，你可能就会开始构想在自己的康复计划中要包括哪些策略。这些案例后面的"问题有效性图表"和"每周练习记录"将会启发你，使你能够更加详细地为自己制订适合的、独具特色的康复计划。

苏珊：惊恐症

你可能还记得第1章中的苏珊，她每晚都会因惊恐发作而惊醒，主要症状为心悸、头晕并担心自己将会死去。每当这时，她就会起床并试图祛除这些症状，但是，如果这些症状没有祛除，她就会变得越来越焦虑，从而可能会在房间来回走动一个小时或更长时间。她感到恐慌并疑惑，担心自己是否会得心脏病。这种恐慌持续了一周之后，她约见了一位心脏病医生。

我们认为她的医生对焦虑症很了解。排除了任何心脏问题后，心脏病医生诊断她有焦虑症，并把她送到了在治疗恐惧和恐慌方面很有专长的医生那里。这个医生运用了由很多部分组成的整合治疗方法来减轻苏珊的生理、情感以及心理方面的问题。

首先，这个医生把她送到了内科医师那里排除了其他身体方面可能的原因，例如甲亢、低血糖症、二尖瓣脱垂综合征或钙镁缺乏症。排除了这些可能性后，苏珊从学习腹式呼吸开始了她的康复计划，这样有助于她减少生理学上的唤起反应，这种反应与惊恐发作有关（参见第4章）。治疗师还让她每天进行渐进式肌肉放松练习（参见第4章），以使她的身体能够很快进入放松的状态。定期的渐进式肌肉放松练习的效果是递增的（其他任何定期深度放松练习的效果也是一样的，例如内观疗法或冥想）。几周以来，苏珊发现她一直感到很放松。除了呼吸和深度放松技术以外，治疗师还让她坚持执行定期、高强度的体育锻炼计划（参见第5章）。她有选择做何种体育运动的自由，但是最好每周有4~5次，每次持续半小时以上的有氧运动。定期运动、呼吸技术和深度放松共同作用，有助于减轻肌肉过度的紧张，分解过多的肾上腺素，减少焦虑突然发生的可能性，并增加苏珊整体的健康意识。放松和运动共同作用，大大减少了她遭受惊恐发作的强度和频度。

苏珊的治疗师还发现她每天喝3~4杯咖啡。尽管对有些人来讲，这种量在自己的可控范围之内，但大多数正在接受治疗的恐惧症患者发现，即使很少量的咖啡因都会使他们的情况变得更糟。治疗师要求苏珊逐渐减少她的咖啡因摄入量，最终完全不再饮用含有咖啡因的咖啡。她的治疗师还建议她平衡饮食，要多吃营养丰富的、没有经过加工的、糖和盐含量少的食品。治疗师还建议她食用富含高效力的复合维生素B、维生素C和钙镁食品（参见第16章）。

然后，治疗师开始教苏珊特效技巧，以帮助她在初始阶段，即当刚开始注意到有症状时，就中断那种恐慌（参见第6章）。这些技巧包括叫来一个朋友，或者让她做家务直至身体疲惫，或者让她在日记中把自己生气或失落的情绪写出来。重点是她的自我对话——在感觉到有恐慌症状的初期，她对自己说了些什么。她的治疗师发现苏珊很容易自己吓自己会遇到很恐怖的事情，她暗自对自己这样说："我要是有心脏病该怎么办？""我不能站在这里！""我要离开这里！"治疗师让她用更加积极的、自我支持性的语言来替代这些"恐吓性"语言，例如，"我能够控制这些感觉""我会顺其自然，并且等待焦虑的消失""我能让我的身体放松，一切都会过去"。多次练习这些"肯定性"的想法后（见第6章的"应对陈述"一节），苏珊发现她能做到只是静观自己的身体症状，而不再恐慌。一段时间过后，她不再做出很惊慌的反应。苏珊的治疗师还帮助她辨别潜藏在多数行为之后的一些最基本的错误信念（参见第9章）。她开始对自己作出这些基本的假设，如"我做任何事情都能够全胜""生活就是奋斗""任何事情都能够预测并置于控制之中"。她能够把生活看得更加简单，并且抱着乐观的心态去看待生活中那些无法避免的挑战。

与苏珊惊慌反应相关的最后一个原因是她老爱把自己愤怒和沮丧的情绪压制得一丝不透。一开始，苏珊的医生就发现，当她在工作中受挫时，就很容易惊慌。她成长的家庭要求每个人都应该尽最大的努力，不能有怨言，不要直接地表达自己的情绪和需要。在这种环境中，她学会了无论在陌生人还是朋友面前都要表现出很愉快的样子，不管内心的感觉如何。尽管刚开始苏珊不相信，但她最终也认为有时候她惊慌的背后就是自己沮丧、生气的情绪，而运动计划帮助她释放了一些此类情绪。她还发现，不管什么时候，只要意识到自己的情绪处于爆发边缘时，把这种情绪在日记中写下来对缓和情绪也是很有帮助。

苏珊的康复计划包括了生理、行为、情感和心理多个层面上的干预措施，如下总结：

生理	呼吸练习 定期的深度放松练习 定期的有氧运动 减少咖啡因的摄入量 增加营养，增加维生素的摄入
行为	运用应对技巧，如腹式呼吸和分散注意力的技巧，在惊慌的萌发阶段就予以消除
情感	识别一些惊慌的反应，如厌恶情绪中包含的愤怒等 学会通过口头或书面形式表达沮丧的情绪
心理	在惊慌的初始阶段要将自我恐吓式的对话改变为支持性的、平静的对话 练习肯定陈述 重新审视潜在的错误信念，并且对生活要采取更加轻松、自在的态度

通过所有这些干预措施的共同作用，苏珊的惊恐发作症状最终得以消除。实施计划6个月后，她偶尔仍会有些焦虑，但很少有惊慌的症状。当她感到惊慌时，她有各种办法使自己的反应在加重之前就得以消除。

对于苏珊来讲，不用药物治疗也能从惊恐症中完全康复过来。但也不是什么情况都能参照本案例的做法。当惊恐的情况非常频繁或很严重，以至于干扰了你的工作、你的人际关系，或者一般的身体功能（或者并没有出现上述的情况），那么，吃药可能会合适一些。在这些情况下，服用6个月到1年的抗抑郁药物，如舍曲林，通常会很有帮助（参见第18章）。

辛迪：广场恐惧症

你可能还能回忆起第1章中有关辛迪的案例。她不单有惊恐发作，还拒绝去杂货店、饭店、电影院这些地方，因为她担心自己可能会有惊恐发作。此外，她还非常担心她可能必须要停止工作。由于恐惧而拒绝外出是广场恐惧症的特点。综合的康复计划对辛迪的效果怎么样呢？

苏珊用过的干预措施辛迪也用了，因为，辛迪同样有惊恐发作的经历。呼吸技巧、定期的渐进式肌肉放松练习、定期的体育锻炼（可能的话最好做有氧运动）和营养的加强对于帮助她减少恐慌的心理因素都是很必要的(参见本手册中相应的章节)。她还学会了同样的治疗惊恐的技巧,所以,当她由于惊恐而出现身体上的症状时,她就会主动采取措施,而不是消极应对(参见第6章)。辛迪还努力改变可能使自己达不到预期目标的自我对话(参见第8章)。在她的案例中,这点尤其重要,不只是为了对付惊恐本身,还要控制自己在工作时不去过于担心会恐慌。最后,就像苏珊一样,辛迪需要重新思考关于自己的一些基本的错误信念,例如,"我不能犯错误""我得总是去取悦每个人""成功就是一切"。她增强自信去面对这些信念,并把这些信念录制到磁带中,到每晚要睡觉的时候听(参见第9章)。

对辛迪来说,不仅要治疗她的惊恐反应,还要治疗她的逃避行为。这点很重要。开始时,她拒绝到公共场合,如杂货店、饭店和电影院,并且几乎不到她害怕的地方工作。仅在前几周,她会严格限制自己要去的地方。通过想象暴露法和现实生活脱敏法,她学会了重新进入所有这些情境,并且能够安然地置于其中(参见第7章)。她把这个过程分为三个阶段:

第一,把重新进入每个特定环境的目标分解为一系列的小步骤。例如,在杂货店时,她有八个步骤:

1.在店的入口附近待上1分钟

2.进门后在门口待上1分钟

3.往店里走一半,待上1分钟,然后离开

4.走到店里面,待上1分钟,然后离开

5.不买任何东西,在店里待上3分钟

6.买一件东西,并通过快速结账的队列

7.买三件东西,并通过快速结账的队列

8.买三件东西,并通过正常结账的队列

第二,练习想象暴露法,也就是在想象中完成所有这些步骤,直到她能够详细地想象到最后一步,并且没有感到任何焦虑。

第三,练习现实生活脱敏法,即在真实生活中完成这八个步骤。首先,她在一个协助者——通常是在她的男朋友的帮助下把每个步骤练习数遍。然后,再试着自己完成。例如,独自完成第三步后,在协助者的帮助下她开始练习第四步。只要一感到强烈的焦虑，以致可能会失去控制时，她就可以暂时中止或退出过程。她发现这样做会使整个过程完成得最好。如果她强迫自己去感到很焦虑的地方，但却没有过于焦虑或者怨恨自己，那么，一步一步向前推进康复的进程就简单多了。

针对自己特定的惊恐状况，辛迪采取了三个步骤：1）分解目标；2）想象暴露；3）现实生活脱敏。通过定期地练习脱敏，3个月后，她能够重新进入所有先前回避的场所，并没有不舒服的感觉。

辛迪的自我动机很强，而她的男朋友通常也会在疗程进行的前期伴随她左右。来自于男朋友持续的鼓励和帮助大大加速了她的进步。

战胜任何恐惧的最直接、最有效的方法不过就是要面对它。但是，如果你有广场恐惧症，那么，要想应对这种长期存在的恐惧的愿望在最初看起来可能无法实现。辛迪发现如果把整个进程分解为小步骤，而这些小步骤在最初想象时已经决定好了的话，这种应对过程是可以实现的。

除了战胜恐惧，辛迪康复计划中的另一个重要部分就是学会建立自信（参见第14章）。最容易让她惊慌的主要压力来自于她的老板，她不会对老板的不合理的要求说"不"。辛迪的朋友也提到，她不会维护自己的权利，也会因为害怕男朋友离开她而不敢对男朋友说"不"。她八岁的时候，父亲离开了，她就成长于这样一个单亲家庭。另外，她的妈妈很苛求，也很爱批评人，因此，辛迪从来不能确定妈妈是否爱她，并且有强烈的不安全感，害怕被妈妈抛弃。小的时候，她就不敢坚持自己的观点，害怕会因此而危及从妈妈那里得到的那种脆弱的、有条件的爱。辛迪把这种依赖的方式以及担心被抛弃的想法带到了成年，并迁移到了与男朋友的关系之中。从一种很微妙的角度上看，这确实加剧了她的广场恐惧症。在无意识的状态下，她觉得只要她依赖男朋友的照顾，男朋友就不会离开她。

在康复期间，辛迪意识到她要改编她的"人生剧本"。她觉得老是要去照顾其他人的想法只会让她感觉越来越沮丧，她需要增强自我意识，维护自己的权利。通过学习建立自信，她发现可以要求自己想要的，对不想要的可以说"不"，与此同时依然可以从男朋友和其他人那里得到爱和支持。事实上，她还很惊讶地发现，坚持自己的想法以后，每个人反而都更加尊重她了，包括她的男朋友。辛迪从学会面对她先前拒绝的情境中获取的独立、自主，与她从培养更加自信的个人风格中获取的独立、自主相互影响。依赖是使对陌生环境感到恐惧的持续原因，而她不再依赖了，因此也就不再有广场恐惧症了。

辛迪的童年时代给她留下了不安全感以及对被抛弃的恐惧，因此提升自尊也是很重要的（参见第15章）。辛迪从小就缺少父母的关爱，对此，她发现，唯一的补救措施就是自己成为自己的好父母。通过改善自己的外形，并以坚定的自我接纳和自我价值观去抗衡内心的批评家（内心的自我批评），这一点她部分做到了。

总之，辛迪应对广场恐惧症的康复计划包括了苏珊应对惊恐发作康复计划中的所有步骤，另外还增加了想象暴露法和现实生活脱敏法，以克服她对特定情境的逃避。对于辛迪来讲，构建自信和自尊也是很必要的。她需要克服自己那种来自童年的不安全感和对被抛弃的恐惧，否则她的广场恐惧症会更加严重。她所有的计划包括六个不同层次的干预措施，如下：

生理	呼吸练习 定期的深度放松练习 定期的有氧运动 增加营养，包括增加维生素的摄入
行为	运用应对技巧，在一开始时就防止恐惧的反应 通过想象暴露法和现实生活脱敏法来克服特定性恐惧
情感	学会确定并表达自己的情绪
心理	克服消极的自我对话，这种消极的自我对话会引起惊恐发作和对惊恐发作的担忧 用自我支持的肯定陈述来克服潜在的错误信念
人际关系	发展更加自信的人际交往风格
自我	构建自尊，通过： □改变自己的外形 □克服自己心中的批评

完全实施这些干预策略大约花了辛迪一年的时间。在一年结束时，她对广场恐惧症和惊恐发作都不再紧张。她决定重新回到业余学校接受培训，以成为一名注册护士，并且继续做她的医疗文秘工作。

史蒂夫：社交恐惧症

你可能还记得第1章中的史蒂夫，他害怕参加工作会议。他在小组会上常常不爱发言，害怕同事会由于他没有起作用而用批评的眼光看他。他最害怕的事情就是别人让他在小组会议上发言。如果这种事情最终发生了，他会害怕到不得不辞掉这份工作的程度。

史蒂夫的情况完全符合社交恐惧症的症状——害怕自己不能在小组中有好的表现而招致尴尬和羞辱。他的康复计划主要是想象暴露法和现实生活脱敏法。

与苏珊和辛迪的情况相似，史蒂夫也需要全面的治疗方法。因为他通常都会感到焦虑，所以，苏珊和辛迪用来降低焦虑的生理反应的策略也同样适用于他。史蒂夫首先学会了腹部呼吸的技巧以在短时间内降低焦虑。他发现这些策略能够帮助他减轻因参加工作会议而引起的恐惧。他还每天练习两次深层放松技巧。在史蒂夫的案例中，冥想要比渐进式肌肉放松练习更能缓和他慌乱的思绪（参见第19章）。他还发现一周慢跑四次对紧张和焦虑水平有实质性的缓解作用（参见第5章）。最后，他发现当他减少精制糖的摄入量时，他的情绪波动减弱了，也不太容易抑郁（参见第16章）。通过提高他的整体健康状况，史蒂夫对治疗自己的社交恐惧症更加有信心了。

史蒂夫最先运用想象暴露法对付参会时的恐惧。正如在辛迪的案例中一样，史蒂夫把能够参加会议的目标分解为各个小步骤：

1.在小组中（少于5个人）坐15分钟

2.在小组中坐45分钟到1个小时

3.在大组中坐15分钟

4.在大组中坐45分钟到1个小时

5.重复步骤1—4，并且在会议过程中至少要有1次评论

6.重复步骤1—4，并且在会议过程中至少要有2次评论

7.在小组中作1分钟的发言

8.在小组中作3分钟的发言

9.在小组中作5~10分钟的发言

10.在大组中重复步骤7—9

当他能够在想象中成功地使自己脱敏之后，史蒂夫着手进行在真实生活中克服对小组的恐惧（参见第7章）的任务。首先，他与老板一起坐下来讨论自己的问题。他向老板解释道，他期望能够参加会议，并且通过有效的、循序渐进的计划来克服自己的恐惧心理。他跟老板商量，让他只参加小型的、简短的会议。如果他仍感焦虑，老板允许他随时离开。克服了参加小型、简短会议的恐惧之后，他进步到能够参加越来越大型的会议了。想到自己想离会的时候就可以自由离开，史蒂夫更加愿意采用现实生活脱敏法了。到了参与大型会议也不怕开口说话时，他开始克服自己对发言的恐惧。史蒂夫决定在当地一所初级学院学习公共演讲课程，而不是一开始就尝试在工作会议中发言。因为教室中的学生是来学习如何作公共演讲的，这样对人的要求就不像在工作中对人的期望那么高。完成公共演讲课程之后，他就在他非常熟悉的一小部分同事前作了个简短的发言。从这之后，他逐步开始在人更多的小组面前作更长时间的发言，最后他能够在一群陌生人面前讲话了。

当站在小组成员面前时，史蒂夫还是感到很焦虑，但是现在他已经能够应对自己的焦虑了。这主要通过腹式呼吸技术和增强自信来实现的，如"我能够克服这种焦虑，一切都会好起来的""只要我开始做，我就会好起来的""我说的东西很有价值，大家会很感兴趣的"。经过一段时间的训练，他不再害怕去一个地方作发言，而是期望利用发言来表达自己的观点和想法。

除了采用想象暴露法和现实生活脱敏法，与辛迪一样，史蒂夫还致力于培养自信和自尊（参见第14章和第15章）。他家有三兄弟，他是其中最小的一个。他通常受命于两个哥哥，也因此学会了压抑自己的感情和想法。在生活中，他一直害怕坚持自己的立场。这种恐惧在很大程度上致使他在小组中讲话和作发言时感到困难。通过练习增强自信的技巧，他学会了怎样直接向别人表达自己的感情和需要。他非常高兴和惊奇地发现，别人总是对他讲的内容很欣赏、很感兴趣。

作为家中最小的孩子，史蒂夫在童年期一直处于被保护的状态。在成长的过程中，他一直担心自己单独做事或者像大人一样承担责任。他必须要培养自尊，从而意识到自己是有价值的、重要的，并且能够跟其他任何人一样作出贡献。

治疗史蒂夫社交恐惧症的康复计划与治疗辛迪广场恐惧症的康复计划有很多相同的部分。唯一显著的区别是史蒂夫没有治疗惊恐的必要，他的恐惧症主要围绕担心招致尴尬以及羞辱，而不是因为遭受惊恐发作而失去自控。以下所有的康复策略中，现实生活脱敏法可能是最重要的：

生理	呼吸练习 定期的深度放松练习 定期的有氧运动 增加营养（特别注意的是，血糖过低会导致情绪波动，因此要增加糖的摄入量）
行为	想象暴露 现实生活脱敏法，包括发言前的公开讲话
情感	学会确定并表达自己的情绪
心理	克服消极的自我对话 克服错误信念
人际关系	形成一种自信的人际交往风格
自我	减少对自己在人群中的表现的焦虑 克服自己心中的批评

迈克：强迫症

你可能还记得迈克吧，这位成功的商人在开车的时候老是会反复地出现不理智的恐惧——担心自己轧死了人或者动物。这种恐惧感特别强烈、持久，以至于他必须不断地开车返回去，确定没有东西轧死在公路上。直到寻求治疗之前，他此类的强迫症还是特别严重，在继续赶路之前必须返回3~4次。因为他感到很羞愧并且无力控制自己的行为，所以他非常沮丧——这就是人们通常抱怨的强迫症。迈克的问题属于强迫症中"检查"这一类型。但是针对他这一类型的全面康复计划同样适用于其他强迫症类型中,包括清洗、计算或其他强迫行为。

在很多方面,迈克的康复程序与前述的苏珊、辛迪和史蒂夫的相似。他的医生要求他每天做呼吸练习、渐进式肌肉放松练习和有氧运动,以减轻他焦虑时的生理症状。迈克还在他的饮食中减少了咖啡因和糖的摄入量,并开始在早餐和晚餐中摄入高效复合维生素B和维生素C。单单通过这些练习,迈克就感觉好多了,在一段时间里他完全觉得不需要开车返回去检查。但是,他的问题并没有完全解决。

迈克努力改变他在驾驶时对自己的内在提问,或者说自我对话。不再问自己:"我撞到人怎么办?"取而代之,他学会了以这种观点来面对,"如果我撞到东西,我一定能够听到或者感觉到。但我既没听到,又没感觉到,所以一切安好无恙。"一遍又一遍地重复这种肯定的观点,有助于使他返回的次数逐渐减少——从三四次到一两次。但这也没有完全消除他的强迫行为。

另一个有效的干预措施是学会确定并表达自己生气时的情绪。如果他因为自己的强迫性检查行为而生气了,就在车中大喊一声:"不!"他发现这样做有时候能够足以消除自己的焦虑而不必再去检查。面对并承认自己的受挫感不仅有助于减轻他的强迫性检查行为,也有助于减轻他生活中其他方面的压力。由于表达需求和感情不足以完全消除他的强迫症,因此,他还尝试了除生理和心理以外的其他策略。

通过阅读相关的资料,迈克知道了治疗强迫症最好同时运用下面两种干预措施:

◎称作暴露和反应预防疗法的行为干预方法

◎药物——尤其是抗抑郁药物,如氯米帕明(安拿芬尼)和氟西汀(百忧解)

在治疗师的监督下,迈克通过两个步骤实践暴露和反应预防疗法。首先,治疗师指导他把开车时返回的次数减少到一次。他已经把这种频率从四五次减少到了两三次,并且,经过一个月的时间,他进一步减少到了一次。到此时,治疗师坐在一旁陪他开车,只要他一强烈地感到要返回,治疗师就指导他把车开到路边,停下来等几分钟,直到他感觉不再那么焦虑,不再想开车原路返回去。然后,他再继续向前开车。跟治疗师一起练习两周之后,终于,迈克能够独自做这件事了。对于迈克来讲,不用花太多时间和精力原路折回,这简直是一种解放。

但是,一个问题依然存在,那就是尽管积极的自我对话在某种程度上能够帮助他不再老想自己轧了东西,但是这种强迫性观念不能完全从头脑中清除。他开车时依然很警惕,依然对无法控制自己这种强迫性想法而感到很沮丧。

迈克的治疗师把他介绍给了一个精神科医生。医生指导他服用氯伏沙明,使用过这种药的病人中,大约有60%的人发现这种药在消除和降低强迫症症状方面很有效。在开始使用这种药物的三周里,迈克发现他的强迫症症状全部消失了,他的沮丧感明显减轻了。他开始放松下来心情愉快地驾驶,不再担心撞到别人。医生告诉他需要接着服药一年,到那个时候,迈克就可以逐渐地停用药物,并观察不用药物他能否消除强迫行为。

尽管迈克在治疗自己强迫症的过程中很好地运用了上面描述的干预措施,但是他依然不时地感到沮丧。对医生来讲,迈克对他的日常工作和生活感到厌倦是显而易见的。他在康复计划的最后一个阶段作了两个大的调整,这种调整为他的生活增添了意义和方向。首先,他决定换职业。在一年的过程中,他不再从事公司的营销职务,而是开始做自己的一个小的零售店。在生活中,迈克一直对音乐非常感兴趣,但是从来没有满足过自己的这一爱好。所以,他开始上钢琴课。一年之后,他有了新的追求,买了一架电子合成器,开始创作自己的钢琴曲。这种创造性的活动为迈克的生活增添了新的活力,并且使他表现出了出人意料的潜力。这之后,他的沮丧感彻底没有了。

使迈克的强迫症得以康复的最重要的方法是同时运用干预和药物措施。他的沮丧感之所以能得以减轻的关键是他不仅克服了强迫症,还找到了有创造性的活动,这给他的生活带来了新的活力。他的所有的康复计划可以归结为以下内容:

生理	呼吸练习 定期的深度放松练习 定期的有氧运动 增加营养，增加维生素的摄入
行为	运用暴露和反应预防疗法以改掉强迫性检查行为
情感	学会确定并表达生气和沮丧的情绪
心理	通过自我对话克服害怕轧死他人的想法
药物	高剂量服用氟伏沙明一年，再服用维持剂量一年
存在主义的和精神的	在弹钢琴和音乐创作活动中寻求创造的乐趣

制订你自己的康复计划

通过阅读本章，我希望你们已经对以下3件事有所了解：1）全面康复计划中运用的各种策略；2）运用到的策略的特殊类型；3）在个别案例中实际运用了多少策略。

现在，你可以开始制订自己的康复计划了。后面设计的两个表格就是帮助你制订计划的。第一个是"问题有效性图表"。这本书把不同的焦虑类型与特定的章节对应起来。专门针对焦虑症患者的章节标记为大写字母"X"。那些经常涉及的章节标记为小写字母"x"。当然，你的选择要依据你的问题的本质和原因。阅读了这本书的前三章，你应该知道要重视哪些策略。

第二个图表叫作"每周练习记录"，是让你详细记录你自己的康复计划的。这个图表列举了这本书中所有的有效的策略和技巧。每种技巧后面的圆括号中的数字是每周锻炼的建议次数。这个图表是让你检查自己在一周里的每天都做过哪种运动。

因为这是一个周记录表，所以我建议你做52份，这样就可以记录一年的情况。（当然，实际上也有可能你的康复计划在不到一年的时间内就起到了显著的作用。）

在图表的上面，一定要说明日期以及你本周的目标。在图表的下面，你可以评估一周里你康复的情况，用0~100%的百分数表示。（注意：每周你可能会有所进步也有可能会退步，对此要有一个良好的心理准备。）你无法在一周内完成本书中推荐的所有策略，这点是很明显的。当你阅读每一章时，你可能会重点看那章中介绍的技巧。不管你要克服的是何种焦虑症的类型，我建议一年52周中，这四种技巧要每周训练5~7次。这些技巧是：

1.深度放松技巧（例如肌肉放松、想象或冥思）

2.半小时的高强度体育锻炼

3.良好的饮食习惯

4.克服消极的自我对话或运用自信克服错误信念

如果你患有恐惧症，还有一种策略，我建议你每周练习3~5次，直到你的恐惧症得到缓解，它是：

5.现实生活脱敏法

有了这些指导建议，你就可以决定在康复计划中的其他策略上花费多少时间了。

长期不断地运用这些对你有利的技巧与否，会产生完全康复和部分康复的区别。而每周练习记录表就是用来促使你长时间执行你的个人康复计划的。

问题有效性图表

一般性焦虑症	创伤后应激障碍	强迫症	广泛性焦虑症	一般性恐惧症	社交恐惧症	广场恐惧症	惊恐发作	
X	X	X	X	X	X	X	X	放松
X	X	X	X	X	X	X	X	体育锻炼
					X	X	X	惊恐的应对方法
				X	X	X	X	暴露疗法
X	X	X	X	X	X	X	X	自我对话
X	X	X	X	X	X		X	改变错误信念
X	X	X	X		X	X	X	表达感情
X	X	X			X	X		坚持自我
X	X	X	X	X	X	X	X	自尊
X	X	X	X	X	X	X	X	营养
	X	X	X		X		X	药物
X	X	X	X		X	X	X	意义/精神

实施自己康复计划的必要因素

到现在为止，要在自己的康复计划中运用何种策略，你可能已经有一些想法了。每周练习记录表能够使你每周详细记录你个人计划中所用到的特别的策略和技巧。但是，你也许已经想象得到康复的策略涉及很多细节，仅是一系列策略是不能完全概括的。你是否能够运用本书中推荐的那些策略完全取决于你解决问题的态度、承诺和动机。你的康复效果的好坏取决于你涉及并采用以下描述的这五个必要因素的程度。

1.承担责任——在有支持的条件下

你对自己的问题感到有责任吗？或者，你是不是把这些归因于遗传、父母的虐待或生活中让你产生压力的人？即使你觉得你不是造成你病症的唯一责任人，但是，你确实要负最终的责任，不管是让病症继续还是为消除病症做些什么。无论是让问题持续还是要克服它，这个要你自己来决定，完全接受这个观点可能有些困难。但是，负起所有的责任是你唯一能够采取的措施。如果你是一个能够维持现状的人，那么你也肯定是一个有能力改变它的人。

负起责任意味着你不要因为自己的困难而责备任何人，包括你自己。真的有理由责备你自己遭受惊恐发作，患上恐惧症或者强迫症吗？有这些问题真的是你的错吗？直到现在，你运用自己的知识和财富，已经做到你力所能及的最好程度了，这表现得还不够明确吗？只要你能够改变自己的现状，就没有理由再为有问题而妄自菲薄或自责了，这是显而易见的。

为克服你的问题而负起责任，并不意味着你必须要自始至终地独自处理一切。事实上，对应的另一种情况反而是对的：当你感到有足够的支持的时候，你可能更加愿意去改变并承担改变的风险。实施康复计划时，一个重要的先决条件是有一个完善的支持系统，这个系统中可能包括你的配偶或同伴，一个或两个亲密的朋友，和/或专门组建支持小组或班级来帮助有焦虑症的人。

2.动机——克服次级收益

一旦你决定，承认为自己的问题负责，那么你能否真正解决该问题将取决于你的动机。你真的有强烈的动机促使自己去作些改变吗？你的动机足以让自己把一些新的思维方式或行为习惯融入日常生活中吗？你的动机足以让你在生活方式上作些基本的改变吗？

心理学家戴维·巴肯曾经通过观察得出的结论是"挫折是成长的最大动力"。如果你遇到了困难，正承受着巨大的痛苦，那么你很可能有强烈的动机去解决它。你自我价值观中的基本信念同样是一个强大动机，会促使你作些改变。如果你足够地爱自己，觉得你的确应该让自己的生活富有成就感和建设性，那么你就不会轻易地被惊恐症、恐惧症或其他的焦虑症状困扰，你的生活要求不会仅仅如此而已。

这会使人产生一个疑问——什么会影响人的动机？任何有意或无意激励你保持现状的人、情境或因素，都有可能破坏你的动机。例如，你想克服自己深居简出的问题，但是，有意或无意中你表现出不想与外面的世界打交道，不想找工作赚钱，那么你将还是会待在家里不愿出去。你虽然有意要克服广场恐惧症，但是你的动机不强烈，不足以克服拒绝康复而带来的"无意识收益"。

许多年前，弗洛伊德提出无意识收益是"次级收益"的观点。从任何慢性疾病的状态中康复——不管是焦虑症、抑郁、成瘾或肥胖——次级收益通常都会起作用。如果你发现形成或坚持解决问题的动机有困难时，就要问自己"如果我保持现状的话会有什么好处呢？"这样做很重要。下面列举了一些相当普遍的次级收益，这些次级收益会让你陷于困境之中。

◎一种根深蒂固的信念：你不应该康复并过上正常的生活，
你不值得拥有你该有的幸福。当自我惩罚成为次级收益，你
通常会为了报复别人而惩罚自己。如果你对自己的状况有罪
恶感，自我惩罚同样会发生。要想消除罪恶感并使自己恢复

正常,需要你在自尊上下功夫(参见第15章)。

◎一种深植于心的信念——"要做的事情太多"以至于不能真正地改变。毕竟,你已经感觉被巨大的压力压得喘不过气来了。现在,为了康复,你必须担负起更大的责任并作出更多努力。无意中,看起来好像要做的事情很多,这使得你没有勇气去突破现状。解决这种困境的方法是改变你的假设"要做的事情太多",取而代之以更加积极的信念,如,"我不必明天就要完全康复——我可以依照自己的速度一小步一小步地走向康复",或者"如果分解为足够多的小步骤,任何目标都能达到"。(12步计划已经把这些具有建设性的态度简化为一句话:"每天前进一小步。")

◎如果你因广场恐惧症而不愿离家,那么你可能会依赖于与配偶或者伴侣相处所带来的好处,这包括他(她)们给予你的关心、照顾,经济上的支持。总之,好处就是你无须承担成年人需承担的责任。

每周练习记录

周目标   日期:
1.
2.
3.

	星期一	星期二	星期三	星期四	星期五	星期六	星期日
运用深呼吸技术(6—7)							
运用深度放松技术(5—7)*							
做一个半小时高强度体育锻炼(5—7)							
运用克服恐慌的方法**							
练习克服消极的自我对话(5—7)							
树立自信面对错误信念(5—7)							
练习想象暴露法(3—5)							
练习现实生活脱敏法(3—5)							
确定/表达情感**							
训练很有自信地与他人交流**							

续表

	星期一	星期二	星期三	星期四	星期五	星期六	星期日
训练很有自信地交流以避免他人的操纵**							
自尊：致力于改善自身形象**							
自尊：分步骤达到目标**							
自尊：克服内心的完美主义思想**							
营养：避免食用咖啡因/糖/兴奋剂(7)							
营养：只选用天然的、未经加工的食物(5—7)							
营养：补充缓解压力的营养物质(5—7)							
药物：遵医嘱服用合适的药物(7)							
意义：致力于发现/意识到生命的目标**							
精神的：运用精神上的信念并通过实践从而降低焦虑感**							

评估康复百分数(0~100%)：_____

*例如：渐进式肌肉放松、想象或者冥思
**建议：频率的变化视病情而定

◎与上述情况相反，你的配偶或伴侣也可能从你对她/他的依靠中得到了好处，包括得到了照顾、控制，甚至是为你的人生承担责任（这是一种互相依赖的情况，参见第15章）的机会。此外，好处还可能是你保证永远不会离开他（她）。你的伴侣可能会担心如果你完全康复后，变得更加独立了，你就会离开他（她）。你必须意识到一点，除非你跟他（她）不谋而合地要维持现状，那么你就不会被伴侣的次级收益妨碍。

以上那些仅仅是次级收益中的一部分，它们也许符合你的情况，也许不符合。如果你觉得自己在康复的过程中动机不足，那么就非常有必要思考这个问题："拒绝改变的好处是什么？"

3.遵循计划不动摇

当你决定要解决自己的问题的时候，你动力十足，热情高涨，马上就会投入行动。真正的考验在于接下来的过程当中。你愿意许下坚持完成康复计划的承诺，长年累月、持续不断地练习对自己有益的技巧和策略吗？依我的经验看来，除非你有非常坚定、真诚的决心坚持康复计划直到你取得了完全满意的结果为止，否则长时间保持强烈的动机是很困难的。实际上，这意味着不管怎样你都要坚持参与户外锻炼、练习脱敏法或者继续增强你的自尊。具体是指你即使遭到了辱骂，以至于使你都想到以后还能否感觉好点儿，你也要勇敢地站起来并且继续保持前行。你的动机会时强时弱，但是你能不能自始至终地贯彻自己的计划才是决定你部分康复还是完全康复的重要原因。

4.愿意承担风险

除非你愿意承担一些风险，否则，要想在你生活中的任何方面作些改变或变得成熟都是不太可能的。康复意味着你愿意去尝试从前不为你所知的新的思维方式、新的感受方式和新的行为方式。康复还意味着放弃一些不作改变所带来好处的诱惑，如"动机"那一部分描述的那样。如果你正在与恐惧症作斗争，那么最好的办法就是首先一步步地在你脑海中面对你曾经拒绝的情境。如果你正在克服惊恐发作，那么有必要放轻松些，学会顺其自然，不要坚持并与之作斗争。如果你正在克服强迫症，那么在克服强迫性行为的过程中，冒险去经历焦虑是有必要的。或者，试试服用处方药物也是有必要的。

一个有效的康复计划是以你的意愿为基础的，即你愿意冒险尝试新的行为，这种行为可能会在开始时使你更加地焦虑，但从长远来看，它是有益的。就像在"承担责任"部分中讲到的那样，拥有其他人的支持，并且这些人是信任你而且支持你的，那么会更加使你愿意承担风险。

5.明确目标，预视结果

除非你对要达到的目标有清晰的、具体的认识，否则，处理并克服难题是有难度的。在开始执行你的康复计划之前，你需要回答以下问题：

◎在我的生活中，我一生中想做的最重要的积极改变是什么？

◎以我现在的状态来看，我有没有可能完全康复？

◎尤其是，一旦我完全康复了，在工作中、在与他人以及自我的关系中我会如何想，如何感觉，如何做？

◎一旦完全康复了，我会利用到哪些新的机会？

一旦你决定了自己的康复计划，自我监督是非常有用的。在你练习深度放松时，花点儿时间想象一下如果你已经完全康复了，你的生活会是什么样子的？想象一下到时候你的工作、娱乐活动、人际关系、身体形态以及外表上会有什么可喜的变化。为了帮助你生成这种积极的愿景，运用下面的空白处或者最好单独另找一张纸写下你完全康复后的理想的生活状态，并确保要尽可能涵盖你生活的不同方面。

我理想中的康复后的幸福生活

每天都对自己的康复目标进行自我监督（最好在放松的状态下）能够增强你成功的信心。这种自我监督实际上更可能实现完全的康复。从古至今都存在一个不变的真理，那就是"有志者事竟成"。

小　结

1.回顾本章的案例并考察"问题有效性图表",决定本书中哪些章节与你的特定问题相关。

2.制订你的练习计划、练习内容,建议按照相应章节中呈现的顺序安排。

3.制作52份"每周练习记录表",监督一年里你的个人康复计划实施的情况。(当然,也许你的康复过程不需要一年之久。)

4.阅读最后一部分,"实施自己康复计划的必要因素",牢记使康复计划成功、完整地实施的5个关键:承担责任、动机(包括克服次级收益)、遵循计划不动摇、愿意承担风险和明确目标。

4

别笑，你真的知道如何放松吗？

在任何克服焦虑、恐惧或惊恐发作的计划中，放松都是最基本的。此书中描写的其他技巧，如脱敏法、改变消极的自我对话或坚持自我，都建立在实现深度放松的能力基础上的。

放松不只是意味着看会儿电视或者晚上睡觉前在浴缸中泡会儿澡，尽管这些做法能够使人放松是毫无疑问的。每天定期进行一些深度放松活动对克服焦虑确实有效。深度放松是指一种不同的生理状态，这种状态与你的身体在压力或遭受惊恐发作期间的反应完全相反。赫伯特·班森早在1975年就首次把这种状态描述为放松反应。它涉及一系列生理上的变化，包括：

◎心律减缓。

◎呼吸减慢。

◎血压降低。

◎骨骼肌的紧张度降低。

◎新陈代谢和耗氧减少。

◎分析性的思考能力降低。

◎皮肤电阻增大。

◎大脑中α波活动减少。

每天定期做20~30分钟的深度放松练习，一段时间过后，能够使你以后的生活轻松。也就是说，经过几周的深度放松练习之后，你将会一直备感轻松。

过去20年里，还证明了深度放松有很多其他的好处，包括：

◎减少广泛性焦虑。很多人发现定期的练习还能够降低惊慌发作的频率，并降低其严重程度。

◎防止压力累积。压力会随着时间逐渐累积。每天让自己在生理上平静一次，会使你的身体从压力的影响中恢复过来。除非你已经在清醒时处于深度放松状态，否则，就算睡觉也不能阻断压力持续累积的过程。

◎提高精力水平和工作效率。（压力可能会妨碍你的工作，从而降低效率。）

◎提高注意力和记忆力。定期的深度放松练习能够提高你的注意力，并防止你的思维飘忽不定。

◎减少失眠和缓解疲劳。学会放松能够让你睡得更好、更香。

◎防止和/或减少因恐惧或焦虑引起的相关病症，例如高度紧张、偏头痛、头痛、哮喘、溃疡等。

◎增强自信，减少自责。对于很多人来讲，过分的自我批评或自卑感会导致压力。当你放松时，你能够表现得更好，感觉也会更好。

◎提高感觉的有效性。肌肉紧张是影响意识到自我感觉的主要症状之一。

深度放松运动的形式

你如何才能够达到深度放松的状态？一些普遍适用的方法包括：

1.腹式呼吸

2.渐进式肌肉放松

3.被动式肌肉放松

4.想象一种安静的场景

5.引导可视化

6.冥想

7.瑜伽

8.听舒缓的音乐

为了达到我们的目的，在此，我们重点介绍前四种和后两种方法。有引导的想象，或者内观疗法，则是另一章的内容。

腹式呼吸

你的呼吸方式直接反映了你身体的紧张程度。处于紧张状态时，你的呼吸通常变得浅而快，并且是用胸部呼吸。放松时，你呼吸会更加充分、更深，并且是用腹部呼吸。人在紧张的时候用腹部呼吸是很困难的。

腹式呼吸的好处包括：

◎增加对大脑和肌肉组织的供氧量。

◎刺激副交感神经系统。副交感神经是植物性神经系统的一个分支，它可以促使人身心达到一种安静和沉静的状态。它起作用的方式与神经系统中的交感神经完全相反，交感神经激起兴奋，并且会引发惊恐发作下的生理反应。

◎增强身心一体的感觉。焦虑和担心会使你集中于你的所想，几分钟的腹式呼吸有助于你全心全意地关注自己的身体。

◎更加有效地排泄身体中的毒素。身体中的一些有毒物质通过深度呼吸由肺部排出。

◎提高注意力。如果你的思绪一直处于游离状态，就很难集中注意力。腹式呼吸有助于使你的思绪平静。

◎腹式呼吸本身就能够引发放松反应。

如果你有恐惧症、恐慌症或其他的焦虑症，你就可能会有一或两种类型的呼吸问题，它们是：

1.你用胸腔呼吸,这样呼吸的位置太高,并且呼吸很浅;

2.你换气过度,相对于你血液中的氧气量,你呼出了太多的二氧化碳。如果呼吸太快,这种浅的胸式呼吸会导致换气过度,进而会引起与惊恐发作相似的身体症状。

这两类呼吸类型在下面将作详细讨论。

浅的胸式呼吸

研究发现,焦虑、害羞和放松、外向这两类人的呼吸模式是相对的。害怕、害羞的人更倾向于从胸部的浅呼吸,而外向、放松的人呼吸得比较慢、深,并且是通过腹部呼吸。

在接着阅读之前,花几分钟时间注意一下你现在是如何呼吸的。你的呼吸是慢还是快?深还是浅?是从上部的胸腔周围呼吸,还是从下面的腹部呼吸?还要注意在紧张状态下与非常放松时你呼吸模式的变化。

如果你发现你的呼吸浅,并且是从胸腔呼吸,不要失望,有办法可以使你的呼吸变得慢一些并且转从腹部呼吸。定期地练习腹式呼吸(后面有描述)将帮助你逐渐改变从胸腔呼吸,并使其下移。定期地完成腹式呼吸练习还能够增强你的肺活量,有助于你深度呼吸。高强度的、有氧运动计划对此同样是有帮助的。

换气过度的症状

如果你是从胸腔呼吸,就可能会换气过度,相比较血液中的氧气量,你呼出了过多的二氧化碳。你还可能会通过口腔呼吸,这会导致一系列的症状,包括心跳过快、头昏眼花和刺麻感,这些与恐慌的症状非常相似,以至于很容易将二者混淆。换气过度引起的一些生理变化包括:

◎提高神经细胞的碱度,这会导致神经细胞过于兴奋,使你感到紧张并神经过敏。

◎降低血液中的二氧化碳含量，这会导致你的心跳过重、过快，并使你觉得光线刺眼，声音震耳。

◎增加大脑血管的容量，这会引起头晕眼花、眩晕的感觉，甚至会有一种不真实感或灵魂出窍的感觉。

所有这些症状都可以说成是正在朝惊恐发作发展。当你开始对这些身体变化有所反应时，即有一种唤起恐慌的心理状态时，例如，"我不能控制自己了！"或者"我怎么了？"实际上你已经恐慌了。起初那些只是类似恐慌的症状，稍后会引起真正的恐慌反应。换气过度要么引起能够导致你恐慌的生理反应，要么会由于这些不良身体症状的加剧而进一步导致惊恐发作。

如果你怀疑自己常常会换气过度，你可以注意一下自己是否习惯于从胸腔或通过口腔做浅呼吸。还要注意，当你受到惊吓时是否会屏住呼吸或呼吸得非常浅而快。如果你有过刺痛或麻木感，尤其是胳膊或腿上，那么也说明你有换气过度的症状。如果你的身上出现了这些症状中的任何一个，那么换气过度可能会引起或加剧你的恐慌反应或焦虑。

传统治疗急性换气过度症状的方法是脸上罩着一个纸袋呼吸。这种技巧让你吸入二氧化碳，从而使你血液中储存的氧气量和二氧化碳量平衡。这是一种有效的方法，此外，后面描述的腹式呼吸和平缓呼吸练习同样能有效地缓解换气过度症状。这两种方法都有助于使你的呼吸速度慢下来，从而能有效地降低你的氧气吸入量，使体内氧气与二氧化碳的比率恢复平衡。

如果你能够识别换气过度的症状，并学会通过有意地减慢呼吸去减轻这些症状，那么你就不会有恐慌的反应。

下面描述的这两种运动能够帮助你改变自己的呼吸方式。通过这两种运动的练习，一般只要3分钟就可以达到深度放松状态。当最初有了焦虑感后，许多人在自己稍感焦虑的时候成功地完成了其中一种练习，从而避免了惊恐发作。在面对令你恐惧的情境之前，这两种运动的练习还会消除你可能会有的焦虑感。本章后面描述的渐进式肌肉放松和冥想这两种技巧需要20分钟才能够达到效果，接下来要描述的这两种方法只要3~5分钟就能够达到深度放松的效果。

腹式呼吸练习

1.记录下你紧张的程度。然后,把一只手放置在胸腔右下的腹部处。

2.通过你的鼻腔慢而深地吸气到你肺的最底部,换一种说法就是,尽你所能把空气呼吸到身体的最深处。实际上,如果你从腹部呼吸,你手放的位置要高一些。当你的腹部膨胀时,你的胸腔会有些轻微的移动。[腹式呼吸中,横膈膜(分割肺腔和腹腔的肌肉层)会向下移动,在这种情况下,腹腔周围的肌肉会向外推。]

3.如果你已经深深地吸了一口气,暂停片刻,然后慢慢地从鼻腔或口腔(视你自己的喜好而定)呼出,并确定气体完全呼出。当呼出气体时,要让你的整个身体放松(你可以看到自己的胳膊或腿变得放松而柔软,就像一个布娃娃)。

4.做10次慢而深的腹式呼吸。试着保持你的呼吸平稳而有规律,不要猛地吸一口气或一下子把气完全呼出。当你吸气时慢慢地数到4(1——2——3——4),然后呼气时再慢慢地数到4,这样做有助于让你的呼吸慢下来。记住在每次吸气后要暂停片刻,然后慢慢呼气。每次呼气时从10开始倒数到1。这个过程进行如下:

慢慢吸气……暂停……慢慢呼气("10")

慢慢吸气……暂停……慢慢呼气("9")

慢慢吸气……暂停……慢慢呼气("8")

……

直至倒数到"1"。练习腹式呼吸时,如果你开始感到有点头晕,那么就停止15~20秒,再接着进行。

5.如果你愿意,可以通过做两组或三组腹式呼吸来扩展练习,记住每组练习都要从10倒数到1(每次呼气时数一下)。5分钟的腹式呼吸对减轻焦虑或者早期恐慌的症状有重要影响。也有一些人更愿意从1数到10。不管是从1数到10,还是从10数到1,只要觉得适合你,就放心大胆地这样做吧。

平缓呼吸练习

平缓呼吸练习是由瑜伽这门古老科学演变而来的，这是一种快速达到深度放松状态的非常有效的技巧。

1.从你的腹部呼吸，用鼻腔慢慢地吸气，同时慢慢地从1数到5。

2.暂停，并屏住呼吸，同时慢慢地从1数到5。

3.通过你的鼻腔或口腔，慢慢地呼气，从1数到5（如果呼气的时间用得长，可以数到更多的数）。确定气体完全呼出。

4.如果你已经完全呼出了气体，用你正常的节奏呼吸两次，然后重复以上1—3的步骤。

5.持续该练习至少3~5分钟，其中要保证步骤1—3至少循环了十次。继续练习时，你可能就会注意到吸气时比呼气能持续更长的时间。如果确实是这样，不要太在意，继续坚持进行该练习至少5分钟。记住，每次循环之间，要正常地呼吸两次。如果你开始感到头晕，停止30秒之后再接着进行。

6.通过这个练习，使你的呼吸保持平稳而有规律，不要突然地吸气或呼气。

7.可选择性做法：每次呼气时，默默地对自己说，"放松""平静""放开"，或者任何其他的放松性字或词。这样做能够使你的全身放松。如果你每次练习时都能坚持这样做，那么最后只要你一说放松性词语就能把你带到放松的状态。

对于刚刚显露出来的焦虑，平缓呼吸练习是一种有效的技巧，不但能够阻挡恐慌反应的势头，还有助于减轻换气过度引起的症状。

实践练习

每天进行腹式呼吸或者平缓呼吸练习5分钟，至少坚持两周。如果可能，每天固定一个时间做，使呼吸练习成为一种习惯。在练习过程中，你可以在短时间内学会如何使焦虑或恐慌的生理反应减弱。

在你觉得已经掌握了这两种技巧中的任何一种以后，当你感到压抑、焦虑，或开始有恐慌的症状时，就要应用这种技巧。实践任何一种练习一个月或更长时间，就能使自己开始用腹部进行呼吸。把呼吸的中心位置从胸腔向腹腔转移得越多，在呼吸的过程中才能够越感到放松。

渐进式肌肉放松

作为达到深度放松状态的一种系统性的技巧，渐进式肌肉放松是由艾德蒙·雅各布医生50多年以前发明的。雅各布医生发现先拉紧肌肉几秒钟，然后松开，这样可以让肌肉放松。拉紧、松开全身各处的肌肉组群能产生一种深度放松的状态，雅各布医生发现这种状态能够缓解从高血压到溃疡性结肠炎等多种症状。

在他创作的书——《渐进式肌肉放松》中，雅各布医生讲解了一系列技巧，包括200种不同的肌肉放松运动和历时数月才能完成的训练项目。最近，该系列简化为15~20种基本的运动。研究发现，如果定期练习这15~20种简化运动，结果会与最初的200种更加精细的运动体系一样有效。

渐进式肌肉放松尤其对因肌肉紧张而导致焦虑的这类人有帮助。肩膀或脖子部位的长期紧绷，可能会造成肌肉紧张，从而使你经常觉得心情烦躁，渐进式肌肉放松练习能够有效地缓解这种症状。渐进式肌肉放松练习对治疗其他症状的效果也很好，包括头疼、背疼、颚部紧绷、眼周紧绷、肌肉痉挛、高血压和失眠。如果你受到思绪不定的困扰，系统地放松你的肌肉有助于你放慢思绪。雅各布医生曾经说过："焦虑的意识不会存在于一个放松的身体里。"

渐进式肌肉放松有即时效果，其中包括在本章的开始部分已经介绍了的放松的所有好处。定期进行渐进式肌肉放松练习还有很多的长期效果，包括：

◎减少广泛性焦虑。

◎减少与恐惧相关的预想焦虑。

◎减少惊恐发作的频率和时间。

◎通过逐渐地暴露自己，提高面对恐惧情境的能力。

◎提高注意力。

◎增强控制情绪的意识。

◎提高自尊。

◎增强自发性和创造性。

这些长期效果有时称作泛化性效果：经过一两个月的训练之后，不仅在当天的练习中能体会到放松，而且在这天的其他时间中也会同样很放松。定期的肌肉放松练习能极大地帮助你更好地处理自己的焦虑、面对恐惧、克服惊慌和消除对陌生环境的恐惧。

除非要拉伸和放松的肌肉组群受伤了，否则，渐进式肌肉放松没有禁忌。如果你正在服用镇静剂，你会发现定期进行渐进式肌肉放松可以减少你的服药量。

进行渐进式肌肉放松练习（或任何形式的深度放松练习）的指导原则

下面的指导原则将帮助你最大限度地利用渐进式肌肉放松练习。这些原则也适用于你定期进行的其他任何形式深度放松练习，包括自我催眠、有引导的想象和冥想。

1.每天至少练习20分钟，最好进行两个20分钟时间段的练习。要想获得效果，每天练习一次是必须的。（可能你想要练习30分钟。当你掌握了放松的技术后，你会发现你放松所需要的时间会减少。）

2.找个安静的、不会被打扰的地方练习。练习时，尽量避免让电话铃声等干扰你。必要的时候可以用风扇或空调遮盖环境中的杂音。

3.定期做练习。醒来时、休息前或吃饭前通常是最好的练习时间。经常性地放松能够巩固练习的效果。

4.空腹练习。饭后，食物消化会干扰深度放松练习的进行。

5.找一个舒服的位置。你的整个身体，包括头部，必须被支撑着。躺在沙发或床上和坐在躺椅上是能够完整地支撑你身体的两种最好方式。

（躺下时，你可能会觉得把一个枕头放在膝盖下会使你躺得更稳一些。）如果你感到又累又困，坐起来要比躺下好。这样有利于你真切地体验到完全的放松而不睡着。

6.尽量不穿任何紧身的衣服，并脱掉鞋子，摘下手表、眼镜、隐形眼镜、珠宝等。

7.保证不要为任何事担忧。向自己保证把当天的担忧暂时放在一边。要对自己好一点，保持平和的心态比任何事情都重要。（一次成功的放松取决于你在评价所有日程安排的重要性时要优先考虑平和的心态。）

8.采取一种被动的、淡然的态度，这也许是最为重要的因素。你要持有一种"顺其自然"的态度，并且不要担心你在运用技术上的表现怎样。不要试着放松，不要试着控制你的身体，不要评价你的表现。放松的重点是要放得开。

渐进式肌肉放松技巧

渐进式肌肉放松是连续使全身16处不同的肌肉组群一紧和一松。方法是用力拉伸每组肌肉（力度不要太大否则会使你过度疲劳），持续大约10秒钟，然后一下放松。在活动下一组肌肉前，给自己15~20秒时间放松，对比紧张时的感觉，注意放松时肌肉组的感觉如何。在每个肌肉组放松的时间里，你可以对自己说，"我在放松""放开""让紧张走开吧！"或者其他任何放松性短语。在运动期间，要始终关注你的肌肉。当你走神时，要尽快把注意力转回到你正在活动着的肌肉组群。下面详细地描述了渐进式肌肉放松的方法：

◎确定你正在安静且舒服的环境中。遵守先前描述放松练习时的指导原则。

◎当你拉伸某一肌肉组群时，强度要尽量地大，持续做7~10秒钟，但不要使其过度疲劳。你可以数"1001""1002"……来计秒数。

◎关注正在进行的过程。感觉每块肌肉紧张感的形成过程。想象一下某一肌肉组群正处于拉伸状态,这样做通常是有好处的。

◎你放松肌肉时候一定要突然地松开,享受那种肌肉突然一下变得软绵绵的感觉。在活动下组肌肉前至少要放松15~20秒。

◎当活动某一肌肉群时,要尽可能让你身体其他所有肌肉都放松。

◎一次拉伸或放松一组肌肉。但是,如果某个特定位置感到特别地紧张,你可以对其进行拉伸或放松2~3次,每个循环之间停大约20秒。

如果你处在一个安静的环境中,找一个舒服稳固的地方站好,然后遵守以下详细的指导:

1.深吸一口气到腹部,然后慢慢地呼出。照这样做3次,你呼气时,要想象你全身的紧张感开始消失。

2.攥紧拳头,坚持7~10秒,然后放开15~20秒。以同样的时间间隔运动其他所有的肌肉群。

3.抬起前臂向肩膀处靠近以拉紧肱二头肌,双臂同时用力以显现出肌肉形状。坚持……然后放松。

4.向外伸直胳膊,转动肘部以拉紧肱三头肌——大臂下侧的肌肉。坚持……然后放松。

5.尽你所能抬高眉毛以拉紧前额的肌肉。坚持……然后放松。放松时,想象你前额的肌肉变得平滑而柔软。

6.紧闭双眼以拉紧眼周的肌肉。坚持……然后放松。想象深度放松的感觉,从眼周扩散开去。

7.张大嘴伸展颚部周围的肌肉以拉紧颚部。坚持……然后放松。嘴唇分开,让颚部松垮下来。

8.头向后仰以拉紧脖子后面的肌肉,就像你要用头部去触及背部一样(动作要轻,以免受伤)。只集中拉伸你脖子的肌肉。坚持……然后放松。(因为该位置经常处于紧绷状态,所以做两次拉紧一放松的活动是有好处的。）

9.做几次深呼吸，从而使你的头不再发沉。

10.抬高肩膀，就像你要用肩膀去触摸耳朵一样，从而拉紧肩部肌肉。坚持……然后放松。

11.向后拉伸肩胛，就像你要使左右肩胛接触，从而拉紧肩胛周围的肌肉。让你肩胛保持紧张……然后放松。因为该处经常处于紧张状态，你可以重复进行两次拉紧—放松的活动。

12.深呼吸，从而可以拉紧胸部的肌肉。坚持10秒钟……然后慢慢地呼气。想象在呼气的过程中，胸部所有多余的紧张感都消失了。

13.收腹，从而拉紧你腹部肌肉。坚持……然后放松。想象一股放松感遍及了你的腹部。

14.弓起背部，从而拉紧你背下面的肌肉。（如果你背下部有伤，你可以不做这项运动。）坚持……然后放松。

15.把臀部肌肉向中间挤，从而拉紧臀部的肌肉。坚持……然后放松。想象臀部的肌肉变得平滑而柔软。

16.挤压你大腿上的肌肉一直往下到膝盖。可能随着挤压，大腿会拉紧臀部的肌肉，因为大腿上的肌肉与骨盆相连。坚持……然后放松。感觉你的肌肉变得平滑，并且得到了彻底的放松。

17.把脚趾向上翘，并向内拉伸，从而拉紧小腿的肌肉（小心地弯曲，以免抽筋）。坚持……然后放松。

18.向下弯曲脚趾，从而拉紧脚上的肌肉。坚持……然后放松。

19.感觉下自己的身体有没有任何残留的紧张感。如果在某些的地方还有紧张感，对那组肌肉重复一或两次拉伸—进行放松。

20.现在，想象一股放松感慢慢遍及你的全身，从头部开始向下直到你的脚趾，逐渐渗透到每块肌肉。

第一次，整个渐进式肌肉放松活动应该会占用你20~30分钟时间。随着练习的深入，你需要的时间会减少到15~20分钟。你可以把上面的运动过程用录音录下来，在你最初的那几次练习里提醒你下一步该做什么了。或者，你可以选择放松的资源（参见附录2）。通常情况下，一些人更愿意用录音，而另一些人则是很用心地去记，去学每一个步骤，几周之后，完全可以凭记忆流畅地做完运动。

记住，定期做渐进式肌肉放松运动能够在整体水平上有效缓解你的焦虑，并且它还能降低惊恐发作的频率和强度。最后，定期的练习能减少预期性焦虑。这种预期性焦虑一般出现在有计划地把自己置身于恐惧情境的过程中。

被动式肌肉放松

渐进式肌肉放松是一种很好的放松紧绷的肌肉的方法。被动式肌肉放松作为渐进式肌肉放松的替代方式，可以让你的大脑和身体进入一种放松状态。相比渐进式肌肉放松，有些人更喜欢被动式肌肉放松，因为它不费力。你不需要主动拉伸放松肌肉群，只需按顺序关注从头到脚的每一个肌肉群，想象它们都在放松。一般来说，你在练习时最好躺下并闭上双眼。

以下脚本可以引导你完成被动式肌肉放松练习。你可以根据下面的脚本在智能手机上创建自己的录音。如果你要录音，读慢一点很重要，句子之间要有停顿。

做两到三次深腹式呼吸，再回到椅子、床上或任何你所在的位置上，让自己彻底放松。抛开一天中所有的烦恼和顾虑，这是一段只属于你的时间。（停顿）

从脚开始，让你身体的每个部分都开始放松。想象你的脚正在开始放松，脚上过多的紧张感都开始逐渐消散。（停顿）

双脚放松时，想象这种放松的感觉移动到了你的小腿。让小腿肌肉松弛、舒展。让你小腿上的任何紧张感都轻松而迅速地消失。（停顿）

趁你的小腿正在放松，现在把这种放松转移到大腿上来，让大腿肌肉松弛，顺滑，彻底放松。你开始感觉到位于腰和脚之间的腿部越来越放松。随着双腿越来越放松，你可能反而感到双腿变得沉重。（停顿）

现在继续让放松转移到你的臀部，你会感觉到臀部所有的过度紧绷消失殆尽了。（停顿）

114

接下来你要让放松转移到胃部区域，现在只需释放胃部区域的所有压力，想象深度放松的感觉在你的整个腹部扩散。（停顿）

胃在放松时，继续转移放松到你的胸部，让你胸部所有的肌肉舒展放松。每次呼气时，想象呼吸能把你胸腔里剩余的紧张全部带走，直到你的胸腔彻底放松。加深放松的感觉并扩展至你的胸部、腹部和腿部。（停顿）

过一会儿，你就要让放松转移到你的肩膀，垂下肩膀，让深度平静和深度放松的感觉传遍你肩膀的肌肉，彻底放松。现在，让肩膀的放松下移到你的手臂，再伸展到你的上臂，接着下移到你的肘部和前臂，最后回到你的手腕和手上，享受手臂放松的好感觉。（停顿）

现在抛开所有烦恼、不适和不愉快的想法。让自己完全沉浸在越来越放松的当下。（停顿）

你现在可以感觉到放松进入你的脖子。颈部所有的肌肉都会舒展，顺滑，彻底放松。想象你脖子上的肌肉松弛下来就像一根打结的绳子松开了一样。（停顿）

很快，放松就会进入你的下颌和下颚。在下颌和下颚放松的时候，想象放松转移到你眼睛周围的区域。当眼睛完全放松时，眼睛周围的任何紧张感和眼疲劳都会消失。现在也可以让前额的肌肉变得平滑，彻底放松前额。当你让整个头部完全放松时，注意你的头部相对于它所倚靠的物体的重量。（停顿）

只需享受现在全身放松的好感觉，让自己进入越来越深的安静和安宁，越来越接近极度平静和安宁的地方的深处。

想象一种安静的场景

完成渐进式肌肉放松后，想象自己正置身一个安静的场景中，这样做对你是很有帮助的。渐进式肌肉放松只作用于某一些特定的肌肉组群，而当你想象自己处于一种非常安静的场景时，你会感觉全身心的放松，从而有助于你从焦虑的想法中走出来。安静的场景可以是静谧的海滩、山中的河流，或者平静的湖面，还可以是你的卧室或者是冬天夜里舒适的火炉边。不要让自己受到现实的约束。如果你愿意，你可以想象飘浮在云上或者坐在魔法地毯上飞翔。重要的是要足够详细地想象该场景，这样才能完全吸引你的注意力，并且给你带来实际上的生理效果，包括肌肉紧张感的减轻、心律变缓、呼吸加深以及毛细血管扩张以至于手脚变暖等。放松性想象是轻度自我催眠的一部分。

这里有三个例子，描写了三个安静的场景。

在海滩

你正沿着一个美丽的、荒芜的海滩散步。你光着脚，沿着海边散步，能够感觉到脚下坚硬的、白色的沙子。当潮涨潮落，你能听到海浪拍岸的声音。这种声音如此催眠，使你越来越放松。海水是蓝绿色的，非常美丽，在远处的浪尖上斑斑点点地泛着白色的泡沫。在接近地平线的地方，你能够看到一只小帆船缓缓前行。海浪的声音停留在海岸，使你平静并越来越放松。每次呼吸，你都会嗅到新鲜的、咸丝丝的空气。你的皮肤散发着阳光般的温暖。你可以感觉到轻柔的微风吹着你的脸颊，轻拂着你的头发。置身于此场景中，你会感觉非常安静而自在。

在森林

你正舒适地蜷缩在你的睡袋中。拂晓降临在森林之中。你可以感觉到阳光开始温暖你的脸颊。在你的上方，黎明的天空渐渐拉开帷幕，显出粉色和橙色的柔和的阴影。你可以闻到清新的、周围树林中散发出的松香。你可以听到附近山中小溪的水流声。纯净、凉爽的清晨的空气是清新而滋润的。你感到非常惬意、舒服、安全。

在家里

想象一下自己在家里的沙发或床上舒适地放松。当你躺下的时候，做一些腹式呼吸，把一天中所有的担心和忧虑都放在一边。房间很安静，没有任何干扰，手机也关机了，你没有任何义务做任何事情。尽管家里其他地方有人，但他们知道不要打扰你。放松休息，让你的身体和思想开始慢下来的感觉很好。你可以感到你的整个身体开始放松。当你继续休息和放松时，你会发现自己变得更加舒适自在。在这个安静的地方，你感到非常安全和平静。

注意，在描述这些场景时，语言一定要生动，要能勾起人的视觉、听觉、触觉和嗅觉。这些描述多种感官的词语提高了场景的吸引力度，使你感觉如同身临其境一般。想象一个安静的场景，这样做的目的就是要让你从平时紧张的思绪转变为一种深度放松的状态。

练习：安静的场景

　　用单张的纸设计并写下令你安静的场景。确定要生动而详细地描述该场景，尽你所能地用到你的各种感觉。回答以下问题可能会对你有些帮助：场景看起来如何？什么颜色最为突出？当时有什么声音？这是一天中的什么时候？温度是多少？你触摸到了什么，或者身体与场景有什么接触？空气闻起来怎样？你是独自一人还是与别人一起？

　　就跟做渐进式肌肉放松练习时一样，你可以口述那个场景并把它录下来，这样你就可以毫不费力地在脑海中唤起此种场景的出现。你也可以把场景录在渐进式肌肉放松指导之后。

　　当你自己作记录时，可以运用下面的模式介绍令你安静的场景：

　　——想象放松你全身每块肌肉，从头顶到脚尖（暂停一下）。

　　——呼气时，想象从你的身体、心灵或思想中释放了所有残留的紧张感……让压力走开（暂停一下）。

　　——每吸一次气，感觉你的身体在往下飘……直到感觉完全放松（暂停一下）。

　　——现在，想象你要去一个安静的地方……尽量生动地想象你要去的地方，就像你真的在那里一样（向脑海里输入令你安静的场景）（暂停一下）。

　　——在那个美丽的地方，你感觉非常舒服，没有任何人打扰你（暂停一下）。

　　——对于你来说，这是世界上最安静的地方……想象只有你一个人在这里，感受安静的惬意流遍全身，感受健康。享受这些美好的感受……让这样的感觉越来越强烈（暂停一下）。

——记住,在任何时间,只要你愿意,只要花一点时间放松,你就可以回到这个平静的世界(暂停一下)。

　　——这些安静而美好的放松的感觉会变得一次比一次强烈。

　　一旦你有了可以令自己平静下来的场景,在每次做渐进式肌肉放松活动、深呼吸,或者任何其他形式的放松运动时,就想象自己置身于该场景中,这有助于强化你内心的场景。一段时间过后,这种场景会深深地存留于你的脑海中,不管什么时候,只要你想让自己平静下来并不再焦虑,你都能够立刻回到该场景中。你可以用这种技术来克服日常那种不断的焦虑以及压力,这是最快、最有效的方法。幻想一种安静的场景也是想象暴露法(第7章中描写的克服恐惧的一种方法)的重要组成部分。

引导可视化

　　很多人喜欢用引导可视化的方式去放松,比如不需要任何努力的被动式肌肉放松。你只需要躺下来,闭上眼睛,每天定时听一张自己喜欢的光盘或下载的音频,遵循本章前面给出的各种形式的深度放松练习的指导原则,见"进行渐进式肌肉放松练习(或任何形式的深度放松练习)的指导原则"。

　　网络上有很多让人放松的可视化资源。你可以购买两三个不同的放松课程,看哪一个最适合你,附录2中有更多资源。

冥　　想

　　从醒来的那一刻开始,大部分人几乎都处在不断出现的外界活动中,很少会考虑到自己内心的感受和想法。即使在晚上当我们放松了五官准备睡觉的时候,我们的头脑中却经常会涌现出一大堆关于当天或第二天的记忆、幻想和情感。我们很难超越这些,真正体验到"万事皆空"的境界,对于大多数西方社会的人来说,这种什么都不做的"万事皆空",是很难理解的。

冥想能够把你带入平静的状态，能够使你完全停下来，不去想刚刚发生了什么或即将发生什么，只是单纯地关注此时、此地的状态。当你发现你的大脑过于紧张或过于劳累，这是一种有用的缓解练习方法。冥想既是一种放松的技术也是克服焦虑的一般策略，要想对此有更深入的了解，请参见第18章。

瑜　伽

瑜伽这个词的意思是"束缚"或"统一"。从定义上看，瑜伽可以提高心灵、身体以及灵魂的统一性。尽管在西方，瑜伽通常被认为是一种拉伸运动，但事实上，它包括了广泛的生活哲学和个人调节的精细体系。这种体系包括道德规则、素食、熟悉的拉伸动作和身体姿势、指引和控制呼吸的特殊练习、集中注意力的练习以及深度沉思。瑜伽是由约公元前4世纪的印度圣哲帕坦伽利总结并创造成一个完整体系的，至今依然在全世界范围内被广泛推广。

瑜伽的姿势本身为提高适应性、柔韧性和放松感提供了一种有效的途径。这些姿势可以独自一人练习，也可以小组练习。很多人，包括我自己，发现瑜伽在增加精力、提高生命力的同时还能够使心灵平静。瑜伽与渐进式肌肉放松活动相似，因为瑜伽也要使身体一段时间内保持在一定的拉伸状态，然后放松。瑜伽和渐进式肌肉放松活动都能够使人放松。但是，我发现瑜伽要比渐进式肌肉放松活动更有助于释放积压的能量。进行渐进式肌肉放松活动，很难使能量沿着脊骨并以一定的方式在全身上下活动，瑜伽如同有力的运动一样，直接提高身心的统一性。然而，从多方面来看，瑜伽又有其特性。每一个瑜伽的姿势都反映着一种内心的态度，无论这种态度是屈服，如一些身体向前弯曲的姿势，还是加强斗志，如一些身体向后弯曲的姿势。通过加强练习一些瑜伽姿势和动作，你可能会养成一定的积极的品质，改掉其他消极、狭隘的个性风格。有一套完整的瑜伽治疗体系，专门采用瑜伽来解决和改变一些个性问题。

如果你有机会去学习瑜伽，开始最好是到当地健身俱乐部或社区学院的瑜伽班中学习。如果你附近没有这样的地方，那么试着在家中跟着瑜伽的视频进行练习。像《瑜伽期刊》这种流行杂志为我们提供了大量非常棒的瑜伽健身信息。

听舒缓的音乐

人们通常称音乐为灵魂之语，它能够触及我们的内心深处，使你忘却焦虑和忧伤。放松性的音乐能使你平静下来，不受日常生活中的压力和困难的影响，还能使你从沮丧的心情中振作起来。不管你开车时是否会听音乐，工作时是否把音乐作为背景，或者当你想找时间出去放松时是否会在一旁放着音乐，音乐都是消除焦虑和忧虑的最为有效、历史最为悠久的方法之一。如果你用音乐缓解焦虑，要确定选取确实令人放松的曲子，而不要选择刺激的或伤感的曲子。

如果你旁边没有磁带或CD播放器，可以听手机音乐。如果你不想晚上放音乐打扰到周围的其他人，手机音乐是最好的选择。你可以找一些对放松技术（如渐进式肌肉放松或引导可视化）有帮助的背景音乐。参见附录2，选择令人放松的资源。

阻碍日常深度放松计划进行的常见因素

在尝试定期、有规律地进行任何形式的深度放松练习时，你可能会遇到很多困难。你可能会在开始时很有热情，每天都留出时间去练习。但是，一周过后，你会发现自己"忘记"了练习。在快节奏的社会里，一切都讲求速度、效率和生产力，停下来休息二三十分钟都很难。我们习惯去做那些看起来必须要做的事情。

如果你发现自己没有按照计划去进行深度放松练习，那么你就需要花点儿时间仔细观察你对自己暗示些了什么，也就是说，在你没有放松的那些天，你为自己找了什么借口。如果你只是"不想做"，那么通过观察你为自己开脱的借口，你通常会发现还有更多特定原因。

不想做放松练习的一些常见的借口，包括：

◎"我没有时间去放松。"

这通常意味着与你日程上的其他所有活动相比，你没有把放松放在优先考虑的位置。

◎"我没有地方去放松。"

试着找一个地方。你可以让孩子们在一个房间看他们喜欢的电视节目或者玩他们喜欢的玩具，你到另一个房间练习，并且告诉他们不要打扰你。如果家里只有一个房间，或者孩子太小还不懂得尊重你的隐私，那么，你就要在他们外出或睡觉时进行练习。如果你的配偶不喜欢他（她）在家的时候你做这些，你同样也可以这样做。

◎"放松运动看起来太慢，太无聊了。"

如果你这样对自己说，那么，这就充分地表明了你是个急性子的人，在生活中喜欢急于求成。慢下来吧，这样对你是最好的。

对一些人而言，深度放松会带来压抑的感觉，这种感觉通常还伴随着焦虑。如果这种事情发生在你身上，开始时放松的时间要相对短一些，然后逐渐增加时间。只要你开始有任何焦虑的感觉，不管进行到哪一步了，你都要赶快睁开双眼并停止练习，直到你感觉好一点。耐心地过一段时间后，这种问题就会减少。如果问题没有减少，那么就向专业治疗焦虑症的医生进行咨询，这有助于你对自己进行脱敏放松。

◎"我只是没有进行训练。"

通常情况下，这意味着你没有长期坚持进行放松，从而把放松内化为自己的一种习惯。过去，当你尝试接受一种新的行为时，你可能也是有相似的理由。最开始时，刷牙不是天生的，这需要时间和勤奋才能达到使其成为习惯的目标。在至少一个月内，如果你每周有5~7天努力去进行深度放松活动，那么，这就会变成根深蒂固的习惯，以至于你对进行深度放松不再犹豫，你会自动去做。

练习深度放松不仅仅是一种技术，它还能转变你的态度和生活方式。这需要你愿意首先考虑你的健康和内心的平静，而不是其他会令人产生紧张感的要求，如效率、成功、金钱和地位。

休假和时间管理

如果不讨论休假和时间管理的概念，那么，本章关于放松的内容就是不完整的。事实上，如果你想要达到一种更为放松的生活状态，你在生活中接受并实践这些观点是你能够做到的最重要的事情。

你可以每天都进行肌肉放松训练或进行冥想，并且享受20~30分钟愉快的休息时间。如果你定期地进行练习，这些训练确实能够从整体上增强你放松的感觉。但是，如果你在练习之外的时间里仍做着繁重乏味的工作，有很多事情要处理，并且没有休息时间的话，你很可能仍然会有压力，很容易长期焦虑或遭受惊恐发作，并且最终走向崩溃。

休假

休假就是停止工作或者放弃其他职责，给自己机会去休息并补充能量。没有休假时间，你在处理工作或在承担其他职责时遇到的压力会不断累积，并且没有任何缓解的机会。你喜欢逼自己做这做那，直到把自己累垮；或者说，你容易让自己的焦虑和恐惧加剧。晚上睡觉不能算作休假。如果你上床的时候感觉压抑，就算你睡了8个小时，但醒来之后依然会觉得紧张、疲倦、压抑。休假要安排在除去睡觉的时间以外。休假的首要目的是要打破压力的循环——不让压力不断累积。我建议你按照下列时间安排让自己休假：

◎每天休息1小时。

◎每周休息1天。

◎每12~16周休息一周。

如果你没有公休假，那么，情愿不要工资也要抽出一部分时间给自己放假。在休假的这段时间里，不要处理工作中的任何事情，把所有的职责放在一边，除非是你想接的电话，其他的电话你都不要接。

有三类休假方式，每一类都对形成放松的生活方式有重要作用：休息时间、消遣时间和关系时间。你要让自己有足够长的休假时间，以保证你有时间进行这三类活动，这是很重要的。通常情况下，消遣和关系时间可以结合在一起。记住，休息的时间就只用来休息，其他事情都不要做，这是很重要的。

休息时间 指在一段时间里你把所有的事情都放在一边，让自己待着什么都不做，也就是说，你停止工作，让自己完全休息。休息时间可以是躺在床上不做任何事情，安静地冥想，坐在躺椅上听听舒缓的音乐，泡一个浴缸澡，或者在工作日中午睡个午觉。休息时间的关键是它是被动的——你要让自己只是待着，让所有一切保持现状，什么都不做。当代社会鼓励我们每一个人都要是能干的，在醒着的每时每刻都要有越来越多的成就。保证休息时间的确是一种相反的现实。当你有压力时，除去睡觉时间，每天休息一个小时是最好的。

消遣时间 包括参与有助于重新塑造自身的活动，用以补充你的能量。消遣时间使你心情愉快，精神振作。从本质上看，消遣是做一些使你感到愉快的事情或者游戏。这些活动包括在公园闲逛、看小说、看一部特别的电影、远足、打排球、短期旅行、烤面包或鱼。消遣时间可以安排在工作周，但最好是安排在你不工作的时候。这段时间可以独自度过，也可以与他人一起度过。与他人一起度过就与第三类休假有重合的地方。

关系时间 是为了与另一个人在一起而抛开你的个人目的和职责，享受与另一个人或者几个人在一起的时间。关系时间的关键是尊重你与配偶、孩子、其他家庭成员、朋友、宠物等的关系，并且暂时忘却你自己的追求。如果你成家了，关系时间需要平均分配为单独与配偶在一起的时间，单独与孩子一起的时间，以及整个家庭在一起的时间。如果你有对象了，那么与对象在一起和与朋友在一起的时间需要明智地分配。

当你放慢节奏，找时间与他人共处时，你不可能忽略自己的需要，即对亲密、亲抚、爱、肯定、支持等的需要（参见第15章中"你的基本需求"部分）。满足这些基本的需要对于你的健康来讲是绝对重要的。没有充足的时间投入重要的人际关系上，不仅你肯定会感到痛苦，你最关心的人同样也会痛苦。

怎样才能使你在生活中拥有更多的休假时间（三类休假时间都有）？不要再沉迷于工作是重要的先决条件。沉迷于工作是一种上瘾症，即认为工作是唯一能给予你内心满足和自我价值感的事情。你把所有时间和精力放在了工作上，从而忽略了身体和情感上的需要。沉迷于工作反映了一种不平衡的生活方式，它通常首先会导致长期的压力，然后恶化，最终形成严重的疾病。

如果你是一个工作狂，你也能够学会享受生活中的非工作部分，并且形成一个相对更平衡的生活方式，正如上面讨论的那样。让你故意安排一些时间来休息、消遣或与家人在一起，这在刚开始可能会有点困难，但是随着时间的推移，会变得越来越容易、越来越具有自我奖赏性的。

另一个重要的环节是做到简简单单地"愿意少做些事"。这意味着你要有意地逐渐减少每天处理的工作量并缩小职责范围，在某些情况下，这可能涉及换工作。其他情况下可能是重新调整分配工作和休息、消遣的时间。对一些人来讲，这需要转变为一种基本的观点，即赚钱不是那么重要，而一种较简单、平衡的生活方式才更加重要。但是，在你考虑辞掉当前的工作之前，要考虑你如何能转变你的价值观，即把重点放在生活的过程中（你如何生活），而不是你当前生活的状态中的成功和成就上（你实际上做的事情）。

练　习

花一些时间思考你该如何为已讨论过的三种休假类型分配时间。在下面的空白处写上你的答案：

休息时间：

消遣时间：

关系时间：

时间管理

　　如果你想有更多的时间休息，不用工作，不用承担职责，合理的时间管理是一项重要的技能。时间管理记述了你组织和构建日常活动的方式。不合理的时间管理可能会导致压力、焦虑、过度劳累，最后生病，而有效的时间管理能够使你有更多的时间进行上述的三类休假活动：休息、消遣和人际关系。

　　要想形成良好的时间管理技能就需要放弃一些自己不愿放弃的习惯。你有下面的任何一种倾向性吗？对照下面陈述看看：

　　□ "我低估了要完成一项活动或任务所需要的时间。当做完这项活动或任务后，我已经把做其他事情的时间占用了。"

　　□ "我爱把很多事情压到很短的时间内完成。结果，我忙得不可开交。"

　　□ "我发现放弃一些已经在做的事情很难，所以，我最终往往不能给自己足够的时间去开始做（或者完成）我需要做的下一件事情。"

　　□ "我不是很会安排事情处理的优先顺序，即我不会先做完最重要的事情后，再去做不是很重要的事情。"

　　□ "我在把不重要的事情委派给别人方面有困难，即使这样做是可能的。"

　　如果确切地对照了以上的观点，你会从学习和培养有效的时间管理技能中获益。

　　下面描述了一些时间管理的技能：把事情按重要程度排序，委派任务，留点富余时间，摒弃完美主义，克服拖延，说"不"。这些技能能够帮助你在合宜的时间做合适的事。

把事情按重要程度排序

把事情按重要程度排序意味着要学会按照任务或者活动的重要性区别对待。你要先做最重要的事情，暂搁其他所有的事情（或者把任务分配给其他人——参见下文）。

把日常的任务和职责分为三类：必要、重要和不太重要或一点儿也不重要。你会发现这样分类很有用。必要的任务或者活动是指要马上做的事情：这种事情是绝对必须要做的事情，例如，接孩子放学。另外，可能是指一种对你而言非常重要的活动，例如，如果你正在努力减轻自己的焦虑，那么体育锻炼就是非常必要的任务。重要的任务是指有重要价值的事情，但是可以往后稍稍拖一拖再办，例如，与自己的配偶或者伙伴单独相处。但是，重要的事情拖的时间不能太长。不太重要或一点儿也不重要的事情可以拖很长时间，也不会导致严重的后果，或者可以委派给别人去做（例如，把车库中打包的报纸送到回收站，或者把照片放到新的相册中）。

可能早晨起床后，你会发现把当天要解决的任务按照必要、重要和不太重要的标准归类非常有用。把一张纸划分为三栏，按这3个标准分门别类记录下所有的事情。然后，开始做必要和重要栏中的事情。完成前两栏中所有的任务后，再开始做不太重要的那一类事情。一般来说，为了给自己更多的休息时间，建议你推掉所有的不太重要的事情。

如果你真的很想实现更加放松的生活方式，那么你就需要把休假——休息、消遣和人际关系的时间，归到必要的一类。当休假成为一种定期活动，并且在你的日程表中有着优先的地位，成为你拒绝推迟的事情，那么，你的生活会开始变得慢下来，也简单起来。最后，你会感觉到压力小了，睡眠好了，基本上心情愉悦些了。让休假成为必要的事情需要放弃对工作的狂热，放弃外在的成就和成功，同时还要摒弃完美主义。

你可能还希望把有助于实现长远的理想和生活目标的活动放入必要的事情中。对大多数人而言，除非从现在开始就一步一步脚踏实地地朝着目标努力，否则长远的理想和生活目标会被搁置起来，一直拖到遥远的未来。

委派任务

委派任务的技能意味着愿意让别人去完成对你而言不是很重要的任务或活动，或者说虽然是很重要的事情，但你不必非要自己去做。通过把任务委派给别人，你可以为必要的并必须由你亲自去做的事情腾出更多的时间。通常情况下，委派任务意味着因为时间有限，让别人去做应该由你做的事情：清扫房间、洗车、做饭、看孩子、基本的维修，等等。其他时候，委派任务只意味着把工作平均地分配给家庭成员：让配偶和孩子做他们分内的家务杂活。委派任务的关键是要相信并依靠别人的能力。你要放弃只有你才能很好地完成某工作的这种想法，并愿意把一项任务的职责委托给其他人。

留点富余时间

时间管理中的常见问题是低估完成一项任务所需要的时间，结果使你要么忙得手足无措，要么延长时间，要么占用你日程中下一项活动所需要的时间。有一个通用的规则，那就是做任何一件事情时多预留一些时间，这样做是很有帮助的。多预留完成一项任务所需的时间比较好，因为这样可以使你有充分的时间慢慢做，有条不紊地开始下一项工作。

要想多点富余时间时，一个重要的先决条件是愿意少做一些事情——不要在给定的时间内安排太多的任务或活动。对那些对工作痴狂的人而言，忙忙碌碌能为他们带来满足和快乐，让他们少做一些事情都很困难。但是，在使你以更加放松和自在的节奏生活方面，允许多余的时间有极大的好处。这样做可以为你减轻很大的压力。

摒弃完美主义

完美主义实质上意味着你为自己设置的标准和期望太高。在实现任何目标的工作过程中，都不允许出现任何在所难免的失误、沮丧、延误和局限性。完美主义会使你在繁重乏味的工作中过度操劳，以至于你都没有时间满足自己的需要。摒弃完美主义要求从根本上转变态度。只要你抱着谋事在人、成事在天的态度，一切都将变得很简单。摒弃完美主义还要求你在必要时笑一笑，而不是经常为人性的不足叹气失望（对摒弃完美主义的更深入的讨论请参见第11章）。

克服拖延

当你给自己留了太少的时间时，拖延通常会弄巧成拙。不论是为考试作准备还是为工作作准备，最后，不必要的拖拉都会使你备受折磨，倍感压力。

你不想在第一时间做一件事，不管这件事情是什么，这是拖延的一个原因。如果是因为这个原因拖延了，解决方法在于把这件事委派出去或者优先解决这件事。如果你能够把不喜欢的任务委派给其他人做，那么，要尽可能这样做；如果你不能，那么就要在第一时间处理该任务。换句话说，把这件事情排在你需要做的其他事情之前。向自己许诺，如果完成了一项自己不愿完成的任务，就可以做一些令自己高兴和感兴趣的事情作为奖励，这样做通常会取得很好的效果。在克服拖延上，奖励通常比惩罚的效果要好。

拖延的另一个原因是完美主义。如果你认为做事要完美，那么就会迟迟不肯开始做，因为你害怕不能做好。此时的解决办法就是赶快投入进去开始做，不管感觉自己是否已经准备好。要记住的重要原则是动机通常伴随行为产生。只要开始着手执行该任务了，通常就会产生坚持并完成它的动机。然后，你可能会有充足的时间回到起点并重新开始，或第一轮的工作比上一次做得更好。但是，如果你依然延迟了，那么，可能是你用尽了所有时间去做你喜欢的工作。最坏的结果是，因为你的不切实际的高标准，你不再尽力去完成任务。

说 "不"

为什么人们会感觉说"不"很难？这是多方面原因造成的。不管家人和朋友要求你做什么，你总是会有求必应，不想让人失望，所以你就很难设定一个限度，即使在他们的要求和需要超越了你力所能及的范围之内的情况下。或者，你离不开工作，工作就是你身份和生活意义的主要来源。不管工作职责变得多么严苛，多么耗费时间，你都会坚持下去，因为不做你就会感觉很空虚。

简而言之，造成说"不"有困难的原因通常与你的自我形象密切相关。如果你要求自己一直保持良好的自我形象，对任何人都有求必应，那么，别人对你的期望很可能没有限度。如果你的工作就是你的全部，那么你就很难做到为了给自己的需要争取时间而对工作要求说"不"。

学会说"不"需要你甘愿放弃自己不愿放弃的信念。对任何人而言，这可能都是很难做到的事情之一。这也许需要你扩展你的角色，不光是照顾别人或者照顾生意，还要学会花一些时间培养并关注自己的需要。这意味着要接受一个事实——关照自己的需要，即使是以不能给别人做事为代价，这不是自私的。如果你疲倦、紧张或者劳累过度，你真的还能为别人或者你的工作尽最大的努力吗？

从我个人的情况来讲，在完全了解说"不"的重要性之前，有必要生一次严重的疾病。对很多人来讲，疾病，不管表现形式是惊恐发作、沮丧，还是其他持久的问题，可能会促使你重新思考你自己的生活方式。疾病可能是催化剂，它可以使你安静下来，专心致志，学会如何以一种更简单的、更平衡的方式生活。

小 结

1.重新阅读关于腹式呼吸的章节，并决定你采用何种呼吸运动。每天都要花5分钟练习你偏爱的呼吸运动，至少坚持两周。如果你想改变自己的呼吸方式，从胸部转到腹部，那么要练习一个月或更长的时间。

无论什么时候，只要你感觉焦虑的症状出现了，那么，就要进行腹式呼吸或慢速的呼吸练习。

2.每天用20~30分钟（每天分两个时间段进行练习更好）练习渐进式肌肉放松运动，至少坚持两周。在最开始的几次中，要让人帮你阅读指导性提示，也可以把这些指导性提示录到手机上，这样你就可以很容易地跟上节奏。最后，记住这些指导性提示，不再需要手机。

3.进行渐进式肌肉放松运动后，接着要幻想进入了一个令人安静的场景。在渐进式肌肉放松的指导性提示后录下场景的具体描述，这样做很有用。试着在出现焦虑时想象进入安静的场景中（同时进行腹式呼吸）。

4.渐进式肌肉放松运动进行了至少两周后，你可能会深深地喜欢上其为你带来的好处，因而决定把接受其作为你最喜欢的深度放松技术。或者，你可能想运用第19章中的冥想。相比较你每天都要有练习一些深度放松方法的愿望和决心，你采用什么放松技术的类型并不那么重要。

5.如果不能遵守承诺，不能长期进行深度放松练习，那么，你要重新阅读"阻碍日常深度放松计划进行的常见因素"这一部分内容。

6.花一些时间回味"休假和时间管理"这一部分。你是否需要多分配一些时间在休息、消遣和与人交往上？要达到这个目标，你需要对你的日常安排作些什么改变？至少考虑一种你可以作到的改变，这周就开始。你愿意全心全意地为作到改变而不遗余力地努力吗？

5

体育锻炼：
选择适合你的运动

要使广泛性焦虑症症状减轻，并增强经常遭受惊恐发作的体质，定期的、有一定强度的体育锻炼是有效的方法。如果你身体的"搏斗—逃跑"反应——面对现实中危险事物所出现的肾上腺素急剧增加——过于频繁出现或者在非正常情况下出现，那么说明你或许正经历惊恐发作的问题。对于你的身体来讲，当处于"搏斗—逃跑"的应激状态时，体育运动是一种自然的化解方式。在我的病人中，多数定期参加体育运动的人都没有经历惊恐发作，即使他们经历了，也并不严重。定期的体育运动还能够消除经受焦虑并转为恐惧的可能性，加快从各种恐惧——从害怕在公共场合讲话到害怕孤独中恢复过来。

　　定期的体育锻炼对引起焦虑的多种生理因素有直接的影响。它可以：

　　　　◎缓解骨骼肌紧张，骨骼肌紧张会使你感到紧张或心情焦躁。

　　　　◎血液中多余的肾上腺素和甲状腺素的新陈代谢加速，它们的存在会使人们处在唤醒或警觉状态。

　　　　◎释放压抑的沮丧情绪，沮丧能够加剧恐惧和惊恐的反应。

　　体育锻炼对身体很有好处，包括：

　　　　◎增加血液和大脑中的含氧量，这能使人提高警戒和注意力。

　　　　◎刺激内啡肽的分泌，内啡肽是一种无论从化学成分上还是效果上都类似吗啡的自然物质，它能使你感觉状态很好。

◎降低血液的pH值（酸性增加），这会提高你的活力。

◎改善循环。

◎提高对食物的消化和吸收。

◎提高（皮肤、肺脏和肠）的排泄能力。

◎降低胆固醇。

◎降低血压。

◎减肥，同时控制食量，在许多案例中都是这样。

◎提高身体对血糖的调节力（在低血糖症的案例中）。

伴随这些身体机能的改善，生理上也得到了改善，包括：

◎增加主观幸福感。

◎降低对酒精和药物的依赖。

◎减少失眠症状。

◎提高注意力和记忆力。

◎减少沮丧。

◎增强自尊。

◎增强控制焦虑的意识。

体型不正常的症状

你怎么知道自己的体型不正常，需要加强体育锻炼了？这里列举了一些症状：

◎爬一段楼梯之后就喘不过气来.

◎爬一段楼梯之后需要很长时间来恢复。

◎使一会儿劲就会感到疲惫。

◎长期肌肉紧张。

◎肌肉状况不佳。

◎体重超标。

◎参加运动会后数天内肌肉还是会抽筋并疼痛。

◎经常性的疲倦、无精打采、厌烦。

你的健康水平

下面的表格有助于你评定自己的健康状况。先回忆一下你平均一周参加过什么大强度的体育运动，然后完成以下的问题，计算你的健康分数并评估自己的健康水平。

强 度	频 度	持续时间
你运动的紧张度如何？ 高强度=5分（快骑脚踏车、快跑、有氧舞蹈） 中等强度=3分（慢跑、骑脚踏车、快走） 低强度=1分（高尔夫、散步、一般家务劳动） 加总你的分数：_____	一周之内你运动几次？ 3次或更多=5分 1至2次=2分 1次也没有=0分 +_____	每一次你锻炼多长时间？ 21分钟至1小时=5分 11至20分钟=3分 10分钟或更少=1分 +_____ =_____
总分	健康水平	推荐做法
13至15分 8至12分 7分或更少	非常好 一般 差	祝贺你！保持你现在的运动量。 你是一个习惯久坐的人，应该增加你的运动量。 马上开始制订一个运动计划吧！

评估你健康水平的另一种可选方法是测量静止状态下的脉搏，休息时平均每分钟心跳的次数。用拇指感觉，静止状态脉搏80或以上表明你确实需要改善健康状况。静止状态脉搏70~80表明你需要更多的体育运动。如果在一直坚持锻炼的前提下，你静止状态下的平均脉搏低于70的话，你的身体状况可能很好。测量你的脉搏时，要让自己放松，然后记录20秒之内的脉搏再乘以3。

你为健康计划准备好了吗？

如果你已经决定要多做些运动，那你就需要问自己是否已经完全准备好了。有些身体条件会对你采取的运动量以及强度上有限制。如果你对下面任何问题的回答为"是"，一定要在开始体育运动计划之前咨询下你的医生。他/她会根据你的需要为你推荐有节制的、在监督下的运动。

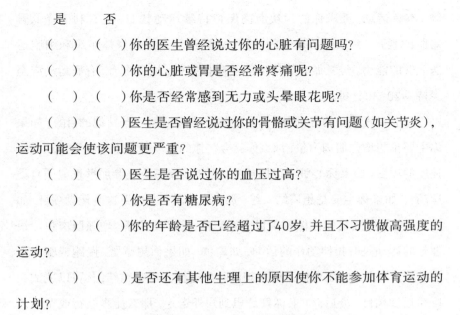

是	否	
（ ）	（ ）	你的医生曾经说过你的心脏有问题吗？
（ ）	（ ）	你的心脏或胃是否经常疼痛呢？
（ ）	（ ）	你是否经常感到无力或头晕眼花呢？
（ ）	（ ）	医生是否曾经说过你的骨骼或关节有问题（如关节炎），

运动可能会使该问题更严重？

（ ）	（ ）	医生是否说过你的血压过高？
（ ）	（ ）	你是否有糖尿病？
（ ）	（ ）	你的年龄是否已经超过了40岁，并且不习惯做高强度的

运动？

（ ） （ ）是否还有其他生理上的原因使你不能参加体育运动的计划？

如果你对以上问题的回答都是"否"，那么可以肯定你已经准备好了。最开始慢慢来，在几周时间内逐渐增加你的运动量。如果你年龄超过了40岁，并且不习惯做运动，那么在实施运动计划之前要咨询一下你的医生。

有些人不愿意参加体育运动，因为强烈的运动会产生生理上的反应，会使他们回忆起很多恐慌的症状。如果你是这种情况，你可能会希望最开始只每天散步45分钟就够了。

或许，你能很快地适应强度更大的运动。你可能只是需要慢跑或骑车2~3分钟，以后每天运动的时间就逐渐增加1分钟，即使感到一点点的恐慌，都要记得停下来（参见第3章和第7章的系统脱敏法）。最初时，有个同伴辅助你一起做运动也是有帮助的。如果你对运动感到恐惧，那么，跟对付其他任何恐惧一样，逐渐参与其中将有助于你对此脱敏。

选择运动项目

可选择的运动项目有很多种。决定做何种类型的运动项目取决于你的目的。为了缓解广泛性焦虑症或减少恐慌的倾向，有氧运动对很多人来讲是最有效的，诸如跑步、快走、户外骑车或室内蹬车、游泳和有氧健身舞。有氧运动，要求你的大块肌肉保持持续运动状态，这有利于降低骨骼肌的紧张，并增强心血管的功能，增强循环系统向身体组织和细胞运送氧气的能力。经常做有氧运动能够降低紧张，增强耐力。有氧运动应至少持续20~30分钟。

除了有氧运动的好处外，你参加体育锻炼可能还有其他的目的。如果你主要是想增强肌肉力量，那么你就会在你的运动计划中加入举重或同等强度的项目（如果你心脏有问题或有心绞痛，就不应该参加举重或塑身类运动）。如果你主要是想广结人缘，那么你可以参与以下这些运动项目，如壁球、高尔夫或集体性体育项目，像棒球、篮球或排球。增强肌肉弹性最理想的运动是有拉伸动作的运动，如瑜伽。如果你想减肥，慢跑或骑车可能是最为有效的。如果你主要是想消除攻击性和沮丧情绪，你可以试试竞技性运动项目。最后，如果你只是想到户外走走，那么徒步旅行或做园艺都是很合适的。高强度的徒步旅行能够增强身体的力量和耐力。要获得更多关于各种有益运动的信息，请参看科弗特·巴利所著的《新解健康或肥胖》中相关的内容。

很多人发现，增加运动方式的多样性对提高运动积极性很有帮助。最好是每周做三四次有氧运动，如慢跑、骑车，每周两次社交性运动，如网球或者塑身运动。健身计划里最好包括两种不同类型的运动项目，这样可以防止因老是做同一种运动而厌烦。接下来简单地描述一些常见的有氧运动，其中每种类型都有自身的优势和可能的缺点。

跑步

多少年来，跑步（或慢跑）一直是最受欢迎的有氧运动的形式，大概是由于其方便易行。你需要的唯一装备就是一双跑鞋，并且通常情况下，你只需要走到室外就可以开始跑步了。跑步是很多运动项目中最适宜减肥的一个，因为跑步能够使身体脂肪很快地燃烧。大量的研究证明跑步对克服沮丧有好处，因为跑步能够提高大脑中内啡肽和5-羟色胺的含量。正如上文所提到的，通过跑步，可以代谢掉过多的肾上腺素以及使紧张的骨骼肌放松而减轻焦虑。每周进行四五次3千米的慢跑（保持6千米/时的速度，跑大约30分钟）能够有效地降低你的焦虑。

跑步的缺点是，跑了一段时间后，你的脚可能会受伤。特别是，如果你在坚硬的地面上跑步，对关节的不断震动会使脚、膝盖或背部受伤。下面几点可以使受伤的风险最小化：

◎穿上合适的鞋子，这能使你关节受到的震动最小。

◎尽可能地在柔软的地面上跑步，最好是在草地、泥土地、小路或在硬化的海滩上跑。避免在混凝土地面上跑步。如果你的鞋子很耐磨的话，在沥青地面跑也可以，但是不要每天都在上面跑。

◎在开始跑步之前做些热身运动。试着慢跑1~2分钟。

◎不要天天都是慢跑，换换其他的花样。

如果因为天气不好，找不到松软的地面，有雾或交通的原因致使你不能在户外跑步，那么你可以考虑花钱购买一台自动跑步机。为了不让运动单调乏味，可以把跑步机放置在电视机或VCR前。

游泳

游泳是我个人最喜欢的运动形式。因为游泳能用到全身很多不同的肌肉，所以它是一项非常好的运动。医生经常向有肌肉骨骼问题、受过伤或有关节炎的人推荐游泳，因为，游泳能使他们关节受到最小的震动。游泳不像跑步那样能够减肥，但是游泳有助于塑身。

为了达到有氧运动的效果，自由泳最好每次20~30分钟，每周4或5次。要做中等强度、放松式运动，蛙泳是一个很好的选择。通常情况下，最好在水温为24~27 ℃ 的游泳池里游。

游泳最大的坏处是很多游泳池中的水是氯化过的。氯化过的水可能会刺激你的眼睛、皮肤或头发以及你的上呼吸道膜。你可以戴上护目镜和/或鼻塞来解决这个问题。如果幸运的话，你可以找到以过氧化氢或臭氧作为消毒剂的游泳池，这两种物质都要比氯的刺激性小。

骑车

近些年来，骑车已经成为一种非常流行的有氧运动。骑车会带来许多与慢跑相同的好处，但不同的是它不会震动你的关节。为了达到有氧运动的目的，骑车需要较大的强度，它要求你在平坦的路面上，以每小时大约15千米或者以上的速度行驶。天气好时，骑车是非常有趣的，特别是当你骑车的路上没有车辆或那条路是专门设计的自行车道，并且周围很漂亮的时候。如果因为天气不好而不允许骑车，你就需要使用室内固定的自行车了。

如果你想到户外骑车，你就首先需要花钱买一辆好的自行车。在你准备好了花几百美元买一辆自行车之前，你可以考虑借其他人的自行车。在购买自行车方面，我建议不要买赛车，除非你确定你想比赛。你可能会发现，骑车时直身坐要比弯腰坐更令人愉快和轻松。要确保你买的自行车款式和型号适合你的身型，否则，它将会给你带来问题。多花点钱买辆车座减震效果很好的自行车也值得。

当你开始骑车后，给自己几个月时间慢慢达到每小时24千米（每4分钟1.6千米的中等车速）。每周三四次，每次骑一小时就够了。一定要戴上头盔，并尽量不要在夜间骑车。

有氧健身操

大部分的有氧健身操班就是教练带领做热身式伸展和有氧运动，并且经常要伴随着音乐来做。这种班通常是健身俱乐部办的，并根据参与者的不同水平设有初级班、中级班和高级班。因为一些运动可能会使关节受伤，所以要尽量找对身体影响较小的有氧健身操。有氧健身操的指导形式可能是激励你参与运动的很好方式。如果你是自己想运动，并更愿意待在家里，那么大量很好的有氧健身录像可供参考。

如果你决定做有氧运动，那么确保鞋子要好，这样才能使你的脚稳定，不晃动，并且减少扭伤。如果有可能，在木质地板上做这些运动是最好的，尽可能不要在地毯上做。每周运动3~5次，每次运动45分钟至1小时（包括热身）就足够了。

散步

散步具有的优势要超过其他所有的运动形式。首先，散步不需要训练——你已经知道该如何做了。其次，除了一双鞋，散步不需要任何装备，并且几乎可以在任何地方做——如果需要的话，即使在购物的商业街也可以。散步受伤的可能性比其他任何类型的运动都要小。最后，散步是最自然的运动方式。我们所有人都喜欢散步。除非哪天社会上的人们都习惯久坐，否则，散步是生活习惯的一部分。

为放松和分散注意力而散步是一种情况，为达到有氧健身的目的又是另一种情况。要达到散步健身的目的，必须以轻快的步伐每小时大约走3千米。散步20~30分钟一般来讲是不足以达到有氧健身效果的。如果你把散步作为平时锻炼的一种形式，那么你得每周散步4~5次，最好选择在户外。如果你觉得一个小时的散步不够，尝试手拿重物或找有斜坡的地方散步。

为了使散步取得最好的效果，正确的姿势是很重要的。让你的胳膊随着步幅在身体两侧很自然地摆动，将有助于协调你大脑左、右两半球。好的鞋子也是很重要的。要找双合脚的鞋子，有气垫、合适的足弓和牢固的鞋跟。

一旦你能轻松地散步三四千米而不用停歇，你就可以考虑花一天或一天一夜的时间去农村、州县或国家公园徒步旅行。户外的徒步旅行能够使你的灵魂连同身体一起获得新生。

开始实施计划

如果你一直以来都没有做运动，那么开始时就不要太快，强度不要太大，这点很重要。过于频繁的运动会导致坚持经常性的运动计划的想法过早地"流产"。下面是开始运动时推荐做的：

1.渐进地开始运动。在最初要设定最低的目标，例如第一周每两天努力运动10分钟（或者10分钟左右）。接下来每周的运动时间递增5分钟，直到每次运动时间达到了30分钟。

2.给自己一个月的试验期。承诺要坚持运动计划一个月，尽管会感觉周身不适和疼痛感，会遇到惰性或其他方面的阻力。一个月结束后，你可能开始充分体验到自己主动做运动的好处。要知道，身体状况变差后，通过运动实现良好的恢复需要经过3~4个月。

3.记录你每天的运动情况。运用下面的"每日运动记录表"记录下你每天运动的日期、时间、持续时间和运动种类。（也许你想复印几十份"每日运动记录表"，这样你就可以作几个月的记录。）如果你正在做有氧运动，运动结束后马上记录下你的脉搏，并填入"心率"一栏中。还要确认你的满意度，用1~10分级表，1表示对自己的运动体验一点也不满意，10代表非常满意。随着运动开始步入正轨，你的满意度应该逐渐提高。最后，如果你打算运动但没有运动，则需要说明你没有运动的原因。这有助于日后重新评估这些原因，看其是否有道理或只是借口而已（参见本章的最后一部分"阻碍运动计划实施的因素"）。

4.要有承受初期不适反应的准备。如果你的身体状况已经欠佳了，那么开始运动时周身的不适和疼痛是正常的。随着你力量的增强和持久性的提高，你有望战胜这种不适。

5.要尽量关注运动的过程而不是结果。看看你是否能沉浸在运动本身固有的乐趣上。如果慢跑或骑车是你喜欢的活动，那么就有助于你欣赏到美丽的景色。只单纯关注与他人或自己竞争只会增加而不是减少自己的焦虑和压力。

6.奖励自己遵守了运动的计划。让自己外出野餐、周末旅行或为自己买一身新的运动衣或器械，作为对第一周或第一个月坚持了计划的回报。

7.热身。就像你的车发动之前需要预热一样，在参与高强度的运动前，你的身体同样需要"预热"。如果你的年龄超过了40岁，这点就更加重要。通常情况下，5分钟的体操或伸展运动就足够了。

8.高强度的运动之后，给自己几分钟时间平静下来这点很重要。来回走动2或3分钟有助于血液从肌肉中回流到身体的其他部位。

9.饭后90分钟内不要运动，运动结束1个小时后再吃东西。

10.当你感觉到身体不舒服和压力很大时，不要运动（代之以深度的放松运动）。

11.当你身体有任何突然的、莫名其妙的症状时，停止运动。

12.如果你发现一个人运动很无聊，找一个同伴跟你一起运动或者做需要一个同伴共同参与的运动。

使运动降低焦虑的效果最优化

为了使缓解焦虑的效果更明显，运动需要有充分的规律性、强度和持续时间。下面的标准可视为运动要达到的目标：

◎理想的运动应该是有氧运动。

◎最理想的频率是每周4~5次。

◎最理想的持续时间是每次运动至少20~30分钟。

◎有氧运动最理想的强度是：在至少10分钟内，心率为（220-你的年龄）×0.75。

下面的表格标明了不同年龄有氧运动的脉搏范围：

年龄	脉搏（心率）	年龄	脉搏（心率）
20~29	145~164	50~59	122~140
30~39	138~156	60~69	116~132
40~49	130~148	70~79	108~120

◎不要每周只运动一次。无规律性的运动对你的身体来说是一种压力，经常是弊大于利（散步除外）。

＿＿＿＿＿＿＿（月）里的每日运动记录表

日　期	时　间	运动类型	持续时间	心　率	满意度	没有运动的原因

*基于每周运动六天的最高频率

阻碍运动计划实施的因素

如果你在开始或坚持运动计划上有困难，问一下自己你正在给自己找什么借口或什么合理化的理由。你对自己说了些什么，从而使你耽搁了运动计划？尝试记录下你的借口。运用下面的模式。

下面列出的是人们逃避运动时的常见借口。

"我没有足够的时间。"

你真正想说的是你不想安排时间。你能从运动中获得不断增强的适应性、健康的身体和对焦虑控制性的提高，但你没有足够地重视这些。时间不是问题，重要的是你优先考虑的是什么。

"我太累了，不想运动。"

一个解决的办法就是上班前，或者在午休期间，而不是在一天快结束的时候做运动。如果这不可能，不要放弃。很多缺乏运动的人没有意识到适度的运动确实能消除疲劳。尽管很多运动的人感觉累，但后来还是发现他们的精力恢复了。只要你突破最初的惯性而开始做运动，所有的事情就会很简单。

"运动很枯燥，一点乐趣都没有。"

先前列举的那些活动真的都很枯燥吗？你已经都尝试过了吗？你可能需要有个人跟你一起做运动，以使其更有乐趣。或者，你需要来回做两种类型的运动以激起兴趣。即使最初你感觉很枯燥，几个月后，当运动真的奏效时，就能够使人感觉很有趣了。如果你考虑过慢跑，但认为太枯燥了，我建议你读《超越慢跑——室内跑步》。

"出去做运动太不方便了。"

这真的不是问题，因为有很多种方式可以让你在家中就能进行剧烈的运动。动感单车已经很流行了，每天骑20分钟会产生很好的效果。如果这样看起来单调乏味，试着戴着耳机听手机音乐，或者把动感单车放置在电视机前。如果有DVD，在家的有氧运动会很方便并且有趣。冲击力小的有氧运动是很好的开端。另一种室内活动包括跳蹦床、跳柔软体操、使用划船机器或使用通用的可调节重量的体操器械。电视上也有早晨的运动节目。如果你买不起运动设备，只要准备一些狂热的音乐，跳20分钟舞就可以了。简而言之，在家中完全有可能保证足够的运动量。

"我担心我会浑身疼痛。"

每天轻快地散步45分钟是一种非常好的运动形式，这不可能造成身体一直疼痛的症状。如果你更愿意做强度大些的运动，开始时间要短一些，2~3分钟即可，以后每次要逐渐增加一分钟。只要你一感到不舒服，就要停下来，等到你完全恢复后再尝试完成你预先计划要在那天做的运动。第7章中写的暴露原则可以有效地应用到克服焦虑的运动中。

"运动使乳酸堆积，这不会造成惊恐发作吗？"

运动确实增加了乳酸的产生量，并且对一些有惊恐发作倾向的人来讲，乳酸会促使惊恐发作。但是，定期的运动还能提高你体内氧气的循环，也就是指你身体氧化不需要的物质的能力，包括乳酸的氧化。运动产生的乳酸会被体内提高的氧化能力抵消。定期运动的效果是你身体内积累的乳酸全面减少。

"我50多岁了，年龄太大了，不能再开始运动了。"

当超过50岁的来访者告诉我现在开始运动太晚了，我就提醒他们有人在50或60岁以后开始跑步，并参加马拉松赛跑，而他们之前也不做运动。除非医生明确地给了你医学上的建议，告诉你不要参加运动，否则，年龄永远不能成为充分的借口。在任何年龄，只要有耐心和恒心，获得强健的身体都是有可能的。

"我太胖了，身体太虚了"或"如果做高强度的运动使我的身体超荷，我担心自己会心脏病发作。"

如果你因为身体的原因而担心会使心脏超荷，那么一定要在医生的帮助下制订你的运动计划。对任何人来讲，散步都是一种安全的运动，并且一些内科医生也认为散步是理想的运动,因为,散步基本上不会引起肌肉或骨骼受伤。如果你的体型不好或超重,游泳同样是一种安全的运动。你要明智而切合实际地选择运动项目。最重要的是要坚持和遵守你的运动计划,不管是每天走一个小时,还是马拉松训练。

"我曾经尝试过运动,但不管用。"

在这儿要问的问题是为什么不管用。你是否开始得太猛、太快了?你感到厌倦吗?你是不是由于最初的不适和疼痛就放弃了?你独自运动时有没有感到孤独?也许,是时间该给你自己一个机会去发现经常性的运动会带来的所有的生理和心理上的好处了。

经常性的运动是克服本书中提到的焦虑、惊恐和恐惧总计划中的一个重要组成部分。如果你在运动的同时还伴有定期的深度放松计划,你的焦虑感肯定会降低,并且很可能会提高抵抗惊恐发作的能力。运动和深度放松是两种能够改变易患焦虑症的遗传体质的最有效的方法。本书后面章节描述的技巧的效果取决于你做深度放松和定期运动的决心和熟练程度。

小　结

1.运用本节中"你的健康水平"表格,评估你的健康水平。

2.通过回答本节中的问题"你为健康计划准备好了吗?"来确定你是否准备好开始健康计划了。

3.选择一个或几个你喜欢的运动类型。如果你身体状况不好,开始时就散步至少30分钟,或者做10~15分钟强度更大的运动。逐渐地增加你运动的时间长度和强度。每周至少运动4次。

4.运用每日运动记录表来监控你运动计划的实施情况,至少坚持一个月。

5.要遵守所有在"开始实施计划"一节中列出的旨在维持定期的运动

计划的指导方针。尤其重要的是参与激烈运动之前，给自己时间热身；运动之后，给自己时间平静下来。

6.如果你的运动计划遇到了阻力，或者第一周之后你失去了继续运动的动力，请阅读"阻碍运动计划实施的因素"这一部分。努力辨别出你对自己暗示了些什么致使你对运动产生了抵触情绪或丧失了动力。当下次再有运动机会的时候，多给自己参与运动的积极原因以消除你消极的自我对话。

6

应对惊恐发作：
这样的"危险"不可怕

惊恐发作是指人在遇到（或只是想到）那些能引发恐惧感的情境时，或者在完全没有征兆的情况下，突如其来地发生强烈的生理应激反应。在惊恐发作开始的时候，会出现心悸、胸闷气短、窒息感、头晕眼花、乏力多汗、哆嗦震颤、手足发麻等身体症状。伴随着这些身体变化的通常有以下心理反应：精神恍惚、强烈的逃避愿望，担心自己会失控发疯、会死掉等。

　　任何遭遇惊恐发作的人都知道这可能是人世间最让人难受的经历了。最初的惊恐发作可能是源自一次意外的外伤，这使你感到特别害怕和无助，并强烈地预感这样的惊恐发作将会再次发生。在某些案例中惊恐发作确实会再次甚至多次反复出现。目前研究者也不甚明了为何有的人只经历一次惊恐发作，或者许多年才出现一次，而有的人则发展成一周几次的习惯性发作。

　　所幸的是，你现在能学到应付惊恐发作的方法，让你摆脱它的威胁。比如，如果你愿意改变你的某些生活方式，假以时日，这些方法必定能降低你惊恐发作的强度和频率。本手册的其他章节，也介绍了一些能有效减少惊恐发作的生活方式。包括：

　　　　◎有规律地练习深度放松（第4章）。

　　　　◎有规律的体育锻炼计划（第5章）。

　　　　◎减少刺激性饮食（特别是咖啡因、糖和尼古丁）（第

16章）。

◎学会承认和表达你的情感，特别是愤怒和悲伤等情绪（第13章）。

◎采用自我对话和核心信念等技术来保持平和心态，用更宽容的态度来对待生活（第8章、第9章）。

这五种生活方式对不同的人有不同的重要性，但是如果你能掌握所有这些方式，假以时日，你会发现你的惊恐反应会慢慢消失。

这本手册并未过多提及药物治疗，但对于有些遭受惊恐发作折磨的人来说，用药物来治疗确实更为合适。如果你惊恐发作的频率和强度已经严重影响到你的工作、人际关系、睡眠质量，或者已经达到让你觉得自己要失控的程度，那么药物治疗或许是更恰当的方法。

目前，有两类最常见的处方药，一类是镇静剂类，如阿普唑仑和氯羟安定；另一类是抗抑郁类药物，如舍曲林、帕罗西汀和依地普仑。有关治疗惊恐发作的处方药的若干细节问题，可参见第18章。

我们在这一章里将介绍一些很有针对性的指导原则，以便于你在惊恐发作的时候可采取一些实用的应对措施。

让危险"显形"

惊恐发作确实让人恐惧不安，但它其实并没有想象的那么危险。惊恐其实只是在应激状态下一种自然的身体反应，它和"搏斗—逃跑"的反应有关。"搏斗—逃跑"反应是所有哺乳动物（不只是人类）在自身的生存受到威胁时，作出准备搏斗或者逃走的一种自然反应，这种即时反应对物种的生存是必要的。当动物在野外遇到天敌时，这种应激机制能激发和调动其神经冲动，使其逃离危险得以存活。

比如，设想你驾车经过一个铁路道口，而你的车又正好在道口上抛锚，而且这个时候向你飞驰而来的火车距你不过两百码（1码＝0.914米。——译者注）。不用说，此时你的肾上腺素分泌水平肯定会激增，并伴随着惊恐和强烈的逃生欲望。事实上，当时你的身体会作出以下一连串的反应：

　　◎心跳加快。

　　◎呼吸急促。

　　◎肌肉紧绷。

　　◎动脉收缩使得流入手足的血液减少。

　　◎流入肌肉的血液增多。

　　◎肝脏存储的糖会释放到血管中。

　　◎大量出汗。

　　其实，正是这些高强度的身体反应和强烈的逃生欲望才使你得以生存下来。肾上腺素的激增和肌肉里的血液增加使你更机警有力，你的精神和能量的调配都向着逃生这一目标。如果这些身体反应不够强烈或者不够迅速，或许你就不能及时逃出险情。也许你自己也还记得在你一生中确实有这么几次类似的经历，当时都是这些应激反应才使你得以逃生。

　　在自发的惊恐发作中，你的生理反应其实和生命受到真实威胁时的生理反应一模一样。也就是说，突如其来的惊恐发作所引起的生理变化和你的车卡在铁路道口或者你突然发现盗贼潜入家里时的生理变化没什么差别。

　　但问题在于，惊恐发作的生理反应并不是由真正出现的危险引起的，这就使得惊恐发作更难以应付。比如，以广场恐惧症为例，当时那里并没有什么东西会对生命造成威胁（例如害怕在杂货店排队或者独自在家），但你并不知道这些反应怎么就发生了。更糟糕的是，当你发觉自己不能解释为什么会有这样强烈反应的时候，你就更恐慌了。

　　目前，我们还不完全了解为什么惊恐发作会自发发生，即我们并不清楚为何身体的应激机制会在没有明显原因的情况下自动激活。有人认为惊恐发作并非毫无缘由，当时总存在某些诱发刺激，只是这些刺激很不明显。另一些人则认为这是因为生理系统突然失衡造成的。目前我们知道的是，惊恐发作确实更容易在人们经受强大压力和遭受巨大损失的时候发生。然而压力和损失也只是引发少部分人会惊恐发作，对其他很多人而言，这些因素引起的只是头痛、溃疡或者压抑感。近来研究者还了解到大脑中蓝斑的紊乱与惊恐发作有关，但看起来这个因素也只是长长的因果链中的一环，而并非惊恐发作的根本原因。所以，人们要想彻底了解惊恐发作的病因，还有待进一步的科学研究（有关生理学方面的更多细节，可参见第2章的介绍）。

因为当时并无实际存在的、明显的外部危险会引发惊恐发作，你就可能将这些生理变化归结为是由身体内部原因造成的。在不存在真实危险的情境中，你的大脑或许把某个内部的信号错误地解释为一种具有威胁性的征兆。你或许会想："如果我感觉不好，那我肯定是处于危险当中。如果没有明显的外部危险，那肯定是内部出了问题。"人们在惊恐发作时，经常虚构出下列"危险"之一（或所有）：

　　　　◎对心悸的反应："我的心脏病快犯了。"或者"我快死了。"

　　　　◎对窒息感的反应："我不能呼吸了，快闷死了。"

　　　　◎对眩晕的反应："我快晕倒了。"

　　　　◎对迷惘或不真实感的反应："我快发疯了。"

　　　　◎对脚软的反应："我走不动了"或"我快跌倒了。"

　　　　◎对全身紧绷的反应："我快失控了。"

一旦你认为自己正感到上述这些危险时，这就不可避免地加重了自己的恐惧感，这些感觉反过来会使你的身体反应更糟糕。毫无疑问，这一切都使得你处于恶性循环中难以自拔。

如果你明白身体所经历的这些变化其实并无危险，那你便能够逃出这个恶性循环。那些所谓的危险并不真的存在，在现实中也并无任何根据，而只是你在强烈的惊恐反应中想象出的而已。现在我们就来逐个检查这些惊恐反应的生理原因。

惊恐发作并不会造成心力衰竭或心脏停跳。惊恐发作中的心跳加速和心悸确实让人感觉十分难受，但它们也并没有想象中那么危险。我们的心脏是由强壮而致密的肌纤维组成，它能承受的强度远比你想的要大。根据克莱尔·威克斯的说法，一颗健康的心脏能以每分钟100次的频率持续搏动一天（甚至一周）而不受损伤。所以，如果你觉得你的心跳加快了，那就让它快吧。你要相信这对你并无什么伤害，而且它终会平静下来的。

惊恐发作和心脏病发作相比，心脏的状况是不一样的。惊恐发作时，你的心脏会加速跳动，并时常伴有心律不齐，有的人甚至感到胸口左上部位有一闪而过的疼痛感。但这些症状都不会因为运动和其他身体活动而加剧。在真正的心脏病发作中，最常见的症状是持续的疼痛和压迫感，甚至觉得胸腔要爆裂一样。虽然也有重击心脏的症状，但此时和疼痛感相比就显得不那么明显了。并且稍一用力，疼痛和压迫感就加强，而休息下来就稍微减轻。这是和惊恐发作的症状完全不同的。在惊恐发作中，重击心脏的症状在你停着不动的时候会加剧，而当你动起来的时候，则会减轻些。

心脏病的心电图会显示出明显的心律异常，而惊恐发作的心电图只有心跳加快，并无心律异常。（如果你想得到更可靠的确认，你可以让医生给你做一次心电检查。）

总之，心脏病发作和惊恐之间并无直接的联系，惊恐发作并不会伤害你的心脏。

惊恐发作不会使你停止呼吸或窒息。惊恐常会使人觉得胸闷和呼吸受阻，你可能会害怕因此而窒息。在这些思想压力下，你颈部和胸部的肌肉会紧绷，因而也就相应地减弱了你的呼吸能力。但请相信，此时你的呼吸通道和肺部其实并没有什么问题，而且这种紧张感马上就会过去。我们的大脑有一个与生俱来的反射机制，当我们吸入氧气不够时，这个机制会自动工作，强迫我们吸入足够的空气。如果你还不相信，你可以屏住呼吸一分钟，看看会发生什么吧。到了一定程度你会本能地吸气！在惊恐发作中其实也一样：在因缺氧而窒息之前，你会自动地喘气和深呼吸。（并且即使你背过气去了，你也会立刻开始自动呼吸的！）总之，惊恐中的窒息或压迫感虽让人难受，但并没有致命的危险。

惊恐发作并不会使你晕厥。在惊恐发作之初那种头晕眼花的感觉常会让你害怕自己会随时晕厥。此时因为你的呼吸加快使得大脑会有一点供血不足（参见第4章"过度换气综合征"部分）。这并没有什么可怕的，只要你意守丹田，想象气息从腹部到鼻腔缓慢而规律地流动，这些症状就会消失。稍微踱几下步也是有益处的。就让眩晕的感觉顺其自然地消失，不要与之较劲。因为实际上你的心脏比平时跳得更有力，血液循环也加快了，所以你是不太可能晕厥的（除非你本来就晕血，而此时你又恰好看到血。但这种情况实在是太罕见了）。

惊恐发作并不会使你失去平衡。 在惊恐发作发生时，你或许会感到头晕目眩，这或许是因为紧张感影响到内耳负责平衡感的半规管。有那么几下你可能会觉得要跌倒了，或者觉得天旋地转。但请相信这些症状必定会消失。这些眩晕也并不会真的使你跌倒。如果强烈的眩晕持续了好几秒钟，那你最好让耳鼻喉科大夫检查一下你的内耳是否有感染、过敏或其他异常症状。

在惊恐发作中觉得脚软，这并不真的会使你走不了路或跌倒。 惊恐发作时激增的肾上腺素会使腿部血管膨胀，使得血液积于腿部肌肉而不能参与全身循环。这使人产生腿软的感觉，也可能会使你害怕不能走路了。但请相信这只是"感觉"，此时你的腿还是和平时一样强健。你的腿不会让步！那些颤抖和虚弱的感觉终会自行消失，你仍能够靠腿走到任何你想去的地方。

惊恐发作并不会使你发疯。 动脉血管的收缩会造成大脑供血减少，这是由呼吸加快引起的正常反应。这会使人觉得失去方向，并产生不真实感。在这个时候请你提醒自己，这仅是因为动脉收缩造成的轻微而短暂的大脑供血不足。不管这些感觉多么可怕和怪异，你要明白这和发疯完全是两回事。没人因为惊恐发作而发疯，这些不真实感也总会消失，并不会对你造成什么伤害。

人并不会突然地或者不由自主地疯掉。因心理障碍所表现出的那些人们视之为"发疯"的行为（如精神分裂症或躁郁症），其实都是经历了若干年的积累才最终表现出来的，这些行为并不会因为某一次惊恐发作而突然出现。没人在惊恐发作中开始出现幻视或幻听（除非惊恐是由于摄入过量的致幻剂或可卡因等毒品引发的）。总之，不管你觉得如何的不快或者心神不宁，惊恐发作并不会使你发疯。

惊恐发作并不会使你失控。 你的身体在惊恐中的强烈反应很容易使你觉得你完全失去对自己身体的控制。但完全失去对身体的控制究竟意味着什么呢？彻底瘫痪？狂乱地手舞足蹈？我们注意到这些例子并未在以前的案例中出现过。在惊恐中，有一个单一的目标在控制你的感觉和意识，那就是逃离此地。因为有了这样一个十分明确的目的在调配你所有的身体行动，所以你不会失去对身体的控制。在惊恐发作中会彻底失控的想法只是想当然而已。

应对惊恐反应的第一步就是认识到这些身体反应其实并不危险。因为身体反应伴随着强烈的惊恐感，这很容易使人觉得它们十分危险，但事实上并无危险存在。在惊恐中经历的生理反应是很自然的并且具有自卫作用。实际上，你的身体生来就有应对惊恐的功能，所以你才能很迅速地逃离那些真正对你有威胁的情境。但问题在于有时这些自然的、具有自卫意义的反应在没有任何实际危险的情况下发生，当这样的问题出现时，你心里得清楚不要去虚构那些并不真正存在的危险，掌握这些要点后你就能克服惊恐了。

打破身体症状和灾祸念头的联系

没有惊恐发作的人和有惊恐发作的人有一个显著的不同，那就是每当出现一些有点不寻常的、轻微的身体不适时，后者总倾向于往坏处想。比如他们常把心悸当作心脏病发作的前兆，胸闷气短就觉得是要窒息的表现，头晕眼花就马上会引起晕厥。没有经历惊恐发作的人，虽也会注意这些身体症状，但他们并不会认为这很严重、很危险。

你越是倾向于把身体不适解释为大病和危险，你就越时刻注意检查你的身体，看自己是否有这些不良感觉，而且一旦发现有点异样就很容易出现一些过度反应。这种倾向会使问题更加严重，因为那些本来只是轻微的身体不适症状，却被你有意地夸大了。

有许多因素都可能造成生理状态出现偶然的异常。一方面，可能是外因引起身体不适，比如，和爱人吵了一架、在电视上看到不快的画面、听到闹钟突然响起或着急赶去某个地方，这些都可能引起心跳加速、胸紧、恶心和其他与焦虑有关的身体症状。而另一方面，可能是内因在起作用，比如，因呼吸不足引起的缺氧、大脑神经内分泌系统的变化、肩颈部的肌肉紧张或血糖浓度降低等。在很多时候你并不能清楚地觉察到这些外因或者内因，只有当这些生理变化以外显症状显现出来的时候，你才有所意识。以上的例子只是众多可能原因中的一部分，这些可能原因中的任何一种都能引发焦虑。但关键是，是否真的会发展到彻底的惊恐发作，还取决于你如何认识和应对你当时的身体症状。

总之，容易惊恐的人很可能会有以下表现：1）过于专注身体和心境的细微变化；2）越来越倾向于把轻微的身体不适或者身体的变化都看作大病或者致命危险。下列图表显示出了这些倾向：

惊恐发作的发展过程

```
阶段1    初始状态（内部或外部状态）
            ↓
阶段2    轻微的不寻常的身体不适症状（如心悸、气短、头晕眼花或出汗等）
            ↓
阶段3    内化（专注于那些身体症状使得这些症状更突出夸大）
            ↓
阶段4    灾祸性解释（告诉自己这些症状很危险，如"我的心脏病要发作了""我要窒息
        了""我要失控了""我必须立刻离开"）
            ↓
阶段5    惊恐发作
```

所幸的是，我们可以采取一些措施在其中某个环节上打断这个链条，使得惊恐发作最终不能彻底发生。在阶段1，或许是一般性的压力引发了最初的身体不适，如心悸、胸闷和眩晕等。为了解决这个问题，你可以在日常生活中坚持每天有规律地综合运用一些压力控制技术，比如，本书其他章节中介绍的放松方法、锻炼方法、营养习惯等（见第4、第5、第16章），这些方法能减少身体交感神经系统突然兴奋的倾向。除了一般性压力外，你可以仔细注意一下，在你惊恐发作的几个小时前，你处在什么样的特定情境中。你可以通过本章介绍的"惊恐发作量表"来帮助你确定究竟是哪些情境容易诱发你的惊恐发作。相应的，你以后应尽量避免或消除这些类似情境，让它们不再给你造成麻烦。这些用来减少最初阶段（上表中的阶段1和阶段2）的身体不适的干预措施，是与你的生活方式和生活态度联系在一起

的，所以在采取这些措施之前，还需要调整你的生活方式和生活态度。

阶段3主要是内化阶段，即此时你过于在意你的身体内部状态。其实你有很多积极的措施可以用来减轻你的内化程度，这些方法都在本章的"应对惊恐早期阶段的措施"一节中有所介绍。这些方法能够分散你对内部身体症状的注意力，直接起到放松身心的作用。

或许，减轻惊恐发作最有效的办法是对阶段4进行干预，即你要学会不要把身体不适解释为致命危险或潜在灾祸。实际上，目前英国和美国的研究都证实：只要你能消除自己的灾祸性的解释，你的惊恐发作就能随之减轻。如果你能够忍受那些眩晕胸闷和心跳加速等不适感，把它们当作一种无害的生理反应而不是危险信号，你就能减轻甚至消除惊恐发作了。当然，这并不是说压力控制技术和惊恐应对技术就不重要了，我们的意思是消除灾祸性解释这一个步骤本身对减轻惊恐大有裨益！

为了帮助你打断身体症状和灾祸性解释的联系，请你参考本章后面的三个量表：第一个量表列出了那些容易引发惊恐的身体症状，在六点量表上评价每一种身体症状对惊恐发作的影响；第二个是灾祸性解释自陈量表，其中列出的每一条解释都对应于某些身体不适症状，根据你自己感受到的这些想法的强度，在四点量表上对每个项目都加以评价。

最后用第三个表将前面两个联系起来。把得分为4或5的那些身体症状挑出来，再列出由这些症状引发的灾祸性陈述。比如，你或许把心悸和"我心脏病发作了""我要死了"联系起来；或把头晕眼花和"晕倒""失控"连在一起。

当你做完这些，你会更清楚地了解到，你的身体症状和与之相连的灾祸性念头是如何引发你的惊恐的。这样做会有助你打破身体症状和灾祸性念头之间的错误联系。你要时刻记住：你所列的身体症状没有一个是真的有害的，不管这些症状如何让你不适，它们都并无害处。同时你还应知道你列出的灾祸性念头也并不是真的，不管你自己当时如何信以为真，它们都不会真的发生。你要学会抛弃这些虚假的灾祸性念头。

如何打断身体不适症状和虚假的灾祸性念头之间的联系呢？下面的三个步骤会给你提供帮助：

◎认识不适症状和灾祸性念头的错误联系。

◎写下对身体不适症状的其他解释。

◎内感受脱敏法。

认识不适症状和灾祸性念头的错误联系

你先要认识到你是否倾向于把无害的身体症状解释为危险即将来临的先兆。通过前面的练习，你能意识到特定的症状和特定的灾祸性念头之间的联系。有了这些准备后，即使在日常生活中再出现这些身体不适，你也能淡化这些症状所带来的危险感。

写下对身体症状的其他解释

灾祸性的自我陈述对身体不适症状所作的解释都是虚假的。心跳加快和心悸就是心脏病发作吗？胸闷气短就要窒息吗？头晕眼花就意味着你要晕厥或发疯了吗？对于这些现象，有完全不同于灾祸性念头的解释，而这些解释才是有真凭实据的。这些逻辑严密的解释是：

1.心跳加速或心悸很可能是由于在焦虑的初期阶段肾上腺素分泌增多和交感神经系统活动增强引起的。这些都是觉察到威胁时身体的正常反应，是属于"搏斗—逃跑"反应的一部分。就算这些反应持续出现一段时间，它们实际上也并无害处。比如，一颗健康的心脏可以快速跳动几个小时而不使你遭受任何风险。

2.胸闷气短可解释为胸腔周围的肌肉收缩和交感神经的兴奋。这些症状和窒息并不相同。不管你的胸腔感到如何不舒服和胀闷，你的胸腔肌肉也不会收缩到使你窒息的份上。

3.头晕眼花通常在你紧张的时候发生，但这并不是说你就要晕厥了。这是因为脑部的血管收缩后，轻微地减弱了脑部血液循环。就算你当时感到眼花了，你也不太可能晕厥，因为晕厥一般是因为血压降低；而当你感到紧张时，肾上腺素和交感神经系统的兴奋恰恰会引起你的血压升高！

头晕眼花和"要发疯了"的感觉之间也没有什么因果联系，严重的精神失常和惊恐发作之间并无相关，而且精神失常的持续时间也比任何惊恐发作的时间都长得多。

上述的这些解释都是为了帮助你认识到糟糕的身体症状并无危害。参照本章第一节"让危险'显形'"，你可以作出自己的解释。把这些解释都写下来会使你更坚信那些令人不适的身体症状是无害的而不是危险的。

你可以把你对身体症状的解释写在一张卡片上，每张卡片上写一个针对某身体症状的解释。把这些卡片随身携带，当你的身体不适症状出现时，就把它们拿出来读一读。

惊恐发作量表1

身体症状

下列任何身体不适症状在惊恐发作中都可能出现。请你根据这些症状在你自己惊恐发作中的严重程度，在以下六点量表上对每种症状逐个给予评价。

0＝没有感觉　　3＝强烈感觉
1＝轻微感觉　　4＝严重感觉
2＝中等感觉　　5＝极其严重的感觉

1.胃收缩	0	1	2	3	4	5
2.手心出汗	0	1	2	3	4	5
3.全身发热	0	1	2	3	4	5
4.心跳急促	0	1	2	3	4	5
5.双手颤抖	0	1	2	3	4	5
6.双腿发软	0	1	2	3	4	5
7.身体震颤	0	1	2	3	4	5
8.唇干舌燥	0	1	2	3	4	5
9.如鲠在喉	0	1	2	3	4	5
10.胸闷	0	1	2	3	4	5
11.换气过度	0	1	2	3	4	5
12.上吐下泻	0	1	2	3	4	5
13.头晕目眩	0	1	2	3	4	5
14.精神恍惚——就像做梦一样	0	1	2	3	4	5
15.思维不清	0	1	2	3	4	5
16.视线模糊	0	1	2	3	4	5
17.有局部麻痹感	0	1	2	3	4	5
18.超脱感或飘浮感	0	1	2	3	4	5
19.心悸或心律不齐	0	1	2	3	4	5
20.胸口疼痛	0	1	2	3	4	5
21.手足面部有针刺感	0	1	2	3	4	5

22.感觉即将晕厥	0	1	2	3	4	5
23.反胃	0	1	2	3	4	5
24.手足冰凉	0	1	2	3	4	5

惊恐发作量表2

灾祸性解释[1]

灾祸性解释在惊恐发作中扮演了一个重要角色。请用以下四点量表逐个评价在你惊恐发作时各个念头出现的程度。

1＝根本不存在　　　3＝相当明显
2＝稍微有点　　　　4＝非常明显

1.我快要死了	1	2	3	4
2.我快精神错乱了	1	2	3	4
3.我要失控了	1	2	3	4
4.这种状况不会结束	1	2	3	4
5.我真的很惊慌	1	2	3	4
6.我的心脏病都快犯了。	1	2	3	4
7.我快晕倒了	1	2	3	4
8.我不知道此时别人怎么看我	1	2	3	4
9.我不能自拔	1	2	3	4
10.我不知道我出了什么事	1	2	3	4
11.别人会觉得我疯了	1	2	3	4
12.我总是有这些毛病	1	2	3	4
13.我要吐了	1	2	3	4
14.我想我肯定有脑瘤	1	2	3	4
15.我快窒息致死了	1	2	3	4
16.我快出丑了	1	2	3	4
17.我快失明了	1	2	3	4
18.我会伤害别人	1	2	3	4
19.我要中风了	1	2	3	4
20.我要尖叫了	1	2	3	4
21.我要说蠢话或奇怪的话了	1	2	3	4
22.我都吓瘫了	1	2	3	4
23.我的身体某部分真的不正常	1	2	3	4
24.我不能呼吸了	1	2	3	4
25.一些不祥的事情要发生了	1	2	3	4
26.我要当众大吵大闹了	1	2	3	4

1　改编自G·A.克拉姆所著的《应对惊恐：治疗焦虑发作的非药物方法》中的"惊恐发作认知问卷"。

身体症状和灾祸性解释的联系

从量表1中挑出评分达到4或5的有关身体症状的条目，列在下表的左边。从表2中挑出评分在3或4的灾祸性解释，列在右边。把你觉得最相关的身体症状和灾祸性解释连接起来。比如，"心跳急促"或许能引起"我的心脏病快犯了"和"我快死了"这样的灾祸性陈述。

身体症状：   灾祸性解释：

身体症状：   灾祸性解释：

身体症状：   灾祸性解释：

身体症状：   灾祸性解释：

内感受脱敏法

对付惊恐发作的一个非常有效的办法就是主动诱发那些能引发惊恐的身体不适症状。许多治疗师把这种技术称为"内感受脱敏法"，即让你对那些在"惊恐发作量表1"中列出的与惊恐有关的内部身体症状去敏感化或习惯化。比如，如果你的不适症状是眼花和气短，治疗师就会让你过度换气两分钟然后突然站起来，以此产生眩晕感。这个法子看似很不寻常，但它确实有效并且无害。过度换气两分钟对正常人完全没有副作用，除非就诊者本身有呼吸上的毛病。而故意这样做就是为了让你在一个不会对你产生危险的情况下，真切地去体验那些身体不适症状。关键是让你有勇气去证明以前你对身体不适症状的解释并不正确，这些不适症状并不真的就会带来致命的危险。经常主动诱发眩晕能使那些有惊恐症的人逐渐确信，这样的眩晕并不危险。

在暴露治疗期间（见第7章"直面恐惧：暴露疗法"）或过度焦虑（见第10章"克服焦虑"）时，内感受脱敏法是一种治疗内心焦虑感觉的有效技术。认知行为疗法可以将灾难性的自我对话转变为建设性的自我对话，这对应对各种类型的焦虑症都很有帮助。同样，内感受脱敏法可以帮你把任何强烈的身体内部感觉（心跳加速、出汗，甚至"不全在那里"的感觉）正常化，这些感觉不仅会在惊恐症发作时出现，也可以在暴露于恐惧症或过度焦虑时出现。

160

你可以找一个有经验的专业治疗师来体验一下症状诱发技术。另外，有的人自学自用这些技术也取得了很好效果。如果你打算自学这些技术，那你应该先要知晓下面这些原则：

1.如果你年逾四十，或者你本来就有一些可能不适宜做症状诱发的身体疾病，那你最好要先向你的医生询问清楚。比如，如果你有像哮喘或肺气肿这样的疾病，那你就不要尝试做3分钟的过度换气。同样的，如果你的心脏本来就有问题，那你也不要尝试跑楼梯这样的运动诱发方式。如果你正怀孕或者有癫痫，请你也不要用诱发技术。

2.虽然诱发技术本身没有副作用，但在你初次这样做的时候，还是有个亲友在一旁提供帮助比较稳妥。如果你能让他或她跟你一起做，那就再好不过了。

3.你需要足够长的时间，以确保能够诱发不适感或焦虑感。通常进行30秒到2分钟的时间就可以达到目的。你应该尽可能地模拟在经历惊恐发作时的真实感觉，这是为了让你多体验身体的不适感觉，直到你对这些感觉产生习惯。一般来说，在开始体验到不适感或者焦虑之后，你应该再坚持继续做30秒的诱发动作。如果你一感觉到不适症状就立刻停下来，这只会强化你对这些不适症状的恐惧，而不是对之产生习惯，这一点需要特别加以注意！

4.回顾"惊恐发作量表1"并确认那些最让你难过的身体症状。然后练习与之相对应的诱发技术。在每个练习回合中，重复这些技术3~4遍；然后每日反复练习直到你不再对这些不适症状感到焦虑。通过主动诱发，你会发觉这些不适症状将越来越不能造成焦虑。这正是你想要的吧！

诱发技术

在得到你的医生的许可后，你就可以开始练习下面这六个诱发技术了：

1.保持过度换气2分钟，这包括深呼吸和开口迅速吐气两个动作。在2分钟结束时站起来。（症状：眼花、失去方向感、头晕）

2.捏住鼻子，不要让空气从鼻腔进出，只通过一只细管呼吸，持续1分钟。（症状：气短、窒息）

3.在楼道快速跑上跑下90秒直到感到明显的心跳加速。在你感到眩晕或者你的心跳每分钟超过140次时停下来。（症状：心跳加速、重击心跳）

4.坐在办公室的转椅上或者站在地上转圈，转30秒至1分钟。当然如果不到1分钟你就有明显的眩晕感，那就不必再继续下去。最好旁边有凳椅可让你坐下休息。（症状：眩晕、迷失方向感）

5.绷紧你身体的每个部分，使你全身的肌肉都紧张起来，持续1分钟再放松。（症状：肌肉紧绷）

6.穿上厚衣服再把暖气打开，或者做个桑拿。（症状：流汗）

记得把每个技术动作都要做足一定的时间以确保产生不适感。或许你想在开始的时候持续时间短一点，但你最好还是要让这些不适症状持续至少30秒钟。如果这些技术动作让你感到不舒服或者焦虑了，那就表明它们真的开始对你起作用了。再重申一下，做这样的主动诱发是为了让你明白，身体不适症状并不代表有什么糟糕或者危险的事会在你身上发生。将在这种学习中得来的经验运用到真实的惊恐发作中，会有助于减轻你的惊恐发作，因为你已经能忍受那些出现在惊恐发作初期的身体不适感觉，并且不再把它们解释为危险信号。当然，特别要记住，只有反复多次练习才能达到这一目标。

在产生不适症状和焦虑30秒后，你可以再用一些专门应对这些不适症状的技巧（这些技巧在本章后文中有详细介绍）。这些技巧包括腹式呼吸、重复应对陈述、来回踱步或者与人谈话等。一方面，你需要充分体验那些不适症状和焦虑感，逐渐适应这些感觉；另一方面，你也需要练习一些应对技巧，使你能从焦虑中平缓下来。前面的症状诱发技术的练习给你提供一个良好的机会，使你有信心进一步掌握后面介绍的这些应对技巧。

如果诱发技术没能产生焦虑，这又可能是由哪些原因造成的呢？我们认为，至少有两个可能的原因：一是或许你是在舒适的家里做这个练习，或者你身边有随时可以帮助你的人，这些都让你感到很安全；另一种可能是因为主动诱发的身体症状让你觉得完全可以控制，这和真实的惊恐发作的情形大不相同。为了使诱发症状显得更有"分量"，你可能需要作些改进：

◎独自练习这些技术。

◎不在家里或安全的地方做这些练习。

◎做练习时想象你自己正处于恐惧情境中。

如前所述，诱发技术也能消除面对恐惧症时身体内部可能出现的焦虑感觉。对那些想要彻底克服恐惧症的人来说，我经常建议他们有意在恐惧情境中诱发不适症状（除非那样做确实会产生危险，比如，在高速路上驾驶时就不要这样做）。

有关如何使用诱发技术并从中受益的更深入的讨论，请参阅戴维·巴洛、米歇尔·克拉斯克和丹尼斯·贝克菲尔德的书籍。

别和惊恐较劲

在惊恐发作时和它较劲似乎会把事情变得更糟。需要强调的是，不要以紧张的心态来应对惊恐症状，也不要刻意去压制它们或者咬紧牙关赶走它们。虽然我们是要采取积极的而非消极的应对措施（下面将会进一步讨论）来克服惊恐，但这并不是说要和它较上劲。在克莱尔·威克斯的著作《给焦虑症患者的忠告和帮助》和《在焦虑中享受平静》中，她描述了应对惊恐的"四步法"：

正视不适症状——不要逃避。在惊恐的初期症状面前屈服或试图逃离，就是相当于告诉自己你不能应对这种情形。在大多数的情况下这只会产生更多的惊恐。而更有益处的态度应该是："噢，这些感觉又来了，不过我的身体经受得起这些反应，也能控制它。我以前成功克服过，这次也一样。"

坦然接受正在发生的生理变化——不要和它较劲。当你试图和惊恐较劲的时候，你其实只能使自己更紧张。让我们换一个思路思考，让那些出现的症状（如心悸、胸闷、手足出汗、眼花等）顺其自然地发生和消失，这反倒会使你很迅速而轻松地度过惊恐阶段。克服惊恐的一个关键就是，不管这些生理唤起多么不寻常或者让你多么不舒服，你都不要惊慌焦虑，只需要平静地关注这些生理变化就行了。

顺其自然而不是强行用你自己的方法。克莱尔·威克斯把初级恐惧和次级恐惧作了区分。初级恐惧是指在惊恐时的生理反应；次级恐惧是在遇到这些生理反应时你对自己说的话引起的恐惧，比如，"我不能控制这些了！""我要赶快逃开"，或者"要是别人看到我这个样子怎么办呀！"其实当你对初级恐惧暂时无能为力的时候，你至少可以用一些方法来消除次级恐惧。比如，你就让你的身体症状顺其自然地变化而不是惊惶不安地和它故意较劲，不要自己吓自己，而是要和症状和平相处，告诉你自己那是安全的。比如，可以对自己说："这些终会过去的""就让身体经历一下这些变化吧"，或者"我以前经历过这种情况，都过来了，这次也一样！"在下一节我们将会列出一些积极的应对陈述。

让时间带走惊恐。惊恐是由肾上腺素分泌陡然增多引起的。如果你能顺应这些生理变化，大部分的肾上腺素会在3~5分钟内被代谢掉。只要代谢过程一开始，你就会感觉好些了，所以，惊恐发作的时间是很有限的。在大多数情况下，惊恐会很快达到高峰，然后在数分钟内消退，当然这还要看你是不是和它较劲或自己吓自己（造成次级恐惧），因为这些做法非但不能消除惊恐，反倒还会带来更多的恐惧情绪。

应对陈述

用下列的任何一种或所有的积极陈述来培养这样的态度：坦然接受身体的不适，顺其自然，让时间带走惊恐。你会发现在惊恐发作开始时的一两分钟内，反复地念其中某个陈述，是个很有效的解决办法。你也可以在复述这些陈述的时候配上腹式呼吸的方法。如果其中某条陈述似乎不太起作用，那就试试换另外一个。

◎这种感觉确实不舒服，但我能接受它。

◎我虽然有点焦虑紧张，但我仍能处理得了。

◎我能掌控这些症状和感觉。

◎这不是什么紧急的事，我有时间慢慢想现在需要做什么。

◎这远不是最糟糕的事情。

◎我会很好地顺应它，让它自行消退。

◎这恰好是我学习对付恐惧的机会。

◎让我的身体有这些变化吧，它会过去的。

◎我会安然度过的——我不会被这个事难住。

◎我现在要让自己感觉好受些，这没什么不对。

◎我有充裕的时间来放松自己。

◎没必要强迫自己，我可以按我所想的一小步一小步地慢慢来。

◎我以前也安然度过了这种情况，这次也一样能度过。

◎我能采用应对措施来消除恐惧。

◎尽管焦虑的感觉不好，但它并不会伤害我。

◎这只是焦虑，我不会让它影响到我。

◎没什么大不了的事情会落在我头上。

◎和恐惧较劲毫无益处——我不会去理会它。

◎这些只是想法——不是真的。

◎我完全不必有这些糟糕的念头——我可以有其他不同的解释。

◎这些并不危险。

◎就是这样，又如何？

◎别担心——高兴起来。（找一个轻松幽默的乐子。）

练习应对陈述的方法

从上述举例中选出你最喜欢的应对陈述，尝试用以下方法来应用：

1. 选择不超过5条的陈述，用黑体大字将它们写在3英寸×5英寸的索引卡或者8.5英寸×11英寸的纸上，尽量用记号笔标注出来。多做几张提示卡，将它们贴在家里最显眼的地方；如果你在开车时容易焦虑，不妨将它们贴在仪表盘上；当你需要面对或者进入使你焦虑的环境时，可将提示卡放在兜里或者钱包里，如有需要，可随时查看。

2. 照着提示卡，大声背诵各条陈述，注意轻重缓急，读完一条之后稍作停顿。

3. 朗读时（也可请朋友朗读），可将各条陈述录下来，需要时随时播放。使用录音设备的具体方法可在网上查询。多数电脑和手持设备的录音功能操作简便，容易掌握。录音时，也要注意，慢慢读，读完一条之后稍作停顿。每天听2遍录音，第一次在放松时听，第二次在焦虑时听。

了解惊恐发作的前兆

你可以通过研究惊恐发作前你周围的环境来增强你对惊恐发作的预测和控制。如果你有广场恐惧症，那你针对的环境就比较明确。再有，如果你知道在你离开家，或者开车经过一座桥，或者坐在餐馆里，处在这些情境中时，会感到很惊恐，那你就会主动避开这些环境。如果你的惊恐发作是突如其来的，似乎毫无预兆，那你最好仔细回顾一下近两周来发生的事，特别是最近的、惊恐发作几小时前的事情，这会帮助你确认究竟是哪些环境容易引发你的惊恐发作。看看下面介绍的情况是否有可能跟你的惊恐发作有关：

◎你有压力吗？

◎你单独一人还是有人相伴？

◎如果是和某人在一起，是家人、朋友还是陌生人？

◎在惊恐发作前几个小时你的心境如何？焦虑？压抑？激动？悲伤？愤怒？或是有其他特别的感受？

◎在惊恐发作前你是否有消极的或者害怕的念头？

◎你感觉劳累还是休息得很好？

◎你是否正经历失败？

◎你感到热或者冷吗？

◎你感到焦躁不安还是平静？

◎惊恐发作前你是否吃了含咖啡因或糖的东西？

◎是否有其他情景与你的惊恐反应有关?

你可以用后面介绍的"惊恐发作记录表"来监测你两周内的惊恐发作的情况。你要仿照记录表的格式多制作一些新表,将每次惊恐记录完整地填在一张记录表上。表中的问题是根据从你醒来到惊恐发作时这段时间内发生的事情来回答。如果你在夜间发作,那就要根据此前整个白天的经历来回答。

记录你的惊恐发作并仔细观察惊恐发作前周围的情景,你就为克服这种心理障碍迈出了重要的一步。你会发现并不是所有事情都在你掌控之外,你也不只是事件的被动受害者。相反,你可以主动改变你的日常生活环境,从而减少惊恐发作的可能性。

学会鉴别惊恐的早期症状

通过练习,你能学会确认惊恐发作出现前的一些预兆。对某些人来说,这可能表现为心跳突然加快。对另一些人来说,或许是出现胸闷、手足出汗、恶心等症状。还有人会感觉轻微的头晕目眩。在达到所谓的"一发不可收拾"的彻底发作的临界点之前,大多数人会先体验到这些预警信号。

我们可以用一个10点"焦虑量表"来区分导致惊恐的不同焦虑水平:

惊恐发作记录表

对两周内的每一次惊恐发作单独填写一张表。

发作日期: _____

发作时间: _____

持续时间(分钟): _____

惊恐强度(用焦虑量表的5—10级来评定): _____

前兆

1.发作前这一天的压力水平(用1—10级进行评价,1表示最低压力水平,而10表示最高压力水平): _____

2.独处还是有人相伴? _____

3.如果是有人相伴,那个人是家人、朋友还是陌生人? _____

4.在惊恐发作前3小时你的心境。焦虑_____压抑_____激动_____愤怒悲伤_____或其他(请注明) _____

5.你是否正面临挑战_____或者很轻松_____?

6.在惊恐发作前是否有消极或者恐惧的念头? 有_____没有_____如果有,那么这个念头是? _____

7.你是觉得疲惫_____还是已得到休整?_____

8.你是否经历情感上的不安或失落? 是_____否_____

9.你是觉得热_____冷_____或既不热也不冷_____?

10.你是否觉得焦躁不安或没耐心? 是_____否_____

11.在惊恐前你是否睡着了? 是_____否_____

12.在你惊恐发作前8小时内你是否摄入过咖啡因或者糖? 是_____否_____如果是,摄入了多少? _____

13.你是否注意到任何与你的惊恐反应相关的情境? (具体指出) _____
_____
_____
_____

焦虑量表

7—10	严重惊恐发作	所有症状都在6级以上;惊骇;害怕发疯或死掉;强烈逃避的冲动
6	中等惊恐发作	心悸;呼吸困难;失去方向感或分离感(不真实感);因害怕失控而惊慌
5	惊恐发作早期	心跳大声或心律不齐;呼吸不畅;眼花;害怕失控;有逃避的冲动
4	显著焦虑	感觉不舒服或神色呆滞;心跳加快;肌肉紧张;开始怀疑是否能自我控制
3	中等焦虑	感觉不舒服但能自我控制;心跳开始加快;呼吸加快;手掌出汗
2	轻度焦虑	忐忑不安;肌肉紧张;有紧张感
1	轻微焦虑	焦虑一闪而过;感到轻微紧张
0	放松状态	平静;气定神闲

量表里列出了各个水平的典型症状,当然它们不一定与你的特定症状都准确对应。但重要的是它能帮助你确定对你来说在水平4以上的那些表现。水平4是一个临界点,超过这一点后你会感到你开始失去自控。在水平3的时候你或许也会非常焦虑和不舒服,但此时你仍能应对。达到水平4以后,你就开始怀疑自己能否控制接下来要发生的事了,而这种怀疑又会反过来加重你的惊恐。通过练习,你可以学会如何把控自己,在惊恐反应一发不可收拾之前就截断它。你越是能熟练地认识惊恐早期的预警信号并到达水平4,你就越有主动权来控制你的惊恐反应。请你把这一页作个标记,因为这个焦虑量表在接下来的章节中要反复用到。

应对惊恐早期阶段的措施

首先你必须学会确认自己在惊恐发作前特有的显著预警信号。你自己的第4级水平症状是什么？一旦你学会确认它，你就可以采取相应的措施了。和惊恐较劲不是个好办法，但什么也不做的消极应对也毫无益处。所以我们最好的办法就是运用一些经得起考验的应对策略来克服它。

只要你能在惊恐失控前就监测到那些早期症状（在它们达到4级以前），那么下面任何一个应对策略都能帮助你避免彻底的惊恐发作。

腹式呼吸练习

缓慢而沉稳的腹式呼吸能帮助你减轻惊恐时的身体不适症状：

◎减慢呼吸频率，用腹腔来呼吸，这样你就能改变两种与"搏斗—逃跑"模式相关的反应——呼吸频率加快和胸腔肌肉收缩。在进行3~4分钟缓慢而有规律的腹式呼吸后，你能感觉到那些使你觉得要失控的威胁有明显的减轻。

◎缓慢的腹式呼吸，特别是当气息只通过鼻腔时，能减缓你过度换气的症状，而这些症状往往会夸大和加剧你的惊恐发作。与过度换气有关的眼花、失去方向感和紧绷感都是由快速的、很浅的胸腔呼吸引起的。3~4分钟沉稳而缓慢的腹式呼吸能改变这个过程，也能消除过度换气的症状。

回顾一下第4章所述的腹式呼吸和平缓呼吸练习，挑出你觉得最适用的练习，每天练5分钟直到你觉得自己掌握了呼吸要领。（每天练习腹式呼吸能使你的肺保持在一个较深沉的呼吸水平上。）一旦你觉得这种呼吸方式让你很舒服，并且对这项技术很有信心，那就在惊恐症状真的来临前从容地使用它。记住要坚持缓慢地腹式呼吸3~5分钟直到你感觉惊恐症状开始消退。如果呼吸练习本身使你觉得有点头晕，那就得停下来半分钟，然后再重新开始。

另一个对很多人有帮助的办法就是在感到惊恐症状要出现的时候，先深呼吸，然后尽可能地屏住气。如果此时还觉得有些紧张，那就把这个动作重复2~3遍。

反复使用积极的应对陈述

本章的一个中心思想就是要明确地指出，消极的自我对话只能加剧你的惊恐发作。面对惊恐时你的身体反应（初级恐惧）或许确实是突如其来，让人没有防备，但你对这些身体症状的情绪反应（次级恐惧）却是可以控制的。你对身体症状有什么样的解释，就决定了你有什么样的情绪反应。如果你告诉自己身体症状很糟糕，你正遭受巨大威胁，你完全不能承受这一切，正逐渐失控，或者你会因此丧命，那你就是在自己吓自己，并引发更高的焦虑水平。但如果你能接受正发生的这些身体症状，平静下来并坚定地告诉自己"我只是有一点紧张，我不会被紧张吓倒""我以前也经历过，还不是好好地过来了，所以这没什么危险"，或者"我能把握住自己"，你就能在最大程度上减轻甚至消除这些身体症状。

在你感到第一种惊恐症状出现时，你可以采用本章前面介绍的任何一个积极的应对陈述来处理它。这会帮助你转移注意力，使你不再将注意力只集中于身体症状和那些只会诱发你更多恐惧的消极自我对话上。你会发觉你随身携带的抄有积极应对陈述的卡片在此时将非常有用。当症状出现苗头时，你只需把卡片拿出来有针对性地挑出一种陈述反复朗读，如果必要的话，重复朗读几分钟，直到你觉得那些生理反应开始消退。

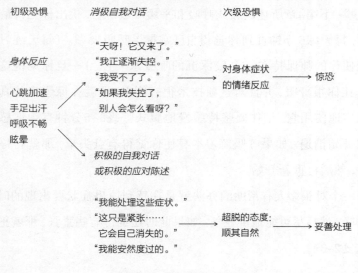

如何选择，就取决于你自己了。

170

你要花些时间和耐心来学习如何有效地运用应对陈述来克服惊恐。当你练习到一定程度时,你会很惊喜地发现这些应对陈述真的能很有效地把你的焦虑程度从第4级水平上降下来。即使惊恐已经超过了第4级,积极的自我对话也能在限制惊恐发作上有所帮助。

总之,你采取何种方法应对惊恐的早期身体症状,在很大程度上取决于你对自己说了什么。下面我们就将展示这个影响过程。

结合使用腹式呼吸与应对陈述

你或许发觉把腹式呼吸和复述应对陈述配合起来使用会更有效地减轻你的惊恐。一般来说,用腹式呼吸来处理惊恐引起的身体感觉,然后进一步辅之以讲究技巧的应对陈述,这样的搭配是最有效的。你可以同时使用这两种技巧,也可以在先减轻你的生理唤醒程度之后再开始积极陈述。最终,实践会告诉你哪种方式更适用。但我建议在你把两者混合起来使用之前,你最好对每种技巧都掌握得很熟练。

与一个支持你的人通电话或面对面地聊天

和一个能使你的注意力从焦虑的身体状况和焦虑念头转移出来的人聊天。不管你是正在开车,在杂货店排队买东西,或者在电梯里或飞机上,这招都非常奏效。在公众场合向你的听众吐露心声也常常能驱走你内心的焦虑。

到处走走或参加身体锻炼

走动或身体锻炼能使你释放掉在焦虑中由"搏斗—逃跑"反应产生的过多的能量和肾上腺素。你要顺应而不是抵制这些伴随焦虑而来的生理唤醒。你可以在房间里来回踱步,也可以出门走个十来分钟。在家里你可以做些耗费体力的家务活,或者在健身器材上运动一下。做园艺活也是疏导身体能量的绝妙办法。

增强现实感

把注意力集中在你周围的某些具体物件上。比如，当你在杂货店的时候，你可以看看那些站在周围的人或收银台边的杂志。在你开车时，你可以把注意力集中在你前面的车上，或者周围环境的一些细节（当然，还是要保证眼睛盯着道路）。集中于外部事物会帮助你减少注意你的身体不适症状或者那些糟糕的念头的次数。如果可以的话，你可以试着抓握住某些东西，那样更能增强你的"现实感"。另一个好办法是把注意力集中于你的腿脚。当你站立或行走时，注意你的腿脚并仔细体会你和地面接触的感觉。

使用一些简单的分心术

有些简单的重复性动作会帮助你把注意力从焦虑中转移出去：

◎嚼一片口香糖。

◎从100开始依次减3倒数：100、97、94……

◎数排队的人数（在商店排队购物时）。

◎数钱包里的钱。

◎驾车时，数方向盘的抖动次数。

◎洗冷水澡。

◎唱歌。

注意 分心技术对帮助你应对突发的焦虑是有用的，但不要把分散注意的方法用来回避焦虑。因为你的最终目的是要直接体验焦虑并习惯它。只有你直面焦虑，你才能体验到：不管你的神经系统多紧张，你都完全承受得了。这样你才能建立自信，才能在以后的任何情景中控制你的焦虑。

放弃安全行为

安全行为是你为了逃避恐惧而采取的自我防御策略，这通常会适得其反，加重恐惧。逃避恐惧反而会产生恐惧。放弃安全行为意味着你接受了恐惧，回报就是你最后会发现处理恐惧比你预想的简单。常见的安全行为如下：

寻求安心。例如，由于你在过去几天里承受了过大的压力，所以心跳异常剧烈或快速，这对大多数的人来说是很正常的事。你担心自己可能患有严重的心脏病，为了安心，你打电话给朋友，甚至可能会联系你的主治保健医生。

过度检查。假如你偶尔会出现心跳过快（心跳每分钟超过100次）。这种情况可能是由于压力过大，近几天忙碌奔波，或者只是因为喝了太多咖啡。即使你的心脏连续一两天以每分钟100次的速度跳动，但在没有真的危险的情况下，你还是要测量脉搏来确定心率。每次测量脉搏但心跳速度并没有下降都会加重你的焦虑。测量的次数越多，你越焦虑。在恐慌发作期间，你的心跳可能每分钟超过100次，持续时间可能长达15到20分钟，但随着时间的推移，心跳速度会逐渐开始减慢。不断检查脉搏会增加你的焦虑，延缓心跳速度自然减慢的趋势。你甚至可能会打电话联系朋友或求助医生，这只会制造更多的不确定性，进一步加剧你的焦虑。

过度依赖支持者。在面对长期存在的恐惧症时，一开始就有一个支持者陪伴通常会有所帮助。例如，如果你在多年不坐飞机后第一次飞行，有人陪伴可以分散你的注意力，缓解焦虑，让你安心。或者你对于去医院做常规检查有恐惧症，但你已经好几年不去医院了。当你很长一段时间以来第一次去看医生时，有人陪伴会很有帮助。当你进行检查时，让支持者坐在候诊室就可以了。当你第一次面对多年来一直逃避的恐惧情境时，支持者是可以帮助你的"拐杖"。但如果你在每一次面对恐惧的时候都需要支持者，你就永远不会知道你有独自处理恐惧的能力。为了完全暴露在大多数恐惧情境中，放弃需要支持者这样的安全行为是有必要的，这样你就会对自己克服恐惧的能力充满信心。

仪式。当出现强烈的焦虑或恐慌时，你可以试着通过一种仪式来缓解，比如祈祷四次或不断地在手腕上弹橡皮筋。这种仪式是为了形成一种错误信念，即你只能通过仪式来处理这种情境。但你只有放弃仪式，意识到在没有仪式的情况下进入这种情境也不会发生糟糕的事，才能对自己全面掌控情境的能力有信心。

为了减少对安全行为的依赖，请遵循以下三点：

1.意识到你的安全行为是为了保护自己免受焦虑。

2.面对而不是反抗。不要反抗或逃避不舒服的身体感觉或害怕的想法。克服安全行为的关键是完全接受这种情境和容忍不适的能力（除非不适飙升到压倒性的程度，但这通常是不可能的）。

3.应对。根据本节的描述，使用对你来说最有用的应对策略来度过恐慌的经历并忍受不适。

把焦虑变成愤怒

焦虑和愤怒是两种互不相容的反应，你不太可能同时经历这两者。有的案例证实，焦虑的症状可以用更深的愤怒、挫折和暴怒感来代替。如果你能在焦虑上升时刻变得愤怒，你就可以阻止焦虑的进一步发展。你能用言语或者身体表达的方式来做到这点，比如，你可以对自己的身体症状说："离开我。我还有自己的事要做！我才不在乎别人怎么看！这些反应太可笑了，无论如何我完全可以处理这种情况！"这个方法对很多人都很有效。

一些经得起检验的用身体表达的技术包括：

◎双拳击打枕头。

◎蒙着枕头大叫，或者把车窗都关起来，在车内大叫。

◎用塑料球棒敲打床或沙发。

◎往浴缸里使劲扔鸡蛋（记得完了后要打扫）。

◎砍柴。

请一定记住你只能向空地或某物体使劲表达你的愤怒，可千万不要向着某人或动物这么做！如果你发觉自己对某人很生气，那你必须在和这个人打交道前，先用上述的方法把怒气消完！

体验一些让人觉得愉悦的事

愉悦感和焦虑也是不相容的两种情绪。下面的建议能帮助消除焦虑、担忧和惊恐：

◎让你的伴侣或其他对你十分重要的人抱着你。

◎洗个热水澡。

◎吃点点心或享受一顿大餐。

◎享受性生活。

◎读点有趣的书或者看部喜剧电影。

学会观察而不是反抗焦虑症状

你要学会不让你的情绪受惊恐初期的身体症状的影响，这首先要求你能客观地看待你的身体症状。如果你能客观地观察自己身体的紧张反应，并不将其视为威胁，你就能把自己拯救出危难之中。前面的一些策略能帮助你适应这种分离。靠腹式呼吸的办法，你可以降低惊恐带来的生理反应，为免受其影响赢得时间。通过积极的自我对话的方式，你能用那些针对培养顺其自然、对惊恐反应超然的态度而设计的应对陈述来取代那些只能加重焦虑的灾难性念头。

你或许会发现要通过一些练习才能掌握呼吸技术和积极的自我对话技术。坚持练习这些技术才能使你客观地观察身体反应，使你的情绪摆脱身体反应的影响，而这就是你克服惊恐的关键。

当惊恐程度超过了第4级该怎么办

如果你不能在惊恐反应达到不可收拾的地步之前阻止它，那你就需要再看看下面这些指导方法：

◎如果可能的话，尽快离开引发惊恐的环境。

◎不要试图控制或者反抗你的身体症状，接受它们并顺其自然；告诉你自己惊恐并不危险，并会很快过去。

◎打电话给其他人，向他/她诉说你此刻的感受。

◎来回走走或者参加身体锻炼。

◎把注意力集中在你周围的物体上。

◎接触地面或者其他物体，或者让你自己以某种特别的姿势站立。

◎如果环境允许，你可以通过挥舞拳头、大哭大叫来释放压力。

◎慢慢地用鼻腔呼吸，减少由于过度换气可能带来的症状。

◎用积极的自我对话（应对陈述）配合缓慢的呼吸。

◎最后一招，在你医生的许可下服用一些弱效镇静剂。

在惊恐发作时，你或许会觉得迷茫或者失去方向感。试着问自己以下问题来增加你的真实感（你可以把这些问题写在一张卡片上并随时携带）。

◎我现在感觉到的这些症状真的危险吗？（答案当然是：否。）

◎会发生的最糟糕的事情是什么呢？（通常的答案是：我必须要尽快离开这里，或者我必须得寻求支持。）

◎我正在告诉自己任何会让自己变得更糟糕的念头吗？

◎现在我可以做什么来为自己提供最大的支持？

综合讨论

总的来说，当焦虑症状开始显现的时候，可以用下面三步策略来处理：

1.坦然接受你的症状，不要挣扎或对抗。反抗和逃避焦虑症状都易使情况变得更糟。不管症状多难受，你越是能接受这些症状，你的应对能力也就越强。坦然接受的心态能使你为克服焦虑而做些准备，而不是陷于对抗焦虑的苦恼中。

2.练习腹式呼吸。当焦虑开始显现的时候，就开始腹式呼吸。如果你曾有规律地坚持过腹式呼吸的练习，那此时你只需要重新开始练习，由此给你的身体提供一个开始放松的信号，让你自己从"搏斗—逃跑"反应中解脱出来。

3.使用应对策略。在你开始感到腹式呼吸起作用后，用应对陈述或者分心技术（例如，和其他人说话或者重复使用应对陈述）来控制你的感觉。任何应对策略都将有助于消除那些消极的念头或者不舒服的身体感觉。有规律地练习应对技术，能使你在面临焦虑时具有能掌握形势的心态，而非只是消极地承受。需要提醒的是，腹式呼吸本身也是一种应对策略，并且很多时候单靠它就能应付焦虑了。

告诉别人你的症状

在许多情况下，减少惊恐的一个好办法就是告诉某人你有惊恐发作或者广场恐惧症的问题。

如果你担心惊恐发作会妨碍你的工作，那这个方法就对你特别关键。如果你试图不让别人知道你的问题而继续工作，你就会越来越陷入困境——你会害怕如果你失控了，别人会怎么看你。这会增大而不是减少惊恐发作的可能。

如果你把你的问题对老板或同事说一说，这就会使你的工作环境更

"安全"。你将没那么担心如果你惊恐发作了别人怎么看你,因为本来在你身边就有人已经知道了。更重要的是,你会允许自己在真的失控之时离开,并不会因此感到受困,而且那种因需要继续工作而产生的恐惧感也很可能消失。

同样的,你也可以将之运用于任何你害怕惊恐发作的场合,任何你可以找得到人倾诉的地方。这些场合包括教室、候诊室、聚会(对主人讲),或者团队会议(给组织者讲)。

小　结

1.反复读本章的"让危险'显形'"一节,强化这样一个观点:各种惊恐发作的症状其实都是没有危险的。

2.完成本章前面两个惊恐发作的量表,然后用第三个表来连接与惊恐反应有关的身体感受或症状和任何灾祸性的解释。记住这些灾祸性陈述正是引发惊恐发作的主要原因。

3.重读应对惊恐四步法中的"别和惊恐较劲",帮助你养成一个态度:接受惊恐症状,学会顺其自然而不是与之抗争。

4.监控你在两周内的惊恐发作,用惊恐发作记录表来寻找引起惊恐反应的环境和各种刺激。

5.学会认识自己惊恐发作的早期症状。明确哪些症状构成了你的焦虑量表上的第4级水平(你感到你要失控的临界点)。

6.当你的惊恐症状超过第4级水平时,尝试使用不同的应对策略来处理它。哪些策略最适合你?

7.特别注意以下应对策略:

◎每天练习5分钟的腹式呼吸(用第4章介绍的腹式呼吸法或平缓呼吸法),直到你完全掌握这项技术。当你察觉惊恐的生理反应开始时,用这些技术来减少生理唤醒。

◎当你发觉自己开始用一些吓唬自己的消极自我对话时,选用一种或多种应对策略来处理这种情况。重复这些策略,直到你能克服任何徘徊在你脑海中的消极自我对话。

◎在你成功掌握了腹式呼吸和应对陈述后,试着整合使用它们。开始用腹式呼吸然后重复应对陈述。这些策略的联合使用比单独使用其中任何一种都要有效得多。

8.尝试使用"焦虑量表"上4级以上惊恐发作的应对策略,并找出其中哪些对你最有效。

9.如果你发觉自己的易感性很高,可以试着采用症状诱发技术。这些技术会使你对身体感觉产生习惯。如果你正好在一个治疗师的帮助下接受治疗,你可以让他帮你进行症状诱发治疗。

10.和你的亲友、朋友或上司谈谈你的问题。

7

直面恐惧：
暴露疗法

克服恐惧症最有效的办法就是直接面对它。那些逃避恐惧场景的做法，表面上可以使你免于惊恐，但其实是在加重你的恐惧症。

　　对于那些恐惧场景，你已有意回避多年，现在要让你直接面对它们，这对很多人来说都难以做到。但我们可以通过把这个任务分解成若干个小步骤，通过各个击破的办法来逐步实现。所以你并不需要一开始就完全面对那个让你最害怕的场景，你可以一步一步地从某些小的，甚至说是细微的地方入手，循序渐进地达到你的最终目的。

　　恐惧症是由敏感化作用造成的，即你对某个特殊的刺激变得十分敏感的过程，从本质上说就是你把焦虑和某个特定情景联系起来的过程。比如，或许你曾经在饭店或者在家的时候受到某些惊吓，如果你的焦虑水平很高，那你很可能就把当时身处的环境和焦虑挂起钩来，尽管事实上这个情景和你的焦虑之间没有必然的因果联系。然而当你错误地建立起这两者的联系后，以后你再身处那种环境时，或者仅仅只是想到那种环境时，你的焦虑就自然被引发出来。因为这个联系过程是自动发生的，似乎不受你的意识控制，这会让你觉得自己对这种情况完全无能为力，只能想尽其他一切办法来避免那种场景再出现在你眼前。虽然你的逃避使你免于再次经历焦虑，但在你一次又一次的逃避过程中，你的恐惧症也就彻底形成了。

　　暴露疗法，就是解除焦虑和特定环境之间联系的手段。实现脱敏过程，需要循序渐进。在治疗过程中，你将置身于让你感到恐惧的场景中，同时，直面恐惧场景，有意识地体验焦虑情绪上升的过程，并努力忍受这种痛苦的感觉，直到你可以彻底掌控，不再逃避。通过这种练习可以达到两个目的，其一，解除恐惧场景（如在高速路上驾驶）与焦虑反应之间的联系；其二，重拾信心，以应对突如其来的焦虑。反复置身恐惧场景，最终能让你不再畏惧。

暴露疗法，是治疗恐惧症的最佳方法。经反复对照研究发现，直接暴露于恐惧场景中，比内省疗法、认知疗法或药物疗法等其他非行为疗法效果更好。有条不紊且循序渐进地直面恐惧，是克服恐惧最有效的办法。此外，该疗效并不会在数周和数月后消失。因此，一旦在某一现实的恐惧场景中成功脱敏，就将彻底摆脱这种恐惧。然而，一些情况下，尤其是让你恐惧的场景并不常见的时候（如在动物园看到蛇），你可能需要经历周期性的辅助暴露治疗，以保持最初治疗的效果。

暴露疗法可以治疗广场恐惧症、社交恐惧症及许多特定性恐惧症。广场恐惧症患者通常害怕去某些地点，比如，害怕去百货商场或购物中心，害怕在高速路或大桥上开车行驶，害怕乘公交车、火车、飞机，恐高或害怕独处。此时，采用暴露疗法非常有用。另外，将患者直接暴露于恐惧场景中，还可以治疗社交恐惧症，其症状表现为害怕公开发言、公众演讲、团队相处、社交集会、约会、使用公共休息室和参加考试等。

而特定性恐惧症虽然涉及范围较广，包括害怕蜘蛛、害怕水或者害怕看牙医等，但都能采用直接暴露疗法来治疗。所有这些都能通过直接暴露来克服。有关特定性恐惧症及其治疗的更多信息，参见本书第12章"十种常见的恐惧症"。

既然暴露疗法那么有效，为何仍有那么多患者饱受恐惧症的折磨呢？为何不能让每位患者都从中受益呢？其实答案很简单，暴露疗法只有在长期坚持练习的情况下才能发挥功效，但要完成这个过程并不是件容易的事。不是每个人都愿意忍受面对恐惧情景时的不悦体验，也不是每个人都能持之以恒地进行练习。暴露治疗需要全身心投入。如果你真的想彻底康复，那么不妨做以下尝试：

◎鼓起勇气面对那些你回避多年的情景。

◎忍受置身恐惧场景时的不适。

◎坚持暴露治疗，哪怕过程周折。只要持之以恒，就能彻底康复（通常需要坚持数周甚至数年）。

如果你已下定决心进行暴露疗法，并且持之以恒，那你就能治愈恐惧症。

应对暴露VS完全暴露

暴露过程通常分为两个阶段，应对暴露阶段和完全暴露阶段。应对阶段包括借助不同的"拐杖"来协助你进入暴露的场景并应付暴露治疗的最初阶段。这些"拐杖"包括陪伴你的人（即支持者）、服用少量镇静剂、采用腹式呼吸或者默念积极的"应对陈述"（详见第6章中列出的"应对陈述"表）。一旦你突破了初期的等级设置（恐惧程度不断升级的一系列步骤），就要渐渐抛开这些应对技巧。

完全暴露阶段，意味着你不再借助任何"拐杖"也能进入恐惧场景。完全暴露的过程非常必要，因为它能教会你如何掌控从前让你无论如何都想逃避的场景。过去你可能觉得"除非服用镇静剂，否则我无法在高速路上驾驶"，而现在你会觉得"即使不采用任何抗焦虑措施，我依然可以在高速路上驾驶"。这一过程，能让你完全掌控从前引发恐惧的场景。

完全暴露疗法不依赖任何支持者或药物等应对技巧，是治疗恐惧症最迅速、最有效的途径。一些患者愿意在不采用任何辅助应对技巧的情况下，尝试完全暴露疗法，比如，独自待在家、独自登高或者开车去当地的百货商场。而另一些患者更愿意尝试温和的暴露疗法，即借助应对技巧开始暴露过程并完成最初阶段，之后，再逐渐抛开这些技巧，直到能够自如地应对恐惧场景。

在20世纪的最后几十年里，人们认为暴露背后的机制是一个脱敏或习惯化的过程。如果你反复面对恐惧的情境，你就会逐渐习惯它，并忘记这种情境与焦虑之间的任何联系。从根本上说，反复的暴露会让你习惯这种情境，直到厌倦而不是焦虑。

在过去的15年中，研究表明，有效暴露背后最重要的机制是新的认知。新的认知能克服恐惧症，即进入困境的威胁或灾难性比你以前想象的要小。总之，对于恐惧症，你往往高估了威胁或危险的风险，低估了你在实际遇到恐惧情境时的应对能力（无论是坐飞机、公开讲话、遇到蜘蛛、看牙医，还是其他的恐惧症）。对暴露如何通过新认知（技术上称为"抑制性学习"）起作用的新理解主要基于加州大学洛杉矶分校米歇尔·克拉斯克的研究。（Craske, 2008）。

应对暴露的方法VS掌控暴露的方法

"应对暴露"和"完全暴露"有区别，它们是治疗恐惧症的两种途径：前者是简单应对恐惧场景，后者是完全掌控恐惧场景。彻底掌控由飞行、乘坐电梯和在高速路上驾驶等引起的恐惧症很有必要。然而在现实生活中，也有些患者选择简单应对——借助一切可用的支持物来应对恐惧的场景。他们的目标只是处理这些困境，而非彻底克服恐惧症。

对多数恐惧症患者来说，不依赖支持者、不服用药物也能掌控棘手的困境，才是最终目标。事实上，患者对这些辅助手段的依赖程度各不相同。多数情况下，如预计的那样，患者依据恐惧场景出现的频率来决定是否借助这些手段。举个例子，如果在高速路上驾驶是每天都要经历的事（因为这能节省时间），你可能会倾向以克服恐惧为目标。每天重复进行暴露练习，几周或者几个月之后你就会发现，独自处理眼前的场景时，越来越得心应手。而面对低频率的恐惧场景则采用不同的方法。对某些患者来说，需要乘飞机或者进行公众演讲的情况相对较少，那么借助一些手段应付眼前的场景就足够了（不排除一些患者仍在寻求彻底掌控的方法）。

如何实施暴露疗法

你可以根据以下指导原则来制订自己的暴露疗程。

设定目标

在开始练习前，你就要明确自己的目标。你最想克服对哪些情境的恐惧？是独自在高速路上驾驶？还是自己去百货店买一个星期所需的物品？当众作报告？乘坐飞机？

你的目标一定要制订得明确具体，具有针对性。像"在本地商店独自购物"这样的目标就比较明确，而不能只是泛泛地将目标定为"买东西"。一旦你定下目标，就为自己列一个时间表，你想在多久以后能当众发表演说而不焦虑？多久以后能在高速路上行驶或乘坐飞机而不恐惧？是从现在算起的两个月后？还是一年以后？总之，先给自己安排一个时间进度表，然后对自己作出承诺坚持下去。其中需要注意的一点是，要在进度表中区别出短期目标和长期目标，这对你达到最终目的很有帮助。你可以用下面的表格来帮助你确定分别在哪个时间，以及在哪里开始你的康复程序。最好把这个陈述做个备份，贴在显眼的位置上，用来时刻提醒自己要克服恐惧。

目标

三个月内	
六个月内	
一年以内	

给每个目标定出等级

为了实现最终目标，你需要将这个目标分解细化成一系列的步骤，把这些步骤按接近恐惧场景的不同程度排列成一套逐渐升级的等级序列。例如，如果你害怕乘电梯，在开始的时候你可以只接近电梯但是不乘坐它。第二步可定为在电梯里进出但不乘坐它上下运行。接下来的步骤可以是乘坐电梯只上一层楼，然后逐渐加到两层、三层……在第一步中，你只需稍稍接触一下恐惧场景，然后再逐渐深入进去。你可以借鉴以下的指导原则来帮助你设定自己的等级序列：

1.首先是要选定一个你想克服的恐惧场景。例如去百货商场，在高速路上行驶或在众人面前演说等场景。

2.要明白你是在一点一点地进入这个场景，每一步进入都非常细微，所以根本不会伤害你。以去百货商场为例来说，你可以先开车行驶到商场前面的停车场，然后回家。在克服害怕与人交谈的例子中，你可以在自己家里跟一个老朋友谈一分钟话，把这一步当作练习的开端。在1—10等级水平的量表上，这些只有第1级或第2级水平的强度。

3.现在想象一下与你的恐惧症有关的最严重、最强烈的场景，把它作为你目标等级的最后一步。比如，在害怕去百货商场的例子中，这一步或许就是你独自在收银台前的长队里等待结账；在害怕乘飞机的例子中，最具挑战的场景可能是进行跨洲的长途飞行或在飞行中遭遇强烈的气流。在害怕公众面前演说的例子中，你可以想象你是在一大群人面前做一个长长的报告，或者要回答一个难度颇大的问题。在1—10级的量表中，这是第9级或第10级水平的暴露场景。

4.现在再花点时间设计出位于这两个极端之间的暴露场景，至少设计6个，并根据它们引发焦虑的能力，将其在1—10级的量表上逐级排序。先看看本章后面介绍的等级分类的例子，它对你进行等级分类很有帮助，然后你再在等级量表上列出自己需要克服的各个场景。

确定不同强度的场景

找出恐惧场景中哪些因素使你非常焦虑，而哪些又使你觉得没那么焦虑，把这些因素分别整理出来，并利用这些因素来制订不同强度的暴露练习场景。以驾驶场景为例，这些因素可能包括离家的距离，是独自驾驶还是和某人一起，交通堵塞状况，红绿灯的数量，或者高速路的路况等。在公共场所演说的例子中，这些因素包括演讲时间的长短，听众的数量，或者你对听众的熟悉程度等。

对于每一种恐惧症，都可以通过改变其中一种或多种因素来调整暴露场景的强度。其中一些共同的变量因素包括：

◎距离恐惧场景的远近

◎暴露的持续时间

◎离开恐惧场景的难易程度

◎场景的复杂性（车或者人的数量）

◎一天中开始练习的时间

意识到恐惧场景中那些使你焦虑的特定因素，可以增加你对场景的控制感，这也能加速你的脱敏化进程。

注意　如果你在从某一步跨到下一步时觉得有困难，你可以在其间再加一步。比如在购物时，你已经能做到在商店里站几分钟，但你还不能独自买商品和通过快速结账通道结账。此时你可以加进一个中间步骤：拿一件商品放在你的购物篮里，走到收银台，只要你的焦虑水平一直保持在中等程度，那你就在结账队列中尽可能长地等待，最后再把商品放回去。重复这一步练习直到你适应这个过程。当然你也可以把这个中间步骤换成和你的亲朋好友一起排队，他帮你买东西并帮你付账。重复几次后，你就比较适应排队付账和自己买东西了。

如果你总是通不过某个步骤，那就尝试一下倒回到前一步再重复练习。例如，如果你已经敢在小桥上驾驶了，但始终不能突破下一步，那就返回到上一步，在更小的桥上多试几次。这样做是为了让你感到在这样的小桥上行驶太无趣，从而激发你想尝试下一个步骤的强烈愿望。当然，在你开始进入下一步时，最好让你的支持者陪在你左右。

如果你开始第一步都有困难，可以试着从比你原定的第一步更轻微的场景入手。例如，你恐惧坐飞机，甚至在机场就会感到不舒服，那你可以把看飞机飞行的录像，或者看杂志上的飞机图片作为你的第一步。在习惯了这种程度的暴露后，如果你仍然不敢到机场，那你可以只开车到机场附近的地方，然后就倒回来，并把这个步骤重复多次。接下来你可以把车开进机场的停车场，然后再回家。

增量暴露VS随机暴露

还有一种暴露方法，这种方法不是在等级序列上按一系列循序渐进的步骤进行暴露，而是随机暴露在等级序列的各个层次。你可以先从中等难度的层级开始暴露，再去做简单一点的暴露，最后做一个困难的暴露。当面对自己的恐惧症时，你很快就会惊讶地发现，你对糟糕情况的预期是没有必要的。这可以缩短你掌控恐惧症的过程（不是从下到上逐级递增）。你可以在焦虑管理应对策略的帮助下进行随机暴露，也可以在没有任何应对策略的帮助下直接进行随机暴露。研究表明，有些人可以选择后一种方式：快速暴露，即不采用任何应对技术就从更困难的暴露开始。如果你选择后者进行暴露，就可以节省很多时间。

总之，有四种方法来暴露：1)在应对策略的帮助下，按照层次循序渐进地进行暴露，再逐步戒掉应对策略，直到你完全掌控恐惧症，2）在等级序列中循序渐进，不使用焦虑管理应对策略，3)在应对策略的帮助下，随机暴露在各个层次，再逐步戒掉应对策略，4)不使用任何应对策略的情况下，按难度的随机顺序进行暴露。

每个人都是不同的。如果你有一位治疗师，你和治疗师需要确定哪种暴露方法最适合你。如果你自己确定暴露等级，你需要知道自己到底更喜欢渐进的方法还是快速的方法（例如，不使用任何焦虑管理策略进行随机暴露）。

备选方案：开始时尝试用想象暴露法

一些人喜欢在进入真实的恐惧场景之前，先使用一种被称作想象暴露法的技术。在这种技巧中，你并不需要在现实中直接面对恐惧场景，而是把你设定的各个等级的场景都想象出来。如果你愿意把这些当作现实生活脱敏法的前奏，那你最好再仔细阅读一下本章稍后介绍的"想象暴露法"一节的内容。对一些人来说，先进行想象暴露会增强他们进行现实生活脱敏的能力。

等级设置举例

　　以下是暴露疗法中三类场景的等级设置举例。请注意，这些只是范例；你可以根据自己乘坐电梯、去百货商场或者乘坐飞机时的不同恐惧程度来设置场景等级。前两类场景列出了应对暴露和完全暴露两个阶段的例子。等级设置包括在应对暴露过程中依赖支持者。有些患者倾向于借助这类支持来进入或处理早期应对暴露阶段，另一些患者则不然。因此，是否依赖支持者（好朋友或家属）完全由你决定。第三个例子是患者独自乘坐飞机，该范例中患者没有支持者陪伴，但在早期使用了应对技巧。

　　据我的经验判断，这三类场景等级涵盖了患者进入完全暴露阶段前，在应对暴露阶段可能经历的情况。我的多数病人都倾向于采用这种方法，因为他们在过去的暴露练习中曾经历了真正的惊恐发作。然而，应对阶段是可以选择的，它并不是实现完全暴露的必要或关键步骤。很多治疗师在治疗时只采用完全暴露疗法，他们认为患者在恐惧场景中持续体验焦虑没有害处，反而有利于产生适应性。患者会认为哪怕经受了不同程度焦虑所带来的痛苦，他们也很难在不借助任何辅助技巧的情况下应对恐惧场景。有些读者可能更喜欢不使用应对技巧，采用直接暴露疗法。如果你和你的治疗师都倾向于此，那么请参考以下完全暴露部分的等级设置。

　　注意，下面所有的例子都使用了一种递增的暴露方法。如前所述，对于一些人来说，在等级结构中移动的顺序可以是随机的，可以从中等范围的阶段开始，这取决于你和你的治疗师的偏好。使用随机暴露序列通常会缩短完成暴露所需的时间。

电梯

应对暴露阶段

1.看着电梯，观察电梯如何上下运行。

2.由支持者陪同，一起站在静止的电梯里。

3.由支持者陪同，一起乘电梯上下一层楼。

4.独自站在静止的电梯里。

5.独自乘电梯上或下一层楼,让支持者在你将到达的楼层等候。

6.由支持者陪同,乘电梯上或下二至三层楼。

7.独自乘电梯上或下二至三层楼,让支持者在你将到达的楼层等候。

完全暴露阶段

1.独自乘电梯上或下一层楼,让支持者在大楼外的车内等候。

2.无支持者陪同,独自进入大楼并乘电梯上或下一层楼。

3.无支持者陪同,独自进入大楼并乘电梯上或下二至三层楼。

4.无支持者陪同,逐层体验电梯上或下楼,直到能够顺利到达顶楼(5~10层建筑)。

5.无支持者陪同,逐层体验电梯上或下楼,直到能够顺利到达顶楼(20~30层建筑,或城市内最高的建筑)。每天练习,就会快速进步。

6.独自进入两座不同的大楼,乘坐不同的电梯,到达不同的楼层。

7.独自进入市内(或邻近城市)不同的大楼,乘坐不同的电梯。

百货商场

应对暴露阶段

1.由支持者陪同,开车到百货商场,在停车场停留1分钟。

2.由支持者陪同,开车到百货商场,在停车场停留5~10分钟。

3.由支持者陪同,走到百货商场门口,在门外待上2分钟。

4.由支持者陪同进入商场,15~30秒钟后出来。

5.由支持者陪同进入商场,1~2分钟后出来。

6.由支持者陪同进入商场另一端,5分钟后出来。

7.由支持者陪同进入商场,跟随支持者购买1~2件商品。

8.由支持者陪同进入商场,独自购买1~2件商品。

9.独自进入商场,让你的支持者留在外面的停车场,如果你愿意,可以使用其他焦虑管理策略,如腹式呼吸和/或应对陈述。

10.独自进入商场,没有支持者在外面等待,但仍然可以使用你喜欢的焦虑管理策略。

完全暴露阶段

1.无支持者陪同，开车到百货商场，在大门附近停留5分钟。

2.无支持者陪同，进入百货商场，在商场里面待10~30秒钟。

3.进入百货商场，在商场待1分钟，从走廊一侧上下楼。

4.进入百货商场另一端，独自待2~3分钟（如有必要，可分步完成）。

5.进入百货商场待3~5分钟，穿越整个商场（如有必要，可分步完成）。

6.进入百货商场待5分钟，购买1件商品，在快速结算通道付款。

7.逛百货商场5~10分钟，购买1~2件商品，在快速结算通道付款。

8.逛百货商场8~10分钟，购买若干件商品，在普通结算通道排队付款。

9.逛百货商场至少15分钟，购买12件以上商品，在普通结算通道排队付款。

10.逛市内2-3家百货商场，购买12件以上商品，在普通结算通道排队付款。

乘飞机

应对暴露阶段

1.开车到机场，围着机场转转。

2.开车到机场，并停留5~10分钟。

3.进入候机大厅，在里面逛5分钟。

4.走到安检处，排队等候5分钟。

5.通过安检处，走向较远的登机口。独自重复步骤1—4。

6.体验半小时以内的短途飞行。首次飞行前，可采用腹式呼吸、默念应对陈述、服用少量镇静剂等应对技巧。

7.体验1小时以上的飞行。减少使用上一步骤中采取的应对技巧。

完全暴露阶段

1.如果你需要进行额外的暴露训练，不妨多去当地最大的机场，体验排队、安检的过程（如应对暴露阶段步骤1~5），直到不再出现不良反应。

2.体验半小时以内的短途飞行，不借助任何应对技巧，包括不依赖支持者、不服用药物。

3.体验1~2小时内的飞行，不借助任何应对技巧。你可以通过看杂志或者看风景来打发时间，但不能将其视为逃避或减少暴露于该环境的途径。这将有助于你克服恐惧症。如果你焦虑到近乎惊恐的程度，可以在机舱内走走，也可以去趟卫生间，再回到座位上。

4.体验5小时以上或横跨大陆的长途飞行，尽量减少使用应对技巧的次数。

5.体验包含2~3段航程的长途飞行，尽量减少使用应对技巧的次数。

6.飞往陌生的目的地，不使用应对技巧。

设计你自己的等级

你可以用下面的"等级量表"来设计应对恐惧场景的各个步骤。可复印几份，写下你想克服的特定性恐惧症。（你也可以下载PDF版本）同一恐惧场景，可先设置应对暴露等级，再设置完全暴露等级。设置同一等级，不需要将20个步骤全部填满，但至少要设置7~8个步骤，且按挑战难度从小到大的顺序排列。设置同一特定恐惧场景，最好保持应对暴露步骤和完全暴露步骤数量一致。

记住，有些人不经过初步暴露阶段就可以进入完全暴露阶段。你只需要在没有焦虑管理技术帮助的情况下进行各种暴露，比如腹式呼吸、打电话给支持者或依靠低剂量的镇静剂。由于暴露的基本原理是认识到恐惧的情况没有你预期的那么困难或具有挑战性，所以你可以直接进入完全暴露阶段来加快暴露。

还要记住，如果你感到有动力，并准备好忍受任何可能出现的焦虑，你可以按照随机而不是递增的顺序来执行你的步骤。通过这种方式，你可能会更快完成暴露。如果你觉得从低焦虑步骤向高焦虑步骤前进更舒服，一定要按照难度的递增顺序进行。

等级量表

_____（特定的恐惧症名称）的等级序列

指导语：最好从一个相对容易的、温和的场景开始练习。整个等级序列至少要包含7~8个步骤，并按从最轻微到最具挑战性的场景逐渐升级排列。最后一个步骤应该是你的最终目标，或者是比原计划更有超越性的目标。写下你完成每个步骤的日期。

步骤   完成的日期

1._____

2._____

3._____

4._____

5._____

6._____

7._____

8._____

9._____

10._____

11._____

12._____

13._____

14._____

15._____

16._____

17._____

18._____

19._____

20._____

注意：为你的每一种恐惧症都单独列一个表。

暴露疗法的基本程序

增量暴露

1.进入恐惧场景，忍受其带来的不愉悦体验。 从"等级量表"上的第一步或者从上一次停止的地方开始，逐级进入恐惧场景。一段时间后，你可能会开始焦虑并感受到其带来的不适，这时，应尽力坚持适应这种环境。

194

若焦虑得到了控制，那很好，继续面对恐惧场景，忍受焦虑。尽可能长时间直面恐惧场景，除非焦虑让你失控。在应对暴露阶段早期，可采用第4章中的腹式呼吸技巧，这将有助于减轻焦虑，提高应对能力；也可采用第6章中列出的应对陈述来保持信心。随后，在完全暴露阶段，应减少使用应对陈述的次数，防止对其产生依赖性。一旦进入完全暴露治疗阶段，应尽力让自己处于恐惧场景中，不要轻易放弃。据米歇尔·克拉斯克与其同事的研究成果（2008），患者若能心甘情愿忍受暴露中产生的焦虑，将对治疗结果产生积极影响。坚信自己能够面对从前逃避的场景并忍受其带来的焦虑感，将有利于建立信心，挑战接下来的等级设置。

2.继续进入下一场景。按照"等级量表"，逐级体验。若你被迫半途而废或者重新开始，也没关系，接着之前的步骤继续往下就可以了。出现焦虑症状时，尽力接受并忍受它，体会它的变化，等待它自行消退。有时候，你的表现可能不如之前的好，不要责备自己，这是很正常的现象。不出一两日，你就会发现自己又能够继续挑战了。在你的能力范围内，尽量多体验"等级量表"的各个步骤。这称为一个疗程，通常情况下，将持续30分钟以上，有时也会持续1~2小时。

一般而言，长时间的暴露疗程比短时间的疗程见效更快，当然这得以你自己的节奏为标准。对于多数人来说，每天治疗一次，一周3~5天就足够了。另外，请注意，完成每一个设置步骤花费的时间不一定相同。有时候，你进步飞速，一下子完成了好几步；但有时候，你可能囿于某一步，长时间止步不前；甚至，感觉再也无法取得任何进步，还不如之前的状态好。就好像某一天你突破了之前好几年的极限，独自在百货商场里待了5分钟。而第二天，你就只能忍受5分钟。可到了第三天，你可能连商场都不敢进了。但到了第四天或第五天，你又能在商场里待到10分钟了。这种反反复复、进两步退一步的现象在暴露治疗过程中很常见，所以，不必因为暂时的退步而气馁。

随机暴露

为了加快暴露过程，你可以按随机顺序执行等级序列。先从你的等级序列中处于中等水平的暴露开始，然后按随机顺序进行不同的步骤，有时在较低的焦虑水平上进行，有时在较高的焦虑水平上进行。你很快就会推翻恐惧症是一个压倒性的威胁的预期。在随机暴露的情况下，你可以先做一个应对暴露等级序列，依靠焦虑管理技术，再做一个完整的暴露等级序列。如果你有动力，也可以在没有应对技巧帮助的情况下，直接以随机顺序完成不同的暴露层次。

如何处理应对暴露阶段的惊恐发作

一些专家建议，在面对恐惧场景时，不管患者有多焦虑，哪怕导致惊恐发作，都应当继续坚持。但这似乎存在一个问题：如果患者在暴露练习中真的出现惊恐发作，可能会再次受到场景刺激，从而强化恐惧症。这种情况在应对暴露早期阶段很容易发生。当然，最理想的状况是尽量忍受暴露时的不适，但若感觉即将出现惊恐发作，采用"退出策略"也是有帮助的。若你发现焦虑朝着不可控的方向发展，应暂时退出场景，等其消退至可控范围后，再迅速回到场景中。

"退出策略"是焦虑不可控时不得已的选择。最好的处理办法是：直面恐惧场景，接受并忍耐焦虑带来的不适，直到其自行消退。（再次重申第6章中克莱尔·威克斯应对焦虑的四个步骤：正视不适症状；坦然接受正在发生的生理变化；顺其自然而不是强行用你自己的方法；让时间带走惊恐。）当然，当发现自己完全不能控制焦虑的情绪且濒临惊恐发作的时候，可暂时退出场景，之后再迅速回到场景中。多数情况下，暂时退出都容易办到。若正在高速路上行驶，可把车开到路边或者从最近的出口下道。若在一家餐厅，可选择到洗手间回避，再回到餐桌。若正在飞行途中不能离开飞机，可想象自己在一个安全的地方（可以运用第4章中介绍的引导可视化），或者起身到洗手间。再次强调，退出不是逃避，退出是暂时离开再迅速返回。

　　进入完全暴露阶段的时候，绝大多数患者都已经适应了恐惧场景，不至于出现惊恐发作的情况。只有极少数患者仍会出现惊恐发作的情况，此时，可暂时停止暴露治疗。用几分钟稍作调整，平复之后，继续完成暴露治疗。接下来1~2天内，最好先重复体验上一步骤，再开始新的疗程。

充分利用暴露疗法

　　下面的指导语将帮助你更充分地利用好暴露练习：

　　1.准备好冒风险。进入一个你已经回避多年的恐惧场景意味着你多少要冒些风险，现在还没有什么办法能让你完全不冒险就可以克服自己的恐惧。当然，如果你是从轻微的恐惧场景入手，循序渐进地开始练习的话，风险会小得多。所以，你首先要建立一个恐怖情景的等级序列，使你能采取循序渐进的方式来克服你的恐惧症。

　　2.扫清阻力。要面对一个你本想回避的场景自然会使你产生抵触情绪。注意反省自己是否在有意拖延，不肯开始进行暴露练习，分析一下究竟是什么原因在从中作梗。在进入恐惧场景时产生的一些念头可能会引发你很强的焦虑，使你害怕自己会陷进去，或者使你产生一些自我挫败性的陈述，如"我肯定做不好""我肯定没希望了"。为了破除这些阻力，你需要把脱敏过程看作是一个难得的治疗机会，全身心地投入进去，克服自己对那些长期回避的场景的恐惧，从而改善你的生活。憧憬一下，当你不再为恐惧症所困扰时，你的生活和你的人际关系将会变得不知比现在好多少！

　　你需要回顾一下第3章介绍的"实施康复计划的必要因素"，想想是否有任何次级收益成为你开展练习的阻力。

　　一旦你扫清所有暴露练习的阻力后，事情就变得容易。如果你有任何有关阻碍这方面的问题，你可以向一个熟悉暴露疗法的治疗师进行咨询。

　　3.做好准备忍受不适。要直接面对自己已回避多年的恐惧场景确实让人很不愉快，但你在脱敏过程中却又不得不经受一些焦虑。实际上，从开始练习到完全康复，你在暴露治疗的整个过程中都会经受焦虑，但这种焦虑感是在逐渐减轻的。意识到自己感觉很糟糕并不表示你在退步，恰恰相反，这表示治疗开始起作用了，所以从这个角度来说，感觉糟糕恰是感觉良好的基础，而且你在暴露练习中会获得许多处理不适感觉的技巧，在你熟练掌握这些技巧后，你会很容易地处理那些让人不快的感觉，使你更有自信去克服它。

4.避免一蹴而就的想法——做好暂时退出的准备。 在暴露疗法中进入恐惧场景的情况完全不同于你被迫进入恐惧场景的情况。在暴露治疗中你拥有主动权，比如你能控制暴露的时间长度和强度。场景并不会自动调整这些因素，这些控制权都掌握在你手中，所以在练习过程中，如果你的焦虑水平超过第4级，你完全可以主动选择暂时退出，待你恢复平静后再去面对恐惧场景。退出不是懦弱的表现，而是克服恐惧症的有效方法。过度暴露，或者一蹴而就的想法，可能会加深你对场景的敏感度，最后反而会耗费更多的治疗时间。

5.借助应对策略进入暴露治疗初期。 不借助任何应对策略（包括支持者陪伴）直接进入暴露治疗，将加快进步的速度。如果一开始做不到，可借助一系列应对策略来进入暴露初期，并开始体验等级设置中的步骤。使用这些策略将使你信心百倍地接受暴露治疗，逐级体验设置的步骤：

◎做腹式呼吸（参见第4章）。

◎首次面对恐惧场景时，准备好应对陈述（参见第6章应对陈述的例子）。

◎找一个支持者陪伴你。（在暴露疗法早期阶段，找一个你信赖的人（如朋友或亲戚）陪在旁边，这在你首次尝试进入恐惧场景时有所帮助。支持者能让你感到安心和安全，通过聊天安慰你，鼓励你坚持练习，并且赞扬你在每一步中取得的成功。你需要告诉你的支持者如何最好地与你合作（参阅下一节"应对暴露阶段：你的支持者需要了解的信息"）。

6.将焦虑转化为愤怒。 如第6章所述，愤怒和焦虑是不相容的反应，如果你能对自己的焦虑感到愤怒，焦虑就会减少。你可以通过强烈表达来获得愤怒，如"滚出去！""这太荒谬了，我无论如何都会陷入这种境地！"或是"好吧，焦虑就在那里，无论如何都要去做（进入恐惧状态）！"

7.服用少量镇静剂（如0.25毫克阿普唑仑、劳拉西泮或氯硝西泮）。最好不要在暴露期间使用镇静剂，但少量的镇静剂可能有助于开启对长期避免的情况的暴露治疗。请记住，如果药物掩盖了你的焦虑，暴露是不会成功的。在暴露过程中感到焦虑，甚至是不舒服的程度都是必要的，这样暴露才能完全发挥作用。

8.考虑到可能出现的紧急情况。想象一下你正在乘电梯，最糟糕的事情发生了——电梯停在了两层楼之间；又或者你刚上高速路，离下一出口还很远，就突发恐慌症状。提前为这些突发状况做好准备是有好处的，尤其是在刚开始练习的时候。第一种情况，你可以先练习如何使用电梯里的报警电话；第二种情况，你可以提前告诉自己，把车停在路边或者打开应急灯，减慢车速行驶至下一出口就不会有问题。而如果在飞行途中突发紧急情况，那不妨利用现成条件采用"紧急策略"（与空乘人员聊天、起身去洗手间、戴耳机听歌曲或服用药物）。同样的，一旦进入完全暴露阶段，你要降低使用策略的频率。

9.规划暴露练习的进度。在暴露练习之初，可能出现这样一种倾向：只有你特别想练习的时候，才会主动开始。当然，你可以挑一个特别想练习的日子来正式启动治疗计划。但计划一旦启动，最好按事先规划的流程有条不紊地进行，在"状态好"和"状态差"的日子都要坚持。若你总在"状态好"的时候才练习，很可能拖延时间，导致进度缓慢。当然，实际执行暴露计划时，你可能比预计的状态更焦虑，但这种焦虑将随着练习慢慢消失。

10.保持自己的步调。在现实生活暴露治疗的过程中，非常重要的一点就是不要把治疗过程看作是一场竞赛。你的目标并不是快速克服困难，因此，一味地追求进度并不可取。实际上，如果你还没有完全适应某一步骤就提前进入下一步，很可能会再次加深对恐惧的敏感度。应根据自己的实际情况来决定练习的节奏，积少成多才是关键。

11.你不需要操控一切。在练习中，你要明白一点：你并不能掌控周围的一切。如果你在开车，那你当然能控制汽车。但如果你只是搭乘公交车或飞机的乘客呢？这时你应该让出控制权。再如，你能控制离家的远近，但你无法控制交通状况、商店里排队的人或者电梯的运行方式。在应对暴露阶段，你可以采用腹式呼吸或各种应对陈述，比如，"让它去吧，相信一切都会好的"，"我能尽力做好"，甚至可以对自己说"上帝与我同在"。这样做能帮助你接纳眼前无法控制的场景及其引起的生理反应。同样的，在完全暴露阶段，应避免使用这些策略。

12.为每一点进步奖励自己。人们在进行暴露练习时，常会因为没有实现预定的目标而惩罚自己。但我们却想让你记住：奖励自己的每一点进步，哪怕进步十分微小。比如，能够比之前更顺利地进入恐惧场景，就可以奖励自己吃点冰激凌、买一盆植物或者出去吃顿大餐。同样的，你能面对恐惧场景或忍受焦虑的时间更长，也可以奖励自己。奖励自己取得的进步，有助于保持积极性，使你继续进行接下来的练习。

13.有规律地练习。练习要讲究规律和方法，不能慌慌张张，也不能一味给自己施压，科学的练习才能促进康复。如果可能的话，每周做3~5次暴露练习。整个练习时间1小时以上为宜，其间可尝试多次暴露，这样更容易见效。但你要把握进退的时机，在同一练习阶段，不宜让自己过多暴露于恐惧场景中，这会使你感到心力交瘁，也是最糟糕的结果。而有规律地练习能提高治疗效果。如果你无法进行规律地练习，那就要反省一下，是不是找了一堆推脱练习的借口？这时，你应该坐下来和其他人讨论一下这些借口，找到反驳它们的理由，下次坚决抵制。请再次牢记，有规律地练习是彻底康复的关键。

14.预计到可能出现的挫折并知道该如何处理。对某些人来说，按照设置的等级来练习并不是一帆风顺的过程。你会出现"状态好"和"状态差"的时候。练习时难免遇到挫折，甚至倒退。如果真的出现这种情况，也不必沮丧，把它当作一时的倒退，明天继续挑战就可以了。

以驾驶的场景为例，可能第一天你能驾驶3英里（约4.8千米），而第二天，不管你怎么折腾，就只能驾驶2英里（约1.6千米）。

同样的，可能某一天你能独自在家待6小时，而第二天，你刚待了3小时就开始焦虑，于是立刻打电话让支持者赶来，即便如此，你仍心有余悸。似乎无论做什么，都无法阻止焦虑产生。因此，若在应对暴露阶段遇到挫折，要学会接纳这种情绪，不要因此而灰心气馁，只需第二天重振旗鼓，继续挑战就可以了。但若频繁遭遇挫折，不妨向专业治疗师寻求帮助。

到了掌控暴露阶段，应尽力在每一次暴露练习中达到游刃有余的状态。若仍然遭遇挫折，同样可向专业治疗师寻求帮助。

15.充分注意在暴露过程中出现的感受和感觉。在暴露过程中，观察出现的所有感受和感觉。你甚至可以尝试命名你所经历的每一种情绪或感觉来增强你对它的认识。当你继续暴露时，避免任何试图逃避或麻痹自己的感受和感觉的"安全行为"。安全行为包括打电话给某人寻求安慰，进行祈祷之类的仪式，带上毛绒玩具，或者通过测量脉搏或听音乐来分散注意力。充分注意暴露过程中出现的感受和感觉会加快暴露的过程。应对策略和安全行为之间存在细微差别。应对策略是一种主动的技巧，你可以用它来帮助你顺利通过暴露的应对阶段。安全行为则是一种逃避策略，你可以用它来逃避或分散自己在暴露过程中出现的身体感觉或害怕的想法。

16.准备好体验更强烈的情绪迸发。那些回避已久的恐惧场景常会引发你压抑多时的复杂情绪，其中不仅有焦虑，还有愤怒和悲伤。康复过程中出现这些情绪是正常的、意料之中的事，所以就让这些情绪发泄出来吧。尽管这些情绪让你感到不舒服，但其实并没有什么关系。学会接纳情绪、表达情绪和感知情绪是恐惧症康复过程中的重点（参见第13章）。

17.圆满实现目标。暴露疗法圆满完成意味着，当你再次面对那些曾造成困扰的情景时，不再担心惊恐发作（当然，这不包括人人都会害怕的极端情况）。康复过程少则一月，多则一年以上。如果你只在大多数情况中感觉良好，但仍在某一两个情景中觉得害怕，这还不算彻底康复。有两个标准可以检验你是否已彻底摆脱恐惧症：1）你能进入非恐惧症患者认为安全的任何场景；2）你认为惊恐反应本身可以控制，且完全没有危险。

18.写一个最坏情况计划。马修·麦克凯等人在《焦虑症的认知行为治疗手册》一书中提到：想象一下，如果你面对恐惧时最坏的情况发生了，你会怎么做？这样做的目的是摆脱会干扰暴露的不安想法，比如"如果我完全崩溃了，我无法承受"或"如果我在暴露时因为恐惧而彻底崩溃怎么办？" 这些想法显然是错误的，因为这些想法仅仅是可怕的想法，而不是现实。你可能会因为受到严重的身体创伤而崩溃，而不是面对恐惧！

因此，你可以写一个"最坏情况计划"，重点是你将如何应对在暴露过程中遇到的困难。该计划应强调从行为、情感和认知来应对。举一个行为应对的例子，假设你正在高速公路上开车，在驾驶途中，你突然感到恐慌，你会怎么做？实际的行为应对策略可能是把车开到应急车道上去。你还可能会开到最右边的车道，放慢速度，打开闪光灯，让别人知道你开得比平常速度慢，这样你就会觉得即使在高度焦虑的情况下也能更好地驾驶汽车。关于情感应对，想象一下你会如何努力忍受不舒服的感觉，而不是逃避它们。极少数情况下，你会完全恐慌发作，这时可以暂时从这种情况中撤退，给自己15或20分钟冷静下来，然后尽最大努力回到那种不舒服的感觉。回顾上面的指导原则："准备体验更强烈的情绪"，这意味着让自己知道具有挑战性的情绪和身体感觉（即使它们是不舒服的）也是可以接受的。认知应对已经包含在应对策略使用指南中。你可以用应对陈述来应对暴露期间可能产生的害怕和不安的想法，比如本书第6章所列的那些，或者你自己制定的建设性应对陈述列表中的那些。你还可以使用第6章中焦虑等级上升到"4级"以上（高于自我控制）时的应对指南来完善你的"最坏情况计划"。

19.组合暴露情境。当你对暴露更有信心时，试着在同一时间或一天内将暴露应用于多种情境。例如，你可以在同一时间既在高速公路上驾驶，也在离家很远的地方驾驶。你也可以在同一天既去拥挤的购物中心，也去看牙医。连续接触几种不同的暴露会让你理解面对恐惧是可以接受和可控的，从而不断取代你对威胁和伤害的预期。

应对暴露阶段：你的支持者需要了解的信息

正如前面提到的，当你第一次暴露时或者处于暴露初期的应对阶段时，有一个支持者陪伴是很有帮助的。很多人都是支持者，包括配偶、伙伴、亲戚、朋友、患有恐惧症的人、恐惧症康复者和治疗师。一个有效的支持者最重要的特征包括关心和支持的态度，不评判和耐心的能力，鼓励你坚持面对恐惧的意愿。如果支持者愿意帮助你面对恐惧症，你需要告诉支持者他们应该如何配合你。

1.鼓励你的支持者阅读本书的第6章，尤其是第7章，以让他们熟悉针对恐惧症的暴露的性质以及惊恐发作的性质和治疗方法。他们还可以读一读凯伦·威廉姆斯的《如何帮助你的亲人摆脱广场恐惧症》。

2.让他们知道你希望他们如何帮助你进行暴露。例如，是想让他们一直陪着你，在你后面跟着你，还是待你进入商店后在门口等你。当你暴露于电梯时，是在最底层等你，还是在最顶层等你等。

3.鼓励他们不要催促你完成暴露。在一个特定的暴露中完成到何种程度完全取决于你自己。如果你没有达到期望，那只是暴露过程的一部分，你或你的支持者不必因此感到失望。暴露过程中受阻是正常且允许的。

4.在你可能变得高度焦虑甚至恐慌的情况下，让他们知道你希望他们保持冷静。他们的存在是为了支持你，而不是反映你的特殊反应。如果你的支持者看到你变得焦虑或恐慌而感到不安，那将不利于你的暴露成功。提前和他们确认一下，如果你突然恐慌发作，他们会有什么感觉。如果他们没有应对恐慌发作的经验，让他们阅读本书的第6章。

5.请求可靠性。你的支持者需要准时出现，特别重要的是，你的支持者要在你期望的地方出现。如果你暂时与你的支持者分开是暴露的一部分，确保你们预先安排好了会合的时间和地点。你们两个人都应该有一块手表或一部手机，这样你们就能准确地知道时间了。

6.确保你的支持者能够履行帮助你的承诺。应对暴露可能涉及长时间的多次治疗。这可能会在几个月内每周花费多达几天的时间，你的支持者是否愿意在整个过程中始终与你保持联系?

　　7.不期望完美。如果你的支持者用于帮助你的时间和精力有限,你们双方事先充分和明确地沟通这一点是很重要的。

保持正确的态度

　　在暴露练习中,你对恐惧场景持有的态度和你学习具体策略一样重要。如果你一开始就有正确的态度,那使用起技术来就会事半功倍。下面的五种态度能增强你面对和克服恐惧时的能力。

坦然接受身体的焦虑症状

　　回忆在第6章中克莱尔·威克斯提出的四个要点:1)正视不适症状;2)坦然接受正在发生的生理变化;3)顺其自然而不是强行用你自己的方法;4)让时间带走焦虑。和焦虑引起的身体症状较劲只会使情况变得更糟,试图否认现实或逃避也不是好办法。不管焦虑是自发的还是在恐惧场景中引发的,坦然接受身体的不适症状都是你在焦虑出现时需要做的第一步,这是你一定要学习和培养的态度。

增强现实感

　　焦虑开始时只是一些身体反应,但它会被灾祸性念头加强。如果你能客观看待你此刻的身体反应,通过一些办法增强你的现实感,你就不会被那些消极念头牵着走。

　　腹式呼吸是个让你增强现实感的好办法,因为呼吸会使你专注于你的身体而不是你的念头。另一个有效的办法是在呼吸的时候集中注意于你的四肢。你越注意于四肢,你就越不可能被你的消极念头所困扰。

知道恐惧总会过去的

焦虑是不会永远存在的，它总会消失的。过量的肾上腺素会在5~10分钟内被代谢掉，所以你能经历到的最强烈的惊恐也不太可能会超过这个时间。轻微的焦虑或许会多持续几分钟，但这些都终要消退。不管你在头脑中虚构了些什么威胁，这些消极念头也迟早都会消失，因为你的精神也不会老是集中在这里，它迟早要转移到其他地方去。

如果你在为某事焦虑，你就已经开始脱敏了

在面对你害怕的东西时，你不可避免地要经历一些焦虑。这时你不要用消极的念头来夸大这种焦虑，而是要换一个观念重新看待这个问题："焦虑也蛮好的，这表示我已经开始脱敏了"，或者"我需要焦虑，因为如果感觉不到焦虑，我就不能开始脱敏"。这些想法并不仅仅是一种心理上的安慰，而是事实，因为如果你不能在一定程度上感觉到焦虑，你就不能对此脱敏。换句话说，只有你先直接体验到焦虑，你才能从中走出来。如果你了解了这一点，那你就能更轻松地面对恐惧了。所以，每当焦虑发生时，你都可以自信地提醒自己，你离自己的最终目标又近一步了。

坚持练习，暴露疗法总会起作用的

没有一种恐惧症通过反复使用暴露疗法后不能被克服。如果你愿意坚持不懈地直接面对你害怕的东西，并对此产生习惯，你就能最终挫败恐惧。所谓焦虑，实际上是基于对未知情景可能产生危险的一种投射反应，而一旦这种情景或事情能够被你彻底了解和熟悉，它就自然失去了引发恐惧的能力。坚持练习，暴露疗法总会起作用。这些认识会鼓励你不管遇到什么挑战，都要坚持面对你的恐惧。

促进或阻碍你成功的因素

根据以往的许多研究，本节总结了一些经证实能影响暴露疗法效果的因素，包括正面的促进因素和负面的阻碍因素。如果你想了解这方面的更多细节，请参见大卫·芭洛所著的《焦虑和焦虑障碍：焦虑和惊恐的本质和治疗方法》（见第11章的内容）。

哪些因素能促进成功

1.**和搭档或配偶的合作。**如果你的搭档或配偶乐意在暴露治疗中为你提供帮助，那将会为你的治疗锦上添花。相反，如果你的搭档对此比较冷漠、不合作或者有意无意地制造一些障碍，那暴露疗法的效果可能就会受到影响。如果你觉得你的搭档不是在帮你，而是在妨碍你克服恐惧症，那可能你俩都需要向深谙恐惧症治疗的治疗师咨询一下，看其中究竟有些什么问题。

2.**忍受不适感的毅力。**在前面的章节中我们讨论过，当你开始在现实生活中面对恐惧场景时，你不可避免地会感到焦虑。进行暴露疗法是一个艰难的过程，需要你有毅力忍受其中的一些不适。之所以有时你一再退缩拖延，不跟着暴露疗法的步调走，可能就是因为你害怕自己将会被卷进这些不愉快中。其实，这也从一个侧面反映出奖励的重要性，通过奖励自己的每一步成功，可以帮助你树立信心，坚持克服在练习过程中产生的各种不适。另外，在某些情况下小剂量的弱效镇静剂能够帮你减少在暴露治疗初期阶段的焦虑，使你能够将脱敏过程坚持下去。

3.**处理惊恐发作早期症状的能力。**进行暴露疗法的最大阻力可能就是害怕自己会在暴露中惊恐发作，但如果你已经很好地掌握了一些处理惊恐发作早期症状的技巧，那你就可以相当自信地开始你的暴露治疗过程。在很多恐惧症疗法中，指导者都要在开始实施逐级暴露的程序之前，向患者介绍如何处理那些与惊恐有关的身体反应。

4.**处理挫折的能力。**一些人在经历了一两次挫折后就中断了暴露疗法，这是由于他们还未认识到挫折本来就是预料之中的正常现象。忍受挫折并坚持每日练习是你成功的关键因素。

5.**坚持有规律地练习。**毫无疑问，有规律地持之以恒地练习，比如，每周3~5次，是暴露疗法中最重要的因素。没有什么可以取代规律的重要性。根据作者多年的经验，那些最终能康复的患者都是那些能有规律地坚持练习的人。只要你坚持不懈地练习暴露疗法，那就没有什么恐惧症不能克服。在这方面，"坚持就是胜利"。

6.**坚持后续暴露练习，改变暴露环境。**根据米歇尔·克拉斯克等人（Michelle Craske et al., 2008）的结论，暴露疗法的疗效可通过以下两种途径强化：1）首次治疗结束后，定期进行后续练习（强化首次暴露的成果）；2）在不同的环境中进行暴露练习（指改变暴露环境本身的特点）。举个例子，若你恐惧在高速路上驾驶，就应该到不同的高速路上练习，而不只是延长同一条高速路的驾驶距离。又比如，你害怕蛇，就应该尝试面对不同的蛇，而不是靠近一条蛇；你恐高，就可以从高空窗口俯视或者乘电梯去高层，而不只是沿着同一建筑内部或外部的楼梯不停地上下。

哪些因素会阻碍成功

上述提及的各个因素的对立面就是阻碍你成功的绊脚石：和你的搭档缺乏合作，你自己不能忍受不适感，缺乏应对惊恐的技巧，该退出时不退出，不能处理挫折，或者/并且不能坚持练习。此外，临床研究还显示下面的两个因素也可能阻碍暴露疗法的成功。

1.**压抑。**有广场恐惧症和社交恐惧症的人通常都会有一些临床压抑的表现，他们一般也比较缺乏进行暴露疗法的动机，而且也容易低估自己在练习中取得的成功和进步。临床压抑的一般症状包括：

◎疲劳和缺乏活力。

◎自我责备并觉得自己一钱不值。

◎在活动中缺乏兴趣，找不到乐趣。

◎过分强调困难。

◎食欲减退。

◎难以入睡。

◎自杀念头。

如果你有上述三种或三种以上的症状，那在开始暴露疗法之前，你最好还是先做一个临床咨询。认知行为疗法治疗抑郁极其有效，另外，在一些病情比较严重的情况下，在医生的指导下服用抗抑郁药物，也能提高你的积极性和活力，使你能够开始进行暴露疗法的练习。

2.酒精和镇静剂。酒精或者大剂量的弱效镇静剂会妨碍暴露疗法的进行。如果你还想学到新的和更灵活的应对恐惧症的策略，那么面对恐惧场景并经历一些焦虑就是必要的，所以你不能总是借助酒精和镇静剂来掩盖你在恐惧场景中的焦虑。那些在暴露治疗中依赖大剂量弱效镇静剂的患者，通常在停药后就会旧病复发。不在暴露疗法中使用药物是最好的。当然，如果你和你的医生决定用镇静剂来唤起你对暴露疗法的意愿，可以小剂量用药（比如，每天0.25毫克及以下的劳拉西泮或氯硝西泮）。小剂量的镇静剂在暴露疗法初期是暂时的"拐杖"，可以帮助你坚持下去，但最终要摆脱镇静剂。

药物的使用

这里要作一点特别说明，本章所强调的是提供一些实用的策略，而非药物治疗，来帮助你面对和克服你在现实生活中的一些恐惧症。如果能坚持有规律地练习，这些策略将是非常有效的。暴露疗法已被反复证实是克服恐惧症最有效的方法。

但有些人在暴露疗法治疗中很难迈出第一步。当你的焦虑水平很高，或者你面对过去的恐惧会引起惊恐发作，或者你对某个特定情景回避已久，那你肯定会对进行这样的练习十分抵触。在这种情况下，药物治疗有时就比较有效了。药物治疗并不是一种长期的解决手段，它只是为你迈出第一步扫除障碍。一旦你已经从那些初级步骤的练习中获得更多的信心，你就要逐渐丢掉对药物的依赖。

两种药物治疗会有助你开始暴露疗法练习，这两种药物治疗都能减轻你惊恐发作的频率和强度，帮助你克服最初的阻碍。有了药物的帮助，或许在心理上你就不会觉得那么焦虑了。

1.SSRI类抗抑郁药物，如依地普仑、西酞普兰、舍曲林（见第18章），能帮助减轻焦虑和抑郁。这可以增强患者进行暴露疗法的动机。必须服3~4周的药才会有效果。在开始时服用小剂量，然后逐渐增加剂量。

2.可以在每个练习回合开始前半小时服用低剂量的苯二氮䓬类药物，比如，0.25~0.5毫克氯硝西泮或者0.25毫克阿普唑仑。服用药物需要满足两个前提条件。第一，剂量一定要小。因为高剂量的药物会掩盖你的焦虑，所以脱敏化也不能发生。第二，如果可能的话，只在练习前用一次药。即使是处方上经常使用的苯二氮䓬类药物，每天用药数次，几周后就很可能增加对药物的依赖，甚至上瘾。

关于抗抑郁药物或者镇静剂的使用原则，请参见第18章。

想象暴露法

20世纪50年代，南非的精神治疗师约瑟夫·沃尔普提出了一种通过不断想象来实现视觉上暴露的理论，这种治疗恐惧症的方法被称为"想象脱敏"。而在20世纪70年代，这种从想象至"现实生活"的脱敏过程（直面现实生活中的恐惧场景）称为"暴露"。现实生活中，某些场景出现频率低，患者很难直接暴露其中，比如，暴风雨、长途飞行等。这时候，治疗师不再使用传统的想象脱敏法，而采用通过场景再现（从视频上观看暴风雨和闪电的场景）或高科技情景再现的"虚拟暴露"疗法（详见第1章特定性恐惧症的治疗手段）来治疗恐惧症。

一些情况下，在开始现实生活脱敏前，先在想象中熟悉这些场景很有帮助，因为它能让你逐渐进入恐惧场景。

想象暴露法的指导原则

选一个你想克服的特定的恐怖场景,如飞行场景,然后设计一份等级量表。告诉自己用这种想象的方法来处理恐怖场景几乎不会对你造成什么困扰。如果你不得不在一个月后作一次飞行,那你可以现在就想象你在机场边,或者在要起飞前时的感受,你还可以想象有一个支持者在你旁边,这样也会减少你的焦虑。试着用这些方法先设计一个程度非常轻微的恐惧场景,将之作为你等级序列的第一步,尽可能详细地写下第一步的情景细节。

想象那些最强烈的最有挑战性的场景,将之作为等级的最后一步。对于飞行来说,这种情景可能是跨洲飞行,或者是飞机因遇到强烈气流而剧烈颠簸。把你认为最可怕的场景的细节都写下来。

和前面介绍的一样,你再花些时间想象八个或者更多的场景,根据它们引发焦虑的严重程度按等级排序。下面列出一些以飞行恐惧症为例的场景,其中越往后排的场景等级越高:

◎到达机场。

◎检查行李。

◎通过安检。

◎在候机室等待。

◎登机。

◎在飞机上找到座位。

◎在座位上扣上安全带。

◎听到乘务员关上机舱门(这对许多人来说或许是最有挑战性的)。

◎飞机在跑道上滑行。

◎飞机在跑道上加速,准备起飞。

◎感受飞机离开地面。

◎感受飞机上升至巡航高度。

(当你认为飞机降落比起飞更恐怖时,还包括以下步骤)

◎听到乘务员宣布飞机即将着陆。

◎听到起落架打开的声音。

◎感受飞机着陆瞬间的冲击感。

如果你最终打算面对现实中的恐惧，尽力将这些场景与现实生活一一对应，越详细越好。将这些场景按恐惧程度从低到高排列，再将每个场景的细节写下来。

将这些场景写下来，本身就是一种温和的暴露方式。在进行想象暴露前，可让自己先放松10分钟。你可以使用渐进式肌肉放松或引导可视化（详见第4章）。按照量表顺序，开始想象自己身处于每一个步骤中，细节越真实越好，每个场景停留1分钟。若此刻出现焦虑的感觉也没关系，继续待在场景中，使其自行消退。在极少数情况下，你会觉得即将出现惊恐发作，这时，可暂时停止想象，稍作休息，等状态好一些再回到情境中。按照等级量表，逐级想象每一步骤，可重复体验同一场景，直到你感到坦然或仅出现轻微焦虑症状。每天花15~20分钟进行想象暴露练习，直到完成所有步骤。

小　结

1.明确你准备用暴露疗法克服哪种恐惧症。

2.为该恐惧症设置一份至少包括八个步骤的等级量表。若你还未设置量表，可参照本章范例。若你将按照应对暴露和完全暴露的流程来练习，那么可为每一阶段分别制作量表。

3.回顾"暴露疗法的基本程序"一节，将暴露疗法的正确步骤熟记于心。

4.每周进行3~5次暴露练习。记录等级量表上每个步骤的完成时间，以此来掌握自己的进度。有规律的练习是促使你成功的最佳途径。

5.考虑自己是否能够自信满满地完全暴露于恐惧场景中（在高速路上驾车、独自待在家或看到蛇等）。在完全暴露阶段，你仍要逐级或随机体验恐惧场景，而且应尽力抛开应对技巧，如无需支持者陪伴、不使用应对陈述和不服用镇静剂等。

6.如果你决定在完全暴露阶段采用应对技巧，那么就要考虑是否需要支持者陪伴（这个人可以是你的配偶、搭档、亲朋好友、已康复的恐惧症患者或治疗师）。除非你特别想独立完成练习，否则，最好在暴露练习初期依靠支持者，这会让事情变得更容易。但到了完全暴露阶段，应尽力不依赖支持者，独立完成练习。

7.回顾"充分利用暴露疗法"一节，全面了解有助于治疗的各个环节。克服初期的抵触情绪、忍受不适症状、把握进退的时机、有规律地练习、处理挫折，这些都是练习中的要点。

8.在面对现实生活中的恐惧场景之前，你可能想先通过想象感受那个场景。那么，可参考本章"想象暴露法"中的方法。

9.如果你在运用了本章及前几章的所有技巧后，仍然难以开始暴露疗法，请向医生或精通焦虑症治疗的精神科医生咨询是否需要使用小剂量的药物。

8

自我对话：
让积极战胜消极

假想一下这样的场景：两个人各自开着车去上班，正好遇到交通高峰期，一路上走走停停，很是令人恼火。其中一人觉得陷入了困境，在心里自我对话："我受不了了！""我得从这儿出去才行！""我干吗要让自己每天都来受这个罪？"这时他感受到的是焦虑、愤怒和挫折感。而另外一个人却认为这正是一个放松的好机会：换盘磁带，在座椅上躺一躺。他告诉自己："我倒不如趁机放松一下，反正都堵着呢，慢慢走吧！""深呼吸几次，我就没那么烦躁了。"他感受到的是平静和对现状的接纳。这两个人所处的场景是完全相同的，但是因为他们进行了不同的内心独白，或者称为自我对话，最后体验到的情绪感受就完全不同。

事实上，不管在何种场景中，我们对自己说的话在很大程度上都决定了我们的心情和感受。通常这些对话总是自动快速地就发生了，我们甚至都注意不到它们。于是我们会认为是外部的情景让我们产生了这些感受，但实际上我们对外部事件的解释和看法才是形成这些感受的基础。这个顺序可以表示如下：

外部事件——→对外部事件的解释，产生自我对话——→情绪感受和反应

简而言之，你要对自己的情绪感受负很大一部分责任（疾病等生理因素除外）。有的人要花很长时间才能完全认识到这一点的重要性，因为把责任推给周围的环境总是比自己承担来得容易。但是，掌控自己生活的

第一步就是要有承担责任的意愿。一旦完全接受了这种观点，你就能更深刻地认识到应该对自己的情绪负责。这是通往一种更快乐、更高效和远离焦虑的生活方式的一个关键。

焦虑和自我对话

受恐惧症、惊恐发作和广泛性焦虑折磨的人群尤其容易产生消极的自我对话。反复对自己说"如果……那该怎么办？"这类的话就是焦虑产生的开始，在预计会面对困难时产生的焦虑都是这一类"如果式陈述"的产物。如果你不停地问自己"如果我恐慌了怎么办？""如果我应付不了怎么办？""如果别人看出了我的焦虑怎么办？"最后你很可能会选择彻底地逃避。当你陷入这种"如果"式思维时，一定要注意提醒自己——这是克服消极自我对话的第一步。接下来用积极的、自我支持性的陈述来反驳和替代消极的"如果式陈述"，之后也许就能发生实质上的改变，你应对困难的能力也会增强。例如，你可以说"那又怎样""这只是一些想法而已""这些话都是自己吓自己""我能应付得了"，或者"我可以深呼吸让自己放松"，等等。

下面是关于自我对话的几个要点，希望你能认真思考一下。再接下来我们会介绍几种不同类型的内心独白。

理解自我对话的几个要点

1.自我对话通常自动地发生并且很难被觉察到，哪怕它已经对你的心情和情绪感受产生了一定的影响，你可能都留意不到。也就是说，在你根本还不曾注意到对自己说过什么的时候，你的身体已经开始有反应了。通常，只有等你放松下来，退一步想想，然后认真检查对自己说过的话，你才能发现自我对话和情绪感受之间的联系。重要的一点是：你要学会让自己慢下来，去留意那些消极的内心独白。

2.自我对话通常是一种电报式语言。一个简短的词语或者画面就包括了一系列的想法、记忆和联想。例如，你感觉到心脏开始加速跳动，接着对自己说"天哪，不要这样啊！"这一瞬间的念头中包含了对惊恐发作的恐惧、有关以前惊恐发作经历的记忆和怎么逃离目前处境的想法等一系列的联系。鉴别自我对话需要把那些包含在单一的词语或画面中的不同想法逐一分解出来。

3.焦虑性自我对话是一种典型的不理智思维，但却总让人误以为是事实。在某一特定情景下，"如果"式思维会引导你期待最坏的结果，但实际上这种结果是极不可能发生的。由于这种联系过程发生得太快，所以通常不会受到挑战和质疑。对于这种几乎意识不到的信念，很难去评估它的有效性，因此你就自然而然地接受了它。

4.消极的自我对话会强化逃避行为。你告诉自己高速公路是危险的，因此你会尽量避开这一情景，持续的逃避行为又会进一步强化"它是危险的"这个想法。你甚至可能会想象出许多在高速公路上发生车祸的画面。简而言之，焦虑性自我对话会导致逃避行为，逃避行为又反过来引发更深程度的焦虑性自我对话，如此循环往复。

逃避行为 ⇌ 焦虑性自我对话

5.自我对话能够引发或者加剧惊恐发作。惊恐发作的初始症状包括各种生理唤醒，如心跳加速、胸口发紧、手心出汗等。从生物学上来说，这是身体面对压力时的自然反应——"搏斗—逃跑"反应。包括人类在内的所有哺乳动物在感知到危险的时候通常都会产生这种反应。这些生理症状本身并非异常，也没有危险性，但是它们会使你联想到以前曾经有过的惊恐发作经历。这时候最好是任由这些生理反应逐渐增强达到顶峰，再自然衰减，否则各种恐慌的自我对话（例如："天哪，又来了！""如果我失控了会怎样？""我现在就必须离开这里"，或者"我要对抗这种反应让它消失"）会让你陷入更强烈的恐慌之中。这类自我对话会加剧最初的生理症状，反过来又会引起更强烈的恐慌对话。如果在症状出现的时候对自己说："即使现在发生的事让我感觉不舒服，我也能接受""就让我的身体反应自然发展吧""会过去的""我以前都挺过去了，这次也

216

会的""这只是肾上腺素在分泌,过上几分钟就会被代谢掉,然后就没事了",这样也许能让你安下心来并避免一场严重的惊恐发作。

6.消极的自我对话是由一系列的坏习惯形成的。你不是生来就倾向于进行恐慌的自我对话:你只是习得了这种思维方式。如果你可以用积极健康的行为来取代吸烟、过分饮用咖啡这些不健康的行为习惯,你也就能用积极的、自我支持性的观念来取代不健康的思维习惯。记住,与养成新的行为习惯一样,要养成积极的思维习惯同样需要坚持不懈的努力和练习。

消极自我对话的类型

各种消极自我对话之间并不完全相同。人类具有多方面的人格特质,因此复杂多变。有时候这些不同的方面被称为"亚人格",每一种类型的亚人格都在我们的意识、记忆和睡梦这些复杂的工作系统中起着其独特的作用。下面列出了易于焦虑的人群中具有的四种常见的亚人格类型:杞人忧天型、妄加批判型、自居受害型和完美主义型[1]。由于这几种亚人格的作用强弱因人而异,最好根据自身的情况由高到低地进行排序。

杞人忧天型(导致焦虑)

特征:在容易产生焦虑的人群当中,这通常是作用最强的一种亚人格,它会通过想象最坏的情况来制造焦虑。当你在想象中面对一个你害怕的场景时,那些灾难性的画面会让你惊慌失措。惊恐发作最初的生理症状一开始出现,它就会发生反应并加剧你的恐慌。杞人忧天型亚人格会引发你的恐惧,认为当前发生的事是危险或者令人窘迫的。("如果我心脏病发作怎么办?!""如果被别人看见了会怎么想?!")

简而言之,杞人忧天型亚人格的主导倾向包括:1)期待最坏的结果

1　亚人格的这种分类方式是基于里德·威尔逊在《远离焦虑》一书中对杞人忧天型、妄加批判型和无助型观察者的描述。

发生；2）高估坏的结果发生的概率；3）想象出一些夸张的画面来描绘可能的失败或灾难。杞人忧天型亚人格总是保持着警惕，心怀忧虑地时刻关注着任何一个微小的症状或是麻烦的征兆。

最常见的表述：杞人忧天型亚人格最常见的表述方式是"如果……那该怎么办？"

样例：杞人忧天型亚人格典型的自我对话包括："天哪，我的心跳越来越快了！如果我惊恐发作并完全失控了怎么办？""如果我在演讲过程中口吃了怎么办？""如果他们看见我颤抖怎么办？""如果只剩我独自一人，又不知道打电话给谁怎么办？""如果我就是摆脱不了这种恐惧怎么办？""如果我今后再也不能工作了怎么办？"

妄加批判型（导致低自尊）

特征：妄加批判型亚人格总是扮演着评价和判定你行为的角色（从这个角度来说，它比其他各类的亚人格更多地独立于你本身而存在）。只要一有机会，它就会指出你的缺点和不足；你一犯错误，它就会跳出来提醒你是个失败者。妄加批判型亚人格通过贬低你自己来制造焦虑，它让你认为自己不能控制惊恐症状、不能去常去的地方、不能做到最好，让你以为自己必须依赖于他人。它喜欢把你和他人进行比较，并总是认为他人更优秀。它往往会忽略你的优点，而强调你的弱点和缺陷。如果你的父母、某位严厉的老师或者其他任何人曾经以批评的方式伤害过你，妄加批判型亚人格可能会在你的对话中化身为他们的声音出现。

最常见的表述："你太让人失望了！""那样太蠢了！"

样例：妄加批判型亚人格典型的自我对话包括："你太蠢了……"（妄加批判型就意味着给自己贴上消极的标签），"你就不能做对一次吗？""你怎么总是这样呢？""看看人家×××多行！""你应该做得更好的"。妄加批判型亚人格持有的一些消极自我信念包括："我不如其他人""我没有什么价值""我这个人一定是什么地方有问题""我太软弱了——我应该变得更强"。

自居受害型（导致抑郁）

特征：自居受害型亚人格让你感到无助和无望，它制造焦虑的方式是让你觉得自己已经无可救药，经过努力也毫无进展，要实现完全康复这个目标实在是太遥不可及。自居受害型亚人格是导致抑郁的一个重要来源，它让你相信你这个人一定是什么地方有问题：你在某些方面就是有不足、有缺陷的或者无价值的。它认为在你当前的处境和你的目标之间总是存在着无法逾越的障碍。它最大的特点在于总是感叹、抱怨和懊悔当下的处境，并认为这种处境永远不会发生改变。

最常见的表述："我不行""我永远也不可能做到"。

样例：自居受害型亚人格的人会说："我永远也不可能做得到，去尝试又有什么意义呢？""我今天已经筋疲力尽了，就什么都不做了吧""如果十年前我更有进取心一点的话，今天也许就做到了，不过现在已经太迟了"。自居受害型亚人格持有的一些消极自我信念包括："我没有希望了""这个问题困扰我太久了，永远也不会有好转了""我什么都试过了，都没用"。

完美主义型（导致长期压力和精疲力竭）

特征：完美主义型亚人格和妄加批判型亚人格很接近，但是前者更多的是迫使和鞭策你追求进一步的完美，而不是进行贬低。它制造焦虑的方式是不断地告诉你：你的努力还不够，你应该更加勤奋地工作，你应该总是能处理好每一件事的，总是能胜任每一项工作的，总是能取悦别人的，总是能＿＿＿＿＿＿＿（填上你认为自己"应该"做到的事）。完美主义型亚人格总是驱使你去做到最好，它无法忍受错误和挫折，它致力于说服你相信你的自我价值是靠某些外部标准来体现的，例如事业成就、金钱和社会地位、被他人接纳、被爱或者在任何场景下都能取悦他人的能力。完美主义型亚人格对你任何内在的自我价值都无动于衷，只是迫使你陷入追求完美目标的压力和筋疲力尽的衰竭感之中。它往往会忽略来自你身体的各种警告信号。

最常见的表述："我应该""我不得不""我必须"。

样例：完美主义型亚人格典型的自我对话包括："我应该在任何事上都取得成功""我应该总是表现得善解人意、慷慨无私""我应该总是微笑宜人、彬彬有礼""我必须得到这份工作、赚到这么多的钱、得到×××的赞赏，等等，否则我就没什么价值"（参见下一小节末尾处针对"应该式陈述"的讨论）。

练习：你的亚人格告诉了你什么？

花点时间，想一想上面的各种亚人格在你平时的思维、感受和行为中扮演了什么样的角色。首先，使用从"一点也没有影响"到"非常大的影响"的6点量表来评估每一种亚人格对你的影响（详见后文中的测评表）。哪一种亚人格对你的影响最强？哪一种影响最弱？然后想想在下面列出的四种场景中，每一种亚人格都告诉了你什么制造和加剧你的焦虑？

1.工作（包括上班、上学，或是其他涉及你表现能力的场景）；

2.私人关系（与配偶或伴侣、与父母、与子女、与朋友之间的关系）；

3.焦虑症状（让你出现恐慌、焦虑或强迫性症状的场合）；

4.恐惧场景（包括即将面临和正在面临的恐惧场景）。

下面是关于杞人忧天型亚人格的一些例子：

杞人忧天型

工作："如果我的老板发现我有广场恐惧症怎么办？我会被解雇吗？"

亲密关系："我的丈夫已经厌倦了我这样，如果他下次拒绝我怎么办？如果他要离开我怎么办？"

焦虑症状："如果别人看见我惊恐发作怎么办？如果别人认为我很怪异怎么办？"

恐惧场景："如果我第一次尝试在高速路上开车就出了车祸怎么办？"

你可能已经注意到，在后两类情景中杞人忧天型的自我对话是最常见的焦虑产生来源。如果你有过惊恐发作，杞人忧天型亚人格会让你不停地担忧下一次会在何时何地发生。一旦出现身体上的症状，它就把这些症状夸张成某种危险的征兆，这样只会制造更多的恐慌。第6章中提到的许多应对策略（尤其是使用积极的应对陈述）就是用来在惊恐发作当中应对杞人忧天型亚人格的。

如果你有恐惧症，杞人忧天型亚人格会一直不断地提醒你各种可能发生的让你害怕的事情，结果你总是处于一种"预期性焦虑"（在真正面对恐惧场景之前的焦虑）当中，并且试图避免任何可能让你感到害怕的事物。针对你每一种特定的恐惧症作一个单独的分析，看看你的杞人忧天型亚人格都告诉了你什么（也就是说，你的"如果式"想法是什么）。问问自己，在面对每一种恐惧场景的时候，你害怕的事情是不是真的会发生。

下面是其他几种亚人格的例子：

妄加批判型

工作："就我目前这个状况，我完全没有能力胜任。"

亲密关系："对我丈夫来说我就是个负担。"

焦虑症状："我太虚弱了。一旦恐慌起来我整个人都垮掉了。"

恐惧场景："其他人都能开车。我觉得自己就是个失败者。"

自居受害型

工作："我在工作上已经没有希望了。我迟早会被解雇的。"

亲密关系："我的父母完全毁了我。"或者"没有男朋友我会过不下去的。"

焦虑症状："我永远也摆脱不了惊恐发作。我这个人一定是什么地方有很大的问题。"

恐惧场景："去参加再多的面试也没用。别人看见我这么焦虑，肯定不会雇用我的。"

完美主义型

工作:"不管我有多焦虑,我也应该保证销量和以前一样好。"

亲密关系:"我不应该总依赖于我的丈夫或是其他人带我出门。"

焦虑症状:"我必须要打消这些念头,不能让它们在我脑子里这样窜来窜去。"

恐惧场景:"我必须和其他人一样学会开车。"

根据后面的测评表,写下各种亚人格在每一种场景中使用的焦虑激发式陈述。你不用填满所有的空格,只需要留意对你会造成最大困扰的场景和亚人格类型。

用至少一个星期的时间来观察各种亚人格都告诉了你什么,特别留意那些让你感到焦虑(恐慌)、抑郁、自我批判、羞愧或者其他烦乱类型的场合。在头脑里面寻找那些让你产生目前感受的想法。"我感到恐惧"不是一个合格的自我对话样例,因为它没有指出究竟是什么想法让你感到恐惧。而"如果我今天上班的时候惊恐发作了怎么办"这样的陈述就很好地表明了是什么想法导致了你的恐惧。本章后面有一节叫作"鉴别和反驳自我对话指南",参见其中的第4步,可以更多地了解如何把导致恐惧的想法和恐惧的情绪体验分离开来。

亚人格:杞人忧天型

对我的影响程度:一点也没有 _____ 非常大

　　　　　　　　1　2　3　4　5　6

消极的自我对话　　　　　　　　积极的反驳陈述

场景:	
工作/学校	
关系	
焦虑症状	
恐惧症 (针对每一种恐惧症,分别写出相应的杞人忧天型自我对话,可自行添加纸张)	

亚人格：妄加批判型

对我的影响程度：一点也没有 _____ 非常大

                      1   2   3   4   5   6

消极的自我对话	积极的反驳陈述
场景：	
工作/学校	
关系	
焦虑症状	
恐惧症 （针对每一种恐惧症，分别写出相应的妄加批判型自我对话，可自行添加纸张）	

亚人格：自居受害型

对我的影响程度：一点也没有 _____ 非常大

                      1   2   3   4   5   6

消极的自我对话	积极的反驳陈述
场景：	
工作/学校	
关系	
焦虑症状	
恐惧症 （针对每一种恐惧症，分别写出相应的自居受害型自我对话，可自行添加纸张）	

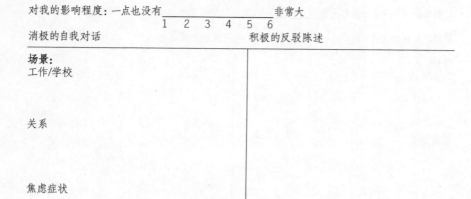

亚人格: 完美主义型

对我的影响程度: 一点也没有 _____ 非常大

　　　　　　　　　　1　2　3　4　5　6

消极的自我对话　　　　　　　　　　积极的反驳陈述

场景:
工作/学校

关系

焦虑症状

恐惧症
(针对每一种恐惧症, 分别写出相应的完美主
义型自我对话, 可自行添加纸张)

反驳消极的自我对话

　　要对付各种亚人格的消极自我对话, 最有效的办法就是用积极的、自我支持性的陈述来反驳它。积极陈述必须能够直接驳倒消极的自我对话, 反驳的过程包括写下这些积极陈述并反复背诵。如果你的焦虑和其他不良情绪的来源是消极的心理规划, 那么你可以通过设计积极的规划来改变你的情绪体验, 这一过程需要一定的练习。你的消极自我对话是通过多年的练习才形成的, 自然也变成了一些根深蒂固的习惯, 不管是杞人忧天型还是其他各种类型的亚人格可能都非常难以改变。你需要随时留意自己是否陷入了消极的对话当中, 并及时用自我支持性的积极陈述进行反驳, 慢慢地你的想法就会发生转变。只要坚持不懈地进行练习, 你最终不但能改变你的想法, 还能改变你的情绪体验。

　　有时候你能自然轻松地就完成反驳。因为那些消极的陈述带来了焦虑和痛苦, 你本身就很希望用一些积极合理的陈述来取代它们, 这说明你早就准备好了放弃那些对你无益的消极心理习惯。但另一方面, 你也可能不愿意进行反驳，你会想："万一我的担忧（妄加批判型、自居受害型、完美主义型亚人格）是对的怎么办呢？那我就不能相信这种观点了"，或者"如果我自己都不相信这些积极的陈述，怎么可能用它们来取代消极的陈述呢？"

也有可能你非常相信那些消极的自我对话。许多年来你一直对自己重复着这些话，要一下放弃这种习惯和信念是很困难的，你也不可能轻易被说服。在这种情况下，如果你还想改变你的消极自我对话，就需要进行理性上的审查。用下面的苏格拉底式诘问和理性审查对你的各种消极自我陈述进行逐项检查，这也许能削弱你的消极信念。

1. 有什么证据支持这种说法？

2. 它总是正确的吗？

3. 以前证明过这是正确的吗？

4. 这件事真正会发生的概率有多大？

5. 最坏的结果会是什么？就算最坏的结果发生了，那会有多糟糕？那时候你会怎么做？

6. 你有没有全面地看待问题？

7. 你有没有完全客观地看待问题？

并不能说因为你相信那些消极自我陈述，它们就是正确的；也不能说因为这些消极陈述在你的思维里存在已久，它们就正确了。自我陈述是否站得住脚是要看它是否经得起仔细、客观的审查。看看下面的例子。

杞人忧天型："如果下次我恐慌的时候心脏病发作怎么办？"

质疑："有什么证据表明恐慌会引起心脏病发作？"

（回答：没有——见第6章）

反驳陈述："不管惊恐发作有多么让人难受，也不会对我的心脏造成威胁。就让恐慌顺其自然地来临和消失，我的心脏不会有事的。"

妄加批判型："你居然会得那么愚蠢的恐惧症，你太没用、太神经质了。"

质疑："有什么证据支持这种说法？"（回答：恐惧症是在高焦虑状态下发生的一种条件作用过程——见第2章。"没用"和"神经质"只是一种贬损性的标签，除此之外什么也不能解释。）

反驳陈述："我的恐惧症只是一种条件作用的结果，使我对某些场景变得特别敏感。我能通过逐步暴露的过程来克服我的恐惧症。"

自居受害型："我永远都摆脱不了这个问题。我今后一辈子都会受到限制。"

质疑："有什么证据表明广场恐惧症一辈子都不能被治愈？还有什么其他可能？"（回答：绝大多数的广场恐惧症患者都通过有效的治疗而康复了。）

反驳陈述："我的处境并不是毫无希望的。只要建立一个恢复计划并坚持下去，我就能战胜我的恐惧症。"

完美主义型："我必须得到我父母的接纳和赞同，否则我就彻底完了。"

质疑："我是完全客观的吗？父母的赞同对维持我的幸福感是绝对必要的吗？最坏的结果会是什么？"（回答：即使没有父母的赞同，我也能活下去，也会得到其他人的关心和支持。）

反驳陈述："不管我的父母怎么想，我也要往前走而且会尽量过得更好。"

如果你觉得自己太过执着于那些消极的自我对话，就采用上面的苏格拉底式诘问来检验它们的正确性。在大多数情况下，你会发现这几种亚人格的消极陈述都没有什么现实依据。即使做最坏的打算，它们也只是部分地或者在偶然的情况下才成立。只要你开始怀疑某一种亚人格的观点，你就已经做好用积极陈述去反驳它的准备了。

撰写反驳陈述的几个规则

1.避免否定的表述方式。例如,不要说"我登机以后不会恐慌的",试一试"我能沉着冷静地登机"。比起直接的肯定陈述,告诉自己某件事不会发生更容易引发焦虑。

2.使用现在时态("我能保持呼吸,让这些感觉慢慢消失"就要好过"我过几分钟就会感觉好些"的表达)。由于大部分消极对话都是直接针对此时此地的情景,因此使用同样时态的反驳会更为有效。不过,如果你还没有准备好使用直接的肯定语气,也可以先试试这种表达方式:"我希望……""我在尝试……"或者"我能……"。

3.任何时候都要使用第一人称,要么让"我"出现在句子开头,要么出现在其他地方。可以先用一两个句子来阐述该反驳陈述的理由(参见前文中反驳杞人忧天型和妄加批判型亚人格的例子),但是在结尾的时候一定要尽量使用第一人称来陈述。

4.首先你自己要相信这些积极的自我对话,这一点很重要。如果你不是真的相信某一条肯定陈述,就不要写下来。可能的话,首先用苏格拉底式诘问挑战你的消极自我对话,然后根据你的回答来建立起能让你信服的反驳陈述。

下面是一些积极的反驳陈述的例子供你参考:

杞人忧天型

不要总说"如果……那该怎么办?",你可以说:"那又怎样""我能处理""就算很焦虑我也能做到""这也许很让人害怕,但是我能够忍受一定程度的焦虑,我也知道它会过去的""通过经常的练习我会慢慢习惯的"。

妄加批判型

不要总贬低自己,你可以说:"我现在这样挺好的""我有能力,也有吸引力""我是个很特别的、富有创造性的人""我跟其他人一样应该拥有美好的生活""我接纳自己,也相信自己""我值得其他人的尊重"。

自居受害型

不要总觉得没有希望,你可以说:"我不需要一天之内就痊愈""我能继续一步一步地前进""我清楚自己已经取得的进步,也会继续努力""要改变永远不迟""我更愿意说杯子是半满的而不是半空的"。

完美主义型

不要总是苛求完美,你可以说:"犯错误也是可以的""生命太短暂了,没必要太过较真""挫折和退步是难免的,这也是一种重要的经验""我不需要总是……""我的需要和感受与其他人的同样重要"。

练习反驳陈述

现在你已经准备好去反驳在前面的测评表中列出的所有消极陈述了。在右边的空白栏中针对每一条消极陈述写出一条对应的反驳陈述,可自行添加纸张。

针对每一种情景下的每一种亚人格都写出相应的积极自我对话之后,可以采用以下几种方法进行练习。

1.每天都花几分钟时间,慢慢地、仔细地通读一遍所有的反驳陈述,至少连续坚持两个星期。看看在读的过程中你能否感觉到它们有点道理?这种方法能帮助你把它们更深入地整合到你的意识当中。

2.复印几份填好的工作表,把它们贴在显眼的地方。每天都花点时间仔细地阅读它们。

3.用手机录音录下所有的反驳陈述，每两条之间留出大约5秒的间隔，这样你就有时间去理解听到的东西。如果在听之前先花上5~10分钟来彻底放松自己，将会获得更好的效果，因为处于放松状态时你更容易接受它们。你可能需要在手机录音的开始10~15分钟录下渐进式肌肉放松法的指导语（见第4章）。

4.如果你有某种特定的恐惧症，可以有针对性地进行练习。例如，如果你害怕当众发言，就列一张单子，把所有你担心在这种情况下可能发生的事情都写在上面，然后一一写出相应的反驳陈述。再按照前面建议的方法进行练习，连续两周每天花几分钟仔细读这些反驳陈述，或者是把它们录在手机上每天听。

改变那些导致恐惧症顽存的自我对话

有三种因素会导致恐惧症一直顽固地存在：敏感化、逃避和消极歪曲的自我对话。第7章中讨论了前两种因素。当你对某种特定的情景、物体或事件变得敏感的时候，就容易产生恐惧——换句话说，焦虑和这种情景、物体或事件关联在一起，形成了条件反应。如果某次你在高速路上开车或独自在家的时候突然惊恐发作，那么可能以后每次遇到类似情景的时候你就会开始焦虑。敏感化意味着仅仅是某种情景的出现，甚至只是想到这种情景，都会自动引发焦虑。

敏感化产生以后，你可能会开始逃避这种情景。反复的逃避是一种有效的强化，因为它总能帮助你从焦虑当中逃离出来。如果永远都不想摆脱恐惧症，那么逃避是最有效的方式，因为这样你永远都学不会去控制这种情景。

第三个因素就是歪曲的自我对话。越是去担忧那些害怕的事情可能发生，你就越可能产生一些与这种害怕相关联的、破坏性的自我对话。你脑海中可能会出现这样一些画面：如果不得不面对这些事情会怎么样？如果最害怕的事情恰恰发生了怎么办？不管是消极的自我对话还是消极的画面都会让你的恐惧变得更加顽固，难以消除。它们也会摧毁你的信心，让你不相信自己还可以克服这种恐惧。一旦摆脱消极的自我对话和消极画面，你就更有希望能克服逃避的心理，直面自己的恐惧。

恐惧以多种形式出现，但是其内在的产生恐惧的自我对话都是一样的。不管你是害怕穿越大桥、在社交场合中发言、心跳加快、身染重病，还是害怕孩子会遇到麻烦，导致这些恐惧产生的歪曲想法不外乎以下三种：

注意，虽然这个讨论主要涉及使恐惧症长期存在的自我对话，但它也适用于保持过度焦虑的自我对话。请参阅第10章"克服焦虑"，了解更多使焦虑永久化的非建设性自我对话的指导方针。

1.高估消极后果发生的概率。歪曲的一种形式就是过高地估计坏事发生的概率。大多数时候你的担忧都是些"如果"式的陈述，这种想法往往高估了消极后果发生的可能性。例如："如果我惊恐发作并且完全失去了自控怎么办？""如果别人看见我惊恐发作，会不会认为我是个怪胎？""如果我考试不及格而被迫退学怎么办？"

2.灾难化。第二种歪曲形式是认为消极的后果一旦发生，就会引发势不可挡、无法控制的巨大灾难。灾难性的想法包括这样的一些陈述："我应付不了""我完全被击垮了""我永远都放不开这件事""他们永远不会原谅我的"。

3.低估自身的应对能力。第三种歪曲形式就是你没有认识到就算消极后果真的发生了，你也有应对的能力。对自己应对能力的低估通常也体现在你的灾难化想法当中。

以任何一种恐惧为例，检验一下造成这种恐惧的消极想法，你也许就能发现这三种歪曲想法。从这个方面来说，只要你用更现实的想法去克服这些歪曲想法，你的恐惧就会慢慢消失。恐惧本质上就是对某种威胁的过度高估，加上对自身应对能力的过度低估。

下面的例子说明了不同类型的歪曲想法是如何激发恐惧的。在每一个例子中都标明了三种不同类型的歪曲想法，然后再对这些歪曲想法一一加以发问，最后用更合理、更现实的反驳陈述进行修正。

例1：害怕在高速路上开车时惊恐发作

高估消极后果的想法

"如果我操控不了车了怎么办？如果我一不小心走神了，然后车子就失控了怎么办？如果我出了车祸还撞死了人怎么办？"

灾难化想法

"如果车子失控，我可应付不了。如果我出了车祸，场面就会变得完全无法控制，这简直就是世界末日。"（注：想象一场可怕的车祸的画面通常与灾难化想法相伴而生，而且会夸大这种想法的力度。）

低估自身应对能力的想法

"如果车子失控我可应付不了，尤其是还出了车祸的话。如果其他经过的司机看见我这么恐慌，我会尴尬死的。我要怎么对警察说呢，说我有恐惧症？如果被开了罚单的话，我以后就再也没法开车了。如果撞伤了别人，我将不能面对自己，同时我也无法面对坐在轮椅上的人生。"

反驳歪曲的想法

我们可以通过质疑和反驳陈述来逐个驳倒上述种种歪曲想法，见下面的例子。

高估消极后果的想法

对于高估化的想法，可以这样质疑，"客观地看待这个事情，消极后果真正发生的概率到底有多大？"

对于前面的例子，这个问题可以更具体地表述为，"就算我真的在开车过程中惊恐发作了，车子完全失控的概率有多大？"

你可以采用这样的反驳陈述："惊恐发作不大可能让我完全失去控制。一旦我开始感觉到焦虑，我就把车靠边停下。如果没找到允许停车的地带，我就沿着右边的车道慢慢行驶，以大约45千米/时的速度，闪着车灯，控制住自己直到最近的一个出口。只要下了高速路，恐惧就会慢慢消失了。"

灾难化想法

对于灾难化想法，可以这样质疑，"就算最坏的结果的确发生了，我真的就应付不了吗？"勇敢地想象最坏的结果发生的情况，然后问自己是不是真的没法应付。

对于前文中的例子，你可以这样问，"就算最坏的结果的确发生了——我出了车祸甚至撞伤了别人，我就完全无法应付这种情况吗？"

然后你就可以采用一些反驳陈述，例如"出了车祸确实很糟糕，但只要我自己没受伤的话，我就能应付下来的。人们都能先应对紧急状况，过后才去处理自己的焦虑。所以只要我自己没受伤，我也能应付一场车祸。"

"即使我受伤了没法处理现场，警察和救护人员也会很快赶到，到时候他们会接手的。因此场面不可能变得完全无法控制。"

低估自身应对能力的想法

如果你认为自己无法应对困境，可以通过更客观地评价你的灾难化想法来进行反驳。不过同时，你还必须确定并列出各种具体可用的应对方式。对于前文中的例子，可用的一些应对策略包括：

"就算我真的惊恐发作了，我也能应付。我会马上离开高速路，或者找一个最近的出口离开。"

"就算万一我真的出了车祸，我还是能应付的。我会和其他当事人交换姓名和地址。如果我的车不能开了，警察会把我带到一个可以打电话的地方，这样我就能叫人来拖走我的车。这当然是很糟糕的经历，但是事实上，我还是能应付下来的。过去也遇到过紧急状况，我都应付过来了，这次也能过去的，只要我没受伤。"

"再退一万步说，就算我真的受伤了，我也不会抓狂或者完全失控。我只要等着救护人员到来就可以了，他们会接管一切的。"

例2：害怕在当众发言的时候惊恐发作

高估消极后果的想法

"如果我在发言过程中突然惊恐发作怎么办？其他人会不会觉得我是个怪胎或是个疯子？"

质疑："事实上，我在发言过程中惊恐发作的概率有多大？就算我恐慌了，有多少人能察觉到我在想什么，又有多少人真的会对我评头论足呢？"

反驳陈述："在发言的时候发生惊恐发作是有可能的。如果真的发生了，我就缩短发言然后坐下来。人们多半沉浸于自己的想法和恐惧当中，他们不会注意到我的异常，也不会因为我缩短发言而说什么的。"

"即使别人发现了我的恐慌，看到我的脸变红，声音也开始颤抖，他们基本上也不可能就此认为我是个怪胎或是疯子。他们更有可能会对我表示关心。"

灾难化想法

"如果我在发言过程中惊恐发作，人们会认为我是个怪胎或是疯子，那真是太可怕了。我会永远都放不下这件事。"

质疑："假设这种事真的发生了，人们也真的因为我惊恐发作而认为我很怪异,那又能有多可怕呢?"

反驳陈述:"就算有人认为我很怪异或者觉得我这人有毛病,那也不是世界末日。他们根本不知道惊恐发作是什么滋味,所以也不可能真正理解我。不过就算别人不理解我,或者对我有什么误解,那丝毫也不会降低我作为一个人的价值。只要我相信自己,别人怎么想都没有关系。而且很显然,如果他们知道惊恐发作是什么感觉,他们很可能会表示出同情的。"

低估自身应对能力的想法

"如果别人觉得我很怪异,我会应付不了。"

质疑:"假定我应付不了,这现实吗?假定我永远都放不开,这现实吗?"

反驳陈述:"如果别人觉得我很怪异,我可以向他们解释,这是因为我有时候在社交场合中会惊恐发作。现在到处都在宣传焦虑症,他们很可能会理解的。以诚相待是应付这种情景的一种方式。不管结果如何,我都会很快忘掉这件事,因此说我永远都放不开是不现实的。"

例3:害怕身患重病

高估消极后果的想法

"我总是没精神,觉得很疲惫。可能我得了癌症,而自己都还不知道!"

质疑:"精力不佳和疲惫加起来等于癌症的概率有多大?"

反驳陈述:"很多种身心状态的变化都会表现出精力不佳和疲惫的症状,包括轻度病毒感染、贫血、肾上腺衰竭或甲状腺功能减退、抑郁或者食物过敏,等等。有这么多种可能的解释,而且我又并没有什么症状明确表明是癌症,因此仅仅是因为精力不佳和疲惫而最终被诊断为癌症的概率是非常低的。"

灾难化想法

"如果我被诊断出癌症就完了,我没法接受。那样的话最好尽快把事情都了结后就自杀。"

质疑:"就算这种不太可能发生的事情真的发生了,我被诊断出有癌症,那又能有多可怕?我就真的会完全崩溃掉,一心求死吗?"

反驳陈述:"尽管诊断出癌症的确很可怕,但那也不太可能让我完全崩溃。只要过了最初的那段适应期(当然那可能会花上好几周),我多半就能开始思考如何去面对这种新的处境了。那肯定是困难重重,但是就应对的能力而言,我不会比其他任何面临相同处境的人差。"

低估自身应对能力的想法

"如果被诊断出癌症,我简直就没法应对。"

质疑:"事实上,我真的一点都没有办法来应对这种处境吗?"

反驳陈述:"我当然可以应对。过了最初的适应期后,我会和医生一起制订最有效的治疗方案。我可以加入一个本地的癌症互助小组,我的家人和朋友也会支持我。还有其他一些方法可以选择,例如内观疗法和改变饮食习惯,这些都会有帮助的。简而言之,我会尽一切努力去治疗。"

小结:消极的自我对话

上面三个例子说明了如何用更加现实且不容易引发焦虑的想法来挑战并反驳各种歪曲想法。现在轮到你了:从现在开始的两周内,观察自己感到焦虑或恐慌的次数。每一次产生这种感觉时,遵循下面的5个步骤来对付你的消极自我对话。

第一步，如果你感觉到焦虑或是烦躁，尽量让自己放松下来，可以进行腹式呼吸、渐进式肌肉放松或是冥想。花点时间让自己放松下来以后，你会更容易注意到自己的内心对话。

第二步，稍微放松一些过后，问自己："我对自己说过什么，搞得自己那么焦虑？"或者"我在想些什么？"切记将想法和情绪体验分开来，例如"我感到很恐惧"是一种情绪体验，而"这种恐惧永远不会消失"则是一种高估化的歪曲想法，可能正是这种想法导致了你的恐惧。

第三步，在你的焦虑性自我对话中区分出三种基本的歪曲想法：高估消极后果的想法、灾难化想法和低估自身应对能力的想法。

第四步，用适当的问题来挑战你那些焦虑的、歪曲的想法。

（1）针对高估消极后果的想法："我所害怕的这种后果真正会发生的概率有多大？"

（2）针对灾难化想法："就算我所害怕的这种后果真的发生了，那又能有多可怕？我就真的会完全崩溃掉，完全没有应对的能力吗？"

（3）针对低估自身应对能力的想法："如果我所害怕的这种后果真的发生了，我应该怎么去应对？"

第五步，针对每一条焦虑的自我对话，写出对应的反驳陈述。这些反驳陈述不管从语言表述还是逻辑上都应该反映出一种更平衡、更现实的思维方式。

针对你想要治疗的恐惧症，在下面的"反驳焦虑性自我对话的工作表"中写下你的焦虑想法和相应的反驳陈述。在表的下半部分，写上如果你担忧的消极后果真的发生了（尽管不太可能），你有哪些可以应对的方法。

在填写之前先复印几份空白表，或下载电子版，这样你就有足够的表格来记录下应对每一种恐惧症的内容。

反驳焦虑性自我对话的工作表

要克服的恐惧或恐惧症＿＿＿＿＿＿＿＿＿＿＿＿＿＿＿＿＿

焦虑性自我对话	反驳陈述
高估化想法（或想象的画面） "如果……"	
灾难化想法（或想象的画面） "如果最坏的结果发生了，那就会……"	

应对策略：列出如果出现负面（但不太可能）的结果，你将如何应对。如果需要，请使用表格的另一面。将"如果……"改为"如果其中一个负面预测发生了，我会怎么做。"

其他类型的歪曲想法（认知歪曲）

高估消极后果、灾难化以及低估自身应对能力是三种最常见的可导致恐惧的歪曲想法，但是还有其他类型的歪曲想法会影响你对自身和日常生活中各种情景的认知和评价。这些歪曲想法不仅会导致焦虑，更会引起抑郁、内疚、自我批评以及愤世嫉俗等感受。学会区分这些无益的思维模式并用更现实的、更有建设性的自我对话来反驳它们，这对你去更客观地看待和处理日常生活中的压力会有极大的帮助。与此同时，你的焦虑、抑郁以及其他种种不良情绪体验都会显著减少。记住，你对外部世界的看法在很大程度上塑造和修饰了你对它的直接体验。因此，改变你的想法，就会改变你眼中的世界。

注意：以下是戴维·伯恩斯在其著作《感觉良好》中列出的10种主要的认知扭曲。

要么全有要么全无的思考。倾向于将一种情况视为"非此即彼"——全是好的或全是坏的——而不考虑介于两者之间的中间地带。

过度概括。类似于高估不希望发生的事情的倾向，如果不好的事情发生过一次，你就倾向于过度概括这件事会反复发生。

心理过滤。过滤是指对一个场景消极方面的选择性关注，从而忽略了所有积极的方面。如果某人的言论是残忍或麻木不仁的，你会很快得出结论：人类都是残忍和/或麻木不仁的。

否定积极因素。否定积极因素比心理过滤更极端，是指完全否定积极因素，并迅速将其转换为消极因素。面对积极的事件，你会对自己说："这是个侥幸，不算数。" 或者，当别人给你的赞美合情合理时，你会否定这种赞美并对自己说："他们只是很友善"，或者对他人说："真的没什么。"

妄下结论。在了解他人实际的想法、感受和行为动机之前会假定他人的想法、感受和行为动机。戴维·伯恩斯在《感觉良好》一书中经常把这种认知扭曲称为"宿命式错误"，就好像你有能力在询问别人的想法和感受之前就读懂他们的内心。

放大和最小化。你倾向于放大自己或他人的小缺点，同时最小化自己或他人的优点。例如，你在工作上犯了一个小错误，因此得出结论："这太可怕了"和"我可能会丢了工作"。或者在得到积极的工作评价后，你把这种评价最小化，并对自己说："这没有任何意义""经理可能会给每个人这样的评价"。

情感推理。你感觉是怎样的，你就据此推论自己真的就是这样。你误把感觉当成现实。例如，如果你在某种场景中感到愚蠢或无聊，你就得出结论自己一定是愚蠢和无聊的。

"应该式"陈述。自我对话中包括"应该""必须"等词语，这通常与追求完美的倾向有关，即不给自己留犯错的余地。有关"应该式"陈述的更多信息，见第11章"加重焦虑的人格类型"的"完美主义"一节。

贴标签。贴标签是一种更极端的过度概括。只要你犯了一个小错，你就会给自己贴标签，比如"我是一个失败者"。相反，如果你对别人的行为感到不安，你会给他们贴上一个标签，比如"失败者""白痴"，甚至是一些淫秽的标签。

个性化。把别人的话和行为看得过于个性化。或者你武断地判定某件事出错完全是自己的错，但客观来说，没有证据表明究竟是你的错还是别人的错。

在伯恩斯之后的著作中，他还提出了两种认知扭曲，因此总共有12种认知扭曲。

控制谬误。持有一种错误的观念，认为你应该完全控制一个不需要完全控制的局面。

责备。让别人为你自己引发的情感痛苦负责。或者，你可能会为了某事而责备自己，尽管这件事显然不在你的控制之内。

以上所列出的认知扭曲是高度简化的。要获取更多有关识别、理解和应对认知扭曲的详细信息，请参阅阿伦·贝克的著作《认知疗法和情绪障碍》或戴维·伯恩斯的《感觉良好》。想要快速找到相关资料，可以在网站上搜索关于贝克和伯恩斯最初的10种认知扭曲（这些认知扭曲的使用被称为"认知疗法"），还有一些网站提出了其他类型的认知扭曲。

鉴别和反驳消极自我对话指南

消极自我对话本质上就是由一系列自我限制的心理习惯累积而成的。要改掉这些习惯，首先要留意那些会让你产生无益的自我对话的场景，然后用积极的、理性的陈述来反驳这些消极对话（最好用书写的方式）。这些引起消极自我对话的习惯是经过许多年的重复才被你内化吸收的，因此要学会有益的、建设性的思维方式同样需要多次的重复和练习。

遵循下面的步骤进行：

1.留意。当你陷入消极的自我对话当中时，"把自己抓个现行"。要清楚那些容易被消极自我对话促进或加剧的场景。

"所有让你感觉焦虑的场景，包括惊恐发作的开始（留意杞人忧天型亚人格及其带来的高估化和灾难化）。"

"你预期将要面对困难或者恐惧场景的时候（同样要留意杞人忧天

型亚人格及其带来的高估化和灾难化）。"

"你犯了错误并批判自己的时候（留意妄加批判型亚人格和"应该式陈述"）。"

"你感觉沮丧和气馁的时候（留意自居受害型亚人格、高估化、灾难化、低估自身的应对能力）。"

"让你对自己或其他人感到愤怒的场景（留意妄加批判型亚人格、完美主义型亚人格，以及"应该"或"必须"这样的表达）。"

"让你感觉内疚、羞愧或者尴尬的场景（特别留意完美主义型亚人格以及"应该"或"必须"这样的表达）。"

2.终止。问自己下面这些问题：

"我告诉了自己什么，让我产生了现在这种感受？"

"我真的愿意这样对自己吗？"

"我真的愿意一直这样心烦意乱吗？"

如果对第2、3两个问题的回答是"否"，直接跳到第3个步骤。

有时候你可能会回答"是"，你可能真的愿意继续这样心烦意乱，而不愿意改变其潜在的自我对话。通常这都是因为你还没有允许自己完全地表达出来那些强烈的感受。有时候你甚至都不知道这些感受的存在，更不用说表达出来了。这种情况下你的焦虑、愤怒或者抑郁会持续一段时间也是正常的。

如果你心烦意乱的感受太过强烈，以至于无法完成鉴别和反驳自我对话的任务，最好先找一个机会来了解和表达自己的感受。如果找不到其他人来分享，可以尝试写成日记。等你冷静下来并做好放松的准备后，再进入到下一个步骤。（见第13章，了解更多关于你的感受的指导方针和策略。）

让你持续焦虑的另外一个原因可能是因为你有强烈的愿望要"让所有事尽在掌握"。通常你会高估一些危险的存在或者时刻准备应付一些想象中的灾难，这就让你始终处于紧张和警惕之中，只有这样才能带给你一种控制感，而这种控制感又反过来证实了警惕的作用。不幸的是，在这个过程当中你会变得越来越紧张，直到你的大脑运行失去控制，除了危险和灾难以外看不到其他任何事，反过来这又会导致更多的焦虑和紧张。唯一能够终止这种恶性循环的办法就是顺其自然并放松自己。下一个步骤，也就是放松，是让你得以放松头脑并鉴别出消极对话模式的关键。

3.放松。可以进行深度的腹式呼吸或者采用一些转移注意力的办法来中断你的消极想法。关键在于顺其自然，让自己慢下来，然后放松。消极自我对话是一个相当快速、自动而又细微的过程，如果处于紧张、无法放松的状态，将很难觉察到它们。你会发现仅仅靠"想"是很难认识到这些自我对话并清除它们的，必须首先在生理上放松下来。在一些极端情况下，可能需要先花上15~20分钟进行深度放松（使用呼吸、渐进式肌肉放松、冥想等），把自己放慢到足够的程度，这时候才能鉴别出自己的对话。只要你不是过度的紧张，通常用一两分钟来放松就够了。

4.写下那些让你感到焦虑、烦躁或抑郁的消极自我对话和内心独白。仅仅用脑子想通常很难弄清你到底对自己说过些什么，通过写下来这一行为能帮助你整理清楚自己的语言。可以使用"亚人格测评表"或"反驳焦虑性自我对话的工作表"来记录你的自我对话。

在这个步骤里可能需要一定的练习。鉴别自我对话的过程中重要的一点就是要学会把想法和情绪感受分离开来，其中一个方法是先写下感受，然后揭露出引发这些感受的想法。一个普遍的原则是：在有关情绪体验的陈述中会包括一些表达情绪的词汇，如"害怕""伤心""悲哀"等，而自我对话的陈述中则不包括这些词汇。例如，"我觉得自己很蠢，不负责任"这条陈述就没有分离开感受和想法，可以把它分解为某种情绪体验（"我觉得心烦意乱"或者"我觉得很失望"）和在逻辑上可能引发这种情绪体验的想法或自我对话（"我真蠢"或者"我真不负责任"）。

另外还有类似的例子，如"我太害怕了，没法承受这一切"也是混合了情绪感受和一种或多种想法，可以把它分解为消极陈述（"这完全无法想象"或者"我没法承受这一切"）和由这种自我对话引发的情绪体验（"我很害怕"）。你可以先问自己："我感觉怎样？"然后再问自己："刚刚是什么想法让我产生了这种感觉？"

记住自我对话是由想法组成的，而不是情绪体验。大多数时候这些想法都是针对某个场景或者你自身进行的判断和评价，情绪体验则是从这些判断和评价中产生的情感反应。

5.鉴别消极自我对话的类型（杞人忧天型、妄加批判型、自居受害型还是完美主义型？），另外还要注意各种存在的认知歪曲（高估化、灾难化、过度泛化、过滤等）。这样坚持一段时间以后，你就会清楚自己特别爱产生的消极内心对话和认知歪曲的类型。经过多次练习，你将学会在它们一出现的时候就把它们鉴别出来。

6.用积极的、理性的、自我支持性的陈述来回答或驳斥你的消极自我对话。写下对应的积极陈述来回应每一条消极陈述。这些反驳陈述在遣词造句上应该避免否定的词汇，并以一般现在时态和第一人称进行表述。它们还应该令人信服并能让你感觉良好（换句话说，它们应该能让你感觉很自在）。

在大多数情况下，前文中列出的几个苏格拉底式诘问都能有效地帮助你质疑和驳斥消极陈述。

在有些情况下，你也许能跳过质疑的过程，马上想出一个积极的反驳陈述。这样也很好，但有个前提是你必须多少有些相信自己的反驳陈述。

中断消极自我对话简表

使用"亚人格测评表"和"反驳消极性自我对话的工作表"可以有效地帮助你改变长期以来形成的一些心理习惯，这些习惯可能会导致焦虑、抑郁、低自尊等一系列的不良体验。但是很多时候你可能没有太多时间和机会来一一写下消极自我对话和积极的反驳陈述。下面提供一个更简便的方法，遵循这三个步骤，可以随时帮助你中断消极的想法。

1.留意你是否陷入了消极的自我对话当中。要抓自己的"现行"，最好的时机就是在你感觉焦虑、抑郁、自我批判或者其他类型的烦乱的时候。

2.终止。问自己下面这些问题：

"我告诉了自己什么，让我产生了现在这种感受？"

"我真的愿意这样对自己吗？"

"我真的愿意一直这样心烦意乱吗？"

3.放松或转移注意。要终止消极的自我对话，最好就是换一种想法。可以通过深度的腹式呼吸来让自己放慢下来，或者用转移注意力的方法来转换头脑中的消极想法。通常情况下，进行一些身体上的活动能有效地转移你的注意力，这样你的关注点就从脑海里转移到了身体上。其他转移注意力的方法还包括进行谈话、阅读、参加游戏或者自己爱好的活动、听放松磁带、听音乐，等等。

本小节的目的是提供一些更为简便的方法以及时中断消极的自我对话，但仍然要写出反驳陈述来应对消极的自我对话。消极思维习惯是在各种类型的亚人格和认知歪曲的长期作用下形成的，因此至少要坚持写反驳陈述几周以后，你才可能有效地改变这种习惯。

小　结

1.重读一遍"理解自我对话的几个要点"这一小节，加强对自我对话的自动化特性的理解，以及它在恐惧症和惊恐发作当中扮演的角色。

2.熟悉四种导致多数消极自我对话的亚人格类型：杞人忧天型、妄加批判型、自居受害型和完美主义型。通过"你的亚人格告诉了你什么"这个部分的练习，确认每种亚人格在你的日常生活中扮演的角色，然后逐个用积极的陈述来反驳每一种消极的自我对话。每天都通读一遍你的积极陈述，至少坚持一个星期；或者把它们录在手机上，这样你就可以在车上或者睡觉之前听。

3.列出你所有的恐惧症和各种担忧，按照从强到弱的顺序排列。针对最困难的几种恐惧症，分别填写一张"反驳焦虑性自我对话的工作表"，写下那些导致担忧或恐惧高估化和灾难化的想法。然后用更合理、更积极的反驳陈述来驳斥这些消极的想法。最后,写下如果你担忧的事真的发生的话,你会采取哪些应对方法。(记得复印足够解决所有恐惧症的工作表。)

　　4.如果你希望快速地中断自己的消极想法,可以使用"中断消极自我对话简表"。记住,这不能替代前面第2、3步的练习。

9

错误信念

现在你可能会问："这些消极的自我对话是怎么产生的呢？"大部分情况下，这些消极念头的根源就是那些潜藏在我们内心深处的各种信念和假设，其内容大都是有关于自我、他人和生活的。这些基本的假设也可能被称为"剧本""核心信念""生活决策""虚假信念"或者"错误信念"。在成长的过程中，我们从父母、老师、同伴那里以及整个社会中习得了这些信念。它们通常根深蒂固得让我们甚至都意识不到这只是一种主观的信念，而理所当然地认为它们就是现实的真实反映。例如，你可能就持有这样一些错误信念："我无能为力""生活充满痛苦、挣扎""不管我的真实感受如何，我都应该让自己和颜悦色、行为得体"。错误信念这个东西并不新奇——它就是人们头脑中那些"态度"和"观点"的一部分。

　　错误信念是许多焦虑产生的根源。我们在前一章已经讨论过，某些类型的自我对话可能引发严重的焦虑，其中包括：总是设想着最坏的结果发生（杞人忧天型思考方式）；贬低、驳斥自己（妄加批判型思考方式）；强迫自己去达到一些不切实际的目标（完美主义型思考方式）。隐藏在上述种种消极自我对话模式后面的，正是那些关于自身和生活的错误信念。

　　例如，你可能会有这样的一种假设："我必须时刻想着这件事，直到它出现转机为止。"但事实上，一旦你抛开这种念头，就可让自己少经受许多焦虑的折磨。类似的错误信念还包括："只有成功才能证明我的价

246

值""除非有人爱我赞赏我，否则我就毫无价值"或者"一件事要做就必须做到完美无缺，否则根本就不值得一做"，等等。只要努力去改变或者彻底抛开这样的信念，你就能获得更强的信心和安全感，生活中也会少了很多压力和焦虑。

错误信念经常成为你实现人生重要目标的绊脚石。现在你就可以问问自己："我真正想从生活中得到的到底是什么？如果我知道我一定不会输，那么我会尝试做什么呢？"请花几分钟时间，认真思考一下这个问题，把你的答案写在下面空白处（若空间不够，可以另用一张白纸）。

现在，如果你尚未拥有你真正想要的东西，再问问你自己："为什么没有呢？"想一下可能的原因，把它们写在下面的空白处，或者另外用一张纸写下来。

做完了以上两个小练习，你可能已经发现了一些碍事的信念和假设。而这些假设是正确的吗？让我们再来看看，你可能有过这样一些念头："我买不起我想要的东西""我没有时间再回到学校去学习我真正感兴趣的科目了"或者"我没有成功的天赋"。在更深层的潜意识水平上，你甚至可能觉得"我压根儿就不配拥有我真正梦想的东西"。但事实上，这些想法里面没有一个能完全真实地反映现实——它们只是你的主观假设，而如果逐一检验这些假设的话，就会发现它们往往都是错误的。通常情况下，除非有其他人向你指出，否则你很难意识到这些错误的假设对你行为的影响竟有那么大！

错误信念还会影响你的自尊和自我价值观。我们从小就受这样一些信念的熏陶：一个人的自我价值是通过他自身之外的东西来体现的，例如社会地位、金钱、物质财富、来自他人的爱和社会的赞许等。换言之，如果你不拥有这些东西，或多或少地你都会认为自己活得没多大价值。"成功就是一切""我的价值取决于我取得了怎样的成就""要是没人爱我赞赏我,我就活得毫无价值"……诸如此类的信念,都让你习惯于把自尊和自我价值考虑成独立于自身之外的东西。

然而,自我价值观是一种内在的、与生俱来的品质,许多人花了相当长时间才认识到这一点。每个人都拥有其作为人而固有的价值和尊严,不管你是否获得了外在的成功或者他人的赞赏,都不能否认你自身存在的各种品质和天赋。我们尊重猫或狗它们作为动物的内在价值。同样的,人也有作为人本身的内在价值,而那是不能用我们拥有或者获得了什么来衡量的。随着你的自尊感逐渐增强,你就能学会不管成功与否都能尊重和信任自己,你也不再一定非要依靠他人(或者让别人依赖于你)才能感觉良好。

错误信念实例

有关错误信念的例子举不胜举。在青少年时期你就从父母、老师和同伴那里学到了大量的错误信念。有时候它们是来自父母的直接教导,例如"男儿有泪不轻弹"或者"淑女有怒不敢言"。有时候是由于长期遭到某种方式的对待而逐渐形成的对自身的消极态度,例如总是被批评(因此认为"我没有用")、被忽略(因此认为"我的需要无关紧要")或者被拒绝(因此认为"我不讨人喜欢")。不幸的是,你已经形成的行为方式不仅会不断地强化你自己的这些错误观念,并且还使你习惯于让他人以同样的方式来对待你。人也可以像计算机那样被"预先程序化",来自童年期的错误信念就是一种被预编好的程序,若是随之按部就班地运行,最后你就会发现自己真成为了那样的人。从这个角度来看,错误信念可以说也是一种自我实现的预言。

下面是一些常见的有广泛影响的错误信念。在每一条下面,我们用一条积极的陈述替代了原来的消极信念。这与上一章中用积极的自我陈述来替代消极自我陈述的方法类似。这种与错误信念相反的积极陈述,我们称之为"肯定信念"。

◎我无能为力，我只是个外界环境的受害者。

我能为自己负责并掌控我自己的生活。环境固然不可改变，但我可以改变自己的态度。

◎生活就是痛苦、挣扎的。如果太过一帆风顺又愉快惬意，那一定是有什么地方出错了。

生活是充实而愉快的。

我可以适当地放松和享受生活。

生活就是冒险，我正在学着接受生活中的酸甜苦辣。

◎如果我冒险去做一件事，我一定会失败；而一旦我失败了，其他人就会排斥我。

我完全可以去冒险。

即使失败了也没有关系，我可以从每一次错误中吸取许多经验教训。

我完全可能成功的。

◎我无足轻重，我的感受和需要都无关紧要。

我是个有价值的、独一无二的人。

我的感受和需要应该和其他任何人一样受到应有的重视。

◎不管我的真实感受如何，我都应该让自己和颜悦色、行为得体。

我只要简单地做我自己就可以了。

◎如果我一直担忧一件事情，它就会出现转机甚至得到彻底解决。

担忧无助于解决问题，采取实际的行动才是上策。

◎我无法应对困难和令人害怕的处境。

如果慢慢地、一步一步地来，我就能最终学会应对各种处境。

◎外面的世界太危险了，只有待在我熟悉的圈子里才是安全的。

我能够逐渐习惯外面的世界，并且我也很向往那个世界能提供给我的各种学习和成长的新机会。

首先，也是最重要的一步，你必须要认识到自己持有哪些错误信念，然后才谈得上去消除它们。其次，针对每一条错误信念构建出一条与之对应的肯定信念，并反复告诉自己直到自己放弃那种错误信念。这时旧的错误信念就消失了，取而代之印在你脑子里的就是新的积极的肯定信念。

下面的问卷可以帮助鉴别你身上可能存在的一些错误信念。根据每一条项目与你自身情况相符合的程度，在1—4的等级上进行评定。全部完成以后，再回过头来检查一下那些得分为3或4的项目。

错误信念问卷

看看下面列出来的这些无益的信念，它们在多大程度上影响了你的感受和行为？花点时间，按1—4的等级对每一条项目进行评定，并把相应的数字写在后面。

1＝从来不　　　　　　　　3＝较强烈/较经常

2＝有一点/有时　　　　　　4＝非常强烈

1.我感到无能为力/我感到很无助。

2.我经常觉得自己是一个外界环境的受害者。

3.我没有足够的钱来做自己真正想做的事。

4.我没有足够的时间来做自己真正想做的事。

5.生活充满艰辛，是一个不断挣扎的过程。

6.当事情进行得很顺利的时候，一定要小心了！

7.我觉得自己毫无价值。我根本不够好。

8.我经常觉得自己根本就不配获得成功和幸福。

9.我经常会有种挫败感，然后就听天由命，会想"费那劲儿干吗？就这样了吧。"

10.我目前的处境完全看不到希望。

11.我这个人肯定是有什么地方不对劲。

12.对于自己目前的情况，我简直羞于启齿。

13.如果我冒险去尝试改变现状的话，我害怕会失败。

14.如果我冒险去尝试改变现状的话，我害怕会成功。

15.我害怕一旦完全康复了，我就不得不去面对那些我不愿意面对的现实。

16.要是没有人爱我，我就感受不到自己的价值。

17.我不能忍受和他人分开。

18.如果我爱的人并不爱我，我会觉得这是我的错。

19.独处是一件很难的事。

20.别人对我的看法非常重要。

21.别人的批评对我来说是一种威胁。

22.取悦他人很重要。

23.如果人们了解了真实的我，他们就不会再喜欢我了。

24.我需要随时掩饰自己，否则别人就会发现我的弱点。

25.我必须做出某种伟大的成就，才能让自己感觉良好。

26.在工作或者学习上取得成就极为重要。

27.成功就是一切。

28.不管做什么，我都一定要做到最好。

29.我一定要成为一个杰出的人。

30.失败是件很可怕的事。

31.我不能求人。

32.我不能接受别人的给予。

33.如果和某人的关系变得太过亲密，我害怕会被控制。

34.我无法忍受自己变得失控。

35.我是唯一能解决自己问题的人。

36.我应该总是表现得慷慨大方、毫不自私。

37.我应该成为一个完美的＿＿＿＿＿＿＿（依次对下面的每一条进行评定）

◎员工　　　　　　　　◎爱人

◎专业人员　　　　　　◎朋友

◎配偶　　　　　　　　◎学生

◎父母　　　　　　　　◎儿子/女儿

38.我应该能忍受任何困境。

39.面对任何问题，我都应该很快找到解决的办法。

40.我永远都不应该觉得疲惫。

41.我应该一直保持高效率。

42.我应该一直保持强势的竞争力。

43.我应该总是能预见到任何事情。

44.我永远都不应该发怒。（或者：我不喜欢/我害怕自己发怒。）

45.不管我实际上的感受如何，我都应该一直和颜悦色、行为得体。

46.我经常觉得自己_____（依次对下面的每一条进行评定）

◎长得很丑　　　　　　　　◎不聪明

◎有很多缺点，不如别人　　◎自责或者惭愧

47.我就是这样的人了，不可能有什么改变。

48.外面的世界充满了危险。

49.如果我不去担忧一件事的话，它就会变得越来越糟糕。

50.相信别人是件很危险的事。

51.时间会解决我所有的问题。

52.我总担心自己会犯错误。

53.我要求自己做到事事完美。

54.如果没有一个避风港或者靠得住的人，我恐怕就无法应对困难。

55.一旦我停止担忧，恐怕就有坏事要发生了。

56.我害怕独自一人去面对外面的世界。

57.我自身的价值不是与生俱来的，需要努力争取才能获得。

你可能已经注意到，问卷中涉及几个不同方面的内容，反映了面对生活的几组不同态度和信念。回过头去检查一下你的答案，看看你在各个组上的得分如何。

每一组信念都包括了几条不同的项目，把你的得分按组进行相加。如果你在某个组上的得分超过了下面的标准，那就说明你可能在这个方面存在问题。要改变你的错误信念，就应该更多地关注这些方面。

如果你在1、2、7、9、10、11这几个项目上的得分之和超过15	你很可能认为自己没有能力，无法控制周围的环境，也无力改变自己的现状。这类错误信念可以概括为"我无能为力""我无法改变自己的生活"。

如果你在16、17、18、19、54、56这几个项目上的得分之和超过15	你很可能认为你的自我价值是靠他人的爱来赋予的。只有确信有人爱你，你才能有良好的自我感觉和应对困难的力量。这类错误信念可以概括为"只有被爱才能让我觉得自己有价值，才能给我安全感"。
如果你在20、21、22、23、24、45这几个项目上的得分之和超过15	你很可能认为你的自我价值是靠他人的赞许来赋予的。取悦他人并被他人接受，这对维持你的安全感和存在感非常重要。这类错误信念可以概括为"只有得到他人的赞许和承认，我才觉得自己有价值，才有安全感"。
如果你在25、26、27、28、29、30、41、42这几个项目上的得分之和超过20	你很可能认为你的自我价值是靠获取的外部成就来赋予的，例如学业和职业成就，社会地位和财富等。这类错误信念可以概括为"我的价值是通过我的表现和取得的成就来实现的"。
如果你在31、32、33、34、35、50这几个项目上的得分之和超过15	你很可能认为你无法信任和依靠他人，也不能从别人那里接受帮助。因为害怕失去控制，你可能会刻意和他人保持距离，避免发展出亲密的关系。这类错误信念可以概括为"如果我信任别人，并和他们太过亲密的话，我就会失控"。
如果你在37、38、39、40、52、53这几个项目上的得分之和超过25	你很可能认为在生活的某些方面你必须做到完美无缺。你对自己要求过于苛刻，不容许自己犯错误。这类错误信念可以概括为"我必须做到完美无缺""犯错误是不可接受的"。

反驳错误信念

既然你已经知道了哪一类错误信念对你的影响最大，下一步就该考虑怎么消除它们了。首先，问你自己：我在多大程度上相信这些信念？对照下面列出的三种标准进行评定。

◎你并不真的相信这些信念。你认为它们是一种心理上的坏习惯，并且已经做好改掉它们的准备。你相信这些信念是无用的，也不会在情绪上控制你。

如果是这样的话，你已经作好准备构建积极的肯定信念来反驳这些错误信念了。你可以直接跳到下一步："肯定信念构建指导"。跟随书中的步骤，针对每一条错误信念，构建出与之对应的肯定信念。你也可以参考本章末"肯定信念范例"这一小节，可能会对你有所帮助。

◎在理性的认知水平上，你并不真的相信这些信念，但它们会控制你的情绪并由此影响你的行为。例如，你并不真的愿意相信"取悦他人总是很重要的"，但却发现你的所想所为都围绕着这个"准则"，要想摆脱它非常困难。

如果是这样的话，当务之急就要用"挑战错误信念的六个质疑"（见下文）中的第5、6两个问题来检验你的信念。首先，挑出"错误信念问卷"中得分为3和4的项目，然后用第5、6两个问题来检验这些信念是否有益于你的幸福？它们是源于你自己的选择，还是源于你成长的家庭环境呢？

◎你可能真的相信这些信念，根本不认为它们是错误的。要让你放弃它们，得先花些力气来说服你才行。要用肯定的积极信念来替代那些你长期持有的错误信念，这个过程不能操之过急，否则就会流于表面，变成我们一厢情愿的乐观而已。

如果是这样的话，当务之急就是用"挑战错误信念的六个质疑"（见下文）中的第1、2、3三个问题来检验你的信念。这三个问题来自于第8章里面提到过的"苏格拉底式诘问"，对于从严密的逻辑角度上来挑战错误信念极为有效。经过这三个问题后，如果你开始从理性的角度怀疑你的信念了，就进入到第4、5、6三个问题。这三个问题会帮助你认识到这些信念是如何影响你的健康的；它们真的是你自己的信仰呢，还是由你父母塑造而成的？

挑战错误信念的六个质疑

1.有任何证据来支持这个信念吗？客观地回忆一下你全部的生活经历，你能找到任何证据来证明它是正确的吗？

2.这个信念总是能在我身上应验吗？

3.这个信念考虑周全吗？它有没有同时考虑到事情的积极和消极方面？

4.这个信念与我的个人价值观一致吗？要探索你的价值观，请参阅第21章"人生的意义"中的"人生目标问卷"。

5.这个信念有益于我的健康吗？能不能让我感到内心的安宁？

6.这个信念是源于我自己的选择吗？还是在我的成长经历中从家庭获得的？

关于最后一个问题，有必要稍加说明。你的大部分错误信念都是在成长过程中从家庭获得的，这一过程至少有两种实现途径。

第一，你的父亲或者母亲或者两人都持有某一信念，并且直接传递给了你。例如"外面的世界很危险""不要轻易相信别人"这样的反复告诫。在你的孩童时代，你就从父母那里接受了这些观念，因为那时没有人教给你其他的观点。

第二，错误信念可能是你对童年时期的经历或者人们对待你的方式的一种反应。例如，假设在你五岁的时候父亲去世了，母亲不得不出去工作，这时你可能觉得被遗弃了，并形成了这样的信念："孤单一人就意味着被遗弃，没人爱。"又如，从小你父母就望子成龙心切，总是苛求你在学业上的表现，一有错误就严加批评。在这种环境下，你可能形成的信念就是："取得成就非常重要""犯错误是不可接受的"。

在评价错误信念的过程中，有必要检查一下它们是否源于童年期的不幸经历或是不正常的环境。在你小的时候，这些信念也许能帮助你熬过一段痛苦的时期。但到了现在，它们早已经丧失了最初的作用，而只会给你带来焦虑和压力。要检查你的童年经历和错误信念之间的关联，请参照第2章中的"童年经历"部分，填写其中的"家庭背景问卷"（如果你还没有完成的话，就快些做完它吧）。你也可以参照第15章中"低自尊的成因"小节，有助于你想清楚童年期的各种不正常环境是否奠定了你错误信念形成的基础。

实例

下面我们用例子来说明如何运用上文中列出的六个质疑来挑战错误信念。

错误信念："我无能/我没用。"（注：在挑战"错误信念问卷"中的信念时，将每一条以"我感到/我觉得……"开头都改为"我是……"的陈述方式，这样可以更直接地表述这一信念。）

质疑： 1.有任何证据来支持这个信念吗？

2.这个信念总是能在我身上应验吗？

5.这个信念有益于我的健康吗？

反驳： 1."有任何证据来支持这个信念吗？"

"虽然我经常感到无能为力或者很无助，但这并不表明我就是一个无能或者无助的人。"（注意，错误信念是第8章中描述的自居受害型亚人格的一种典型表现，同时也是基于情绪推理的一种认知歪曲。）"毕竟，我还尝试着运用这本书提供的策略来解决我的问题，也咨询过焦虑症专家。另外，我还有家人和朋友一直都坚定地站在背后支持我。因此，并没有有力的证据来证明我就无能或者没用。"

2."这个信念总是能在我身上应验吗？"

"有时候我的确感到无能为力或者无助，但其他时候我会觉得自己有能力也更乐观。因此，要说我总是这样的话，那是不准确的。"

5."这个信念有益于我的健康吗？"

"'认为自己是无能或无助的人'会破坏我的自信和康复的希望。这样的信念当然无益于我的健康，也不能给我带来内心的安宁。"

肯定信念：我信任自己。

　　　　我相信我有解决自己的焦虑问题的能力。

错误信念： "取悦他人非常重要。"

质疑：　2."这个信念总是能在我身上应验吗？"

　　　　5."这个信念有益于我的健康吗？"

　　　　6."这个信念是源于我自己的选择，还是在我的成长经历中从家庭获得的？"

反驳：　2."这个信念总是能在我身上应验吗？"

　　　　"当然。在某些场合中，采取一种迎合的态度会很有帮助。例如求职面试、第一次约会、安慰伴侣或者举行宴会的时候，我通常都希望自己做到微笑宜人。但另一方面，如果我的确感觉筋疲力尽或者心烦意乱，很需要伴侣和朋友的支持，这个时候最好是坦白地告诉他们我的需要，效果会好过强颜欢笑。简而言之，有时候照顾一下我自己的感受更加重要。"

　　　　5."这个信念有益于我的健康吗？"

　　　　"在某些情况下可能会。在适当的场合中，表现得微笑宜人是一种礼节，如果我做到了，我会自我感觉良好。但是，当我真的感觉不舒服、心情烦乱的时候，还要勉强应酬对我并没有好处。我应该更坦诚地告诉人们我真实的感受，并寻求他们的支持。"

　　　　6."这个信念是源于我自己的选择，还是在我的成长经历中从家庭获得的？"

　　　　"我母亲得过病，我的大部分童年都是在她的抱怨当中度过的。因此我总是觉得不应该再拿我的问题去烦她。看来我总是通过迎合她来获取她的赞赏。难怪我成为了这样一个总是取悦别人的人！我想这并不是我自己的选择，而是我童年时期的成长环境造成的。"

肯定信念：并不需要时时刻刻都得做到让别人满意。

　　　　在我的确感觉良好的场合下，我就能开开心心地用微笑去面对他人。

错误信念："在工作/学业上取得成就是非常重要的。"

质疑：　2."这个信念总能在我身上应验吗？"

　3."这个信念考虑周全吗？"

　5."这个信念有益于我的健康吗？"

　6."这个信念是源于我自己的选择，还是在我的成长经历中从家庭获得的？"

反驳：　2."这个信念总能在我身上应验吗？"

"不是的。我生活中的很多其他方面也很重要（健康、和他人的关系、闲暇时光、创造性的工作）。在学业和工作上取得成就固然很重要，但不是在一周七天、一天24小时内都是最重要的。

3."这个信念考虑周全吗？"

"我在学业和工作上取得成就的确很重要。我需要在学习上表现良好，这样才能顺利拿到学位，再凭此找到工作。"

（或者说"我需要在工作上表现良好，这样才能保住我的职位。"）"但是，把成就放在一个无比重要的高度，这种看法是不是太片面了呢？如果不是的话，那就意味着它比我的健康、平和的内心、我的家庭以及其他任何我看重的东西都更重要。这种态度会导致生活重心失衡，最终导向一种只看重成就的不健康生活方式。因此，把成就放在至高无上的位置是不合理的。"

5."这个信念有益于我的健康吗？"

"由于上面提到的原因，我认识到对成就的过分关注是不健康的。"

6."这个信念是源于我自己的选择，还是在我的成长经历中从家庭获得的？"

"我的父母都是各自工作领域的专家，在事业上都很成功。他们希望能以此为我树立榜样。要得到他们的表扬，我就得在学习上取得好成绩；一旦没得到"优"或至少"良"，我就会受到批评。我对成就的态度就是来自他们，并不是我自由选择的结果。"

肯定信念：取得成就很重要，但同时我生活的其他方面也一样重要。我正在学习怎样在生活中做到劳逸结合。

上面的几个例子可以作为挑战错误信念的参考。针对某个信念而言，如果没有充足的证据来支持它，它在你身上也不是总能生效，并且也无益于你的健康，那么极有可能这就是个错误信念。如果这个信念是源于你童年时期家庭功能的失调，而不是你在成年后自由选择的结果，那么同样的，它也极有可能是个错误信念。如果你感觉到被某个信念所左右的话，就要通过这样的质疑过程进行检验，这是至关重要的一步。

完成了上述挑战错误信念的过程之后，相信你已经做好构建肯定信念的准备了。本章的下一个部分详细地讲解了如何构建有效的肯定信念。当然，最好是根据你自身的情况构建有针对性的肯定信念，但如果一开始感觉有困难的话，可以参考本章末列出的肯定信念范例。

构建完成之后，回到前面的"错误信念问卷"部分，用醒目的方式（例如红色的笔）把每一条肯定信念写在对应的错误信念旁边或者下面（参照前文中的例子）。

用肯定信念反驳错误信念的过程与第8章提到的用积极自我陈述反驳消极自我对话的过程非常相似。区别只在于：肯定信念采用非常简练的陈述方式，以便于你重复背诵（与第6章中应对恐惧时的陈述类似）。在纸上反复默写这些肯定信念或者录下来反复地听，久而久之就会取代你头脑中原有的那些错误信念。在自我对话这一章里，最重要的步骤是"反驳"。通过不停地生成反驳消极自我对话的陈述，最终你会习惯去留意并反驳那些你认为会产生焦虑的想法。在本章，最重要的步骤是反复练习肯定信念，这会最终改变那些隐藏在消极自我对话背后的核心信念。

肯定信念构建指导

肯定信念要简短、明了而且直接。"我相信自己"这句话就要好过"我相信自己拥有许多良好的品质"。

用现在时态（"我是成功的"）或者现在进行时态（"我正在努力获取成功"）来表述。告诉自己你希望发生的改变会在未来的某一天真的发生。

尽量避免否定的表述方式。与其说"我不再害怕在公共场合发言了"，不如说"我可以做到在公共场合发言了"或者"我很快就可以大胆地在公共场合发言了"。同样的，不要说"我并不完美"，而改成"有缺点也没关系"或者"犯点错没什么大不了"。因为你的潜意识分不出来肯定和否定陈述之间的区别，它很有可能把"我不害怕"这样的否定陈述转变为"我害怕"这样的肯定陈述，而后者并不是你需要强化的。

直接表明你希望在生活中发生的一项积极变化（例如，"我要每天都多给自己一点时间"）。如果这种表述对你目前来说还太强烈了一点，可以改为："我希望能每天都多给自己一点时间"。产生改变的愿望是在实质上造成变化的第一步。除了用表达愿望的方式来代替直接的陈述之外，还可以用"我正在成为……"或者"我正在学着……"的表达方式。例如，如果你不习惯"我是个坚强、自信、可靠的人"这样的直接陈述，可以改为"我正在成为一个坚强、自信、可靠的人"。同理，可以把"我可以面对自己的恐惧"改为"我正在学着面对自己的恐惧"。

重要的一点是，你要相信这些肯定信念，或者至少愿意去相信才行。当然，在一开始的时候没有必要做到百分之百的相信。关键在于逐渐转变自己的态度，直到最终完全赞同它们。

练习肯定信念的方法

列一个肯定信念的清单，从中挑出你需要练习的几条。一般说来，一次最好只选两三条进行操练，或者也可以一次把列出来的所有肯定信念都录下来。下面我们提供了几种方法帮助你更好地利用这些肯定信念。

每天把一条肯定信念默写5~10次，坚持一到两个星期。每当你对这条信念产生怀疑的时候，就把你的怀疑写在纸的背面。不断地反复默写同一条肯定信念能帮你认清自己的怀疑，而同时你会发现自己开始越来越相信这条信念了。下面我们举个例子来说明。

肯定信念	怀疑
我正在学着习惯独处。	几个小时还好，但我能做到一整天都这样吗？
我正在学着习惯独处。	如果我突然觉得恐惧，而周围一个人都没有，我该怎么办？
我正在学着习惯独处。	我不确定自己能不能做到这点。
我正在学着习惯独处。	

过一段时间之后，回过头去用新的积极陈述一条一条反驳这些怀疑。在上面的例子中，可以用来反驳这三条怀疑的有：

"我能逐渐学会延长独处的时间，直到独处一整天。"

"如果我在独处的时候突然觉得恐惧，我可以深呼吸，让自己放松，然后打电话给＿＿＿＿＿＿＿＿＿＿＿＿。"

"如果练习的步骤设计得合适，我就能做到。"

找一张白纸，用醒目的颜色和大号的字体把你的肯定信念写在上面（至少在6米外都能看见）。把它贴在你浴室的镜子上、冰箱上或者你房间里任何显眼的地方。这样不管你是不是留心去关注这个信念，只要保证你每天都能看着它，它就会在你脑子里逐渐扎根。

把肯定信念录下来。如果你构建了20条甚至更多的肯定信念，你可能会希望把它们都录下来。你可以用自己的声音录，也可以请别人帮你念然后录下来。语句的表述要以第一人称为主语，因为第一人称能直接表明你的个人信念、态度或即将采取的行动。记得在每两条之间留出5~10秒的间隔，这样才能保证听的时候有足够的时间让每一条都进入你的脑子里面。

每天听一遍录音，坚持2~3周，你对自身的看法和感受就会发生很大的改变。录音可以在任何时候听，哪怕是做清洁或者开车的时候也行。当然，如果选在你非常放松、可以全神贯注去听的时候，效果会更好，这时你能够更加用心地去感受每一条肯定信念。

每次带着一条肯定信念进入冥想状态。在深度冥想的时候缓慢而坚定地重复一条信念，能极为有效地将它整合进你的意识当中。处于冥想状态的时候，你能体会到自己是一种"完整的存在"。在这种状态下得到肯定的信念，将极有可能成为现实。

强化肯定信念

有两种基本的方法可以用来强化肯定信念或其他任何新的思维习惯——重复和感受。

重复：最初你脑子里的错误信念就是通过不断的重复形成的。无数次地被你父母训斥"闭嘴"或者"规矩点"，就逐渐强化了"我无足轻重"和"我不重要"这类错误信念。那么用同样的办法，不断地重复肯定信念，它也会慢慢进入到你脑中，并最终取代以前的错误信念。

感受：每一次重复肯定信念的时候，都要用心去感受并对之深信不疑，我认为这是最有效的巩固方法。因为只有当你真正用心去感受一个新的信念时，它才能最快最大限度地在你身上发挥作用。这里推荐一种很好的感受信念的方式。首先进入一种放松的状态（通过渐进式肌肉放松或者冥想），然后缓慢而坚定地重复一条肯定信念，同时仔细去体会和感受。正如我们在前面说过的，你用全身心去相信的东西会最终成为你存在的一部分。

积极同化

通过不断搜集现实生活中的证据，也能让你更加坚信某条肯定信念。挑出一条你希望进行练习的肯定信念，写在一张卡片上。在接下来的一整天里，一旦遇到任何能支持这条信念的事情，不管多小的事，都在卡片的另一面记录下来。坚持两周或者更长的时间，看看你能不能列出一个关于这些证据的清单来。假如你在练习"按照我自己的步调来，一小步一小步地尝试去冒险，我最终能够康复"的肯定信念，单子上列出的就是你成功减轻焦虑或者面对恐惧场景的例子。又假如你在练习"我正在学着相信事业（学业）的成功并不是生活的全部"的陈述，你就要在单子上列出你从其他活动中获得快乐的例子，以证明新观点的正确性。

从现实生活中寻找强化肯定信念的证据，能大大地增加你对这条信念的相信程度。

肯定信念范例

下面这些肯定信念的例子可以用来帮助你反驳错误信念。以下列表中的肯定信念与错误信念问卷中相同编号的错误信念一一对应。找出其中对你适用的，或者用它们来指导构建适合于你自己的肯定信念。

1.我能对自己负责并能把握自己的生活。

2.我或许不能改变环境，但能改变自己的态度。

3.我正在努力获得成功。我正在积累必需的资金。

4.我正在优先考虑并把时间安排给真正重要的事情。

5.生活既会提供挑战也会提供满足的喜悦，我喜欢生活中的冒险。每一次挑战都提供了学习和成长的机会。

6.我能接受生活中正常的起伏波折。

7.我喜欢自己目前的样子，我接受这样的自己。

8.我和其他任何人一样值得拥有生活中美好的东西。

9.我乐意去发现生活中新的价值所在。

10.只要想改变，什么时候开始都不迟。我正在一步一步地进行改变。

11.我天生就是健康、强壮的，我能够完全康复。我每天都在好转。

12.我保证能克服目前的困难。我正在努力走出目前的困境。

13.按照我自己的步调来，一次一小步地尝试，我最终能够康复。

14/15.我向往着完全康复后将获得的新的自由和机会。

16.我正在学着爱我自己。

17.我正在学着习惯独处。

18.如果别人对我付出的爱没有回应，我会顺其自然，继续自己的生活。

19.我正在学着独处的时候让自己处于平和的状态。我正在学着怎样享受独处的乐趣。

20.不管其他人怎么看，我都尊重和相信自己。

21.我能接受建设性的批评意见并从中学习。

22.我正在学着在他人面前表现真实的自己。照顾自己的需要也很重要。

23/24.我可以在他人面前表现真实的自己。我愿意在他人面前表现真实的自己。

25.我欣赏自己取得的成就，但这些成就并不能完全代表我。

26.我正在学着怎么在生活中平衡工作和娱乐。

27.我正在学着相信生活中还有比成功更重要的东西。好好活着就是最大的成功。

28/29.我就是我，一个有能力、独一无二的人。尽可能地做到最好，我就对自己满意了。

30.我可以犯错误。我愿意面对自己的错误并从中吸取教训。

31.我愿意让别人来帮助我。我承认自己需要帮助。

32.我愿意接受别人的支持。

33.我愿意冒险去更加接近其他人。

34.我正在学着放松和顺其自然。我正在学着接受那些我无法控制的事情。

35.我愿意让别人来帮助我解决问题。

36.只有先做到爱自己、关心自己，我才能慷慨地对待别人。

37.作为一个_____，我正在尽我所能地做到最好。（备选项：我愿意去学习怎样改进自己。）

38.我可以在事情出错的时候发点牢骚。

39.即使不能针对每个问题都很快地想出对策，也没有关系。

40.我可以抽点时间出来休息和放松。

41/42.我只要尽了自己的全力就无愧于心了。

43.即使不能总是预见到所有的事情，也没有关系。

44.我可以偶尔生气。我正在学着用恰当的方式来表达和接受自己愤怒的情绪。

45.我正在学着在他人面前坦承自己的感受，哪怕是不愉快的感受。

46.我相信自己是个聪明、有吸引力、有价值的人。我正在学着不再总是自责。

47.我相信我能改变。我愿意改变（或者成长）。

48.外面的世界提供了让我成长和寻找快乐的空间。

49.不停地担忧一个问题才会真的造成问题。不如采取实际的行动，效果会更好。

50.我正在学着（我愿意）去相信他人。

51.我向自己保证，我会尽力去克服自己的＿＿＿＿＿＿＿＿问题。

52.我正在学着相信犯错误也没有关系。

53.没有人是完美的，我正在学着（我愿意）对自己随和一点。

54.我愿意（我愿意学着）满足于自我固有的品质。

55.我正在学着不再担忧。我能用建设性的行动来替代无谓的担忧。

56.我正在学着一次一小步地尝试，最终我能学会应对外面的世界。

57.作为人类的一员，我有自己内在的价值。我接受现在这样的自己。

本章的目的是要增强你对错误信念的觉察意识，并帮助你肯定自我。用积极的观点和肯定信念来反驳消极的自我对话和错误信念，可以极大地帮助你形成一种更加平静、平衡和远离焦虑的生活方式。前面关于放松和练习的章节是教你如何克服生理基础上的焦虑，而第7章、第8章是教你克服心理焦虑的方法——你对自己说什么，你相信什么。第13章将考察焦虑和情绪感受之间的重要关系。

小　结

1.填写"错误信念问卷"，核对所有得分为3或4的项目。留意你的得分超过标准值的那些组，你应该特别关注这些方面。

2.重新阅读一遍"反驳错误信念"这个部分，直到你已经彻底熟悉了各种挑战错误信念的方法。使用挑战错误信念的六个质疑来质疑那些在情绪上对你造成困扰或者从理性角度看来值得怀疑的信念。

3.挑战错误信念之后,针对每一条构建相应的肯定信念。用"肯定信念构建指导"来帮助你,也可以参考本章末列出的"肯定信念范例"。然后回到"错误信念问卷"那里,用醒目的颜色或字体把你的每一条肯定信念写在相应的错误信念下面。

4.重新阅读一遍"练习肯定信念的方法"部分,选取其中你想用的一种——不论是反复默写、听录音、和搭档配合还是冥想。每天都进行练习,坚持两周到一个月。以后每当你觉得需要的时候,再重复这个过程。

10

克服焦虑

焦虑往往会变成一个逐渐严重的负面循环。陷入焦虑循环时，你往往会反复思考感知到的危险的方方面面，直到焦虑淹没了所有其他想法，你就会感觉被困住了。陷入焦虑循环的迹象包括：

1.反复对未来做出负面预测。

2.高估威胁或危险事件发生的概率。

3.低估了自己处理不太会发生但感到焦虑的事件的能力。

4.通过抑制焦虑或分散注意力来摆脱焦虑。

在生理层面上，因焦虑而产生的不适的身体症状（如出汗、发抖、肌肉紧张、心跳加速、眩晕等）是身体对思想失控的自然反应。

由于不断严重的焦虑往往会占据你的注意力，所以想要摆脱它，需要有意识地采取一种意志行为。这种意志行为不是通过分散注意力来逃避它，而是有意识地中断焦虑想法的循环。刚开始时中断焦虑循环很难，但通过练习会变得容易。

想要了解帮你战胜过度焦虑的各种方法，请阅读下面的小节"中断焦虑"。首先，避免那些只会增加焦虑的观念和行为是很重要的。

加重焦虑的因素

尽管你很可能没有意识到，但以下这些你可能会做的事会加重焦虑：

1.你反复试图说服自己不要焦虑。

2.你过度思考自己的焦虑并反问自己为什么不应该焦虑，导致你更多地关注焦虑的过程。

3.你试图抑制焦虑，却几乎总是将它扩大。正如古老的格言所说"你所抵抗的，会持续存在"。

4.你试图在一种本质上不确定或模棱两可的情境中获得完全的确定。例如，当你坐飞机或看牙医时，你焦虑自己可能会惊慌失措。没有任何办法能完全确保你在这些情境中不会造成焦虑激增。你越想避免焦虑，就越倾向于提前焦虑，这个过程称为预期性焦虑。

把应对策略组合起来更有效，比如使用腹式呼吸、更喜欢的应对陈述，甚至依赖一个支持者（面对面或打电话）来更好地应对情境。然后你要以相对接受度来处理这种情况，而不是焦虑你会过度焦虑。

识别与释放焦虑的元认知信念

许多人都有潜在的、隐藏的信念，有时被称为元认知信念，即焦虑本身会让他们的问题因过度焦虑而进一步恶化。以下是一些最重要的关于焦虑的元认知信念。

1.你的想法应该完全在你的控制之下。事实上，完全控制进入你头脑的思想是不可能的。

2.过度焦虑某件事会使它不太可能实现。事实上，对于任何特定情境，都有一个"最佳"的焦虑量。如果你即将有一个考试或工作面试，丝毫不焦虑可能会导致准备不足和结果不佳。但如果你焦虑过度，不仅会带来更多的痛苦，还会影响你发挥出最佳表现。适度焦虑是件好事，能让你避免问题，而过多的焦虑实际上会使问题恶化。

3.过度焦虑某件事可能真的会导致它发生。这是一个普遍但非理性的信念。客观来说，你在某件事上焦虑的时间与你的焦虑成真的概率之间没有关联。你可能会非常焦虑地震或龙卷风的威胁，但这种焦虑的影响因素是地震条件或天气，而不是焦虑的程度。

4.过度焦虑表明你有严重的问题。这又是一个错误的观念。过度焦虑不意味着你有身体上的疾病（尽管身患严重疾病可能会导致对该疾病的焦虑），也不意味着你患有严重的精神疾病。严重精神障碍（如精神分裂症或躁郁症）的标志之一是与现实脱节。你可能会因为过度焦虑而夸大现实，而不是扭曲现实。过度焦虑有一个精神病学的术语：广泛性焦虑障碍（GAD），广泛性焦虑障碍是迄今为止人们可能遇到的最常见的问题之一，在任何时候都影响着将近5%的人口。广泛性焦虑障碍不是一种严重的精神疾病，参阅本书第1章"广泛性焦虑障碍"一节获取更多信息。

5.如果一个想法在你的脑海中不断重复，那它一定很重要。事实上，在你的脑海中有一个重复的想法和有一首重复的歌曲并没有太大的不同。这只不过是焦虑的一个常见表现，即让你陷入重复的想法。这种想法或歌曲重复出现的频率与它的重要性或意义无关。

中断焦虑

正如前文提到的，中断反复的焦虑循环需要有一个有意识的意志行为。沿着阻力最小的道路走会让你的思想一直循环，直到身体上的焦虑症状开始显现（这些身体症状会反馈给你的大脑，加重了焦虑的反复性）。"跳出头脑，融入生活"，专注于做你自己之外的事情，是一种极好的中断焦虑循环的方式。

简而言之，你需要将你的注意力从大脑转向实际。这并不是下意识的、反射性的分心，也不是逃避只会增加焦虑的焦虑。相反，你需要参与到一个项目或一项活动中，这样你的注意力就会从对未来可能出现的危险的焦虑中转移出来。可以参与1）令人愉快的实践活动，或2）完成手头某些紧迫任务的实践策略（例如，在离家很远的地方开车或演讲）。

你对自己选择的中断焦虑的活动所采取的立场是至关重要的。不管出现任何焦虑，你都要采取一种接受的姿态。由于你不能强迫焦虑消失，所以产生焦虑是完全可以的。你可能会用一句接受的陈述来回应反复出现的焦虑，比如"好吧，这就是焦虑，它只是以它的方式存在这里，我要继续工作了。" 你的注意力集中在实践活动上，而不是对抗可能出现的任何焦虑。考虑以下活动来中断焦虑。

体育锻炼

可以是你最喜欢的体育项目，也可以是家务活。如果你不想锻炼，可以环顾房间或办公室的四周，看看有哪些可以做的。你是否有一个推迟了一段时间而没有做的事？可以就是平常的家务活，比如更换抽纸，给地板上蜡。大多数人都有一份不成文的、长期的、针对房间内的家务活的"待办事项清单"。写下你的清单并决定好你想先做什么。

与某人交谈

现代社会大大减少了我们花在交谈上的时间。科技、现代生活的快节奏和普遍的孤立趋势不仅限制了我们进行深度且有意义的交流的时间，也限制了我们日常简单聊天的时间。交流是使注意力远离焦虑的好方法。通常情况下，你谈论的不是焦虑，除非你想表达你对焦虑的感受。

做20分钟的深度放松

当你陷入焦虑时，你的身体通常是紧张的。如果你抽出时间来练习放松技巧，你会经常发现你的大脑会倾向于放下把你困住的东西。长时间的放松（15到20分钟）比短时间的放松效果更好。你可以使用第4章和第19章所讲的腹式呼吸，渐进式肌肉放松，引导可视化或者冥想来进入一种深度放松的状态。

听动人的音乐

悲伤和愤怒这样的感觉可能是导致强迫性焦虑的根源。音乐有一种强大的能力来释放这些感觉。看看你的音乐收藏，找到一首歌或一张光盘，让你释放情感。你也可以在线播放你最喜欢的音乐。许多人发现，在没有刻意为之的情况下，他们收集了一些兼容并包的音乐，可以根据自己的心情进行选择。如果你就是这样，那就利用这些音乐来中断焦虑循环。

体验能让人立即愉快的事物

你不可能既焦虑又感到舒适和愉快。恐惧和快乐是不相容的体验。任何你觉得愉快的事情都能帮助你远离焦虑和恐惧的想法，可以是一顿美食，一个热水澡，一部有趣的电影，一次背部按摩、拥抱、性活动，也可以是在美景中散步。

使用视觉干扰

看一些吸引你注意力的东西，可以是电视，电影，视频游戏，电脑，或非电子活动，如能让人开心的读物，手工艺品，或给涂色书上色。

表达你的创造力

你有创造力时就很难去焦虑。尝试手工艺品，演奏乐器，绘画，园艺或者只是重新布置你的客厅。如果你有一个爱好，就花一些时间在上面。你有一直想尝试的事情吗？比如制作珠宝或水彩画。这是你开始新的有益活动的好时机。

寻找另一种积极的执念

你可以通过做一些需要集中注意力的事情把消极的执念替换成积极的执念。例如，玩填字游戏或拼图游戏，或阅读益智类书籍。

重复肯定信念

远离焦虑的一个健康的习惯是安静地坐着，有意识地慢慢重复一个具有个人意义的肯定信念。当你的思想被分散时，把它带回到肯定信念。保持这个状态5~10分钟，或直到你完全放松。以下是一些有精神倾向的肯定信念：

1.放手给主。

2.与主同在。

3.让上帝来解决吧。

如果你更喜欢非精神的方法，试试以下这些：

1.随它去吧。

2.这些只是正在消逝的想法。

3.我是完整的、放松的、无忧无虑的。

本书中的两个肯定信念列表可以帮助你创建自己的列表。一个列表在第9章"肯定信念范例"一节，还有一个列表在附录4"抵抗焦虑的肯定信念"。

解　离

解离是源自于接纳承诺疗法（Hayes, Strosahl, and Wilson, 1999; Harris, 2019; and Eifert and Forsyth, 2005）的一系列技术。

这些技巧提供了一种让你从持续的思想流中解脱出来的方法。解离技术在条件反射、无意识思想和你对这些思想的意识之间增加了一些距离或"空间"，能增强观察力，而不是沉浸在思想中。这些技术对处理焦虑非常有帮助。

当你和你的想法"融合"在一起时，你倾向于相信它们，就好像它们是绝对的真理，即使它们指的是一些未来的（不太可能发生）危险。例如，如果你在焦虑时心跳加速，你可能会认为自己要患心脏病了。你绝对相信这一点，即使它发生的可能性很低。

一种类型的融合是严格遵守关于你是否应该感觉或做某事的规则。这种想法包括"应该""必须""不得不"这些词。常见的例子有"我不应该有这种感觉"和"我必须把这件事做好，否则根本不值得尝试"。

另一种类型的融合与你"内心批评者"的消极评价密切相关，内心的声音往往会让你失望。在这种情况下，你真的会相信消极的自我评价，比如"我一无是处""我很软弱""我很失败"或"我无法处理"。和这种自我批评的陈述融合会产生抑郁和绝望的感觉。

融合的问题在于，你认为绝对真实的事物只不过是你头脑中一连串的语言和图像。这些语言和图像与现实无关，但你对它们深信不疑，就好像它们是完全真实的。陷入或纠缠于这样的思想会导致很多痛苦。解决办法就是不要再相信你所想的一切。

在焦虑时，不安的想法往往以一个冗长的序列联系在一起，每一个不安的想法都和另一个联系在一起，就像链条在变长，你的焦虑也会增加。解离帮助你在这个链条上退一步。所有的解离技术都是基于学习观察思想的基本原则。

解离本身是从简单地要求自己退后一步，仔细地注意自己在想什么开始的。你要怎么做呢？你可以对自己说：

- ◎ "好吧，现在我的大脑告诉我什么？"
- ◎ "现在我的脑子里有什么想法吗？"
- ◎ "我能注意到我的大脑在说什么吗？"
- ◎ "现在我在做什么评价？"

一旦你确定了自己的几个具体想法，可以把它们写下来，下一个要问的重要问题就是它们是否对你有用。与认知行为疗法相比，解离更关心的是它是否可行，是否有帮助，是否追求一个更充实而有意义的生活（而不是导致更多的压力和痛苦），而不是它的真假。如果你和"我很胖"的想法融合，解离不关注这个想法的真假，相反，它关注的是这个想法是否有帮助。简单地说，解离的目的在于放下不可行的想法，不管它们是否正确。解离的要点是减轻痛苦的、批评的、不安的想法的束缚，让它们不太可能主宰你的生活。

常用的解离技术

以下是一些常用的解离技术。

注意你的大脑正在告诉你什么。回想一下这个问题："我的大脑正在告诉我什么？"

写下尽可能多的想法。特别是当你感到不安的时候，做几次深深的腹式呼吸，直到你感到放松，坐下或躺下，注意你的想法，然后把它们分别写在索引卡上或者全部写在一张纸上。

以"现在有一个这样的想法……"开头。根据你注意到的想法，以"我现在有一个这样的想法……"开头，例如，你产生了"我是个失败者"这样的自我毁灭的想法，你可以通过对自己说"我正在想'我是个失败者'"来解离它或者远离它。

想象溪流上的树叶。想象你坐在一条小溪的岸边，树叶掉进小溪里，从你身边漂过。现在，在接下来的几分钟里，把你脑子里蹦出来的每一个想法都放在一片叶子上，不管你喜不喜欢这个想法，让它流淌过去。不要试图让溪水流得更快或更慢，只要想象它以自己的速度流动就可以了。如果一片叶子卡住了，就让它留在那儿，不要强行让它漂走。如果你开始感到无聊或不耐烦，承认这种想法"是一种无聊的感觉"或"是一种不耐烦的感觉"，再把这个想法放在一片叶子上，让叶子漂走。

观察你的想法。放松，支撑着头部，集中注意力到你的身体上，进行1~2分钟的腹式呼吸。现在把注意力转移到你的想法上。问问你自己：它们在哪里？它们在空间的何处？它们在我的大脑里吗？它们是不是在我大脑中的"精神空间"飘来飘去？它们在别的地方吗？

注意你的想法的形式。它们更像是文字、图片还是声音？注意你的想法是在快速移动、减速还是几乎静止？如果它们在运动，它们以什么速度，朝什么方向运动？注意你想法之上和之下的东西。它们之间有间隙吗？这些间隙有多大？时不时地，你会发现自己被自己的想法困扰，这是非常自然和正常的。当它发生时，只需温柔地承认它，再继续观察你的想法。

想象一个电脑屏幕。想象你的想法从左到右在电脑屏幕上移动。你可以在屏幕中间看到它们，也可以在底部以字幕的形式看到它们。当它们出现在屏幕左侧时，持续地看着它们从左到右在屏幕上移动。如果想法移动太快而无法读懂所有的内容，使用短语或简短的词语来代替完整的思想。如果想法停滞，要有耐心，看看会发生什么。一直看着想法移动，直到你明白一个想法是如何导致另一个想法的。如果你感到有困难，试着在想法移动时改变字体、颜色，甚至是格式，你甚至可以给想法配图片，使之更生动。

探索想法的"自然史"。问问自己，是否记得你第一次有某个想法（或焦虑）的时候。当你第一次意识到这个想法时，你的生活中发生了什么？你觉得为什么你的大脑会一直想起这个想法或焦虑？你的大脑试图通过焦虑来实现什么或保护你免受什么？这个想法如何对你起作用？它是否帮助你感到更快乐或更安全？这个想法有没有让你避开那些原本可以享受的东西？花几分钟的时间，用这些问题来继续探索已有的想法或焦虑。

唱出想法。例如，把"我是个失败者"用生日快乐歌的曲调唱出来（这是一种滑稽的解离技巧，不管这种技巧能否吸引你，它对很多人都有效。）

考虑想法的可行性。问自己这些问题："如果我赞同和相信某个想法，让它控制我，这对我有什么影响？""相信它，我会得到什么？""相信它会让我过上更好、更有意义的生活吗？"

以上这些解离技巧可以在任何时候用来让你从焦虑的想法中解脱出来。正如前面提到的，解离是接纳承诺疗法（acceptance and commitment therapy, ACT）的一个方面。如果你有兴趣学习更多关于接纳承诺疗法的知识，路斯·哈里斯的著作《ACT就这么简单》可以作为一个很好的开始。

焦虑暴露

　　焦虑暴露是想象暴露法（见第7章）的一种形式，即你详细想象一个关于特定焦虑的最坏情况。例如，考试不及格或在求职面试中出错。反复想象让人发愁的情境，直到你感到无聊并最终消除它。也就是说，反复面对某件事来适应它，直到它不能产生任何焦虑。

练习焦虑暴露

　　你可能有一个最困扰你的焦虑，也可能有各种各样的焦虑困扰着你。

　　请继续执行以下步骤来正确执行焦虑暴露。

　　1.在一张纸上列出你所有的焦虑。它们可能与学习或工作上的表现有关、与重要他人或朋友之间的关系有关、与犯错误有关、与健康有关、与人身伤害有关，等等。

　　2.根据焦虑清单和焦虑的严重程度（对你的困扰程度），从最轻微的焦虑写到最严重的焦虑，形成第二张清单。例如，你有10种焦虑，最轻微的焦虑的编号为1，最严重的焦虑的编号为10。

　　3.先选一个你想解决的焦虑，最好是不那么麻烦的焦虑，然后详细写出一个脚本，要包括导致这种焦虑的所有情境，还要把这种焦虑变成最坏的情况。你的脚本要从头到尾列出情境的各个方面，努力把所有的事情都包含在脚本中，不仅有文字，还有图像，包括光线、声音、身体感觉，甚至是气味，就好像这些事情真的发生在你身上一样。例如，如果你焦虑即将到来的工作面试，写一个脚本，包括面试前一天晚上和面试当天开车去面试，等待面试开始，遇到难以回答的问题，想象自己在回答时磕磕绊绊，看到面试官不耐烦甚至轻蔑的样子，面试官突然停止了面试，大声要求你离开，之后邮箱收到一封只有两句话的拒绝信。或者你即将要参加一个考试，写一个详细的脚本，包括准备考试，坐下来等待考试，开始考试，你只能回答少许问题并越来越焦虑，你对于在答题区域留出很多空白感到心烦意乱，所以你提前走出考场，而别人还在考试。你走出去的时候，其他考生都盯着你看。你等着收到通知成绩不合格的邮件，这会非常影响你的平均绩点，以至于这门课程不合格。

4.现在慢慢地通读你的完整脚本，逐字逐句地感受它。

重要提示：读完脚本后，闭上眼睛，花五到十分钟的时间想象情境。最好用计时器计时。

如果你在想象你的焦虑情境时感到焦虑，那么你已经做好了把它写下来的准备。为了完全消除焦虑情境，你至少需要在最初暴露于其中时感到一些焦虑。然后，你需要重复几次暴露在焦虑情境中，直到它变成平常，不能引起焦虑。

尽量不要让你的注意力被其他情境吸引。做出一个时间承诺：停留在最坏的情况中5~10分钟，不要分心。当你的思绪开始飘忽不定时，再次专注于你详细的焦虑情境，持续完成这个情境，直到你的焦虑开始消退，甚至到你感到无聊的程度。

5.在一天之内，针对某种焦虑，至少连续重复两到三次步骤4。如果你的焦虑在第二次暴露后消退，你可以跳过第三次暴露于最坏的情况。如果你在某种暴露上花费了相当长的时间，那么焦虑暴露的总时长在10~30分钟。第一次暴露的全过程都很焦虑是正常的。用1~10分来表示，如果你第一次暴露时的焦虑在4~7分，就表现得不错。感到焦虑对于你最终消除焦虑情境并认识到事实上并没有产生伤害是很有必要的。如果你很少感到焦虑或没有焦虑，并且在10分制中给你的焦虑打分不超过1或2分，那么就换一个你焦虑清单上更严重的焦虑。相反，如果你感到非常焦虑，甚至极度焦虑，给焦虑的打分在8~10分，就延后暴露于这种焦虑，并在你的焦虑清单上找到一个更轻微的、可以让你开始焦虑暴露的焦虑。在成功地克服较为轻微的焦虑后，你会发现暴露于最困难的焦虑变得更容易了。

6.在你完成了一天的焦虑暴露后，想象一个比最严重的焦虑情境更容易或更好的积极结果。在想象一个更容易的结果之前，确保你已经想象过至少两三次最严重的焦虑情境，或者已经在这种焦虑情境上花费了10~20分钟的时间。在这个积极的情境中，运用应对策略尤其有帮助，如腹式呼吸或应对陈述。

例如，在想象工作面试的例子中，可以在面试之前练习腹式呼吸（见第4章）和/或建立自信的应对陈述（见第6章"应对陈述"）。然后想象你的面试进展顺利，面试官微笑着问一些简单的问题，你很轻松地回答，在结束时面试官聘用了你。在考试的例子中，在考试前练习腹式呼吸来缓解焦虑。然后想象考试中的问题很容易回答，你轻松地答完了所有的问题，甚至很早就离开了考场，你自信地认为自己在考试中发挥得不错。

不管你在第一次想象最严重的焦虑情境时的焦虑水平如何，焦虑应该在你完成"成功的情境"后大幅减少。

7.练习焦虑暴露，每天暴露于最严重的焦虑情境两到三次。如果第一天后你仍然感到焦虑，那么每周最多暴露三天，你迟早会发现焦虑失去了引发焦虑的力量。一定要从引发"中等"焦虑的焦虑开始（而不是非常低水平或非常高水平的焦虑）。在你为某种焦虑练习了足够多次数的焦虑暴露后，焦虑就不会再引起焦虑（或仅仅是名义上的焦虑），恭喜你！你已经成功完成了焦虑暴露，学会了克服焦虑，但你可能偶尔想要重新贯穿焦虑情境，以此作为一种"推进环节"来巩固你的成功。

8.找到你清单上的另一个严重的焦虑。针对这个焦虑重复步骤3到7，创建一个详细的情境，再将自己暴露在你的想象中。

注意，如第7章所述，与焦虑暴露不同，暴露于实际恐惧是在现实生活中完成的暴露。焦虑暴露是将你最严重的焦虑正常化的过程，它在大脑中完成，长远目标是毫不焦虑地处理你所有的焦虑。

焦虑暴露的目的是让焦虑不再产生焦虑或不再让你痛苦。在做了焦虑暴露后，当焦虑不自主地出现时，你会感觉到很自然，因为你已经在暴露过程中贯穿了焦虑情境，现在这种焦虑已经失去了影响力。通过充分的暴露练习，你可以了解到几乎所有的焦虑（除了那些有现实基础的焦虑，例如通过律师资格考试或进行备受关注的面试）要么是无害的，要么是不大可能会发生的。

推迟焦虑

你可以选择推迟焦虑，而不是试着完全停止焦虑或强迫性的想法。这个策略在你试着突然停止焦虑时特别有帮助，正如本章开篇提到的中断技术。

从某种意义上说，你可以告诉焦虑只忽视它们几分钟，稍后会去找它们，以取得焦虑或强迫性想法的信任。这样，你就避免了与你的大脑中不自主地持续焦虑的那部分发生冲突。

当你第一次尝试这个技术时，试着短时间地推迟焦虑，也许1~2分钟。然后，在分配的时间结束时，尝试再次短时间地推迟焦虑，也许3~5分钟。当这段时间过去了，更长时间地推迟你的焦虑想法。诀窍就是要尽可能长时间地推迟焦虑。你可以推迟某种焦虑足够长时间，你的注意力就会转移到其他事情上，焦虑被推迟得太久后就会失去影响力。例如，假设你正在努力完成工作，而你一直在焦虑如何支付所有的费用。不要试图赶走焦虑。接受焦虑，而不是与之抗争，但你要告诉自己只是推迟5分钟去想它。5分钟后，告诉自己要再推迟5分钟去焦虑。继续尝试推迟，直到你的注意力转移到其他事情上。

当你第一次尝试这个技术时，可以稍微推迟一些时间，比如几分钟。等你熟练之后，试着推迟更长的时间，一天中最多推迟一至几个小时。如果在推迟了两三次焦虑之后，你觉得自己不能再推迟了，那就给自己5~10分钟的时间来焦虑，也就是说，有意识地专注于你的焦虑，在一段短暂的、预先指定的时间内回顾你脑海中焦虑的想法和随之而来的图像，例如5~10分钟。在时间结束时，试着再次推迟焦虑。如果你有困难，则使用本章前面介绍的中断技术或解离技术。

推迟焦虑是一种可以通过练习提高的技巧。和其他消除焦虑的技术一样，掌握推迟焦虑的技巧会增强你处理各种焦虑和反复出现的强迫性想法的信心。

计划有效的行动来处理焦虑

焦虑工作面试、发表演讲或长途飞行比实际体验更有压力，因为你身体的战斗或逃跑系统并不区分你对情境的幻想和情境本身。焦虑想象中的威胁会使你肌肉紧绷，胃部翻腾，就像面对真正的威胁一样。当你感到陷入某种焦虑时，制订一个行动计划来应对焦虑是一个有用的策略。制订计划的过程会帮助你的大脑远离焦虑，还会帮助你用一种更乐观、更有希望的态度来替代你可能会有的受害感。

练习：制订一个应对焦虑的计划

想想你最焦虑的是什么。是钱、特别的关系、你的孩子、你的健康、你的焦虑问题还是即将到来的公开演讲？在你所有的焦虑中，现在最需要采取行动的是哪一个？如果你已经准备好并愿意采取行动，请按照以下步骤进行操作。以下步骤是得到玛丽·艾伦·科普兰允许后，根据其著作《焦虑控制手册》改编而成。

在下方写下让你焦虑的特定情境：

1.列一个清单，写出你可以做哪些事情来处理和改善这种情境，即使这些事情目前对你来说是压倒性的或不可能的。你也可以向家人和朋友征求意见。不要评判任何可能做出的选择，仅需写出它们。

2.考虑每个想法。哪些是不可能的？哪些是可行却难以实施的？在这些问题后面打个问号。你可以在下周或下个月做哪些？在这些后面打钩。

3.跟自己签个合同，督促自己去做所有打过钩的事情。设置完成这些任务的具体日期。当你完成了打了钩的项目后，继续做更难的事情。再和自己订立一个类似的合同来完成这些任务，并在规定的日期前完成它们。

4.有没有一些事情是原本看起来不可能，但现在你可以做到的？如果有，和你自己签一个合同去做这些事情。同样，在规定的日期前完成它们。

5.完成合同上所有的事情后,问问自己,情境有什么变化。你的焦虑得到圆满解决了吗?如果还没有解决,请重新进行此过程。

如果你还是焦虑,也许你有一些自我限制的思维模式或信念。要理解和改变你个人的思维模式或信念系统,请参阅第8章"自我对话:让积极战胜消极"和第9章"错误信念"。

小　结

1.注意你的大脑是如何在反复对未来做出负面预测、高估威胁发生的概率、低估威胁真实发生后的应对能力和试图对抗或抑制焦虑的过程中来制造焦虑的。

2.要意识到实际上可能会增加焦虑的方式,比如试图说服自己摆脱焦虑,努力在本质上不确定的情境中获得确定性,或持有对焦虑的"元认知信念",比如过度焦虑某件事会使它不太可能实现,过度焦虑可能会导致你焦虑的事情真的发生,或过度焦虑表明你有严重的问题。

3.使用中断技术引导你的大脑远离焦虑。中断不是分散注意力,分散注意力是一种逃避焦虑的尝试。参与实践活动,如体育锻炼、腹式呼吸、与他人交谈或参与一些创造性活动有助于你"跳出头脑,融入生活"。

4.使用解离技术来"解离"你的想法。解离提供了一系列的策略,让你跳出来,观察自己焦虑的想法和图像,而不是沉浸其中。所有常见的解离技术都是同一个主题的变体,这个主题就是它们让你能够观察自己内在体验的意识流。

5.利用焦虑暴露在精神上消除对你最具挑战性的焦虑。在焦虑暴露中,你需要写出包含详细想法和图像的脚本,以创建特定焦虑的"最坏情况"（例如焦虑即将到来的考试或工作面试）。再阅读你的详细脚本,并在脑海中多次想象它。如果在看脚本时出现了适度焦虑,则焦虑暴露是有效的。继续在大脑里排练脚本,直到你的焦虑最终消退。可以在一天对给定的焦虑情境进行几次焦虑暴露,也可以在几天之内重复进行焦虑暴露。进行焦虑暴露后，你会发现最初高估了焦虑或焦虑的事物极不可能发生，这时焦虑已经失去了引发焦虑的力量。

6.推迟焦虑是另一个快速中断焦虑的技巧。焦虑出现后，推迟1分钟去想它。焦虑再次出现时，略微延长时间，推迟2~3分钟去想它。在推迟焦虑达到足够的次数后，你会摆脱焦虑，投入到更有成效的生活中去。

7.计划有效的行动来应对你的焦虑。当你焦虑的某件事有实际的解决办法时，头脑风暴一下，想想你可以采取哪些有效的步骤来应对这种情境，再逐步执行这些步骤。对于那些可以通过生活中的行动来解决的焦虑，本章最后一节提供了一个逐步执行的过程。

11

加重焦虑的
人格类型

有焦虑症倾向的人们一般都拥有一些共同的人格特质。其中某些是积极的，比如创造性、直觉、情绪敏感性、移情及友善。这些特质可以把有焦虑倾向者与其亲朋好友更紧密地联系在一起。另外一些共同特质则可能加重焦虑并影响有焦虑倾向者的自信。本章重点介绍4种特质，其中的每一种在康复过程中的某些情况下都需要得到重视。

◎完美主义

◎过度需求认可

◎忽视身心应激征兆的倾向

◎过度控制欲

你可能不会同时拥有这4种特质，但是如果你身患惊恐症、恐惧症或广泛性焦虑症，不论是新病还是旧疾，你都可能拥有这4种特质中的至少一种或是更多。

激发焦虑的特质的来源

这些会激发焦虑的特质源自哪里呢？一方面，诸如创造性、情绪敏感性等特质很大程度上可能来自于焦虑症的遗传成分。另一方面，完美主义、过度需求认可或过度控制欲则更可能是经由童年早期经历发展而来的。有多种途径可能造成这些特质。如果你的父母具有这些特质，你可能会以他们为榜样而直接学习到。如果你的父母是有很高成就的人，对自己要求尽善尽美，你可能把他们的价值观加以内化，并且采纳了相似的行为模式。此外，这种特质可能由你对父母的教育所采取的应对方式发展而来。例如，如果你经常受到挑剔或责备，你可能从小就认为自己什么事情都做不好。其结果就是，你会努力想把每件事都做到完美，或者你可能会时常寻求他人的肯定和赞扬。在这个过程中，你可能还学会了否定自己的感受并且忽视压力带来的种种生理或心理征兆。

如果你想进一步了解自己身上这些特质是怎么发展来的，你可以从第2章的"家庭背景问卷"开始。思考你对每道问题的回答，会帮助你更多地了解自己的过去。

下文的内容有助于你认识、处理并改变完美主义、过度需求认可、忽视身心应激征兆的倾向及过度控制欲这4种激发焦虑的人格特质。

完美主义

完美主义表现为两个方面。第一，你倾向于对自己、他人和生活有不切实际的过高期望。当任何事情达不到目标时，你就会大失所望并且／或者大肆批评。第二，你倾向于过分关注自己或自己的成就当中的一些微不足道的缺陷和错误。由于过分关心"什么是错的"，你倾向于低估和忽视"什么是对的"。

完美主义是低自尊的常见原因。它让任何努力都白费，并且让你确信没有什么事情是可以做到足够好的。它还会把你驱赶向慢性应激、精疲力竭甚至油尽灯枯的地步。每当完美主义在你耳边提醒你"应该""不得不"或者"必须"的时候，你就会出于焦虑，而不是出于自发的愿望和爱好，而迫使自己抓紧努力。你越是追求完美，你就越感觉到焦虑。

克服完美主义需要从根本上改变你对自己的态度以及你看待生活的总体态度。以下7个步骤就是这种转变的开端。

转变"个人价值取决于个人成就"这种观念

外部成就可能是社会评价一个人的"价值"和社会地位的标准，但是你甘愿让社会来对你作为人类一员所具有的全部价值下一个简单结论吗？试试在心里强化这种观念吧：人类的个人价值是客观存在的，不因别人的说辞而有所改变。我们认为动物或植物具有某种内在价值时，仅仅是由于它们的客观存在。同样，你作为人类的一员也可以只因为你这一客观存在就具有同样的内在价值。要乐于承认并确信，不论你的外部成就如何，你都是同样的可爱、同样的受欢迎。当人在生命的尽头反思过往时，往往会发现只有两件事情是最重要的：一件是学会如何去爱，另一件就是增加自己的智慧。如果你需要用任何标准来评价自己，试试用这两件事情作为标准，忘掉社会对价值的简单定义吧！

认识并克服完美主义思维模式

完美主义表现在你与自己对话的方式上："应该或必须的思维模式""全或无的思维模式"以及"概括化的思维模式"是完美主义者的典型态度。下面的范例是与每一种思维模式有关的自我陈述以及与之相反的更为客观现实的陈述。

思维模式	反驳陈述
应该／必须型	
"我应该有能力把这事做好。"	"我会尽力而为。"
"我绝对不能犯错。"	"人孰无过。"
全有或全无型	
"这是彻头彻尾的错误。"	"这并不全是错误的。某些方面还是可以的，只是另一些方面需要多加注意。"
"我完全做不到。"	"如果我一小步一小步地做，我就可以完成任务。"

过度概括

"我总是把事情搞砸。"　　　　　　"说我总是把事情搞砸并不是事实。但在这件事情上我是需要重新审视一下并且进行必要的修正。"

"我绝不可能完成这事。"　　　　　"如果我一步步来，并且坚持努力的话，慢慢地我会达到我的目标。"

　　花一星期的时间留意你是否具有这些思维模式中的任何一种。随身带个笔记本，一旦你脑海中出现了这些想法就把它们记下来。当你感到特别焦虑或者压力很大的时候，审视一下你对自己说的话。特别注意你所使用的"应该""必须""不得不""总是""从未""全部"或"决不"等词语。当你用一星期时间来记下自己的那些完美主义者的自我陈述之后，为每一个陈述找到反驳陈述。接下来的日子里，通过反复阅读你的反驳陈述列表来激励自己开始用一种"非完美主义"的态度对待生活。第8章里有关于如何编造和使用反驳陈述的更多信息。

不再夸大微小错误的严重性

　　完美主义的最大问题就是它强迫人把注意力集中在那些微不足道的缺点或错误上。完美主义者倾向于为了个别微小的错误而严厉地苛责自己，即使这些错误对你现在并不会或仅仅只会造成较小的影响，更不用说会有什么长期影响了。你可以切实思考一下，你今天所犯的错误在一个月后或者一年之后又会有多大的影响呢？在大多数情况下，这些错误很快就会被忘记。任何成功都离不开失败和挫折的考验。伟大的成功总是伴随着伟大的失败。

把注意力集中在积极的方面

　　由于过分执着于微小的缺点或错误，完美主义者倾向于低估他们成功的方面。他们选择性地忽略掉他们取得的任何成功。有一种方法可以克服这种倾向，那就是在每天睡觉之前对当天所做的任何成功的事件进行详细记录。想想在这一天当中，你做了什么对他人有帮助或者让他人高兴的事情，不管是不是重要的事情。想想你朝着你的目标又接近了一步，不管这一步有多大。你还做了其他什么事情？有些什么感悟呢？

留意你是否通过使用"但是"来否定了某些事情的积极方面，例如，"我在实习课上表现得很好，但是在快结束时却开始着急了"。学会在评价自己的态度和行为时去掉那些"但是"。

把重点放在现实目标上

你给自己定下的目标是真正可达到的，还是太遥不可及的？你觉得别人有无可能达到你为自己设定的这个目标呢？有时候要判断某个目标是否定得过高确实不太容易。或许与朋友或咨询师一起制订一个"现实性检查方案"来确定现有目标的现实性或合理性会起到帮助作用。你对自己和世界是否有过多的期望？你可能需要调整自己的某些目标以适应有限的客观条件，例如时间、精力、资源，等等。如果你对自我价值的判定真正来自于内在的自我，而不是你的外部成就，你就能够做到这一点。接受自身的不足，是自爱的一个最基本的行动。

为生活增添愉悦和乐趣

完美主义者有一种呆板和克己的倾向，为了外在的目标而牺牲自己的天性需求。最终，这种倾向会扼杀生命的活力和创造力。愉悦或者说寻找生活的乐趣，制止了这种趋势的发展。

苏族印第安人有一句谚语："人们在死后说的第一句话是，'为什么我竟如此严肃？'"你是否对自己太过严肃，不让自己有欢笑、娱乐、玩耍和休息的时间？你怎样才能多拥有一些轻松愉快的时间？你可以从每天花一点时间做至少一件自己喜欢的事情起开始改变。

培养一种过程取向的态度

你参与某项运动是为了赢还是为了享受运动的过程呢？在生活当中，你是怀着"参与就要取胜"的心态而把精力花在取胜上，还是享受着每一天生活的过程呢？

大多数人，尤其是当他们老了之后会发现，如果想更多地享受生活，那么最好为行动过程赋予意义，而不要仅仅在乎结果或成绩。这种观点的通俗表达则是"旅行的过程比终点更重要"以及"停下脚步，闻闻玫瑰的芬芳"。

过度需求认可

每一个人都需要赞扬和肯定，然而大多数与焦虑和恐惧症作斗争的人都对他人的认可有过度的需求。过分关注他人的认可常常起源于内在的缺陷感或无价值感。这导致一种错误信念，即你实际上是一个不受欢迎的人（如果人们看到我真正的样子，他们不会接受我的）。过度需要认可的人总是寻求来自他人的肯定。为了能让大多数人满意，他们可能会非常顺从于他人的期望以致他们经常忽视自身的需要和感受。对他们而言，不再无限度地满足他人的要求或者说"不"，往往非常困难。

一直牺牲自己而去迁就、取悦他人，长此以往的后果是由于未考虑自己的基本需求而悄悄滋生出巨大的挫折感和憎恨感。这种隐藏的挫折感和憎恨感无意识中为许多慢性焦虑和紧张症状打下了基础。

有许多方法可以避免对认可的过度需求。以下的几个步骤可以帮助你开始：

形成对认可的现实观点

当别人没有认可你，或者甚至对你粗鲁或挑剔的时候，你将如何面对？你会对此颇为介意，并将之视为是你的缺点或不足的进一步证据吗？

下面列出了那些过分关注自己是否受人欢迎的人的一些典型态度。它们可以被称为"悦他"态度。每一种态度下面是与之相反的一种观点，是在大多数情况下都更为现实的观点。

典型态度："如果有人对我不友好，那是因为我做错了什么。"

相反观点："人们可能不善于向我表达热情或表示认可，这可能是由于一些与我自身无关的原因造成的。比如他们自己遇到了难题、挫折或正处于疲劳状态，这些都可能使他们无法表达出友好和认可的态度。"

典型态度："别人的批评无非是为了强调我是多么无用这一事实。"

相反观点："挑我的毛病的人有可能是在我身上投射他们不愿意承认的自身的缺点。把自己未意识到的缺点投射到别人身上是人类的普遍倾向。"

典型态度："我觉得我很好，因此每个人都应该喜欢我。"

相反观点："无论我好或不好，总会有一些人就是不喜欢我。一个人在另一个人眼里是讨人喜欢的还是讨人厌的，往往是一种非理性思维的产物。"

典型态度："他人的认可与赞扬对我太重要了。"

相反观点："我所遇见的每个人都赞扬我，这并不是我能过得快乐而有意义的必要条件，尤其是当我相信自己、尊重自己时。"

下次当你觉得自己讨人厌或被排斥的时候，不妨冷静下来想一想，别人对你的否定态度是由于你所做的事情呢，还是仅仅由于他们对一些与你根本无关或相关甚微的事情感到不满而已。问问自己，你是不是对别人的一些无心的评价或举动而过分介怀了。

客观地面对批评

过度需求他人的认可往往伴随着对批评的处理不当。你可以学着改变自己对待批评的态度，忽视那些没有根据的批评，而将那些建设性的意见视为有益的学习经验。

下面三条建议可能会有帮助：

审视批评的来源：当你受到批评时，很重要的一点是要弄清是谁在批评你。这个人有资格批评你吗？他（她）对你及你的能力或这个领域的相关信息的了解是否充分到能够做出合理的评价？这个人是不是抱有某种偏见以至于让他（她）无法客观地评价你呢？（在你们的关系中，情绪情感的成分越重，这种可能性就越大。）这个人说的话是理智的还是情绪化的？通常情况下，寻找这些问题的答案会让批评带给你的情绪刺激得到平缓。

寻找细节：这点在你受到一个概括性的批评时尤其重要。比如，"简直是太糟了！"或"你真是一事无成"。不要让自己接受一个概括性的评价。问问那个批评你的人，弄清楚具体是什么事情没有达到要求。问问那个人有什么建议可以让你改进表现或改正现状。

确定批评中的正确成分：你已经评判了批评的来源并获得了足够的细节，接下来的任务就是问问自己，这一批评是否有其中肯之处。通常，如果某个批评多少说到了点子上，你会感到被触到了痛处，并为此心烦。如果一个批评完全是空穴来风，你可能根本不会对它产生任何情绪。你可能会觉得这个批评与自己风马牛不相及或者是无知的，甚至荒谬的，从而只是对其付诸一笑。

应对那些似乎说到了点子上的批评的最佳方案，是将其视为重要的、能帮你进一步认识自己的反馈信息。此外要注意提醒自己，批评只是（或者应该只是）针对你行为的某一个层面，而不是针对你整个人。这里有一些很好的肯定信念，可以帮助你培养应对批评的积极反应：

◎这个批评是一个很好的学习机会。

◎这个批评只与我的个别行为有关，而非针对我整个人。

◎尽管这个批评让人感觉不愉快，但它也并不代表我被完全排斥或被全盘否定。

判断并消除相互依附

下列测试反映了你的信念，在符合你的想法的句子前面的方框处打钩：

　　□ 如果对我来说很重要的某人期望我做到某事，我就应该做到。

　　□ 我不应该发脾气或者做出让人不愉快的举动。

　　□ 我不应该做任何可能让别人生气的事。

　　□ 我应该让我爱的人高兴。

　　□ 如果我在乎的人为我而感到心烦意乱，这通常是因为我的错。

　　□ 我的自尊来源于帮助别人解决他们遇到的问题。

　　□ 在照顾别人时我往往会承担过多的不属于自己的责任。

　　□ 如果有必要的话，我会放弃自己的利益或需求来维系我与对我重要的人的关系。

　　□ 捐赠是让我对自己满意的一条最重要的途径。

　　□ 对他人怒气的恐惧严重地影响着我的言行。

　　如果你在3个或3个以上的句子前面打钩，那么相互依附很可能是你需要解决的问题之一。

　　相互依附可以被定义为一种克己利他的倾向，表明你对他人的迁就已经达到了这种程度：你总是倾向于轻视或忽略自己的感受、愿望和基本需要。你的自尊强烈地依赖于你在多大程度上能取悦、照顾，并且/或者为他人解决问题等。

　　以相互依附的态度来对待生活会造成大量的不良后果：怨恨、挫折和个人需求无法得到满足。当这些感受和需要尚处于无意识状态时，它们以焦虑的形式表现出来，尤其是慢性的、广泛性的焦虑。而长此以往则会造成持久的应激、疲劳和最终发作出来的严重的身体疾病。

　　从根本上消除相互依附，需要你学会爱自己、对自己好一点。这意味着为自己的需要所付出的时间和精力就算不能超过为他人的需要而付出的，也至少应该是相等的。它还意味着你要设定一个能够做或者能够容忍的界限，并且学会在适当的场合下说"不"。下面的肯定信念会帮助你养成"益己"的态度，这能让你摆脱相互依附（如何使用肯定信念详见第9章）：

　　　　◎我要学会对自己更好。

◎我认识到了自己的需求是重要的。

◎为自己花时间是件好事。

◎我会在自身的需求和为他人着想两者之间找到一个平衡点。

◎如果我把自己照顾好，我就能给他人更多帮助。

◎问问我能从别人那里得到什么也是很正常的。

◎我会学会接受真实的自我。

◎必要时拒绝别人的要求也是很正常的。

◎我不必为了被别人认可和被爱而变成一个完美的人。

◎我能改变自己，而我也接受我不能改变他人这一事实。

◎我不会再为别人的问题而承担过多的责任。

◎我足够尊重别人，因为我知道他们能够对自己负责。

◎当我不能达到别人的期望时我也不再有内疚感。

◎同情别人是爱的表现；为他人的感受或反应而背负内疚感是不能解决任何实际问题的。

◎我会学会每天爱自己多一些。

为了对付相互依附的问题，你可能需要读一些相关的经典著作，例如梅洛迪·贝蒂所著《不再相互依附》，巴·梅洛迪所著《面对相互依附》和罗宾·诺伍德所著《爱得过火的女人》。你也可以考虑匿名参加当地的针对相互依附的课程。它会提供一个包含12个阶段的克服相互依附的方案。

上述三点建议仅仅是在减少过度关注他人认可这个方向上的一个开端。本书第14章和第15章也可以帮助你学会依靠自己而不是他人来获得内在的价值感和认同感。

忽视身心压力征兆的倾向

患焦虑症的人通常对自己的躯体漠不关心。当你焦虑或过分担忧时，你可能会"只活在自己的脑袋里"，也就是觉得与自己脖子以下的其他躯体部分没什么关联似的。当你读到这里时赶快检查一下自己是不是这样的。你是否感到你的大部分能量——你的重心位于你的脖颈以上部位？或者，当你触摸自己身体的其他部位，比如胸腔、肚腹、四肢时，你会产生强烈的关联感吗？

如果你对自己的身体不能产生关联感，你可能会不自觉地忽视那些因压力而被唤起的生理征兆。压力的生理征兆包括疲乏、头痛、胃神经官能症、肌肉紧张、手心冰冷、腹泻等。遗憾的是，当你意识不到你处于压力状态时，你可能会让自己咬牙撑下去，而不会暂停休息或放慢速度。你可能会一直撑下去，直到精疲力竭或生病为止。

很多焦虑症患者都有长期辛苦支撑着做事或承担过多责任的经历，他们总想用最少的时间来做最多的事。受完美主义标准的驱使，他们努力为他人做得越多越好。通常他们会经年累月地苦干，完全注意不到他们已经处于高度压力的警戒线边缘，或许他们仅仅是对此视而不见。

长期累积的压力可能带来的一个后果即是神经内分泌调节系统开始出现机能失调，由此而引起惊恐发作、广泛性焦虑、抑郁、情绪急转等症状，或者是这些症状的综合征（详见第2章）。在长期压力状态下，你还可能出现溃疡、高血压、头痛等其他身体疾病。如果你的神经传输系统又恰好比较脆弱，长期压力的后果可能会以焦虑症或情绪症的形式表现出来。尽管这些病症本身相当让人苦恼，但是它们实际上是预警信号。我们的身体拥有阻止其自损的内部机制。发展成惊恐症或抑郁症，可以被视为你的身体迫使你在把自己逼向严重疾病或死亡之前放慢速度并调整生活的一种方式。

本书的一个主要观点是，你从焦虑症中康复的水平，在很大程度上依赖于你处理和应对压力的能力。而这相应地要求你学会判断自身出现的压力征兆，并且采取相应措施，例如，深度放松、锻炼、休假、参加支持性社交活动、参加娱乐活动等，以阻止症状的恶化。

压力的存在不仅可以通过生理征兆来加以证明，还可能体现在情绪和心理征兆上。心理征兆是表明你的神经系统（很可能还包括内分泌系统）负担过重的直接指示。如前所述，漠视自己的身体很可能让你错过一些压力的生理征兆。而心理征兆则不太容易被忽视，因为它们与你日常的直接经验密不可分。问题在于，如果你太忙，太粗心，被逼得太紧或被过分地关注，你可能会选择将心理征兆和生理征兆一起视而不见。

下文的"压力系统检查表"可用于帮助你增加对压力的身心征兆的觉知。你可以复制多份检查表，并进行周期性地自测，以获得对自身压力水平的判断。

第2章的"生活事件量表"测量的是你在两年内的应激压力水平。而"压力系统检查表"可以测试过去一个月内你在生理和心理上的压力反应。现在就开始来做这个自测吧。

应对压力有两个步骤。首先是判断并确认自己的压力征兆。其次是努力不要再对它们视而不见。如果你真的想缓解焦虑症状，你需要采取相应的措施来降低压力水平或者更好地处理压力。本书所提到的压力处理策略包括深度放松、锻炼、休养、时间管理、培养建设性的自我对话及态度、情感表达、学会坚持自我、自我呵护的技巧和加强营养。

除此之外还有其他很多应对压力的策略。你可以在各种论及压力处理的书中找到，比如马丁·谢弗所著《压力后的生活》，约翰·麦森所著《压力消除指南》，玛莎·戴维斯、伊丽莎白·埃谢尔曼和马修·麦克凯所著《放松与减压手册》等。下面提供了针对压力的24种积极应对技巧。你正在采用哪一种呢？你愿意采用哪一种呢？

24种压力应对策略

生理和生活方式策略（详见第4、5章）

1.腹式呼吸法和放松

2.低刺激性食物

3.锻炼

4.休养（包括"心理健康日"）

5."迷你式休息"（5~10分钟的休息时间）

6.时间管理（适当的节奏）

7.睡眠管理（见第16章）

8.选择无污染的环境

9.食用安全食物

情绪策略（详见第13、14和15章）

10.社会支持和关联

11.自我呵护

12.良好沟通

13.肯定信念

14.娱乐活动

15.情绪释放

16.幽默感——恰到好处地对待事物

认知策略（详见第8、9章）

17.建设性思维——对抗消极思维的能力

18.转移——将自己从消极的偏见中转移出来的能力

19.处理问题时的任务导向型（相对于任务反应型）方式

20.容挫力——接受或妥善处理挫折的能力

21.允许不明确——不以非黑即白的极端态度来看待事物的能力

心理/精神策略（详见第21章）

22.有牢固的目标或努力方向

23.积极的生活哲学

24.宗教/精神生活和义务感

压力系统检查表

指导语：根据过去一个月内你所经历的现实情况对照每个描述，如果曾经出现过符合该描述的情况（无论程度轻重），就在前面的方框内打钩，最后计算打钩的总数。

生理征兆	心理征兆
□头痛（轻度或重度都算）	□焦虑
□背痛	□抑郁
□肌肉紧张	□迷惘或"疏离感"
□肩颈疼痛	□无缘由的恐惧
□下颚紧张	□冲动行为

□肌肉痉挛 　　　　　　　　□健忘

□胃神经官能症 　　　　　　□"超负荷感"或"覆没感"

□其他疼痛 　　　　　　　　□多动性——觉得慢不下来

□恶心反胃 　　　　　　　　□情绪急转

□失眠 　　　　　　　　　　□孤独感

□疲乏 　　　　　　　　　　□亲密关系出现问题

□手脚冰冷 　　　　　　　　□对工作不满或感到不愉快

□头部紧绷或受压感 　　　　□注意力难以集中

□高血压 　　　　　　　　　□易怒

□腹泻 　　　　　　　　　　□烦躁

□皮肤病（如皮疹） 　　　　□易厌倦

□过敏症状 　　　　　　　　□常常担忧或感到困扰

□磨牙 　　　　　　　　　　□常常出现内疚感

□消化功能紊乱（胃痉挛、胃胀） 　□心情瞬息万变难以持久

□胃痛或胃溃疡 　　　　　　□阵发性哭泣

□便秘 　　　　　　　　　　□梦魇

□低血糖 　　　　　　　　　□情感淡漠

□食欲变化 　　　　　　　　□性方面问题

□感冒 　　　　　　　　　　□体重变化

□大量出汗 　　　　　　　　□过度饱食

□心跳过快或过于强烈，即便是没有运动时

□紧张时会喝酒、抽烟

计算你打钩的总数并对照以下标准查看你的压力水平。

打钩总数	压力水平
0—7	低
8—14	中
15—21	高
22+	极高

过度控制欲

　　过度的控制欲让你希望生活中每件事都是可以预知的。这要求你对生活的点点滴滴都充满警惕，与之相对的态度则是相信生活并顺其自然。

　　过度控制欲通常来源于创伤经历。当你从那些令你感到恐慌、被攻击、被强暴或无能为力的经历中幸存下来之后，很容易产生防御感和警惕感。你可能用这样的态度来对待生活：时刻准备着在任何可能威胁到个人安全的情境中马上采取防御措施（不论这种情境是否真的有危险）。受过严重创伤的幸存者往往会产生高度的控制欲（或发展为控制型人格）；或者他们会因极度痛苦而决意放弃，继而对维持自己生活中的任何一种控制都产生抑郁和沮丧的感觉（后一种结果被称为"习得性无助"）。

　　克服过度的控制欲是一项需要长期坚持的工作。下面提供了四种有益的策略。

接受现状

　　接受现状要求学会适应生活的不可预知性——每天都可能多多少少发生一些意想不到的变化。在生活环境中，在他人的行为表现方式上，在自身的身体健康情况上，你都可能遇到一些无法预见或无法控制的变化。你可能有能力去应付这些变化，但是你不可能每次都做到万无一失。人生在世，难免出现个人生活处境相对混乱或失调、失控的情况。接受现状代表了一种随遇而安的心态。与其成天担心会事与愿违，不如学会如何应对可能的变化。通俗的说法是"随波逐流"和"从容面对"。总而言之，接受现状包含着不抵抗主义的意味。

　　加强接受现状的能力有很多途径。当然，摒弃完美主义将会是一个良好的开始。放弃那些不现实的期望能让你少体验到一些失望。放松训练也是重要的一环。你越是保持轻松的心态，你就越不容易在环境突变或事与愿违时产生恐惧或防御心理。当你保持轻松的心态时，你就不会急躁，也就可以更妥善地处理那些突变，而不是被其阻碍不前。

最后，幽默感可能是大有裨益的。幽默让你从那些难关面前后退一步以便洞察其全貌。如果你能保持放松的心态并在某些失控的场合下多笑一笑，你的反应就从"我的天哪"变成了"好吧，就这样吧"。接受现状能确保你应对得更好、更快。在你说了"好吧，就这样吧"之后你会接着说"现在我需要做什么？"这样的反应速度会比在说"我的天哪"之后要快得多。

以下是一些可以帮助你养成接受现状的态度的肯定信念：

◎ "我正努力让生活顺其自然。"

◎ "不妨放手并相信事态会自然发展。"

◎ "轻度的无序和混乱是可以容忍的。"

◎ "我正努力地不让自己对生活较真。"

培养耐心

那些以过度控制的态度来对待生活中的问题的人，希望所有问题都能在当天解决。然而总难免有些困境无法迅速地得以解决。一个完整的解决方案，是需要花时间将多个相关细节逐步组织到一起才可能得到的。培养耐心意味着在等待解决问题所必需的步骤全都齐备的过程中，允许自己容忍暂时的混乱。当你培养出耐心时，你会学会如何放手，并等待解决方案或答案的出现。

相信大多数问题最终能得到解决

在培养耐心的同时培养出信任感。你可能无法为一个具体的难题迅速而轻易地找出解决方案。但如果你总是需要提前看到处理方案的话，你会让自己陷入极度焦虑的状态。俗话说："生命是一条河流——你无法总是预见到转弯处可能会出现什么"。培养信任感意味着相信绝大多数事情最终都会得到解决。或者是你找到了解决方案，或者当问题无法从外部进行改变时，你学会了改变对待问题的态度，因此能够更轻松地进行应对。当你回头看看过去所遇到的问题时，你会发现它们当中大多数，甚至可能是全部，最终都已得到解决。

挖掘你的精神生活

挖掘你的精神生活包含着很多意思（深入讨论将在第21章进行）。大体上，它意味着相信一种超越世俗的"伟大力量"、精神或智慧。它往往还意味着经由你的内部体验而与这些伟大力量、精神或智慧保持紧密的联系。

个体的精神力的发掘为减轻过度控制欲提供了至少两条途径。首先，它使你有机会放弃那些看似不可解决的、势不可挡的或仅仅是让人心烦意乱的问题，把它们转交给"伟大力量"去解决。在一个12步计划中的第3步，这种可能性被表述为"由于我们信任'伟大力量'，我们决定把我们的意志和我们的生命移交给它。"这并不代表逃避责任，而是意味着当你已到了无论怎么努力也都无济于事的境地时，你还能依赖另一种更高的安慰（高于你自己的力量）。依赖这种安慰能让你摒弃"你能完全控制一切事情"的错误信念。我的一些病人发现，通过把担心和焦虑转交给"伟大力量"，他们可以更轻松地接近那些原来不敢接近的、让他们感到恐惧的情境。

挖掘精神生活以减少过度控制欲的第2条途径在于养成"除了可见的日复一日的日常生活事件之外，生命还有更高的目标"这一信念。如果你认为现实生活没有精神基础可言，那么不可预见的事件就会显得无序而多变。对于不幸或不公平的境遇为何会发生在自己身上，你找不到一个合理的解释，因此你会感到沮丧和失落。精神力的存在提供了另一种观点，即世间万物并非随机或无序的。那些从个人角度看似无意义或残酷的事实，如果从更高层面来考虑，或许具有不一样的意义或价值。

这一观点的通俗表达是"没有无缘无故的事情"。俗话说站得高看得远。塞翁失马，焉知非福，当你仔细思考生活中发生的某些不幸意外时，你会发现它们或许为你带来了某些帮助——或许是以一种显而易见的方式，或许只是促使你在逆境中成长、成熟。

本章所讨论的四种特质——完美主义、过度需求认可、忽视身心压力征兆的倾向、过度控制欲是大多数处于焦虑之中的人都具有的。笔者希望从此时开始，你已经比以前更清醒地意识到这些特质可能也存在于你的身上。事实上，改变诸如完美主义或过度控制欲等特质是一个费时费力的过程。其中会涉及改变特定的错误信念（如第9章所述）。然而最根本的任务在于重新评价自己的基本价值观以及生活各个方面的重要性，并进行相应的改变。

小　结

1.今天以及往后的每一天你准备采取什么措施来减轻对完美的追求？你能放下强加于自己的要求，腾出时间来完成你的焦虑康复训练或仅仅是休息放松吗？每天找出一件你本来打算做，但并不是非做不可的事（比如工作或家务杂事），把它推迟几天再做。

2.如果你的重点问题在于过度需求认可，那你务必还要在本书后面关于自信和自尊的章节上花点时间。培养以下四个方面的能力是很重要的：1）更多的自我尊重；2）自我呵护；3）有关基本权利的知识；4）不避讳要求得到自己想要之物。如果你怀疑相互依赖对你来说是一个问题，请参阅关于该主题的参考资料，或者参加匿名相互依赖者会议（如果你所在地区有的话）。

3.完成"压力系统检查表"来考查自己在过去一个月当中的压力水平。如果压力确实是你遇到的问题，把阅读重点放在有关放松训练、营养方面的章节上，并采取压力管理计划。改变错误信念（第9章）和完美主义（本章）也同样重要。参考降低压力水平那个主题给出的资料。

4.放弃过度控制欲对有焦虑倾向的人而言，可能是一个挑战。你可以把培养幽默感和对生活中的不如意付诸一笑的能力作为开端。当你学会如何笑对生活，并在生活发掘更多乐趣的时候，你就会感到轻松多了。另一个办法是，如果你感兴趣的话，挖掘你的精神生活，以及培养对"伟大力量"的信任(见第21章)。

　　5.最后,我的著作《超越焦虑与恐惧》一书中有一章专门讲关于放弃控制的策略。这本书还讨论了应对焦虑(和抑郁)患者中普遍存在的其他人格特征,如不安全感和过度依赖、对被抛弃的恐惧,过度谨慎以及对疾病或伤害的恐惧。该书有一章介绍会导致焦虑的个性类型,题目是"解决你的个性问题"。

12

十种常见的
恐惧症

特定性恐惧症是对某种特殊物体目标或情形产生恐惧——例如,坐飞机、对某种动物或是看牙医。你想避开这些情况或带着恐惧感强迫自己忍受。恐惧的对象是某种情境,不是惊恐症发作。如果是因为害怕惊恐发作而回避某种情境,你可能患上了广场恐惧症(见第1章)。当你意外处于自己一贯都回避的恐怖情境中时,也会引起惊恐症发作。

特定性恐惧症影响了许多人。全美超过一半的人都有不同程度的焦虑表现,将近20%的人害怕飞行。一旦被诊断为特定性恐惧症,这种症状不仅使你产生强烈的恐惧感和对特定情境的恐慌,而且还会显著干扰你的职业和社交活动。根据这一判断标准,大约有10%的人被诊断为恐惧症,给生活带来了严重影响。

特定性恐惧症有很多类型,列举起来有超过一百多种有独特名字的恐惧症。这一章叙述了十种常见的特定性恐惧症,包括其引发的原因和常规的治疗方法。书中还一并列举了有利于治疗恐惧症的其他书籍和影音节目。当然,这里列举的恐惧症类型并不完整,但是概括的行为特征和治疗方法也适用于其他恐惧症。

这十种恐惧症包括以下类型:

◎表演恐惧症

◎飞行恐惧症

◎幽闭症

◎患病恐惧症（疑病症）

◎牙医恐惧症

◎血液/注射恐惧症

◎呕吐恐惧症（恐呕吐症）

◎恐高症

◎动物和昆虫恐惧症

◎死亡恐惧症

即使你没有正在治疗上述任何一种恐惧症，阅读本章节也能增加你对所有恐惧症类型的病因和常见疗法的了解。更为深入的细节描述和面对恐惧症的感觉详见第7章。

表演恐惧症

害怕在观众面前表演或演讲是最常见的一类恐惧症，全球多达60%的人受此困扰。本文所讲的害怕在公众面前说话，指的是公开发言恐惧症。这是一种复杂的恐惧感，涵盖以下任何一种或全部情形：

◎害怕被他人认为害羞或不能胜任的。

◎害怕在音乐演奏或运动中表现不佳或出错误。

◎害怕出汗、口吃或脸红，被别人看出自己的恐慌。

◎害怕在面试或口试中失败或被拒绝。

◎因对在表演中怎么做感到不确定性而引发的焦虑。

表演恐惧症通常是对预期目标怀有很高的期待，在表演或演讲前开始有各种担忧。随着表演越逼近，焦虑感就越强。对于许多人来说，当一开始演讲、唱歌或表演时，焦虑感就随之消失了。但是，有一些人会在表演中持续紧张的情绪，如心跳加速、颤抖、出汗、恶心或口干。这种焦虑感发展到最糟糕的地步会严重干扰演出或中断演讲。

表演恐惧症会影响所有人，无论是表演新手还是专家。如歌唱家芭芭拉·史翠珊花了27年的时间去研究怎么在现场观众前克服自己的心理恐慌。

病因

从源头来看,造成表演恐惧症的原因来源于孩提时代在他人面前有过不愉快的演讲或音乐演奏经历。或者,你就是有社交恐惧症的倾向或从儿时起就胆小害羞。你一直尽量避免在他人面前演说或表演,更极端的表现就是回避待在群体中。表演恐惧症与社交恐惧症(见第1章)是有区别的,很大一部分不会回避或害怕团体活动的人也会患此症状。

引起表演恐惧症的直接原因是源于根深蒂固的掩饰感,以及想象你在他人面前失控或不合格了会是什么样子。你会想象自己犯下了可怕的错误,认为自己的表演应该是完美的和令人接受的,或者你夸大了表演对象的重要性和地位。这些自欺欺人的想法会非常固执,使你长期以来避免任何机会在他人面前表演或演讲。

治疗方法

针对表演恐惧症的认知行为治疗包括识别自欺欺人的核心信念(和想象)和逐渐内化更多有益的信念,包括:

◎你确实有能力在他人面前表演。

◎当焦虑产生时接受它或顺其自然,而不是抵制它。

◎人都会犯错误。

◎他人会认同你在做你自己。

◎你不愿意在他人面前显得焦虑,即使你的内心感到焦虑。

◎人们不会审查你是否搞砸了演讲或表演。

◎注意力集中于你想传递的信息,你就能将焦虑感转移。

◎通过练习和排练,你确定会有一个成功的演出。

通过循序渐进的暴露疗法,创造更多的有挑战性的表演机会,一点点获取进步,紊乱的现场焦虑感就会被替代。我举一个公开演讲的例子,一开始,你当着一个或两个朋友的面演讲,接着当着一大群朋友的面演讲，最后在一群陌生人面前演讲。同时，演讲对象的数量和地位也要增加。

还有一个很重要的治疗方法就是，不要再过分关注自己和自身表现，而是想想如何做更有利于帮助或娱乐现场观众。将关注点重新聚焦于怎么帮助和益于观众会产生非常大的、完全不同的感觉。你越是记挂着怎么样做对观众有益，你就越会淡忘自己的思想和情绪。

节目中经常提及的关于公开演讲的其他练习要点包括：

◎在表演前用大量时间重复听你自己的演讲或表演（想象自己在一个朋友面前）以建立自信。

◎在表演开始前一或两小时散散步以缓解紧张，请不要空着胃表演（让血糖保持高的状态）。

◎在靠近演奏指挥台的地方放一杯水，给自己找点事情做，这样就把注意力从焦虑和身体上面分散了。

◎如果你害怕面对观众，就把他们想象成戴着童帽、穿着童衣的婴儿，提醒自己他们就是普通人而已。

◎如果这是你的人生哲学的一部分，请做祷告，在神面前进行你的表演。

治疗药物

许多表演者都在表演之前使用β-受体阻滞剂，如普萘洛尔或美托洛尔，以减轻出汗、手发抖、心跳加速等身体紧张表现。这些药物的作用非常明显。在表演前一晚（确保在睡觉前）使用镇定剂或镇静剂也是有用的，不要经常用，只是偶尔使用。后者能有助于缓轻焦虑和增加睡眠时间，缺点就是压制了情感和内心的冲动。剂量太大还会扰乱思想。

　　我大力推荐了解珍妮特·埃斯波西托的书和CD,帮助治疗表演恐惧症。她写的第一本书《站在聚光灯下》,对表演恐惧症进行了独到而全面的解析。她最近的作品《克服惊恐》对表演恐惧症提出了明确的主张和练习,帮助你重新安排治疗方法以及改变对现场表演的态度。

飞行恐惧症

　　飞行恐惧症是第二大常见的恐惧症(仅次于公开演讲恐惧症),影响了大约8%的美国人,他们避免坐飞机出行或者在飞行中有强烈的不适感。这种恐惧症对人的生活造成很多负面影响,例如,尽管是心仪的职位,也不会坐飞机去应聘;不会坐飞机度假或探访家人朋友。

　　通常,飞行恐惧症是和其他恐惧症交叉在一起的,尤其是幽闭症——害怕被关闭在飞机中,无法逃出来。恐高症也是造成害怕坐飞机的因素之一。对于某些人来说,主要就是担心空难发生,尽管现实中的空难比例低于千万分之一。飞行恐惧症患者的恐惧还包括担心飞机颠簸、劫机和不愿将自己的生命交给飞行员掌控。

　　这种症状的表现还包括害怕连续飞行,以及只有在服用酒精或处方镇静剂后才能够飞行。惧怕飞行的人通常害怕在飞行中遇到突发事件,这种心理可能是因为之前的糟糕经历。

病　因

　　引发飞行恐惧症的最常见的原因就是曾经在飞行中受到过伤害,或者与其他恐惧症有关(如恐高或幽闭症),或者是遇到过气流、在飞行中呕吐过和其他恐慌感。一旦你开始惧怕飞行,惧怕的时间越长,就越会害怕飞行。

　　偶然从电视中看到空难场面,也会刺激某些人对飞行产生恐惧。同时,一次不愉快的飞行经历,也会使有些人强烈抵触再次飞行,例如被通知坐飞机去开会，然后被解雇了。

治疗方法

普及相关知识以及认知行为疗法是针对飞行恐惧症最主流的有效治疗方法。普及相关知识包括飞机如何飞行的，以及确保人身安全的多种预防措施。实践证明，飞机的设计完全经得起多次在飞行中遇到的气流，了解这一常识有助于飞行恐惧症患者克服对气流的恐惧心理。飞行中的一些噪声，比如放下起落架，只是常规程序的一部分。最后，要知道任何商务飞机的空难发生率不到千万分之一（比意外死亡或车祸的概率低得多）。

认知行为疗法介绍的控制恐慌的策略（见第6章），会帮助患者转变对特定恐惧的不良认知。擅长用认知行为疗法治疗飞行恐惧症的医师有时会通过航空公司安排患者在实际飞行之前几天，在一架着陆的飞机上静坐——这是一种重要的暴露调节。在飞行当天，治疗师甚至会与患者同坐或邀请一个同伴陪伴患者飞行。

分散注意力也有助于减轻恐慌。治疗师或患者的同伴通过不断地与他交谈，将患者的注意力从恐慌的情绪和身体紧张中分散出来。在飞行中，治疗师还会借助工具的帮助，如杂志、用于引导可视化的CD或拼图书等轻松读物。

在一些病例中，药物治疗也起到辅助治疗作用。例如阿普唑仑、氯羟安定等镇静剂，普萘洛尔或美托洛尔等β-受体阻滞剂。飞行前或期间服用，会缓解焦虑和身体紧张。许多人都是靠在飞行前或飞行中饮用酒精来缓解紧张情绪。但饮用酒精可能对个人在飞机上产生强烈影响（因为氧气水平低），小啜一两杯就非常有可能使自己酒精中毒。

关于飞行恐惧症的其他指南：

　　　　◎让自己了解飞机怎么运转的知识。例如，明白即使一个引擎失灵了，飞机仍然可以飞行，了解这个是有帮助的。下面"资源"一节中就提到的SOAR课程就提供了关于飞行的详细知识。

◎如果有被禁闭的感觉，确保挑选一个靠走道的座位（如果恐高也是问题的话，也同样处理）。

◎请为第一次飞行留出足够的时间——不要过于匆忙。

◎邀请一位朋友陪你同行，刚开始飞行时彼此多聊聊天，以分散你的注意力。

◎如果可行的话，第一次飞行的时间最好不超过一个小时。

◎在飞行中携带一些能分散你注意力的物件。

◎只有当你感觉必须服药才能使你更安心时，使用处方药。

◎飞行当天不要碰咖啡因。

资源

有几个专门的课程和网站（以及付费课程）提供了关于飞行恐惧症的大量信息。汤姆·邦恩机长针对飞行恐惧症提供了广为人知的SOAR课程。里德·威尔逊博士提供了一个名为"实现舒适飞行"的热门课程。许多关于飞行恐惧症的书籍可以在网上购买。

幽闭症

大多数人都知道幽闭症指的是对封闭空间和不能逃脱的恐惧症，有多种表现形式，包括害怕待在空间狭小或拥挤的房间，害怕塞车、进入隧道、坐地铁、排队以及在诉讼中坐在椅子上聆听。它与其他恐惧症也是交叉的。许多飞行恐惧症患者也害怕被强制待在飞机中很长时间。电梯恐惧症患者具有非常强烈的幽闭恐惧症状。幽闭症发作的最典型形式就是被封闭在狭小的隧道状的核磁共振扫描仪中。除非幽闭症患者确实需要这种形式的治疗，否则会引发严重问题。

对于某些幽闭症患者，会引发后继的问题。如果无法减轻对被封闭的恐惧感，继而导致窒息恐慌，即无法吸入充足的空气。无论是害怕被封闭，还是既害怕被封闭又害怕窒息，都会导致恐慌。恐慌的一般表现形式有出汗、颤抖、心悸。患了幽闭恐惧症后，患者还会产生墙壁把自己包围起来的幻觉，不顾一切地想逃跑。

幽闭症会广泛影响到日常生活。患者会回避人群，在任何房间都坐在门旁边的位置上以随时出去。旅行也成了一部分幽闭症患者回避的问题，因为任何形式的旅行，无论是坐飞机、乘火车，还是搭汽车，都需要在一定的时间内待在有限的空间里。

病　因

到底是什么原因导致幽闭症发生，还没有统一的说法。最普遍的观念是童年时代曾被某种方式封闭而受到过惊吓。然而，有相当一部分幽闭症患者无法回忆起此前的类似经历。其实，所有动物和人都对封闭有着不同程度的抵制感，但是幽闭症患者夸大了这种生理反应。

治疗方法

和其他恐惧症一样，认知行为疗法是常用的治疗幽闭症的有效疗法。认知的范围包括治疗师帮助你识别和挑战对灾难的看法，如认为待在拥挤的房间或飞机上就是潜在的威胁或危险是一种错误的观念。你要继续强化认识，与仅仅因为害怕密闭空间而回避旅行相比，走出去旅行会带来很多益处。在持续地改变对恐惧的认识之后，你就更能承受定制的暴露等级，从单纯的密闭情形到更加复杂的境况，一点点取得突破。例如，尝试待在隧道中，从距离短的开始，然后过渡到距离较长的，一开始邀请一位朋友和你一起进行这个过程。再比如，乘坐公共交通工具出行（公交车或火车），你可以与一个同伴从进行短程旅途开始，最后转变为一个人单独长途旅行。

虚拟现实也是一种常规的治疗幽闭症的有效疗法。研究者发现，通过虚拟现实——在核磁共振程序中再现三维视频图像——当实验对象最终穿过真实图像时，焦虑感就会减轻。

镇静剂和β-受体阻滞剂等药物也常用于治疗幽闭症,主要用于不经常进行的活动,如飞行。

资源

关于幽闭症的书可以在网上找到。

患病恐惧症（疑病症）

疑病症即过分地担心自己患上某类严重的疾病,即使在接受治疗过后。通常一些特殊症状,如胃痛、慢性头痛或心悸,都让疑病症患者认为是得上了关系生命的重大疾病。头部剧烈疼痛,就认为自己的脑部有肿瘤,久咳就认为是癌症。有时忘记把东西放到什么地方去了,就认为是老年痴呆症的前兆。

有的人不停地四处求医和反复体检,以确认自己是否得了不治之症;与之相反,有的人讳疾忌医,害怕自己最担心的疾病真的被确诊了。

疑病症也被看作是一种强迫谱系障碍,因为患者经常因严重焦虑情绪而进行强迫性检查(如感觉到肿块,不断地测量血压)。疑病症还有一种表现形式,就是恐惧症的一种,症状体现是敏化作用以及回避脑海中一直浮现的任何事物,如癌症。强迫症与疑病症的区别就是前者饱受害怕疾病缠身的心理困扰,后者则陷入认为疾病已经上身的痛苦中。

有4%~6%的人在生活的某一阶段有过疑病症的经历。对于没有任何重大病史的人来说,这一比例更低。男性和女性的患病概率相当。

病　因

多种不同因素都可能导致疑病症发生。一些不明显的心理因素会发展成该病症,如家庭亲密成员去世或患病之后。然后,你突然开始害怕自己会得相同或类似的疾病。甚至还表现为,到了一定年龄阶段后爱人先去世，继而引发对自我的强烈担忧感。

预测流行病发生，如世界范围内的流感爆发，也会使一部分人担忧自己会染上病。甚至还有些人看到电视节目中提到某种疾病，就会触发对该疾病的严重担忧。

对疑病症的家庭研究并没有发现遗传的易染病体质与之有固然联系。但是，如果患者具有强迫谱系障碍的症状，则很可能会导致对某种疾病产生强迫性的关注。

治疗方法

认知行为疗法是治疗疑病症的首选疗法。认知的范围包括识别和克服因某种身体症状而反复恐惧的错误认识。实际上，患绝症的概率非常低，比你估计的风险低得多。行为治疗部分包括停止寻求医生或他人的反复保证。同时，你要停止因一个征兆而反复地给自己做体检，那样只会加强你的恐惧。你还需要中止花费过多的精力在网上搜索信息。经常暴露于引发患病焦虑的情境——停止体检、反复求医及上网搜索——是一种类似于用于治疗OCD的暴露和反应预防疗法。

想象暴露法也是治疗疑病症的方法之一。在此方法中，你要把引起强烈情绪反应的致命疾病的各种细节记录下来（如癌症、艾滋病）。你的记录将被录音，然后你需要反复地听录音带，直到对这些疾病引发的恐惧和焦虑变得不再敏感。当然，过程刚开始会感到不舒服，但是坚持到最后，将减轻对某种疾病恐惧和焦虑感爆发的频率和强度。

用于治疗OCD的正念认知治疗也可以应用于疑病症。正念认知治疗的目标（与接纳承诺疗法相同）是引导患者接受原来的情绪、感觉和敏感，不要去对抗和控制它们。这个过程使患者自然而然地淡化对原来认知的焦虑，如看医生、体检及反复寻求确认。

最后，适用于OCD治疗的SSRI类药物（选择性5-羟色胺再摄取抑制剂类药物）对减轻过分担心患病的焦虑（抑郁）也是有帮助的。

资源

关于患病恐惧症的好书有很多，比如凯瑟琳·欧文斯和马丁·安东尼的《克服患病恐惧症》。

牙医恐惧症

牙医恐惧症表现为对一般牙科诊疗的恐惧和回避，或者对特定牙科治疗程序的恐慌。在一些临床表现中，患者根本不是对牙科诊疗本身的恐惧，而是因以往不愉快的牙科经历产生的创伤后压力。

全美超过一半的成年人对牙科诊疗怀有一定程度的焦虑感，其中有一小部分人发展成牙医恐惧症，出现避医行为，除非是牙齿疼到要急救的地步。显然，这对牙齿的健康造成很大隐患，如果患者长年不清洁牙齿和回避日常牙齿健康维护，就会导致产生更加严重的症状和接受更复杂的治疗。

据报道，女性和幼小的孩子患牙医恐惧症的概率比男性高。牙科手术的创伤越大（例如，口腔外科手术），牙医恐惧症就越可能爆发，或者引起对牙医的预期性焦虑。

病 因

有多重因素使患者逐渐对牙科诊疗产生恐惧。最普遍的原因是以往痛苦或不愉快的诊疗经历。第二个主要原因是牙医的人品。许多人不是因为有牙科诊疗的痛苦经历，而是因为他们遇到的牙医冷酷、无情、对病人漠不关心。

其他的病因还包括道听途说他人的痛苦经历或源自对医生的恐惧泛化——害怕接受任何健康医师对你作出的任何抗菌临床治疗。

牙医恐惧症也可能与幽闭恐惧症交叉（害怕要一段时间内坐在椅子

上不能离开），或是对失去控制的恐惧（将控制权交给牙医，如服用镇静剂或被催眠）。有时是害怕被麻醉。

治疗方法

与其他恐惧症相同，治疗牙医恐惧症的首选疗法也是认知行为疗法。包括以下三个方面：

1.学习第6章讲到的恐惧控制技巧（例如，腹式呼吸练习和具体应对方法）。

2.对牙医恐惧症的认知主题包括——对危险和恐惧预估太高，对自己的应对能力又评价太低，详见第8章。

3.渐进地暴露在引起恐惧的情形。暴露疗法需要循序渐进地依次在牙医办公室、诊疗室进行，最后才是治疗，例如，接受注射。在注射时，你会首先看到注射器，然后牙医拿起注射器为自己注射一针"安慰剂"，最后患者在放松的状态下接受注射。

在认知行为疗法之外，还有一个决定性变数对治疗成功与否起到关键作用：为患者进行诊疗的牙医的人品和风格。

大多数牙医恐惧症患者的经历都表明，临床牙医的行为方式是帮助他们克服恐惧感的最重要的因素。如果医生能够做到热情、关爱、周到，并且能不厌其烦地耐心向病人解释清楚，就会大大减轻患者的恐惧感。能使牙科就诊环境变得更加轻松的其他方式还包括消除传统的消毒水味，让医护人员换掉白大褂，播放轻松的背景音乐等。

许多大城市里已经有能提供无痛牙医服务的医师。你可以问问身边的朋友们，看是否认识温和、有亲和力的牙医。

药物也普遍应用于治疗牙医恐惧症。一氧化二氮（又称"笑气"）能帮助身体放松，但是有些人害怕戴吸气口罩。苯二氮䓬类镇静剂（如阿普唑仑、安定）需要在手术前口服或静脉注射。通过药物治疗后，身体会变得放松，意识会变得镇定，并希望与牙医进行交流。一般来讲，如果你有牙医恐惧症的倾向，请要求牙医使用不含肾上腺素的牙科麻醉剂。

对治疗牙医恐惧症有帮助的小贴士：

1.当找一位新牙医进行治疗时，请在手术前见一面聊聊，看看对他（她）的感觉如何，以及感受下办公室的环境。

2.找一位亲密同伴和你一起去看牙医，但是不允许你的同伴和你交谈。要确信你能够直接与牙医沟通。

3.对于任何新的手术，在实际操作之前倾听牙医的解释和证实手术细节。

4.事先与医生商量好你要使用的手势语，能让医生明白哪些是表示你需要中途休息，哪些是表示你需要更大剂量的局部麻醉剂。

5.请确信你能找到一位对你的需求既关注又负责任的牙医，愿意解释一切细节，并且能提供很多积极的康复措施。如果遇到的牙医不是你能信任和感觉舒服的，就换一个。

资源

想要获取更多关于治疗牙医恐惧症的有用信息，请在网上搜索相关话题。

血液/注射恐惧症

血液/注射恐惧症（国内常称为晕血症）总是与受伤、见血和注射等事件联系在一起。大约4%的成年人对以上事件有恐惧。如果你拒绝接受血液检测，或是当抢救生命时拒绝注射或静脉注射，血液/注射恐惧症会引发严重的健康问题。大约有25%的血液/注射恐惧症患者回避就医，从而影响了身体健康（Thompson，1999）。

所有的焦虑症中，血液/注射恐惧症具有最强的家庭因素，高达60%的患者的直系亲属也患有同样的恐惧症；在普通人群中的发病率约为4%。虽然尚未对该问题进行广泛研究，但其中一项研究发现，血液/注射恐惧症的遗传率为59%（LeBeau et al.，2010）。血液/注射恐惧症区别于其他恐惧症的一个显著特征就是伴随有晕厥的反应。患者见血后（本人或他人的）或是要接受注射，就会产生双重的反应。第一重反应是常规的焦虑反应，心跳加速、血压升高和其他恐慌症状。第二重反应就是血压突然降低，低于心律的水平（称为心动过缓），以及大脑供血不足，导致晕厥、出汗、隧道视觉、恶心（称为"血管迷走神经晕厥"，原因是血管迷走神经反应过度活跃，刺激到副交感神经系统引发焦虑）。想了解更多关于副交感和交感神经系统的信息，请阅读第2章"生理上的惊恐"一节。大约有75%的血液/注射恐惧症患者都具有晕厥症状，以致会回避引起恐慌的刺激事件。

病　因

血液/注射恐惧症的病因尚未完全清楚，有一些证据表明血液/注射恐惧症具有遗传基础，但是，许多血液/注射恐惧症患者是因为他们在儿童时代受到了创伤。儿童时代在医生办公室的可怕经历可能会发展出血液/注射恐惧症。

治疗方法

认知行为疗法及渐进式的暴露疗法也用于治疗血液/注射恐惧症。因为该恐惧症具有晕厥反应，还要在治疗中增加一项"能力调节"的技术。一旦你有晕厥的感觉，请立刻紧绷你的脚、腿和胳膊。这样做能使血压升高和晕厥暂停。更为重要的是，此种调节方式让你相信自己能够有方法去克服晕厥。自信促使你更加容易开启暴露疗法。

为了发挥渐进式治疗的效果，还需要一点点智慧。针对血液/注射恐惧症的暴露疗法的递进层级为：

1.阅读关于出血主题的文章；

2.浏览有关血液的照片；

3.浏览受伤见血的照片；

4.观看有关血液和受伤的视频；

5.将一只装有血液的罐子或试管放在手中；

6.参观血库；

7.观看一场兽医的外科手术（如果能够安排的话）。

针对注射恐惧症的暴露疗法的递进层级为：

1.浏览其他人接受注射的照片；

2.浏览其他人接受注射的视频；

3.拜访医生的办公室，看病人注射；

4.拜访医生的办公室，看病人抽血；

5.试试手拿针管的感觉；

6.让注射器针头安全地接触你的皮肤，不要刺破；

7.在胳膊上注射；

8.接受抽血。

与其他恐惧症一样，刚开始进行暴露疗法最好是从引起适度焦虑的步骤开始练习，然后，不断重复练习难度大一些的步骤，直到焦虑平息。让一位同伴陪伴你一起治疗非常有帮助。可以使用药物（镇静剂）辅助你突破最困难的阶段，但是，如果你有晕厥的现象就不要使用。为确信自己不会晕厥，在感到头晕的时刻运用"张力调节"。前面已经提及过，"张力调节"就是猛地一下紧绷你的脚、腿和胳膊。在某些病例中，晕厥是最困难的难题，那么暴露疗法首先要做的就是平躺下来，再坐起来，然后再站起来。

治疗过程中，尤其是牙科诊疗，大剂量的麻醉剂会用于减轻患者的恐惧。这些麻醉剂通常包括一些胶体麻醉药，先粘贴在患处，再注射麻醉剂。这样处理后，你根本感觉不到针头。许多医术高超的医生都擅长于无痛注射。

资源

和所有特定性恐惧症一样，可以在网上搜索关于血液/注射恐惧症的相关信息。

呕吐恐惧症（恐呕吐症）

　　害怕呕吐也称为恐呕吐症，令人惊奇的是，这种症状普遍存在于人群中。恐呕吐症的表现形式多种多样，包括对呕吐本身的恐惧、害怕在公众场合呕吐、害怕看见别人呕吐，或是处在呕吐者周围时对呕吐的无意识恐惧。

　　恐呕吐症源自孩童时代或成人时，如果没有得到治愈，则可持续数年。这种恐惧症还与其他恐惧症相交叉，如恐食症，或饮食失调（厌食症或暴食症），或强迫性神经官能症等其他功能紊乱。

　　大多数恐呕吐症患者在实际生活中鲜有呕吐现象发生，在孩童时代也一样。但是，如果该恐惧症发展到严重的程度，生活的许多方面都将受到限制。你会避免长途的汽车旅行或只去容易找到洗手间的地方。你还会害怕待在婴儿身边或病人周围，担心因他们呕吐而引发自己的呕吐感。你还会对肠胃的反应过分警惕。对于恐呕吐症，恶心是最难以忍受的事情。你一边担心会呕吐，恶心的感觉不断被放大，又提升了想呕吐的念头，这样恶性循环，直至引起恐慌感。

　　有时，呕吐恐惧症与恐食症有关系。你可能会严格限制自己的食量以避免感到饱腹（因为饱腹感可能先于呕吐）。在极少数情况下，呕吐恐惧症可能与厌食症有关。

病　因

　　恐呕吐症患者一般会有害怕失去控制的倾向。有一些患者的病因是源于儿童时期有过糟糕的呕吐经历，有一些人是因为看到身边的亲人因为疾病呕吐的场景。因之前的经历受到的惊吓越大，越容易发展成呕吐恐惧症。还有一些患者并没有受伤害的经历，他们的恐惧感是源于失去对自我的控制。

治疗方法

如果你有呕吐恐惧症,首先要做的就是明确你到底在害怕什么?是呕吐本身,还是害怕身处呕吐者周围?还是你害怕失去对自己身体的控制?识别并解决恐惧的核心至关重要。

其次,把因为害怕而回避的各种境况列出来也很重要。例如,你会回避长途汽车旅行、坐船、引起恶心的食物、待在婴儿和小孩子旁边或去游乐园玩等。把有关情形一一列举出来,你先是因为害怕而回避,接着渐渐地尝试着去面对,最后走进这些情形之中。依照这种顺序来锻炼自己,会使生活来个大变样,并减轻呕吐恐惧感。

最后,循序渐进地进行暴露疗法将帮助你从呕吐恐惧中脱敏。进行暴露疗法的第一个方法是把一系列引起呕吐发生的事件写下来,从简单的暴露治疗开始,逐渐过渡到最难以克服的场景之中(例如,你用图解的方式将自己和别人的呕吐情形画出来)。反复地看这些场景,最好是让其他人反复念给你听,直到这些场景都不能引起你的呕吐感为止。

进行暴露疗法的另一个方法是(不一定是首选)观看大量关于呕吐的场景,从彩色照片开始,再过渡到含有呕吐场景的视频和电影。最终,你会毫无感觉地身处这些场景之中——例如,你站在一群正在吃午餐、把食物吐在身上的婴儿身边。如果你足够勇敢,你可以做自我诱导呕吐练习,尽管呕吐恐惧症治疗专家认为此种方法不一定有帮助。

实践以上一种或两种暴露疗法,你会开始变得对呕吐脱敏,并且转变对呕吐的认识,认为那只不过是一种正常的生理反应罢了。

呕吐恐惧症一般不适用于药物治疗(除非暂时帮助你身处自己非常害怕的环境中)。大多数呕吐恐惧症会避免服用抗焦虑类药物,因为担心引起呕吐。用食疗的方法对抗恶心,如喝一杯茶或七喜汽水,有助于减轻持续了长时间、加剧焦虑的恶心感。

网上有大量关于呕吐恐惧症的优质网站。

恐高症

恐高症或高处恐惧症是另一种常见的恐惧症。它通常也与其他恐惧症相交叉，如飞行恐惧症、电梯恐惧症、害怕在高架桥上行驶。这种恐惧症最常见的表现形式是害怕站在建筑物的高处。

有时恐高症会与眩晕症相混淆。眩晕症通常由身体状况不佳导致，几乎不会恐高，对高度的通常反应是头晕，并且难以维持自我的平衡感。通常你会抓住某种东西以保持身体稳定，如果这个方法不管用，就会引起恐惧感发生。

恐高症患者会回避在高层建筑物从事施工工作或避开爬很高的楼层。可悲的是，这种恐惧症在某些情况下会导致高空坠落的危险发生。

如果你有恐高症，将会对你的生活造成严重的约束，例如，避免在高层建筑物中工作，或是不会去探望住在医院高楼里的病人。

病　因

许多形式的恐高也是动物的本能。恐高对于防止坠落发生有积极的作用。但是，一个真正的恐高症患者其实是放大了对高度的正常生理反应。恐高症的产生源于儿童时期有过坠落的经历或者是经历过一场事故对坠落产生了非常可怕的记忆。对平衡掌握不好的人也很可能发展成恐高症，但这方面的研究表明也不是绝对的。

治疗方法

认知行为疗法是克服恐高症的有效治疗方法。首先，教导患者掌控恐惧的策略（见第6章）；然后，让患者置身于刺激恐高的环境中进行渐进式的暴露疗法。如在建筑物中爬楼，同时向窗户外面看或干脆走到阳台上去。和其他恐惧症一样，刚开始尝试暴露疗法，邀请一位同伴陪同进行会很有帮助。恐高症的暴露疗法可以采取以下一些方式：

1.到楼房的第二层，朝窗外看10~60秒。如果希望有人陪伴，就邀请一位同伴陪同。

2.朝第二层的窗外看2~5分钟。直接将头伸出去，然后向下看。如果希望有人陪伴，就邀请一位同伴陪同。

3.到楼房的第三层，朝窗外看10~60秒。如果希望有人陪伴，就邀请一位同伴陪同。

4.重复先前的步骤2~3分钟，直接将头伸出去，然后向下看。

5.重复步骤3和4，与同伴保持电话联系，再单独进行。

6.尝试到更高层的楼房中，持续进行步骤1至5的练习。到达第4层之后，搭乘电梯到更高的楼层。

7.小幅度提升高度，重复以上练习，直到达到你希望实现的效果（理想状态是，你能克服恐惧感的最高楼层正好是你住的那一层）。

8.走到目标高度的阳台或观测甲板上站一下（你可能首先想到低一点楼层的阳台上去）。

注意，上述暴露等级仅适用于应对高层建筑，这些建筑可能靠近也可能不靠近你居住的地方。恐高症也包括对高、陡的道路或高桥的恐惧。在任何一种情况下，你可以写下详细的场景，在这些场景中，你首先想象要走一条高高的路或桥，然后面对现实生活中的高度，也许起初需要支持者陪同，最后单独进行。关于飞行过程中出现的恐高症，请参阅本章中关于飞行恐惧症的小节。

虚拟暴露也对恐高症具有明显的治疗效果。这包括在特殊设备营造的虚拟现实里，重建一个高度层级的场景。拥有此种设备的诊所更愿意选择这种治疗方式，因为这能让治疗师更有效、更及时地治疗更多患者。

可以在网上获取关于恐高症的好书。

动物和昆虫恐惧症

对特定种类的动物和昆虫有恐惧感是很普遍的现象。最常见的有，害怕蛇、蝙蝠、老鼠或田鼠、狗、猫、某类鸟、青蛙、蜘蛛、蜜蜂或蟑螂等。有此种恐惧症的患者不仅害怕这些动物或昆虫，还让他们对这些动物或昆虫可能出现的地方也很害怕。能证明这些可怕的动物或昆虫将出现的迹象，如看见蜘蛛网、听见狗叫声、邻近动物园等，都足以引起患者强烈的恐惧。有时仅仅看到这些动物的一张照片，都能引发惊恐。

小孩子一般都害怕某种动物和昆虫，这种现象很常见。只有当动物和昆虫明显干扰你的生活，或是令你明显苦恼时——不论你是孩子或是成人，它们才会成为你的恐惧对象。通常，女性比男性更容易对动物或昆虫感到害怕，尤其是蛇、老鼠、蜘蛛和蟑螂。

病　因

有论述提出，对某些动物的恐惧症，比如害怕蛇和大型动物，是所有哺乳动物先天的本性，因为它们在优胜劣汰的生存竞争中有着进化优势。很多情况下，恐惧源于先前的外伤经历，如被狗咬、猫抓或黄蜂蜇过。这种恐惧症是可以传染的。如果一对夫妇看到老鼠或蜘蛛时感到害怕，他们的孩子看到父母的表现后自己也会这样。还有的例子，如看恐怖片时，如果有一种特定动物的特写镜头，也足以导致患者恐惧。

治疗方法

克服动物和昆虫恐惧症的办法很简单，就是逐渐地面对这些可怕的生物。正如其他恐惧症一样，对这些动物一点点地增加接触是有必要的，比如，通过照片、视频，最终能真实地面对。一些人更喜欢按随机的难度进行暴露，这很容易引起焦虑，但也会加快暴露的进程。适用于动物和昆虫恐惧症的练习可以按如下步骤进行：

1.画一幅有关动物的画；

2.看有关动物的黑白照片；

3.看有关动物的彩色照片；

4.看动物视频；

5.触摸动物模型玩具；

6.远观动物（去宠物店或动物园）；

7.渐渐靠近真实的动物；

8.看别人抚摸或抱动物；

9.抚摸或抱关在笼子里的动物，最后直接地触摸它们。

注意 最后两步可能需要去宠物店或动物园。如果不可能触摸诸如熊之类的动物，那么，在动物园近距离观察它们就是层级中的最高级别了。

完成暴露疗法的所有步骤需要承诺、毅力和忍受各种程度焦虑的意愿。如果你的焦虑很极端，不妨找一位同伴陪你度过最难的阶段。在熬过很有挑战性步骤时，药物有时是必需的，比如，β-受体阻滞剂或苯二氮䓬类药物，但最终要抛弃药物。在开始各个阶级时，最好从引起轻度焦虑的步骤做起，跳过那些不引起焦虑的步骤。如果你要将焦虑降到低水平，就重复一个步骤多次。

完成各个练习后，找到这些动物或昆虫最可怕的地方。比如说狗，是它的叫声、外形、大小、跑动方式，或主要是怕被狗咬？如果你找到了这个生物最让你烦恼的特征，那就在暴露练习中，将焦点集中在这些特征上。如果你对这些特征已"百毒不侵"，你就从这种恐惧中解脱出来了。

要进一步了解动物和昆虫恐惧症的本质和治疗方法，你可以在网上搜索关于这一主题的一些书籍，马丁·安东尼和兰迪·麦卡贝的《克服动物和昆虫恐惧症》一书很有帮助。

死亡恐惧症

死亡恐惧症包括一种或一系列明显的恐惧。下面是最常见的死亡恐惧类型。

◎害怕自己不在了，生命永远终结。

◎对未知的恐惧，不知道死后会发生什么。

◎害怕宗教信仰里死后的苦难生活，比如下地狱或炼狱。

◎害怕与死亡有关的病痛。

◎害怕你的亲密爱人去世。

◎害怕你死后，你的爱人会怎么样。

◎害怕与死有关的事情，如尸体、棺材、殡仪馆和墓地（这种恐惧被称为恐尸症）。

有时恐惧仅仅就是一种失控。死亡是无法控制的，因此，为了保持健康，你经常去看医生或进行仪式化的实践。（死亡恐惧症有时会伴有疑病症）。大约20%的美国人表现出一定程度的死亡恐惧症。

病　因

死亡恐惧症的原因，随着以上某一种恐惧占主导而变化。存在主义哲学主张对不存在的恐惧是人类天生的状态，所有人都深受影响。有人甚至进而提出，对死亡的恐惧（终极消失的感觉）是所有恐惧的"核心"和最根本的原因。存在主义者的观点至少有些道理。我们或多或少地对最终的死亡抱有焦虑。

其他死亡恐惧围绕着宗教里关于惩罚和死后的地狱。与死亡有关的疼痛和痛苦恐惧，也可能与你目睹你爱的人的死亡过程有关。通常，爱人的死会让你产生对自己死亡的恐惧，也会恐惧与死亡相关的场景和物体。

治疗方法

当然，针对死亡恐惧症的治疗要有的放矢。治愈不存在的恐惧或许需要对生命意义的哲学反思，对死亡最好的认可方式是你好好活着。还有重要的一点是，面对死亡，我们大家其实没有区别。

有些人喜欢阅读那些死里逃生的人讲述经历的文学作品。大量关于濒临死亡经历和人们在死亡过程中"看见"东西的文学作品，告诉很多人，死亡并不是完全终结。

在那些有临死经历，由他们所写的描绘"另一个世界"的书中，下面几本不错：雷蒙·穆迪的《死后的生命》，杰弗瑞·朗的《来世的证据》和埃本·亚历山大的《天堂的证据》。

对爱人去世的恐惧是痛苦的，但也可以将其看作是一种"精神召唤"，从而提升你的内部力量和能力，即便亲爱的人不在了。有些人还为死后可以和亲人相聚而振奋。许多关于经历濒死经验的文学作品都清楚地描述过与"已经去世"的爱人在一起的感受。

最后，如果你的死亡恐惧症是源于见证了朋友或亲人的死亡造成的心理创伤，使用催眠疗法和眼球运动脱敏疗法再次回到记忆中并重塑记忆，会有所帮助。

资源

与本章列出的所有恐惧症一样，在网上搜索"克服死亡恐惧症"将出现许多对这一主题有帮助的书籍。

小　结

1.仔细阅读影响你的特定性恐惧症的具体内容。你可以和一名治疗师或支持你的朋友共同去实施克服恐惧的计划。在网上搜索恐惧症的信息可以了解更多的信息、建议和不同的治疗观念。在网上搜索"＿＿＿＿恐惧症"，就会搜到很多克服特定性恐惧症的书籍。

2.即使你没有任何一种本章所描述的恐惧症，阅读本书提及的各种治疗方法也会让你对某种恐惧症获得新的见解。第7章详细讲解了如何面对恐惧症。尽管有数百种不同类型的恐惧症，但应对和克服它们的基本原则是相同的。

13

抛开羞怯：

表达你的情感

在焦虑症的康复过程中，你或许会有不适的情绪和情感不断浮于脑海。尤其是开始面对恐惧情况时，这种状况尤为明显。人们在面临长时间回避的情形时，表现出强烈的情感是完全正常的。如果这些现象发生在你身上，说明你正走在正确的康复路上。

许多害怕或容易焦虑的人往往不能很好地处理情感。有时你可能识别不出情感，或者你能够识别出情感，但不能正确地表达出来。在面对恐惧或处理恐慌的过程中，当情感开始出现时，往往会有一种抑制这种情感的倾向，从而加重了你的压力和焦虑状态。本章的目的主要是：1）帮助你提高对情感的意识；2）提供一些识别和表达情感的工具和策略，做到有备无患。

情感特有的性质

◎和思维不同，情感涉及全身的反应。它们不但受大脑边缘系统控制，同时也受体内非自主神经系统的调节。当情绪非常激动时，你全身都在反应，如心跳加速、呼吸加快、排汗增多，甚至包括身体的轻微摇摆或震颤（注意，它和恐慌反应的相似性，恐慌是另一种类型的强烈情绪状态）。

◎情感并不是无中生有的，它会受到思维和知觉的影响。情感源自你对外界事件感知或解释的方式、对自己内心思维的反应，以及自我对话（第8章），想象或回忆你某个特定的情绪反应（如自发的恐慌），如果你识别不出其来源，那么它有可能是无意识的。情感也会受到压力的影响。当你处在压力状态时，身体就已经处于生理唤醒状态，它与情绪发生时伴随的生理状态非常相似。因为已经具有情绪反应的倾向，所以这种情绪不久之后肯定要爆发出来。会经历什么类型的特定情绪取决于你对外部事件的态度以及你给自己的解释。

◎情感可以分为两种类型——简单情感和复杂情感。情感的分类存在很多争议和不一致，甚至有人怀疑它们是否能够进行区分，但出于本章的目的，我们把基本情绪，如气愤、感激、悲伤、害怕、爱、激动、高兴和复杂情感，如渴望、信仰、失望、不耐烦等加以区别。复杂情感是多个基本情绪的组合，而且也受到思维和想象的影响。本章后面的情感列表中提到的情感均为复杂情感。复杂情感可以持续较长时间并且更容易受思维过程影响，而简单情绪则是短时行为，互动性更强，并且更倾向于非自主神经系统调节的生理反应。害怕或惊慌是一种基本的简单情绪，而自由浮动性焦虑（没有固定对象的焦虑）是复杂情感的一个例子。

◎情感能带给你能量。如果你能时刻注意到你的情感并能够表达它们，你会表现得更有活力。如果你不关注你的情感或者不能够很好地表达它们，你往往会感到无精打采、麻木、劳累或者沮丧。不久你会发现，被阻碍和抑制的情感都会导致焦虑。

◎情感通常是以混合形式出现，而不是单一的。有时候，你也许经历某一种简单的基本情绪，如害怕、悲伤或者愤怒。但多数情况下，你会发现同时感受到两种或更多的情绪。举例来说，当你受到威胁的时候，同时感到气愤和害怕是常有的事。或者，当你和伴侣、父母或好朋友争吵的时候，不但会感到气愤，还可能会有罪恶和爱的感受。能够区别同时产生的不同的情感反映了你能够同时感觉到多件事情。

◎情感经常是具有感染性的。如果你身边的人正在哭，你或许也会感到悲伤甚至自己也跟着哭起来。或者，你也许会被另一个人的激动与热情所感染。具有恐惧和焦虑倾向的人尤其容易受周围人的情感的影响。对自己情感的了解越深刻，自我感觉越好，则被别人的情感所感染的可能性越小。

◎情感没有对错之分。和反应一样，情感只有存在与不存在之分。例如，害怕、高兴、罪恶感或者气愤本身并不能说该有还是不该有——你就是刚好有这样的情绪了，如果你能够表达出来的话，通常感觉会好很多。然而，引发情感的感知或判断则有对错之分，有效或无效之分。小心不要让自己或其他任何人仅仅因为某些情绪而发生误解，无论是什么情绪。

◎强烈的情感往往是某些需求没有得到满足的暗示，你感觉到的焦虑可能是因为在你表现出惊慌时太在乎别人对你的想法和看法。被人接受的需要形成了害怕的基础，悲痛或忧伤可能是因为失去了亲密的人而感觉到寂寞而引起，隐藏在忧伤后的需要是同伴和爱心。你感觉到气愤可能是因为同伴违反了你们曾经达成的一个约定，隐藏于气愤后的需要就是尊重和互相体谅。通过寻求情感后面隐藏的需要，可以从一个更新的、更深的角度来看待情感。一旦对你的需要有更深的认知时，就可以开始计划如何来满足这些需要。

◎情感经常会受到抑制。有时候你可能会有意识地控制或隐藏你的情感。比如，夫妻争吵后，伤心之余仍不得不和同事讨论工作。此时你必须故意地并且有意识地隐藏你的伤心情感，因为你知道，把婚姻中的不快牵扯到工作上来是不合适的。另一种情况是，你可能刚开始体验到不愉快的情感而且不想去面对它。你或许没有刻意压抑你的伤心情感，只是让自己忙碌起来，聚精会神地做其他事情——从本质上讲，你在忽略它们。这种对情感的逃避是一种微妙的压抑形式（有些人称之为压抑）。随着时间的流逝，持续的情感抑制会导致表达和识别情感更困难。如果从小就学会情感的抑制，长大以后往往对情感会失去感觉，从而过着情感麻木或空白的生活。

为什么具有恐惧和焦虑倾向的人往往会抑制他们的情感

具有焦虑症状的人倾向于抑制他们的情感。这有多方面的原因：

首先，许多具有焦虑症的人往往具有强烈的控制需求，害怕失去控制。在失去对全部情感经历的部分控制时，要做到若无其事是有难度的。当长期抑制的情感突然爆发时，它所表现的强烈程度会使你不知所措。当你陷于这种长时间情感的抑制时，甚至会感受到一种疯狂或崩溃的非理性的害怕状态。注意，这些情感反应与在惊慌失措时出现的害怕完全相同。事实上，在有些情况下，惊慌本身是被抑制情感试图爆发的一种信号。这种情感让你表现出惊慌，而不是让你静心处理这些烦人的情感。情感仅仅是在初次出现的时刻才会让人震惊或引起惊慌，了解这一点是很重要的，一旦你主动接受这种惊慌并去感受它的时候，这种惊慌随即就会消失。只要充分感受你的情绪，就可以轻松地让"变得疯狂"成为不可能。事实上，"疯狂"——或其他严重的情绪困扰，更有可能是情感没有得到表达的结果。

第二个原因是他们的家庭环境，父母都十分严格苛刻，父母给他们设置了难以实现的高标准。在这样一个环境下，小孩不能自由地表达他们本能的冲动或情感。对孩子来说，父母的观点是如此重要，以至于当与父母的期望有冲突时，他们往往会抑制本能的反应和情感。成年以后，我们每个人仍然面临这样的选择。愤怒是最常被抑制的一种情感，因为愤怒在孩提时代经常不能被人接受，或者表达出来了却因此受到惩罚。对于小孩来说，父母是他们赖以生存的依靠，如果其愤怒的言语表达威胁到父母一直以来的支持和爱护的话，那么愤怒将会是一项非常危险的行为。关于愤怒的更多内容会在本章的后面部分讨论。

情感的识别、表达和交流

从本性来讲，有恐惧倾向的人更容易有情绪反应，具有非常强烈的情感，所以对他们来说，学习将自己的情感表达出来，而不是压抑，这一点非常重要。事实上，这包括三阶段。

或许你一直抑制着你的情绪以至于大多数时候甚至不知道自己有什么感觉，那么第一步，也是重要的一步是学习如何识别情感。一旦识别情感的意识和能力得到提高时，就可以进入第二步，即学习如何表达情感。这一点通常需要你心甘情愿地和其他人分享你的情感，或者，你也可以在日记中"写出"你的情感，或者通过身体释放它们（比如，通过哭泣或者发泄的方式让愤怒感缓解消散）。

一旦学会表达情感之后，就准备进入到第三步，也是最后一步，就是和那些导致你有这种情绪的人交流你的情感。就本章目的来讲，交流情感意味着让某人知道你现在的情感与他所说的或所做的有关。表达愤怒就是找到释放的方法，例如，你可以找个朋友告诉他你对某项事情感到愤怒，而交流愤怒则是让某人知道你的愤怒是由于他做了什么或说了什么而导致的。

值得欣慰的是情感的识别、表达和交流是可以通过学习获得的，而且也可以通过不断地实践来提高。然而如果你在人生的大部分时间中已经习惯了抑制或忽略情感，那么学习和实践需要一定的时间和耐心。

总之，获取情感意识和表达情感的能力在焦虑康复的过程中是一个重要的部分。它和前面章节所讲到的放松、暴露疗法、认知技能一样重要。

识别情感

如何才能识别出你此时的感受呢?下面三个步骤会对你有所帮助:

1.认识情感抑制的症状。

2.观察你身体的感受。

3.准确识别情感。

认识情感抑制的症状

压抑的情感通常会通过一些身体和心理症状有所反映:

自由浮动性焦虑。这种焦虑的产生有多种原因,有时候它仅仅是因不确定性而产生的害怕心理,有时它又是因预见消极结果("如果……那么……"思维)而产生的。如果焦虑看起来不是由某一特定情境引起的,即模糊的、无缘由的不安,那么就应该考虑到可能是因为强烈的没有表达出的情感。每种情感都携带着一种能量,如果我们抑制这种能量不释放出来,就会产生紧张或模糊焦虑的状态。下次当你在某人前抑制了愤怒的情感后,看看是否会感觉到一些焦虑。同样,对兴奋和热情的抑制会让人产生焦虑。

抑郁。在著名的《心灵地图》一书中,斯科特·派克将抑郁定义为"阻塞的情感"。通常,我们在遭受丧失后产生的悲痛或伤心没有得到表达时,会感觉到抑郁。大声痛哭会减轻抑郁的症状——这是因为我们积极地吊唁了这些丧失。对愤怒的抑制有时也会产生抑郁,格式塔心理学家指出,抑郁会掩盖对自己不利的愤怒情绪。如果你近期没有遭受任何其他的丧失却感到很抑郁,那么就有必要问问自己到底在愤怒什么。如果正在自我检讨或自我批评,试试问问自己这个问题是否有助于减轻抑郁的心情。

心身症状。普通的心身症状,如头痛、溃疡、高血压和哮喘,通常都是慢性情感积累所导致的结果。既然紧张的长期积累会导致一些身体症状,那么多年长期持有某种情感就犹如它在慢慢地侵蚀你的身体。学会识别和表达情感能够减轻甚至是消除很多不必要的心身症状。

肌肉紧张。僵硬、绷紧的肌肉是长期抑制情感会导致的常见症状。当人们抑制和阻碍情感表达时，有几组肌肉会容易处于绷紧状态。不同的情感影响到不同的肌肉组。愤怒和挫折经常使颈部和肩部的后部肌肉绷紧。抑制悲痛和伤心时，会影响到胸部和眼睛周围的肌肉的绷紧。害怕则会影响到胃隔膜区域的肌肉。而骨盆区域肌肉的绷紧则暗示着性情感的抑制。

身体区域和特殊情感抑制之间的关系有时并不是绝对的，例如，愤怒情感的抑制有可能会使从眼睛到骨盆之间的很多肌肉发生收缩。要注意的是，肌肉绷紧或身体任何地方的生理紧张都有可能是长期情感抑制的信号。生理能量学流派的疗法已经对情感抑制和肌肉紧张间的关系进行了深入的探索研究。亚历山大·洛温的书对这一方法进行了较好的介绍。

上面所提到的四种症状的任何组合都暗示着你可能正在抑制强烈的情感，一旦你认识到了这点，下一步就是正确解读自己的感觉。

观察你身体的感受

白天，日常工作的烦恼和琐碎事情整天占据着头脑使你不能把注意力集中于情感。为使头脑保持对情感的充分认识，把注意力从头转移到身体是有必要的。而且，情感一般是在某些身体部位得到反映，日常使用的语言可以形象地说明这一点，如词汇"心碎的""颈椎痛""钻心的感觉"等。花点时间体察你的身体，你会学到如何触及并识别情感。下面是前人总结出的一些有效步骤（它们基于尤金简·德林提出的"聚焦体验疗法"的过程）。

1.身体放松。如果身体处于紧张状态，头脑处于满负荷运行状态下，此时，要了解你此刻的感觉是非常困难的。可以花5~10分钟的时间做些肌肉放松、冥想等前序工作或使用其他的放松技巧使自己平静下来。

2.试着问自己"现在我感觉到了什么？"或者"现在我的主要问题和

关注点是什么?"

3.把注意力调节到身体容易产生诸如气愤、害怕和伤心等情绪波动的地方,一般是心脏区域或内脏(胃/隔膜),偶尔也有可能是身体更高或更低的部位。这就是你"情感的体内位置"。

4.在情感的体内位置,等待并且感受任何你能感觉到的东西,不要去分析和判断它是什么情感。做一个安静的观察者并允许自己去感受所有即将浮出的情感和情绪,一直等待,直到某些事情出现为止。

5.如果在第3、4步时你感觉大脑空白的话(表明你思维正在作出反应),回到步骤1重新开始。这很有可能是因为你需要更多的放松时间。缓慢地深呼吸几分钟可以帮助你提高对情感的意识。

6.一旦你的情感有了初步的意识,通过回答以下问题可以帮助你使这种感觉更为具体:

◎身体的哪个部位有感觉?

◎这种感觉有多少?

◎这种感觉是什么形状的?

◎如果这一感觉有颜色,那么是什么颜色?

在全身放松并仔细体会你的情感后,如果对你的情感仍然只有个模糊的认识,看看"情感词汇"列表,或许它可以帮助你识别你正在经历的情感。

准确识别情感:情感列表

下面的情感词汇列表或许可以帮助你识别你正在感受的情感。在任何时候只要对情感认识模糊的话,都可以使用该列表。读出这些词汇直到某个特别的情感词汇跳出来,然后检查是否与你内心的体验相一致。

情感词汇列表

积极的情感		消极的情感	
爱心	慷慨	害怕	愚蠢
活泼	开心	气愤	狂乱
愉快	良好	焦虑	挫折

续表

积极的情感		消极的情感	
接受	感激	忧虑	愤怒
漂亮	喜爱	害羞	罪恶
勇敢	希望	可怕	憎恨
平静	幽默	痛苦	无助
有能力	愉悦	烦躁	无望
关心	可爱	迷惑	恐惧
欢呼	被爱	蔑视	敌对
珍惜	恩爱	消极	没有安全感
舒服	忠诚	消沉	受伤
有竞争力	激情	依赖	被忽略
关注	平和	沮丧	不耐心
自信	欢乐	灰心	不足够
满意	痛快	绝望	没有竞争力
勇气	骄傲	低沉	犹豫
好奇	安静	失望	自卑
兴奋	放松	沮丧	不合群
期望	缓和	厌恶	不安全
渴望	受尊敬	不信任	愤慨
充满活力	踏实	困惑	孤立
原谅	称心	激怒	嫉妒
友好		惊吓	孤独
满足		忧郁	暴躁
安全		痛苦	被困
自我依靠		不解	烦恼
性感		糊涂	不被欣赏
冷静		贫困	没有吸引力
特殊		年老	不确定
强壮		狂怒	不安
支持		不知所措	心神不安
怜悯		惊慌	失落感
细致			

表达情感

一旦能够识别情感，表达情感就非常重要了。表达情感在这里被定义为"让它们释放出来"，可以通过下列方式：1）和其他人分享；2）写出来；3）生理释放（如戴着塑料手套捶击床或抱头大哭等）。表达情感并不是向别人大倒苦水，让别人为你的情感负责。让别人知道你的情感的方法将在后面"与他人进行情感交流"一节详细讨论。

可以把情感比作向身体充电，所充的能量需要从身体上释放出来。如果没有表达出来，它们往往以紧张、焦虑或前面提及的其他症状的形式驻留于体内。身体的健康状态和健康的意识取决于当情感在体内出现的时候，你是否愿意承认它们并且表达出来。以下提供了一些表达情感的有效方法。

说出来

或许表达情感的最好方法就是与好朋友、同伴或良师益友共同分享。分享并不是简单地陈述你的情感，而是真正地让它们释放出来。为了放开自己并全盘倾诉出真正的情感，必须对倾诉的对象有高度的信任感，这一点是十分重要的。同时，被倾诉对象能否认真地听你倾诉也非常重要——换句话说，当你与他们分享时，他们不给出意见、观点或建议，那也是徒劳的。分享的能力一定程度上也取决于你的同伴是否愿意认真地倾听（这类倾听仍然是积极的，因为倾听者在不断地总结你所说的内容，以确保正确地理解了你的心情）。

写出来

如果你的情感处于即将爆发的状态，却没有立即可以倾诉的对象的话，那么你可以拿出纸和笔把你的情感写在纸上。你可以坚持写"情感日记"以随时记录你的强烈情感（参考本章节尾练习2）。几周后，回头再看那些日记会十分有启发意义，它可以让你获得以前意识不到的思路，这将使你受益终身。无论是否坚持写情感日记，在有机会和别人分享情感之前，写出情感已足够满足情感的释放要求。

释放悲伤

你或许想问自己以下这些问题：

◎你哭过吗？

◎在什么情况下你会哭？

◎是不是因为别人伤害了你就会哭？因为感到寂寞孤独？因为害怕？

◎你会不会无缘无故地哭泣？

◎你是独自一个人偷偷地哭还是可以在他人面前哭？

有时候你可能会觉得想哭却哭不出来。你感觉到你马上要哭了但又很难哭出来。在这种情况下，你会发现一种特别的艺术刺激能够帮助你。具有特殊意义的音乐片段通常能够帮你引出眼泪。看场情感类电影或读古诗、历史书籍，甚至是看看某种商业电视也有可能会让某些模糊的悲伤情感浮出水面。

释放愤怒

也许你经常都会感觉到愤怒或者受挫折，但由于害怕伤害他人又不愿表达出来。然而，采用不具有破坏性的方式——不将愤怒转嫁到其他人身上的方式，去释放愤怒是可行的而且是非常健康的。通常，参与带攻击性的体育活动可以释放愤怒。然而这些活动都需要一个无生命的对象。下面的方法有助于大家释放愤怒的情感：

◎双拳捶击枕头。

◎抱着枕头尖叫。

◎打沙袋。

◎在密闭的车内号叫。

◎劈柴。

◎捶击真人大小的充气娃娃。

◎使用旧的网球拍或塑料棒槌击床。

◎进行一项剧烈的体育锻炼。

在日常行为中，上面的几种方法除了体育锻炼外我都不建议去做。卡罗尔·塔佛瑞斯在他的《愤怒：被曲解的情绪》一书中指出有证据表明，过分表达愤怒只能带来更多的愤怒。时下流行的词汇"痴迷于愤怒表达"描述的就是由于过多地表达愤怒而沉溺于愤怒的人。另一方面，许多容易恐惧和焦虑的人在任何情况下都存在抑制和否认愤怒情感的倾向性。愤怒或许对你是个如此棘手的情绪以至于需要更多的方法帮助释放。

处理愤怒

在各种导致焦虑的不同情绪中，愤怒是最正常和最常见的一个。愤怒涵盖了情绪的一个很大的连续区间，从极端愤怒到对他人不耐心都属于愤怒的范围。挫折感或许是我们所经历最多的一种愤怒形式。

恐惧症和强迫性行为一般都和被抑制的愤怒有关。当受到挫折、威胁或对生活状况感到不满时，恐惧、困扰、强迫性冲动情绪会不断增加，然而在通常情况下，你通常意识不到这一点。

为什么恐惧症和焦虑症患者更倾向于否认和抑制愤怒？这有几方面的原因：

有恐惧和焦虑倾向的个体更容易成为"快乐使者"。他们希望自己是一个快乐、幸福的人——而且在其他人看来确是如此。这样他们体验愤怒的空间就变小了，更不用说表达愤怒了。

这些人，尤其是患有广场恐惧症的人，通常对某些重要人物非常依赖。他们不习惯表达出愤怒，因为这可能会疏远一些他们十分依赖的关键人物，而这个关键人物是广场恐惧症患者赖以生存的依靠。

有焦虑倾向的人有着强烈的控制欲望。但愤怒一旦被激发则往往缺乏理性，它是最不容易被控制的情感。如果你对控制自己的情感有强烈愿望，那么为了表达愤怒而失去控制则是一件十分可怕的事情。

长时间抑制愤怒的结果在前面详述抑制情感的症状章节已经讨论。广泛性焦虑可以看成是抑制愤怒的一个信号。抑郁或者其他一些心身症状如胃酸逆流、颈椎和上背部紧张或者紧张性头痛也是抑制愤怒的信号之一。除此之外，抑制愤怒的信号还包括：

1.对新情形的恐惧感或敏感性增加，而没有明显的原因。

2.强迫性思想或强迫性行为的增加。

3.自我欺骗的行为，例如过分的自我批评，将错误最大化而对优点无视化；总是抱怨而不采取任何措施；被动—攻击性行为，如拖拖拉拉或者总是迟到，喜欢埋怨别人和担心未来而不享受现在。

学习处理愤怒的建议

一旦意识到被抑制的愤怒的信号和症状，怎样才能很好地处理这些情感呢？下面的方法提供了一些有用的指导。

1.降低期望标准在任何情况都会取得令人愉快的结果。延伸自我概念可以使自己在某些看似不合适的情形下能充分表达恼怒和愤怒。例如，某人使用讽刺的评论或刻意的羞辱不断对你进行攻击，或某人违反你们达成一致的重要决定。请记住，表达情感并不是直接把你的愤怒倾倒到其他人身上，而是一起分享你感觉到的愤怒（当然分享对象不会是引起你气愤的那个人）。要做到这点需要投入个人感情，而不仅仅是以孤立的方式讨论你的愤怒。表达愤怒可以通过写在纸上或身体"发泄"的方式来释放出来。而当你想对某人说你对其行为感到愤怒的时候，可以采用特别的技巧来沟通情感而不会伤害或挖苦到其他人。请看下面的章节"与他人进行情感交流"中的指导。

2.想想如果想让愤怒得到释放可能会发生什么情况，即"如果……那么……"问题。通常这些"如果……那么……"可能被夸大并且是不合情理的,例如,"如果我疯了会怎么样?"或者"如果我做了些可怕的事情会怎么样?"记住,长时间抑制愤怒往往会有些前兆。其强度在开始发泄的时候虽然让人吃惊,但不足以让人"精神分裂""发疯"或"做出破坏性的事情"。一旦允许自己去体会这种愤怒,愤怒情感的强度会很快地消失,特别是如果你以一种温和的方式来表达情感时更是如此。如果愤怒非常强烈,那么可以试图将其释放到一些没有生命的对象或者使用前面介绍的方式把它写在纸上,而不是倾倒给你想责怪的某个人。

3.克服担心愤怒的表露会疏远你所在乎的人的害怕心理。能够理性地和关键人物交流愤怒情感,事实上就表明你在乎他们,如果不在乎,你很有可能会转移注意力并压抑这些真正的情感。既然愤怒的过度表达对他人或自己都可能具有破坏性,那么不曾和你喜欢的朋友交流愤怒情感意味着你的漠不关心或某种假心假意、伪善的镇定。

4.学会以客观,而不是带攻击性的方式和别人交流愤怒情感。我们可以一种尊重别人尊严的方式将挫折和愤怒暗示给他人——这种方式不会直接责怪和轻视他人。比如,有一种交流愤怒情感的方式以"我……"为开场白开始对话而不是"你……"。举例来说,可以这样表达:"当你不遵守约定时,我非常生气",而不是"当你不遵守约定时,你使我非常生气"。"第一人称语句"能够保持对别人的尊重,而"第二人称语句"将人置于冒犯方而且对其有责怪之意。

无论你信不信,其实没有任何人能使你生气。生气都源于自己对他人行为意义的解释。他们所说所做的事情有时会违反你能够接受的标准,所以你就生气了。你可以运用下一节将要讨论的沟通规则,以一种不伤害、评价或责怪他人的方式表达愤怒。

5.学会区别对待愤怒表达的不同方式,这取决于情感的强度。如果愤怒非常强烈,而且还没有准备与人分享,那么你需要一个直接的生理表达模式,如连续敲打枕头、对着枕头尖叫或者参加体育项目等。直接生理表达的结果是愤怒程度的减轻——或者先缓和一下愤怒情感——然后再和别人交流这种愤怒。如果可能的话,在直接面对引起你生气的人前,最好是先和一个态度中立的朋友分享，如果找不到这样中立的人，可以使用下文介绍的沟通规则和第14章讲述的一些方法。最后，如果愤怒只是一般的气愤，可以使用深呼吸和数数到十等方法来驱除气愤——或者如果愿意的话可以直接与人沟通。

一个提醒

该部分是关于愤怒的处理，主要针对对愤怒情感存在意识和表达困难的人。如果你倾向于抑制愤怒，甚至你觉得这样很有好处或滥用了这种抑制，那么学习如何体验愤怒情感是很有用的。如果你面对操控，或是自己受到侵犯时难以表达自己，那么如何恰当地、客观地交流愤怒则是你想要学习的东西。

另外，如果你经常生气并且发现愤怒情感已经妨碍了和他人的关系，那么很显然你不需要接受识别和表达愤怒情感的教育。如果已经厌烦于经常的愤怒所带来的情绪和生理伤害，你可以寻找另外的解决方法。当任何情绪已经过分或者具有破坏性时，解决方法并不在于表达情感而在于改变恶化这些情感的自我对话和错误信念。简单地说，在对待过分的和具有破坏性的情感时，需要更多的认知方法来解决。因此，如果愤怒情绪来得非常猛烈，而且妨碍到了和他人的关系，可以参考第8章和第9章的内容。

愤怒是一种感知

愤怒，和其他情绪一样，决定于你的感知和内心独白。他人或外界情况本身不会使你生气，是你对他人的所作所为作出的解释和你内心对他们的评论引起了愤怒。通常情况下，这些解释和自我评论包含一些扭曲的成分，下面的任何一个认知扭曲都可能激起愤怒：

1.全局标签——当你把别人描述成"无业游民"或"怪物"时，你实际上是以一种忽视他整个的方式看待他们。

2.黑白思维——你从极端的角度看问题，无论是人还是事，要么全好，要么全坏，在你眼里就不存在中间者，因此你经常失去对形势真相的洞察力。

3.夸大化——毫无根据地夸大某些事实不但会增加别人对你的错误认识，还会增加自己备受指责的感觉，这是引起和维持愤怒的一个常见的方式。

4.权力——当你认为自己应该得到想要的东西，任何东西都应该很容易获得的时候，或者你认为生活应该总是公平的，你的思维建立在一个错误信念上以至于你一直想当然地认为你的所有需要本就应该得到满足。这种误解会导致许多自我挫败的愤怒和指责。

以上仅仅列出了会导致过分和破坏性愤怒的扭曲性思维中的四个例子，有关触动愤怒的错误信念更完整的讨论请参考马修·麦克凯、彼特·罗杰斯和茱迪斯·麦克凯的书《当愤怒来临时》，如果过分的愤怒正在影响到你的健康和人际关系，强烈推荐你阅读该书。

与他人进行情感交流

本章的目的是交流情感，就是让他人了解你当前的情感和他们所说或所做的有一定的关系，这种处理方法比通常的将情感表达给第三方或写在纸上更具有冒险性。然而，当你让别人了解你对他所作所为的感觉时，才有最大的可能去处理或"终结"这一情感——简单地说就是结束这一情感。在让他人知道你的感觉之前，你可能会长时间生活在对某人的畏惧和愤怒之中而得不到改变。一旦跟那人沟通后，你就不再需要把这一情感藏于秘密之中了。或者有时候，引起你某种情绪的人或许已经不在人世了，在这种情况下，你仍然可以通过写信的方式交流你的情感（请看本章末尾的练习3）。

下面给出了两条交流情感的重要规则：

1.确定你倾诉的对象是心甘情愿地倾听；

2.避免责怪和挖苦正在交流情感的对象。

第一条规则是很重要的，因为情感是值得尊重的最隐私的部分。如果倾诉对象并不是真正地准备和愿意听你倾诉，你可能会立刻感觉到灰心丧气和被人误解，从而导致伤心、害怕甚至对那个人更加愤怒。当你准备说出你的感觉时，要求他抽出时间听你倾诉，你可以这样开始，"我有些重要的事情要跟你谈谈，如果你能听我说的话我将感激不尽"，如果这时有其他人打扰，你可以说"能不能麻烦你等我说完再来？"当他真正地听你诉说时，意味着他投入了十分的注意力，不要打断他的注意力，也不要提供任何意见、观点或评论。他需要做的仅仅是安静、仔细地倾听。如果他有任何评论，可以等到你完成了情感交流后再说。倾诉对象唯一合理的打扰就是偶尔总结你所说的事情，目的是为确信他正确地理解了你的意思。这种倾诉对象偶尔进行总结的倾听称之为积极倾听，它是在任何有关沟通的入门书籍和课程中都能学到的一种技巧。好的倾听技巧会加强揭露和沟通情感的能力。

第二条规则也十分重要，因为如果你尊重你所交谈的对象并且对他没有责怪或者没有让他对你的情感负责之意，那么他也许会更好地听你倾诉。要做到这点，需要以下三个技巧：1）使用第一人称陈述；2）指出对别人行为的感觉，而不是对他个人的感觉；3）避免评价其他人。

1.使用第一人称陈述。当你和别人交流你的感觉时，使用下面的语句开头，如"我觉得……"或者"我正感觉到……"，使用这种方法，表明是自己对情感负责而不是将其转嫁于其他人。一旦你对某人说"你使我觉得……"或者"你让我觉得……"，你是在推卸责任而会使其他人增加防御心理。即使你有部分意愿想责怪他人，如果以"我觉得……"开头，你会更容易获得成功的沟通，也能获得一个更好的倾听对象。

2.情感交流针对的是行为，而不是对个人的人身攻击。虽然最初可能对其所作所为有点生气或愤怒，这一点是毋庸置疑了。但通过进一步的沟通，会发现你是被某些特定的言行所激怒或受惊的，在沟通情感之前，确定这一点是十分重要的。然后就可以以第一人称开头并且针对特定的行为或言论完成你的交谈。

"我感觉到非常生气，因为你答应了打电话给我却没有打。"

（不要说："我惊慌失措，因为你没有给我电话——你一点都不关心我"或者"你没有打电话给我，你这混蛋，弄得我感觉如此不爽。"）

"当我看到在舞会上你和秘书跳舞时我感觉受到了威胁。"

（不要说："明明知道我会感到羞辱，你怎么能够跟她跳舞呢？"或者"你怎么能如此不顾我的感受呢？"）

"当你说要离开的时候我感觉到非常害怕。"

（不要说："明明知道我这么脆弱，怎么能够这样跟我说话呢？"）

虽然正确和错误的阐述情感的方式仅仅涉及词汇的微妙不同，但却存在十分重要的区别，把你的情感归咎于人而不是他们的行为将导致总有一方处于一边倒的不利位置。在第一个例子中，将愤怒转嫁于他人很可能让人感觉到愧疚或生气。称呼别人为混蛋当然会引起他的防范意识，在第三个例子中，告诉某人你害怕只能使你更加地封闭，从而疏远两人间的关系。简单地说，将情感归咎于特定的言论或行为，这样做可以让其他人知道你在为他们有能力改变的事情而伤心，而不是他这个人如何。

3.避免评价。该观点说的是自身问题，也是上一个观点的扩充。当告诉某些人你对他们所作所为的感觉时，尽量不要去评价他们。你的问题针对的是他们的行为，而不是他们本身。控制自己不去评价他人会大大增加他人倾听自己诉说的可能性。

练 习

以下三个练习提供了直接表达情感的方法：

练习1：确定一个聆听伙伴

和配偶、同伴或好朋友做个周密的安排，每个星期预留一小时或更多的时间互相倾听，然后互相交换角色。首先，在你表达本周你的感觉时，同伴用半小时时间全神贯注听你诉说，然后交换角色。作为倾诉者时,需要把焦点放在你对生活中所发生事件的真实感受上,而不是简单地把它陈述出来。作为聆听者时,需要给予倾诉者全神贯注的注意力,不要打扰他/她。在聆听的时候,尽量不要随便提出你的意见、观点或评论。如果你对他/她所说的有所疑惑,可以要求倾诉者进行澄清。当然,偶尔总结听到的内容也是很有帮助的,比如,可以以"能否打断下,你说……"开头进行总结,这种倾听称为积极倾听。

练习2:情感日记

准备一个记事本,其目的仅仅是提供一个表达情感的地方。在你感觉需要释放挫折感、气愤、焦虑、害怕、悲痛或忧伤和积极的情感如高兴、爱和兴奋感的时候都可以把它写到记事本上。每条记录可以以"我感到""我觉得"开头,可以参考情感列表以帮助识别你所经历的特定情感。

练习3:通过写信的方式交流情感

给某个不在身边的人写信交流情感。比较适合的是去世的配偶或爱人或者已经逝世的父母。花点时间对这些人表达你的所有情感,无论是积极的还是消极的。坚持这一过程直到感觉到你说出了你需要说的所有事情。这样的信件写成很多页是非常正常的。

当你写完信后,将它读给好朋友听,这会使它更为真实。当然,你也完全可以把信件作为一个隐私存放起来。

可选:有时候你想写信给某个还在的人,但由于各种各样的原因,又不想和他分享你的情感。建议你在决定寄出这样一封信件前,找个朋友或者最好是找咨询师探讨一下。在某些情况下,你最好只是在信中写出对某人的情感,而不寄出这封可能会引发潜在冲突的信件。同样,你也可以找个考虑周到的(最好是中立的)朋友或咨询师寻求指导。

小　结

1.温习本章中"认识情感抑制的症状"直到你对抑制情感的心理和身体信号非常熟悉为止,这些信号包括自由浮动性焦虑、抑郁的情绪,其他心身症状如头痛、溃疡、肌肉紧张等。

2.如果你在识别情感时存在困难,使用"情感列表"帮助你正确地识别你的情感。

3.坚持每天练习表达情感。确定一个忠实的倾听者,你可以对他很自然地说出你的情感(练习1),当然也可以保持记情感日记的习惯(练习2)。注意表达情感前后身体紧张和情绪层次的变化。

4.如果愤怒对于你来说尤其难以处理,请再读读"处理愤怒"一节。在试图直接交流愤怒前,练习对着某个中立的人表达你的愤怒或记录情感日记,从而使愤怒得到缓解。

5.在直接和他人交流愤怒或其他情感时,请记住:1)确保他们愿意听你倾诉;2)使用第一人称陈述;3)在表达情感时,请针对行为(或言论)而不是个人本身;4)避免评价他人。

6.写封信给你生活中的某个重要人物来交流情感(练习3)。

14

不要轻言放弃：
坚持自我

坚持自我是一种态度，也是一种行为模式，适用于以下任何一种情境：

◎需要提出要求时。

◎需要说"不"时。

坚持自我涉及自我意识和对自身需求的了解。这种了解的前提是：坚信你有权索要你想得到之物。坚持自我意味着你清醒地意识到身为人类一员所拥有的基本权利。你尊重自己和自己的需要，就如同尊重他人和他人的需要一样。坚持自我的行为是培养自我尊重和自我价值感的有效途径。

如果你有恐惧症和焦虑症倾向，你或许能够在某些特定情境中表现出坚持自我的行为，而在另一些情境中，例如需要请求或拒绝亲朋好友时，则不容易做到坚持自我。这有可能是你的成长环境使然。例如，如果童年的你觉得只有当你把什么事都做得完美无缺的时候，你的父母才会爱你，那你长大后很可能就是一个总在"讨好别人"的人。为了你的伴侣或其他人，你总是做了很多你其实并不需要做的事。这让你的心里滋生了怨恨，继而在你与他人的关系中产生了紧张和冲突。通过学习坚持自我，你会变得更容易表达自己的真实感受和需要。你会因坚持自我而获得更多如愿以偿的惊喜。除此之外，你可能还会惊喜地发现，坚持自我的行为让别人更加尊重你了。

可选的行为模式

坚持自我是一种行为模式，它是介于攻击和服从这两种极端行为模式之间的平衡点。

非坚持自我的或服从的行为模式

非坚持自我的或服从的行为模式包括为满足他人的喜好而委屈自己的权利和需要。你不向别人表达自己的感受或不让别人知道你的需要，其结果是他们会持续忽略你的感受和需要（因此不能怪他们对你的感受和需要没有反应）。服从的行为模式还有另一个特征，即当你向别人提出要求时，会不可避免地产生内疚感或一种强加于人的感觉。如果你经常向他人传达"你并不知道自己拥有提出要求的权利"这一信息，他们会逐渐忽视你的权利。具有恐惧症和焦虑症倾向的人经常表现出服从的行为模式，因为如前所述，他们过分关心在每一个人面前是否表现得"好"或是否"讨人喜欢"。还有一个原因是他们担心向别人提出要求会破坏彼此之间的关系，尤其当对方是他们非常依赖的人时，他们不敢冒这个风险。

攻击的行为模式

相反的，攻击的行为模式是在人际交往中采取命令式的、恼人的甚至是敌意的方式。攻击型的人通常感觉不到别人的权利和感受，并且往往会采用强制或胁迫的手段来得到自己想要的东西。攻击行为全靠武力、树敌和冲突来达到目的，这往往让人际交往的另一方不得不采取防御姿态，也更可能会让他们退缩或反抗，而不是合作。例如，用攻击的行为模式告诉别人你希望得到某个工作项目时，就可能是这种方式："这个项目注定是我的！等老板开会提到这事的时候，你要是敢多看她一眼的话，你会后悔的！"

消极攻击式行为模式

　　除了公然的攻击行为，也有很多人的行为模式是消极攻击式的。你是否是这样的：不是公然对抗某个问题，而是通过消极抵抗来暗地里表达愤怒和攻击情绪？你对上司不满，因此你上班老是迟到。你不愿意满足伴侣的要求，因此拖延或干脆"忘记"其要求。你想得到某个东西，但你既不向别人提出要求，又不采取实际行动去争取，反而一味抱怨自己总是什么都得不到。消极攻击型的人几乎从来得不到他们想要的，因为他们从来不让别人知道他们想要什么。他们的行为总能引起别人的气愤、烦恼或憎恨。在前面提到的工作项目的例子中，消极攻击式行为可能表现为指出其他人没有资格得到这个项目，或者告诉同事"要是我对这个项目感兴趣的话，我可是能干出点成绩来的"。

操纵型行为模式

　　最后一种非坚持自我的行为模式是操纵型。操纵型的人总是试图通过使别人感到抱歉或内疚来得到他们想要的。他们不愿意为了满足自身的需要而承担相应的责任，而是通过扮演受害者或牺牲者的角色来赢得别人的关照。当这个办法落空时，他们可能会当面发火也可能会假装毫不在意。操纵行为只有在目标对象未弄清真相时才会起作用。被操纵者可能会被迷惑并因此而"抓狂"，当他们发现了真相之后就会对操纵者感到生气和怨恨。在同一个例子当中，操纵行为可能会通过这些形式表现出来：对上司说"啊，如果我得到了这个项目，我的男朋友可能就会多少尊重我一些了"；或对同事说"如果我得不到这个项目，我就会把我攒下来的那些安眠药全吃掉。不过这话可千万别告诉别人"。

坚持自我的行为模式

　　与上述几种行为模式相反，坚持自我的行为模式不是去否定、攻击或操纵其他任何人，而是通过一种简单而直接的方式来提出要求（或者说"不"）。你坦率、直接地告诉别人自己的感受和需要，同时保持对别人应有的尊重和体谅。你维护自己的权利而无须感到抱歉或内疚。从本质上说，坚持自我还意味着，在你使用一种无损于他人尊严的方式来争取得到自己想要的东西时，你愿意并确实担负起了相应的责任。当你实施坚持自我的行为时，其他人不会感到不愉快，因为他们了解你的立场，并尊重你的坦诚和直率。与命令的方式不同，坚持自我的声明表达了一种简单而直接的请求。在工作项目那个例子中，坚持自我的声明可能是"我确实很向往得到那个项目"或"我希望老板会让我来做那个项目"。

以上5种行为模式，哪种最符合你的情况？因情境的不同，符合你的行为模式可能不止一种。下面的练习将帮助你判断在你想要达到某一目的的时候，你的首选行为模式是什么。

你的行为模式是什么

思考以下每一种情境，一次只考虑一种。在该情境中你的典型处理方式是怎样的？你的行为是非坚持自我的（换句话说，你什么都不做）、攻击的、消极攻击的还是操纵的？或者你是否会采取坚持自我的行为？在每种情境后面写下你的典型行为方式。完成后，把坚持自我的行为方式的次数相加。

1.某个推销员一直在电话里向你兜售你并不想要的东西。

2.你想中断与某人的关系。

3.你在电影院看电影，后面有人不断说话。

4.你在医院等待的时间超过了20分钟。

5.你的孩子放音乐太大声。

6.你的邻居放音乐太大声。

7.你想向商场退货。

8.你在规规矩矩地排队而有人却插队。

9.你的朋友借了你一笔钱很久没还，而你需要这笔钱。

10.你收到的账单似乎超过了你应付的。

11.家居修理员收了钱却没办好事。

12.你在餐馆点的菜火候有问题。

13.你想请你的伴侣帮你一个大忙。

14.你想请你的朋友帮你一个大忙。

15.你的朋友请你帮忙做一件你不想做的事。

16.你的子女、伴侣或室友没有做他们应该做的那一份家务。

17.你想提问,但又担心其他人可能会觉得你的问题很愚蠢。

18.你在一个团体中想发言,但是不知道其他人会不会接受你的意见。

19.在一次聚会中你想找人说话,可是你一个人都不认识。

20.你在一个抽烟的人旁边,而烟味越来越让你难受。

21.你发现你的伴侣的行为不能让人接受。

22.你发现你的朋友的行为不能让人接受。

23.你的朋友忽然来访,而你正准备出门办事。

24.你在向某人说一件重要的事,可对方似乎心不在焉。

25.你的朋友约你吃饭却爽约了。

26.你买了一件不想要的东西,拿去商场退货,店员转移了你的要求并建议你换货。

27.当你发言的时候有人打断了你。

28.电话响了,可你不想接。

29.你的伴侣像教育小孩一样要你做这做那。

30.有人对你进行了不公正的批评。

如果你写下来的坚持自我的行为少于25个(即倾向于服从、攻击、消极攻击或操纵的行为模式),你可能需要练习坚持自我的行为了。

学习坚持自我的行为

学习坚持自我的行为涉及以下七个方面的努力:

1.培养非言语的坚持自我的行为。

2.认识并愿意行使你作为人类一员所拥有的基本权利。

3.识别出需要更加坚持自我的特定问题情境。到底是哪种生活情境和哪种人让你变得更加坚持自我?

4.实践坚持自我的行为——先通过书写和角色扮演的方式,再在现实生活中进行实践。

5.使用本章中的行为和技能,设计坚持自我的行动方案。

6.当场坚持自我。

7.学会说"不"。

下文将详细介绍各个方面的内容。

培养非言语的坚持自我的行为

在行为上坚持自我不仅取决于你说了什么,还取决于你的肢体语言。别人可以通过你的肢体语言和面部表情了解你询问他们的方式。非言语方式的坚持自我的行为包括如下几个方面:

1.正视你的谈话对象。目光低垂或偏移,传达的信息是你不能确定自己需要什么。与之相反的极端行为是瞪视,这也是不妥当的行为方式,因为它可能会让对方产生防御心理。

2.保持开放而不是保守的身体姿势。如果你是坐着的,那么不要跷二郎腿,也不要双臂交叉抱肘。如果你是站着的,要把重心放在两脚之间站直了。此外还要注意应正面朝向你的谈话对象。

3.与别人交谈时,你的身体不要从当前位置后退,也不要避开对方。这种表示"坚守你的阵地"的姿势在这里是相当有效的。

4.保持冷静。避免过分情绪化或激动。如果你感到愤怒,那么就在你尝试采用坚持自我的行为之前先把你的怒气宣泄到别处。对大多数人而言,冷静而自信的要求比爆发的怒火更有分量。

尝试与朋友一起通过角色扮演的形式练习在特定情境中应用上述坚持自我的非言语技巧。你会在下文"当场坚持自我"部分看到一个有关这些特定情境的列表。

认识并行使你的基本权利

　　作为成年人，我们拥有一些特定的权利。然而我们往往不是忘记了这些权利，就是在孩提时代就学会了不要去想这些权利。培养坚持自我的行为模式要求你认识到自己和其他人一样拥有"人权列表"中所列出的一切权利。坚持自我还意味着当这些权利受到威胁或侵犯时，你要担负起行使这些权利的责任。阅读下面的"人权列表"，仔细思考每一项权利，问问自己是否愿意相信并加以践行。

人权列表

1.我有权要求得到我想要的。

2.我有权对我无法满足的请求或要求说"不"。

3.我有权表达我的感受，无论是积极的还是消极的。

4.我有权改变主意。

5.我有权犯错误和不完美。

6.我有权遵循自己的价值观和标准。

7.我有权对任何我感到未准备好的、不安全的或有违我的价值观的事情说"不"。

8.我有权决定我行动的先后次序。

9.我有权不为其他人的行为、举动、感受或问题而负责。

10.我有权期望别人待我公正。

11.我有权对我爱的人生气。

12.我有权与众不同。

13.我有权感到害怕并表达出来。

14.我有权说"我不知道"。

15.我有权不为自己的行为进行辩解或给出理由。

16.我有权根据自己的感受做决定。

17.我有权拥有私人空间和时间。

18.我有权嘻嘻哈哈或表现得很随便。

19.我有权比周围的人更健康。

20.我有权在良好环境中生活。

21.我有权交朋友并在人群中感到自在。

22.我有权改变和成长。

23.我有权期望别人尊重我的需要和愿望。

24.我有权得到尊严和尊重。

25.我有权得到幸福。

　　把这个列表复印下来并贴在显眼的地方。每天花点时间仔细阅读，最终你会认识到自己确实拥有表中所列的每一项权利。

识别问题情境

在一张白纸上写下两三种你最想坚持自我的情境。选择当前对你重要的情境，详细描述情境并具化让你想做出坚持自我行为的对象。以下是一些不完整的例子，说明了哪些人和情境可能会让人做出更加坚持自我的行为。

人物	情境
1.配偶	1.请人帮忙
2.父母	2.要求获得服务
3.重要的另一半	3.说"不"
4.子女	4.表达不同意见
5.亲戚	5.大声说出让你苦恼的事
6.老朋友	6.与拒绝合作的人共事
7.点头之交	7.不得不负责
8.同事、同学	8.向权威人物提出要求
9.售货员、雇工	9.与某人协商以解决困境
10.陌生人	10.反抗偷窃行为
	11.提出一个新观点
	12.提出约会请求

实践坚持自我的行为

预先写下你将采取何种行为，这种方法对学习坚持自我的行为模式非常有用。先写下一个你感到困难，但又必须坚持自我的问题情境。然后详细规划你的应对方案。通过书面方式的预处理方案，你会在实际面对该情境时感到准备充分、有信心。想练习坚持自我的行为，详见以下练习。

坚持自我的练习

下面的练习旨在让你在需要坚持自我的情境中坚持自我。以下几点是你在写行为反应时需要记住的。

1.评价你的权利。（回顾上文的"人权列表"寻求帮助。）

2.要求要简单具体。

3.对事不对人。

4.使用第一人称提出简单要求，不是命令或强求。

5.不要因为提出要求而道歉。

6.如果对方不能完全理解你的要求，向对方解释该要求的结果。

（有关这几点的详细阐述和提出坚持自我要求的其他方式，请参阅以下练习之后的一小节"设计坚持自我的行动方案"。）

练习：写出（或角色扮演）坚持自我的行为反应

下面这个练习可以让你模拟当场坚持自我的行为。其中所列出的情境是你在生活中可能会遇到的一些常见情境。你的任务是在空白处填上坚持自我的行为反应。

1.你把车送到汽车修理厂去换油，最后收到的账单费用多出来两项：前轮定位和更换火花塞。这时你会说：

_____

_____

2.你和朋友轮流开车上班。每次你开车时她总有些什么事情要你顺路送她去做，而轮到她开车时，却从来不会顺路送你去做什么。因此你说：

_____

_____

3.当你和同事一起玩时，谈话内容总是会转到工作上去。你现在计划在家办一次聚会，希望到时候能够避免出现这种情况。你会说：

_____

_____

4.你在银行排队。工作人员叫"下一个"。本来是轮到你了,可是一个后来的女士抢先答应了。这时你会说:

_____

_____

5.坐出租车时,你怀疑司机在故意绕路,于是你说:

_____

_____

6.你在一家禁止吸烟的餐厅,旁边酒吧的一个人点了一支烟,你会说:

_____

_____

7.你对药物经常出现不良反应。医生给你开了一张处方,但是没有告诉你可能会出现什么副作用。你会说:

_____

_____

8.你想买新衣服。售货员试图说服你买下一件穿上很显胖的衣服,你会说:

_____

_____

9.你和你的丈夫/妻子一起玩小型高尔夫球。你玩得不是很好但是觉得很开心,但对方不断地告诉你应该怎么做。你会说:

_____

_____

10.你计划在家度过一个久违的安静的周末,而你的父母打电话邀请你去他们家过周末,你不想去,于是你说:

_____

_____

11.你得知你的孩子被安排到一个你认为不合格的教师的班里了。你给校长打电话说：

_____

_____

12.有人上门来劝你加入他们的宗教团体。你对此不感兴趣，因此你说：

_____

_____

13.你的朋友想请你今天帮她照看孩子，可你本来另有计划。你会说：

_____

_____

14.你感到孤独和被忽视。你的丈夫/妻子在客厅看书，你会说：

_____

_____

15.你辛苦了一整天。天气很热而你家没有空调。你不想生火做饭把自己弄得更热，于是打算晚上吃沙拉。你的丈夫饥肠辘辘地回家了，他想吃一顿热乎乎的饭菜。这时你会说：

_____

_____

16.下午5点有朋友不请自来。现在已经7点，你该为家人做晚饭了，但你的食物不够用来招待客人。这时你会说：

_____

_____

写出坚持自我的行为的替代方案是在更真实的环境中与值得信赖的同伴、朋友或咨询师练习角色扮演，你的同伴扮演的角色可以是：1) 不同意你的要求。2) 提出你不想满足的要求。你要继续提出坚持自我的要求，而不是评判或指责你的同伴或朋友。在开始上述坚持自我练习之前，查阅练习坚持自我行为的清单。记住，提前练习坚持自我的行为对于在现实生活中获得更加坚持自我的技巧是很有帮助的。

设计坚持自我的行动方案

　　基于前文"学习坚持自我的行为"中列出的要点，意识到非言语的坚持自我的行为、识别出"人权列表"中的基本权利、通过书写和角色扮演的方式实践坚持自我的行为，现在你可以设计坚持自我的行动方案了。在行动上坚持自我首先包括以下四个主要策略。第四条策略下包括提出坚持自我要求的一系列指导方针，是提出坚持自我要求的关键策略。

　　1.评价你的权利。翻到前面的"人权列表"，在当前这个问题情境中你拥有哪些权利？

　　2.确定向谁提出要求。最好直接向对方传达要求，而不是通过中间人传达。当然，在某些情况下，比如工作中的上级老板或生病的亲戚，最好通过中间人提出要求。在某些情况下，最好询问对方的朋友或亲戚。但在大多数情况下，如果可能，最好直接和对方交谈。

　　3.确定你喜欢的沟通方式：电子邮件、短信、语音信箱、电话交谈、正式邮件，或在双方约定的时间进行面对面交流。你最好先使用不太直接的沟通方式，再使用更直接的方式。比如，你可以发送语音邮件，要求电话交谈或当面交谈。

　　4.提出要求。这是坚持自我的关键步骤。你应当用简单而直接的方式说出你想要的或不想要的。参考下面的指导，学习如何以坚持自我的方式提出要求：

　　　　◎使用非言语的坚持自我的行为。包括直立的站姿，保持目光接触，开放的姿势，保持冷静和自制等。

　　　　◎提出简单的要求。1个或2个易于理解的句子通常就足够了："我希望今晚由你去遛狗""我希望我们一起去婚姻咨询处。"

　　　　◎避免一次提出多个要求。

　　　　◎具体而明确。你的要求应该准确地表达出你想要的，否则对方可能会误解。相对于"我希望你帮助我练习驾驶"，你最好明确地说明你的需要："我希望你可以每周六上午陪我在高速公路上练习驾驶。"相对于"我希望你回家的时间别那么离谱",你最好说:"我希望你在晚上12点之前回家。"

◎对事不对人。当反对某人的行为时,要针对事件本身而不是针对对方。让对方知道你对他(她)所做的(或没做的)某件事有意见,而不是对他(她)这个人有意见。

相对于"你真不为别人着想,你都不打电话告诉我你要晚点来"这种说法,更为妥当的说法是"你没打电话告诉我你要晚点来,这给我带来了一些不便"。

◎使用第一人称的陈述:

"我希望……"

"我想……"

"如果……我将不胜感激"

在实际提出要求时一定要避免使用第二人称,这非常重要!第二人称的陈述听起来像是威胁("你要……否则……")或强迫("你必须……"),会让对方采取防御态度,从而不太可能答应你的要求。

◎提出要求,而不是命令或强求。坚持自我的行为应始终保持对他人的人性和人权的尊重。因此,坚持自我的行为是提出要求而不是命令。命令和强求都属于攻击性的行为模式,它们基于错误的前提假设——即你从来都是正确的,或你有权让任何事情都听命于你。

◎如果你愿意的话,可以让对方知道你的感受。如果你对自己的感受感到困惑或矛盾,先花点时间写下它们,也可以和一个支持者或咨询师交谈。如果你的感受很清楚,你可以在提出要求时透露你的感受。即使对方不同意你的立场,他或她也可能至少欣赏你在某件事上的强烈感受。在表达你的感受时,使用第一人称很重要。请参阅第13章"抛开羞怯:表达你的情感"获取更多关于识别和交流感受的帮助。

◎不要因为提出要求而道歉。当你想提出要求时,就直接说出来，不要因此而表示歉意。例如，你可以说"我希望你……"，而不要说"我知道这可能有点过分，但是我希望你……"。当你想拒绝别人时，就礼貌而直接地拒绝，不要为此而道歉或寻找借口。你可以简单地说"不，谢谢""不，我不感兴趣"或"不，我做不到"。如果对方的回应是怂恿、指责、挖苦或者试图让你内疚，你只需要坚定地重复你的回答，直到说服对方接受为止。

◎可选：声明合作的积极结果。如果合适，你可以告诉对方获得他或她合作的结果。你可以让对方明白积极的合作对双方都有好处。不过，要谨慎提及不合作的结果。不发出某种警告或威胁（即便是含蓄的）是很难做到的。你可以尽量避免交流中的隐藏威胁。

场景练习

简希望在做放松练习时能有半个小时不被打扰的私人空间。她的丈夫弗兰克老是在此期间用各种各样的问题和其他吸引注意力的手段来打扰她的安宁。在与他讨论这个问题之前，她这样写道：

1.基于"人权列表"评价你的权利。

"我有权拥有自己的安静时间。"

"我有权满足自己放松的需要。"

"我有权要求我的丈夫尊重我的需要。"

2.确定交流方式（例如电话交流或面对面交流）。

"我会先给弗兰克打电话提出要求，再和他当面交谈。"

3.如果可以，当面和对方交谈。

"在这种情况下，由于他是我的丈夫，我需要当面和弗兰克谈谈。"

4.提出简单且具体的要求。

确保交流时对事不对人："我希望当我关上门之后能够不被打扰，除非发生什么可怕的紧急情况。我希望你能尊重我每天拥有半小时属于自己的安静时间的权利。"

◎不要责怪他人或给他人贴标签。在这种情况下,简不应告诉弗兰克:"你打扰我的安宁真烦人。"

◎使用第一人称,如"我希望……""如果你……我将不胜感激""弗兰克,如果你尊重我的需要,让我晚上有一段安静的时间,我将不胜感激。"

◎不要因为提出要求而道歉,避免类似于"弗兰克,不好意思打扰你了,但……"这样的表述。

◎你也可以向对方解释他的行为是如何导致你提出坚持自我的要求的。例如,"我已经多次告诉你,我每天需要半个小时来放松,我甚至关上了门,但你仍然进来问我问题,这扰乱了我的注意力,干扰了我管理焦虑计划的一个重要部分。"

◎只要你不责怪或评判对方,你也可以陈述你对这种情况的感受,例如,"如果我的注意力被打断,我会伤心"或"如果你不尊重我安静放松的权利,我会生气。"

◎声明取得合作后的结果。"如果你尊重我想要一段安静时间的需要,我会做一个好伴侣,与你更好地度过往后的时光。"

现在该你来试试了。

练习:写出坚持自我的行动方案

从你先前描述的问题情境中选出两个或三个,并按上述四个步骤写出坚持自我的行动方案。

当你详细写出在某个问题情境中的坚持自我的行动方案后,你会发现你已准备好自信地处理现实生活中的类似情境了。在刚开始学习坚持自我行为模式的时候,这种书面预演的方式会起到很大的帮助作用。当你熟练之后，你可能就不需要每次都预先写出你的行动方案了。不过，进行预演总是有所裨益的，尤其是当你面对危险情境的时候更需要有备无患。律师在现实生活中经常这样做，因为他们一般都假定他们的当事人的权利处于高危境地。

当场坚持自我

日常生活中每天都会出现很多要求你当场采取坚持自我的行为的情境。比如，有人在你身边吸烟，呛得你很不舒服；或者有人在你睡觉时把音响开得很大声；或者有人在你前面插队。（在"你的行为模式是什么"问卷中列出了很多这类情境。）遇到这种情境时你该怎么做？下面是当场坚持自我的行动方案：

1.**评价你的权利**。你是否感到自己的权利受到了侵犯？

2.**提出要求**。使用第一人称向对方提出具体、直接的要求，例如：

"我希望……"

"如果你……我将不胜感激。"

"你可以……吗？"

提出一个简单的要求，不指责他人也不评判他人。

3.**声明问题情境带来的影响**。当你觉得对方似乎不明白你的要求时，你可能需要向他（她）解释为什么他（她）的行为对你有不利的影响。例如，你可以说：

"这里的每一个人，包括我自己，都在排队，请你按次序排队好吗？"

4（可选）**说出你的感受**。如果你面对的是一个以后不会再有什么联系的陌生人，那么可以省去这一步。另一方面，当你面对的是你的伴侣、子女或好友时，说出你的感受则是一个有效的步骤（"我真的很失望，因为你说要给我打电话结果又没打"或"我现在太累了，真的不想去洗碗"）。

5.（可选）**声明获得（或得不到）合作的结果**。在与陌生人打交道的情境中，这一步骤也并非必要步骤。在极少数情况下，当对方拒绝合作的时候，你可以考虑声明消极结果。不过这很容易让对方把这看成是威胁（例如，"如果你再吸烟，我的哮喘就要发作了"或"请注意这里有'禁止吸烟'的指示牌"）。面对家人和朋友时，声明积极结果可以为达到你的要求助一臂之力（"如果你8点半上床睡觉，我就给你讲故事"）。

当场采取坚持自我的行动，其要点在于尽可能用简单、明确和直率的方式来提出你的要求。是否进行"说出感受"或"声明结果"这两个步骤，在很大程度上取决于情境。当你希望对方能更明白你的立场时，你可以声明结果。当你希望对方了解他（她）的行为让你产生了多么强烈的感受时，你可以说出你的感受。例如"我真的很失望，因为你说要给我打电话结果又没打。"

学会说"不"

对不愿答应的要求说"不"的能力，也是坚持自我的一个重要方面。说"不"，意味着当别人要你帮的忙与你自己的需要相冲突时，你能够坚持自己设定的限度。同时也意味着你在说"不"时不必有内疚感。

在某些情况下，特别是与以后不会再联系的陌生人打交道时，只需要坚定而礼貌地说"不，谢谢你"，或"不，我不感兴趣"就够了。如果对方坚持其要求，你只需要冷静地重复你的拒绝而不必道歉。如果你想让你的拒绝更有力，你可以直视对方目光，或稍稍提高嗓音，或仍然坚持你的立场说："我说不，谢谢你。"

在其他很多情况下，比如与熟人、好友或家人打交道时，你可能会觉得有必要向对方解释你拒绝的原因。在这些情况下，下面的三步法则通常会比较有效：

1.重复对方的话，表示已知晓对方的要求。

2.解释你拒绝的原因。

3.说"不"。

4.（可选）如果可能的话，提出一个双方都会赞同的折中的解决方案。

只有当你能很快找到折中的解决方案时，才进行第4步。

范例：

"我知道你很希望今晚我们能在一起（表示知晓）。但是我今天忙了一整天感到非常疲惫（解释），所以我今晚想回家（说"不"）。我们可以改天再一起玩吗？（可选的折中方案）"

"我知道你需要人帮你搬家（表示知晓）。我本来很想来帮忙的，可是我已经先答应了我的男朋友周末陪他出去（解释），所以我无法来帮忙（说"不"）。我希望你能找到其他人帮忙。"

请注意，在这个范例中，说话的一方不仅表示知晓了她朋友的需要，还指出了如果条件允许她是很愿意去帮忙的。有时候你可能想让对方知道如果条件允许，你会很乐意答应他们的要求。

"我知道你想再跟我一起出去玩（表示知晓）。我觉得你人很好，但是如果要交往的话，似乎我们之间还缺乏足够的共同语言（解释），所以我只能拒绝（说"不"）。"

"我知道你想让我今天帮你照顾约翰尼（表示知晓），但我今天得出去办事（解释），所以今天不能帮你带孩子（说"不"）。"

是否有一些情境让你常常感到难以说"不"？把这些情境列在下方：

现在，在纸上为每一个你感到难以说"不"的情境写下假想的坚持自我的行为。记住要参照前面说过的四步法则。

下面的建议可能会帮助你更快学会说"不"（改编自马修·麦克凯，彼特·罗杰斯和茱迪斯·麦克凯所著《当愤怒来临时》：

1.从容不迫。如果你平常很难开口说"不"，那么下次在回答别人的要求之前，先给自己留点时间来考虑清楚自己想怎么回答吧（例如，"我下个星期再答复你"或"今晚先让我想想,明早再打电话告诉你")。

2.不要道歉。如果你因拒绝别人而道歉,你就是在向对方传达这样一种信息:你"不敢确信"你自己的需要和别人的需要同等重要。这为他们敞开了方便之门,让他们可以给你施加更多的压力来让你答应他们的要求。在某些情况下,他们甚至可能利用你的内疚感来达到他们的目的,或让你会由于先前的拒绝反而去向他们求和示好。

3.要明确而具体。这一点非常重要:在声明你愿意做或不愿意做的事情时,要尽可能明确而具体。例如,"我愿意帮你搬家,但是因为我的背痛,我只能搬一些轻的东西"或"我可以开车带你去上班,但是你必须在8点15分之前就与我会合"。

4.使用坚持自我式的身体语言。一定要正面面对你的谈话对象,保持良好的目光接触。用冷静而坚定的语气来讲话,避免情绪化。

5.防止产生内疚感。当你拒绝了别人的要求之后,你可能会有一种冲动,想为他做点其他什么以示补偿。此时,一定要三思而后行:你必须弄清楚你的行为究竟是发自内心真正的愿望,还是仅仅出于内疚。当你拒绝别人而不会随之产生内疚感时,你才算充分掌握了拒绝的技巧。

小　结

学会坚持自我,能让你得到更多你想得到的,能帮助你减少人际关系中出现的挫折感和怨恨感,还能帮助你在生活中获得更多冒险的体验,让你敢于向生活提出更多的要求。此外,学会坚持自我还能使你增强自主和自信的感觉。

然而,养成坚持自我的行为模式不可能一蹴而就。当你在亲人朋友面前第一次尝试采取坚持自我的行为时,要作好失败的思想准备。要预料到他们有可能不理解你的做法,甚至可能会生气。不过只要你能尽量好好解释,并多给他们一些时间来适应你的新行为方式,你终究会惊喜地发现,他们开始尊重你的坦率和诚实了。

为了能让本章内容发挥最大效用，建议读者采取以下措施：

1.通过你对"你的行为模式是什么"问卷中各个情境的回答来确认你的典型行为模式（服从的、攻击的、消极攻击的、操纵的，还是坚持自我的）。

2.把"人权列表"贴在显眼的地方。反复阅读直到你对上面列出来的权利烂熟于心。

3.在"坚持自我练习"中写下你的坚持自我的行为模式，也可以和信任的朋友或咨询师通过角色扮演来练习坚持自我。

4.复习"设计坚持自我的行动方案"中的四个步骤，特别是第4条"提出要求"针对提出坚持自我的要求提供了具体的指导。这些指导应牢记于心：提出简单的要求，具体而明确，使用第一人称陈述，对事不对人，不要因为提出要求而道歉，提出要求而不是命令，声明得到（或得不到）对方合作可能产生的结果（尤其是和你关系紧密的人），如果合适，可以提及满足你坚持自我的要求后的积极影响。

5.关注提出坚持自我的要求的例子（简对私人空间的坚持自我的要求）和你在现实中写出坚持自我的行动方案练习中的反应，思考你在本章中学到了什么以及如何在生活中使用这些坚持自我的技巧。

6.复习"当场坚持自我"的要点，完成"当场坚持自我的练习"。

7.复习"学会说'不'"这部分内容，和朋友或咨询师一起通过角色扮演来练习对不合理要求说"不"。

8.如果你觉得有必要在这些书之外寻求额外的帮助，可以看一些介绍坚持自我的技巧的书籍和视频。

9.阅读书籍、参加沟通课程，还可以用其他重要的人际交往技能来辅助坚持自我的训练，如倾听、自我表露和谈判。

15

尊重自己的人
才值得尊重

自尊是一种思维、情感和行为的方式，它意味着你接受自己、尊重自己、相信且信任自己。当你接受自己时，你对自己的优点和缺点都能坦然承认，不会妄自菲薄。当你尊重自己时，你承认自己作为一个独一无二的人所拥有的尊严和价值。你像对待任何一个你所尊重的人一样对待自己。相信自己，意味着你的思想和行为是一致的，虽然你的外在表现可能会发生变化，但你能感受到内心的连续性和一致性。信任自己，意味着你认为自己值得拥有生活中美好的一切，也意味着你有信心实现你最深层的个人需要、抱负和目标。为了了解自己的自尊水平，你可以先考虑某个你完全接受、尊重、相信且信任的人（或想象某个这样的人）。然后，考虑你对自己所持的这些态度的程度如何。你会把自己放在下面这个标尺上的哪个位置？

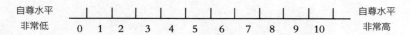

自尊水平
非常低　　　　0　1　2　3　4　5　6　7　8　9　10　　　　自尊水平
　　　　　　　　　　　　　　　　　　　　　　　　　　　　非常高

　　关于自尊的一条基本真理是它必须，也只能来源于内心。当自尊水平不高时，对自尊的缺乏会带来一种空虚感，让你想通过占有外部某些能提供暂时的满足感和充实感的事物来加以弥补，这通常是不由自主的。当这种借用外部事物来满足内心空虚感的追求一再出现，并发展到极其强烈的，甚至自动化的程度时，你就染上了所谓的"瘾"。从广义上而言，瘾是指附属于某物或某人身上的东西，你迫切需要得到这种东西来安慰或满足自己的内心。通常这种附属物是一种可以解决当务之急的事物或活动，"成瘾者"用它来替代健康稳定的人际关系。这种附属物还可能是一种暂时的控制感或力量感，"成瘾者"用它来替代持久的内在信心感和力量感。

上瘾是一种不健康的应对方式，你完全可以选择另一种健康的方式，那就是增强自己的自尊。增强自尊意味着发展内在的信心和力量。这种应对方式能让你充分享受生活，同时又无须再借用其他事物或其他人来使自己感觉良好。这样，你的自我价值就拥有了内在基础，从而更为稳定而持久。

增强自尊的途径

增强自尊有很多不同的途径。自尊是不可能在一夜之间就形成的，也不是任何一个单一的领悟、决定或行为的改变就能造成的结果。自尊是通过个人在生活的多个领域中的自发努力而逐渐建立起来的。本章将从三个方面来讨论通往自尊的各种途径：

◎关照自己

◎发展支持者和亲密关系

◎其他方面

对建立自尊最重要的是你关照自己的意愿和能力。这首先意味着你肯承认你与其他人一样享有人类的基本需要，并愿意采取行动来满足这些需要。

本章第一部分着重于关照自己这个主题。首先会列举各种可能导致低自尊的不健康的家庭情境。其次将讨论人类的基本需要，以帮助你确认那些亟待处理的重要需要。

本章第二部分是第一部分的扩展。在生活中寻找支持和亲密关系很显然是关照自己的一个重要组成部分。他人虽然不能给予你自尊，但是来自他人的支持、接纳、认可和爱却对加强和巩固你的自我肯定大有裨益。这部分内容被分为四个小节。首先将指出建立支持系统的重要性。其次将介绍真正的亲密关系所涉及的10个关键条件。第三节将着重讨论人际界限。在人际关系中设定界限是建立亲密关系和增强自尊的要素。最后一节强调了坚持自我与自尊之间的关联。

本章第三部分介绍了自尊的另外四个方面的知识：

◎ 个人健康和体型

◎ 有益于自尊的自我对话和肯定信念

◎ 情绪方面的自我表现

◎ 个人目标和成就感

尽管通向自尊的途径各所不同，它们都可以被视为关照自己这一基本思想的延伸。

关照自己

关照自己是一切增强自尊的方法所共同依赖的基础。如果缺乏关怀自己、爱自己和呵护自己的意愿和能力，一个人是很难获得深刻而持久的自尊体验的。

也许你幸运地从父母那里得到了接纳、呵护和爱，从而为你的自尊打下了坚实可靠的基础，使成年后的你没有任何持续的不安全感，于是你增强自尊的途径就很简单且直接，只要在态度、习惯和信念方面稍加改变就行了。但是，对于那些终生都背负着不安全感的人来说，增强自尊要他们有能力把父母未能给予的东西补偿给自己才行。以往经历所造成的缺憾是可以弥补的，有以下两种方式：1）承认并花点时间关照你的基本需求。2）每天花点时间从小处入手开始学会自我呵护。

低自尊的成因

哪些童年遭遇会让你的成长过程伴随着不安全感或自卑感？

1.过度严格的父母。 如果你的父母很严格，或为你的行为确立了不现实的高标准，这可能会让你产生内疚感，让你觉得你无论如何都无法表现得足够好。当你长大成人之后，为了克服长期伴随着你的自卑感，你会继续争取表现得十全十美。你可能还会有强烈的自我批评倾向。

2.严重的童年缺失。如果小时候你与父母某一方分离（这可能是离婚或死亡的结果），你可能会产生被抛弃感。你的成长过程可能会伴随着内心的空虚感和不安全感，到了成年时期，这种感觉可能会由于某个对你重要的人的离世而被重新激发出来。作为一个成年人，你可能会借助对某个人或某种食物、药物、工作，或其他任何能够让你掩盖痛苦的事情的过度依赖来克服那种你早就深深体验过的被抛弃感。

3.父母的虐待。身体和性虐待是剥夺的极端形式。它可能会留给你一种混合着自卑感、不安全感、信任缺失感、内疚感和/或愤怒等的情结。在童年时期受到身体虐待的人在成年后可能会变成永远的受害者，也可能会变成对生活充满敌意的破坏者。在童年时期受到性虐待的人（尤其是男性）在成年后可能会通过对他人施以强奸或性虐待的方式来发泄他们的愤怒，也可能会把这种愤怒转化为自我憎恨和自卑感。在童年虐待中幸存下来的人往往在成年后很难建立起亲密的人际关系，这是完全可以理解的。而经常性的言语虐待，尽管比身体虐待和性虐待容易忍受一些，但是也会造成同等程度的伤害。

4.父母酗酒或滥用药物。近年来有大量研究考察了父母酗酒对子女的影响。长期酗酒或滥用药物会造成混乱的、不可靠的家庭氛围，在这种氛围中孩子很难建立起基本的信任感或安全感。而随之产生的对问题的否认（一种防御机制，指无意识地抵赖或否认自己具有那些会引起焦虑的思想、情感、愿望或需要）——通常父母双方都会否认自己有这些问题，让孩子学会了否认由家庭环境所造成的感受和痛苦。这样的孩子大多数都将伴随着低自尊感或低自我认同感而长大。幸运的是，现在有很多支持组织可以帮助那些在酗酒者家庭长大的人治疗过去的经历带给他们的伤害。如果你的父母双方或一方酗酒，推荐你阅读以下书籍：克劳迪娅·布莱克所著《这绝不会发生在我身上》，珍妮特·沃利茨所著《在酗酒者家庭长大的人》，以及赫伯特·葛兰兹和朱莉·鲍登所著《在酗酒者家庭长大的人适用手册》。你也可以加入你所在地区针对在酗酒者家庭长大的人的支持组织或治疗机构。

5. 父母的忽视。有些父母因为过分关注自己或自己的工作，或者出于其他原因，不能给孩子足够的注意或爱护。在这种环境下，孩子不得不靠自己来面对一切，于是常常产生不安全感、无价值感和孤独感。这样的孩子长大后可能会倾向于忽视或忽略自身的需要。

6. 父母的排斥。即使没有进行身体虐待、性虐待或言语虐待，某些父母向孩子传达了这样一种感觉，即他（她）的存在是多余的。这种极具伤害性的态度让孩子开始怀疑自己是否有权存在于世。在这种情况下，孩子会逐渐发展出自我排斥或自我破坏的倾向。有这种童年经历的人，如果想要弥补父母未能给予他们的，就必须学会关怀自己，学会爱自己。

7. 父母的过度保护。被过度保护的孩子从来不敢去尝试独立，也不敢相信家庭之外的外部世界。这样的孩子长大成人后可能会有强烈的不安全感，因此害怕离开让他们觉得安全的人或地方。通过学习承认并关心自身的需要，被过度保护的人可以获得独立生活的信心，并且会发现外部世界并不是他们想象当中的那般危险。

8. 父母的溺爱。被父母宠坏了的孩子从来没有充分领教过什么是延缓满足或合理限制。这样的孩子长大以后会容易变得烦人、缺乏耐心，或者变得难以开始并坚持个人努力。他们习惯了坐享其成，不会去为创造属于自己的生活而担负相应的责任。除非他们愿意担负起个人应负的责任，否则长大之后当他们发现再也没法像小时候习惯的那样坐享其成时，会感到生活欺骗了自己，并产生强烈的不安全感。

以上这些可能的原因中有没有哪项符合你的情况？或者符合你的情况的还不止一项？一开始你可能会难以承认你的过去存在着诸如此类的问题。我们对童年的记忆常常是朦胧不清的，尤其是当我们压根就不愿意去回想曾经发生过什么的时候。回忆并承认过去在你身上所发生的事情，其目的并不是为了把责任归咎于你的父母。你的父母很可能已经尽最大努力把他们认为最好的东西给了你，这种"最好的东西"很可能正是他们小时候没能从父母那里得到的。回忆过去的目的是对过去释怀，并重建现在。来源于过去，建立在恐惧、内疚感或愤怒基础上的旧行为模式很容易妨碍你当前的生活和人际关系，除非你能辨别出这些行为模式并最终放弃它们。一旦你承认并最终原谅了你的父母所没能给予你的，你就能真正开始学会关爱自己。从本质上说，这就意味着你开始做自己的好"爸爸"或好"妈妈"了。在本节的剩余部分，将介绍关照自己的两种重要方法：

1.承认并满足你的基本需求。

2.每天花点时间从小处入手开始学会自我呵护。

你的基本需求

说到人类的基本需求，我们会自然联想到房屋、衣物、食物、水、睡眠、氧气等诸如此类为人类生存所必需的东西。心理学家对人类具有更高级的心理需求的确认，距今不过几十年时间。心理需求尽管并不是生存所急需的，但心理需求的满足是精神健康的基础，也是对生活的合理调节。心理学家马斯洛提出了需求层次理论，把人类的需求分为五个层次，认为在生存和安全这两个初级需求之上还有三种更高层次的需求。他把五个需求层次排列成等级系统，如下表所示：

自我实现的需求（指在整个生活中充分发挥个人的潜能、实现个人理想和抱负）

↑

尊重需求（指对尊重自己、主宰感和成就感的需求）

↑

归属与爱的需求（指对来自他人的支持和友爱、亲密关系和被团体认同的需求）

↑

安全需求（指对稳定、安全、有保障的环境的需求）

↑

生理需求（指对食物、水、睡眠、氧气等维持个体生存和种族发展的需求）

在马斯洛的理论中，在低层次的需求得到基本满足之前，难以产生更高层次的需求。如果一个人还在挨饿，就很难产生归属与爱的需求和尊重需求。在更精确的程度上，如果你的归属与爱的需求未被满足，心怀孤独感和疏离感，那么也很难发挥自己的全部潜能。马斯洛的著作完成于20世纪60年代，他估计当时美国人平均满足了90%的生理需求，70%的安全需求，50%的归属与爱的需求，40%的尊重需求以及10%的自我实现需求。

尽管马斯洛把尊重的定义限制于成就感和主宰感的范围，我们相信自尊还依赖于辨别和关照自身的需求这两个方面。

你如何辨别自己的需求？下面这些重要的人类需求你都意识到了吗？

1.人身安全

2.财产安全

3.友谊

4.他人的注意

5.被倾听

6.有人指导

7.被人尊重

8.被人认可

9.表达并与人分享自己的感受

10.归属感

11.呵护

12.与他人的身体接触

13.亲密关系

14.性爱的表达

15.忠诚和信任

16.成就感

17.朝目标接近的感觉

18.在某个领域能胜任或有专长

19.为社会作出贡献

20.娱乐和休闲

21.自由、独立的感受

22.创造性

23.精神觉醒——与"伟大力量"的联系

24.无条件的爱

现在再仔细看一遍这个列表并问问自己，当前对你而言这些需求有多少是真正被满足了的？你的哪些需求没得到充分的满足？接下来的时间你可以采取什么样的具体步骤来满足这些未被充分满足的需求？如果你在为克服恐惧症而建立了"逐步暴露等级表"，那么依次完成各等级的任务将帮助你满足第17和第18条需求。去舞厅或看场电影可以稍稍地满足娱乐的需求。学习关照自己的重点在于辨别和满足自己作为人类一员的基本需求。列表可以让你发现自己生活中哪些领域应予以重视。接下来你可以使用下面的图表来作一个计划：下个月你将采取什么实际行动来更好地满足你的五种（或更多）未得到充分满足的需求。

需求	我在接下来一个月中将采取什么行动来满足这个需求

自我呵护行为

识别出你最重要的心理需求（依据马斯洛列表）并关注那些可能被忽视的需求是重要的第一步。具体来说，你可以练习特定的自我呵护行为来改善你和自己的关系。并非下列所有活动都是相关的或有用的，但你可以尝试找到至少三项自我呵护行为来帮你增强价值感和自尊感。

下列行为对大多数身患焦虑或抑郁症的人都会很有帮助。每天完成至少一个或两个项目，或者代之以其他任何让你觉得愉快的事情，你会和自己形成一种更有建设性的关系。你不用担心会失去什么，唯一可能失去的就是你的不安全感和自卑感；而与此同时，你的自尊感将大大增强。

1.冲个热水澡。

2.在床上吃早餐。

3.洗桑拿。

4.做按摩。

5.为自己买朵玫瑰花。

6.洗个泡泡浴。

7.去宠物店逗逗小动物。

8.在公园风景优美的小路上散步。

9.去动物园玩。

10.去美甲或修脚。

11.停下来闻闻花香。

12.早起去看日出。

13.欣赏日落。

14.看一本好书，在柔和的音乐声中享受一段轻松闲适的时光。

15.看一部喜剧片。

16.在你最喜欢的音乐声中独自跳舞。

17.提前睡觉。

18.在户外星空下睡觉。

19.找个休息日给自己安排一天"精神健康日"。

20.给自己做一顿丰盛的烛光晚餐。

21.出去走走。

22.给一个或多个好朋友打电话。

23.独自去高档餐厅吃饭。

24.去海滩。

25.开车兜风。

26.冥想。

27.买新衣服。

28.到书店或音像店里想逛多久就逛多久。

29.给自己买个毛绒玩具回来玩。

30.写封情书寄给自己。

31.请一个特殊的人来呵护你（喂你吃饭，抱你并/或给你讲故事）。

32.给自己买一个特别的礼物。

33.去看一场好看的电影或展览。

34.去公园喂鸭子、荡秋千等。

35.去博物馆或其他有趣的地方。

36.容许自己多花一点时间来完成正在做的事情（放任自己游手好闲）。

37.玩最喜欢的智力玩具。

38.泡个热水澡或用按摩浴缸洗澡。

39.录一段全是肯定信念的录音。

40.写下与你的目标有关的理想情节，然后进行内观。

41.读一本鼓舞人心的书。

42.给一位老朋友写信。

43.煮点特别的东西吃。

44.去逛街，只逛不买。

45.买一盘指导你冥想的磁带。

46.听一段积极的、励志的录音。

47.用一个专门的日记本来记下与你的成就有关的事情。

48.锻炼身体，尤其是你喜欢的运动。

发展支持和亲密关系

由于自尊是只能从内部加以构建的东西，我们的自我价值感很大程度上受到我们的重要人际关系的影响。别人不能给你满足感和信心，但是他们对你的接纳、尊重和认可能够再次肯定并巩固你对自己的积极态度和积极感受。如果孤立于他人，那自爱就变成了自恋。让我们考虑4种与人际关系有关的增强自尊的途径：

◎知心朋友和他（她）们的支持

◎亲密关系

◎界限

◎坚持自我

知心朋友和他（她）们的支持

在对价值观的调查中发现，许多人把知心朋友与职业、家庭幸福和健康一起并列于最高位。除了直系家庭外，我们每个人都需要由至少三两知己组成的支持系统。知己是你非常信赖的人，是能够坦然接受你的所有情绪、行为和身份的人，也是无论发生什么事情都会站在你这一边的人。知己是除了直系家庭外你最愿意与之分享你对生活的感受和认识的人。在知己面前你可以表现出在伴侣、子女或父母面前不能表现的那一面。两三个值得长久信赖的知心朋友，是支持系统的最基本组成部分。在你的生活发生重大变迁（例如，从家庭中独立、离婚或家庭成员死亡等）时，知心朋友可以帮助你减轻那种分崩离析的感觉。

你的身边有几个知心朋友呢？如果你的知心朋友还不到两个，你能做些什么来为自己多建立起一些这样的友谊呢？

亲密关系

虽然有些人可能只要有几个知心朋友就足够了，但我们大多数人除了知心朋友外，都还希望能与某个特别的人建立某种特别的关系。这是一种最为亲密的关系，我们最大限度地放开我们自己，同时也最大限度地了解对方。这种关系帮助我们克服因缺乏亲密关系而产生的孤独感——对我们大多数人而言，无论我们自己有多么自信、多么强大，只要是独自一人都终究无法避免这种孤独感。我们从亲密关系中获得的归属感对我们的自我价值感有相当重要的贡献。不过，需要再次强调的是：自我价值感是不可能完全从其他人那里获得的。健康的亲密关系仅仅是增强了你的自我接受程度以及对自己的信任。

关于亲密关系及有助于维持亲密关系的种种因素这个话题，可以展开很多讨论。下面列出了其中的一些重要部分（排名不分先后）：

1.共同爱好，尤其是休闲娱乐方面的兴趣爱好（不过爱好方面若存在一些差异也可能会带来一些新奇感和刺激感）。

2.彼此之间的浪漫感觉或"魔力"感。这是一种只能意会不可言传的吸引力。在亲密关系的最初3至6个月期间这种感觉通常是非常强烈而稳定的。在亲密关系成熟之后，就需要双方能够更新、补充或重新发现这种魔力。

3.双方必须能很好地协调亲密和独立这两种对立的需要。如果其中一方对自由和"独立空间"的需要超过了另一方，那就可能产生冲突。同样的，如果其中一方对被保护和被照顾的需要超出了另一方愿意提供的程度，也可能产生冲突。有些伴侣可能会持有一种双重标准，换句话说，他们不愿意把己所欲者施于人（例如，信任和自由）。

4.相互接纳和支持对方的成长和变化。众所周知，当亲密关系中只有一方在成长，或一方的成长不被另一方认可时，这段关系往往就走到了尽头。

5.相互接纳对方的缺点和弱点。当亲密关系最初那段"情人眼里出西施"的浪漫时光告一段落之后，双方必须在对方身上发现足够的优点来让自己容忍其他缺点和弱点。

6.经常的身体接触和爱意的表达。双方都愿意公开表达爱意是健康的亲密关系所不可或缺的一个方面。

7.分享彼此的感受。真正的亲密，意味着情感不设防，以及愿意敞开心扉与对方分享心灵最深处的感受。

8.良好的沟通。本书所有训练都围绕着这个主题而展开。尽管良好的沟通涉及许多不同的方面，但最重要的两个标准是：

（1）双方都愿意倾听对方说话；

（2）都有能力表达自己的感受并直截了当地向对方要求自己想要得到的（与抱怨、威胁、命令和其他种种试图操纵对方来满足自己需要的做法相反）。

9.强烈的相互信任感。双方都觉得对方值得自己的信赖,并且也都发自内心地去信任对方。信任感并不是凭空出现的,它需要花时间来建立和维系。

10.共同的价值观和目标感。维持亲密关系的最佳条件是两个人在诸如友谊、教育、宗教、金钱、性、健康、家庭生活等生命的重要领域拥有相同的价值观。最紧密的关系往往是那些建立在超越双方各自的需要的共同目标上的关系,例如,抚养子女、投资或投身于精神理想。

你的亲密关系具有上述特征中的几项?有没有你需要为之努力的方面?

界　限

就如亲密关系很重要一样,在亲密关系或其他人际关系中保持适当的界限也非常重要。

界限简单说来就是你知道什么时候该停止为别人付出,剩下的让别人去管。你并不需要依靠别人来确定自己的存在。最重要的是,你不需要通过试图照顾、拯救、改变或控制别人来得到自我价值感和自我权威感。在最近几年里,"爱得过火的女人"和"相互依附"这两个词被用来描述那些由于缺少稳固的内在自我价值的基础,而试图通过照顾、拯救或取悦他人来证明自己的人。其中最典型的例子就是某个人试图通过"拯救"其酗酒或其他药物成瘾的伴侣或亲人来构建自己的生活意义。然而在任何一种关系中,当一方试图超其所能地去照顾、控制、拯救或改变另一方来获取自我价值和安全感的时候,就可能出现界限缺失的现象。在这个过程中,你把自身的需要和感受置之不理。界限缺失的一个很明显的迹象就是你在别人的需要或问题上所花的时间超过了在自己身上所花的时间。

如果你想进一步了解人际关系中的界限问题,我向您推荐两本佳作。一本是罗宾·诺伍德最畅销的著作《爱得过火的女人》,其中主张通过以下步骤来克服亲密关系中的相互依附：

1.寻求帮助——放弃认为你可以独自解决这个问题的想法；

2.将去除相互依附作为需要最先处理的事；

3.寻找理解这个问题的支持群体；

4.发展可以让你摒弃固执己见并依赖于"伟大力量"的个人精神生活；

5.学会不再操纵、控制你爱的人或为其"打理生活"；

6.学会不再为他人扮演"拯救者"和/或"受害者"的角色；

7.面对并发现你自身的问题和内心深处的痛苦；

8.致力于规划自己的生活和追求自己的利益；

9.学会"利己"，这里不是指那种不健康的自私主义，而是把自己的幸福、愿望、工作、娱乐、计划和活动放到优先考虑的位置；

10.与别人分享你所学到的。

另一本是《不再相互依附》，该书详尽地探讨了相互依附的问题，并提供了一系列克服相互依附的步骤，包括：

1.学会"超然"——不再强迫性地杞人忧天；

2.消除控制他人的欲望——充分尊重对方，相信他（她）能为自己的生活负责；

3.关照自己，这包括解决你过去生活中未得到解决的问题，学会珍惜和呵护你那可怜而脆弱的内心；

4.增进沟通——学会声明自己的要求和学会拒绝；

5.处理好愤怒的情绪——必要的时候允许自己对所爱之人发火；

6.发掘精神力量——发现"伟大力量"并与之建立联系。

相互依附是你身上存在的问题吗？你是否考虑过加入一个针对相互依附问题的支持性组织，例如，匿名戒酒者协会或匿名相互依附者帮助团体？

坚持自我

坚持自我对自尊非常重要。如果你不能清楚地让别人了解你想要的或你不想要的，你最终会尝到挫折感、无助感和无力感。即使只是在练习坚持自我，这种练习本身就能起到增强自尊感的作用。在他人面前以坚持自我的态度来尊重自己的需要，同样也会增强他人对你的尊重，并且能迅速地打消他们想利用你的企图。

坚持自我的概念，以及培养坚持自我的沟通模式的训练在本书第14章中有详细阐述。

通往自尊的其他途径

本章前两个部分的重点在于通过尊重自己的需要以及发展支持系统和亲密关系这两种方式来关照自己的需要。在最后这个部分要介绍4种通往自尊的途径，分别涉及个体存在的4个不同方面：

◎身体：身体健康和体型

◎情感：情绪方面的自我表达

◎心理：有益自尊的积极自我对话和肯定信念

◎整体自我：个人目标和成就感

尽管本书其他章节曾经讨论过这些内容，这里还是有必要简要介绍它们与自尊的关系。

身体健康和体型

身体健康和个体的整体健康感、活力感、强壮感是自尊最重要的基础之一。当你身体虚弱、疲惫或生病的时候，你很难有良好的自我感觉。当前的研究证据指出了通常由压力引起的生理失衡在惊恐发作、广场恐惧症、广泛性焦虑和强迫症（见第2章）中的作用。增强身体健康对改善你所遇到的焦虑症问题有直接的效果，也对增强自尊有很大帮助。放松、锻炼、营养直接关系着身体健康，通过阅读与这些内容有关的章节并进行相应的实践有助于你增强身体健康。你可以用下面的问卷来了解目前你在这方面的情况。

个体整体健康问卷

1. 你是否每周至少进行3~5次不少于半小时的锻炼？

2. 你喜欢你的锻炼项目吗？

3. 你是否每天都通过诸如渐进式肌肉放松、内观训练、冥想或其他任何一种放松方法来让自己深度放松？

4. 你是否每天给自己至少1小时的休闲娱乐时间？

5. 你是否进行时间管理以便让自己不必总是匆匆忙忙？

6. 你能处理压力吗？还是你感到被它所控制？

7. 你是否给自己独处的时间来进行个人反省？

8. 你是否每天至少睡足8个小时？

9. 你对自己的睡眠质量和睡眠时间满意吗？

10. 你是否保证每日三餐，其中包括一顿丰盛的早餐？

11. 你是否尽可能不吃那些会诱发应激的食物（那些含有咖啡因、糖、盐或加工方法不健康的垃圾食品）？

12. 当你处于生理或心理压力之下时，你是否会在日常食谱中额外补充维生素的摄入，例如复合维生素片或复合维生素B片及维生素C？

13. 你喜欢你生活的环境吗？你的生活环境是否舒适安逸？

14. 吸烟对你的身体健康是否造成威胁？

15. 你的身体健康是否受到酒精成瘾或所谓的软性毒品成瘾的威胁？

16. 你对现在的体重满意吗？如果不满意，你希望自己更轻些还是更重些？

17. 你是否通过良好的个人卫生、配饰和舒适漂亮的穿着来评价自己的外表？

18. 你喜欢自己的身体和外貌吗？

情绪方面的自我表达

当你对自己的情绪情感体验漠不关心时，你很难了解自己。你会感到无法捉摸自己的内心情绪，并常常感到恐惧。通过识别并表达你所有的情绪情感体验，你能够更好地认识自己独特的需要、愿望和向往。你能开始真正感受自身——你自身的所有部分，而不是在一堆说不清道不明的郁闷的思绪、空想和预期中茫然踯躅。学会承认并表达你的情绪情感需要时间和努力，并且还需要你愿意在你信任的人面前袒露你的脆弱。如果你还没准备好，那么可以先阅读第13章关于增强对自己的情绪情感的识别和表达能力的相关内容。这是通往自尊的一条重要途径。

有益自尊的自我对话和肯定信念

你与自己的对话，以及你对自己所持的信念，以一种显著而准确的方式影响着你的自尊。如果你感到自己不合格、无能为力，这很可能是因为你相信自己就是那样。出于同样原因，你可以仅仅通过改变自我对话和对自己的基本信念就能提升自己的自尊。

识别和改变消极的自我对话和错误信念的训练在第8章和第9章已经介绍过了。因此这里将只强调那些与自尊有关的内容。首先将讨论两类对自尊有破坏作用的自我对话，其次将论及肯定信念对克服消极的信念和假设的作用。

第8章描述了4类自我对话——杞人忧天型、妄加批判型、自居受害型、完美主义型，其中妄加批判型和自居受害型对自尊最具潜在的破坏性。根据临床经验，低自尊者无一例外地具有强烈的妄加批判或自居受害的意识，甚至二者兼而有之。正是妄加批判型自我对话的特殊功效说服了你陷入不合格、自卑和无能感的情绪之中。自居受害型的自我对话则可能通过告诉你"你是多么地不可救药和无能"来变本加厉地伤害你。

首先，回到第8章复习"消极自我对话的类型"一节，并重做"你的亚人格告诉了你什么"的练习，这次要特别留意妄加批判型和自居受害型这两种类型的自我对话。做完练习后数一下你分别在4种类别上的得分。

当你发现自己陷入了自我批评或自居受害的内心对话时，遵循下面3个步骤：

1.用各种能转移注意力并有助于更加关注自身情绪情感和身体的方法来中断消极思维。以下任何一种方法都有效：

◎身体活动(如做家务或锻炼身体)。

◎出去散步。

◎腹式呼吸。

◎5~10分钟的渐进式肌肉放松。

◎出声或在心里大喊"停!"。

要点在于通过做点实事让你在产生消极思想时让自己慢下来。当你处于紧张状态、思维高速运转时，是很难与消极自我对话相对抗的。

2.在必要时使用适当的质问来挑战消极自我对话。用以挑战妄加批判型或自居受害型自我对话的问题可以像这样："有什么证据可以证明?""这在任何时候都是真的吗?"或"我有没有辩证地(或全面地)来看待这个问题?"复习第8章列出的苏格拉底式诘问，你可以找到更多的问题示例。

3.用积极的、自我支持性的陈述来对抗消极的内心对话。你可能需要设计一些专门针对妄加批判和自居受害型对话的积极声明。或者你可以从下面的肯定信念列表中选取积极的反驳陈述。

有益于自尊的肯定信念

我是什么样的人

我是惹人喜爱的、有能力的。

我完全接受并信任自己。

我是一个独一无二的、特别的人。在世界上再也没有第二个像我一样的人。

我完全接受我的所有不同。

我有存在的价值，我不需要再向自己证明什么。

我的情绪情感和需要是重要的。

我可以考虑我自己的需要是很好的。

我可以为自己花时间。

我有很多优点。

我相信自己的能力，而且我重视自己能够奉献给社会的独特才干。

我是一个高度正直和拥有真诚目标的人。

我相信自己有能力实现自己的目标。

我是一个有价值的、举足轻重的人，值得受到他人的尊重。

其他人认为我是一个讨人喜欢的好人。

当别人真正了解我之后，会喜欢我的。

其他人喜欢跟我在一起。他们喜欢听我说话并能够理解我的想法。

其他人知道我乐于助人。

我值得被关心我的人支持。

我值得受到他人的尊重。

我相信并尊重自己，我也值得受到他人的尊重。

我现在得到了别人的帮助和协作。

我对生活持乐观态度。我期待并享受新的挑战。

我知道自己的价值何在，并对自己的决定有自信。

我可以坦然接受别人的赞美和表扬。

我为自己已有的成就而骄傲，并对未来的成就满怀希望。

我相信自己拥有成功的能力。

我喜欢真实的自我。

我用不着想招人喜爱而表现得完美。

我越爱自己，才越有能力去爱他人。

我在学习（认识到了）什么

我在学习每天爱自己多一些。

我在学习相信自己独有的价值和能力。

我在学习信任自己（和他人）。

我在学习辨别并关照自己的需要。

我认识到我的情绪情感和需要与别人的是同等重要。

我在学习向别人要求我想要的。

我在学习有必要时对别人说"不"。

我在学习放慢生活的节奏。

我在学习不要急于求成。

我在学习更好地关爱自己。

我在学习如何每天在自己身上多花一点时间。

我在学习抛开怀疑和担心。

我在学习释放烦恼。

我在学习释放内疚感（或羞耻感）。

我认识到其他人是尊重我并喜欢我的。

我在学习如何更自在地与他人交往。

我在学习在＿＿＿＿＿＿（什么情境）中感到更有信心。

我认识到我有权＿＿＿＿＿＿（具体的权利）。

我认识到犯错误也是可以原谅的。

我认识到我不需要因为想得到爱而表现得完美。

我在学习接受真实的自己。

这个列表有几种不同的使用方法。关于错误信念，第9章介绍过如何使用肯定信念的多种建议。以下两种方案是我在临床实践中经常用到的：

从列表中选出你最喜欢的条目，把它们逐条写在卡片上，然后每天充满感情地慢慢通读一两遍。在阅读的同时看着镜子中的自己也是一个好主意。如果你在镜子前面阅读，你可以用第二人称语气来读：用"你是惹人喜爱的、有能力的"替代"我是惹人喜爱的、有能力的"。

此外，你可以为这些肯定信念录音。每一条连续读2遍，在读下一条之前停顿5~10秒。每天在你感到放松和想听的时候播放给自己听。放松状态有助于你把注意力完全集中在肯定信念上，从而可以帮助你将这些肯定信念内化。（请注意，你也可以从上表中抽取出某些特别有意义的条目

来为自己构建一个专门针对自己的自尊肯定信念表；你也可以加入适用于
自己的新条目。）

个人目标和成就感

个人成就通常会加强自尊感。如果你回溯过去让你感到自信的时刻，
你会发现它们通常都是伴随着重要的个人成就。尽管外在的成就永远无
法单独构成自我价值感的基础，它们却必定影响着你的自我感受。

如果你身患恐惧症或惊恐发作，一个最重要的成就是你能进入并面
对以前避之不及的情境。反过来，当你不仅有信心面对恐惧情境，而且更
有信心面对任何可能出现的惊恐反应时，你又能获得另一种更稳固的成
就感。控制恐惧反应和惊恐反应是本书的一个主题，并在第6章和第7章
进行过详细的论述。如果你已经通过认真面对你最害怕的事情这种方法
而彻底摆脱了广场恐惧症、社交恐惧症或惊恐症，你就会知道在这一过
程中你会获得大量的自信和内心力量。在逐步暴露的过程中，与恐惧（包
括让你恐惧的事物和恐惧症本身）的正面对峙将在相当大的程度上增加
你的自尊。

然而，在克服恐惧和惊恐症的重要目标外，你的生活中还应该有其他
目标。你的自尊感依赖于一种感觉：你正朝向自己的全部目标前进。如果
你感到进退维谷，无法接近任何你渴盼的重要目标，你会开始怀疑自己，
并且产生被贬低感。

除了参与从恐惧症和惊恐症中恢复的课题外，你应该问问自己两个
问题：

1.在你的生命中（包括过去和未来），最重要的是什么事情？

这些是你最重要的个人价值。

2.为了实现你最重要的价值，你设定了哪些具体目标？

回答这些问题，努力设定并实现你最重要的个人目标，见第21章"发
现你自己的目标"这一节。

396

回忆以往取得的成就

在确定未来目标的过程中, 很重要的一点是不要忘记过去所取得的成就。人们对自己感到不满时, 往往会忘记过去曾经取得的成绩。通过回忆自己的过去, 并因过去所取得的成绩而肯定自己, 你可以在几分钟之内迅速提升自尊感。

下面的练习可用于帮助你完成这个步骤。回顾你的整个人生, 列出在各个领域中你所取得的成绩。记住: 尽管拥有外部的、社会赞许的成就是让人愉快的, 但是最重要的是那些无形的、内在的成就。归根结底, 对一个人来说最重要的成就是那些为他人付出的东西（例如, 爱、帮助或指导）, 以及在通往成熟和智慧的道路上所获得的生活经验。

个人成就列表

在下面各个领域中, 列出迄今为止你所取得的成绩。如果需要的话单独用一张纸来写。

学校教育

职业生涯

家庭和家族（例如抚养子女或照顾生病的亲戚）

运动

艺术和业余爱好

领导能力

获奖

个人成长和自我修养

慈善活动

对他人的精神支持

学到的重要的生活经验

其他

小　结

本章针对增强自尊提出了相当多的建议,这里不再赘述。下面的表格可以帮助你组织本章所介绍的知识,并选择出你想最先尝试的策略。

增强自尊的策略

回顾本章内容并决定在接下来一个月内你想采取下述哪些策略来增强自尊。(建议不超过4条策略,每种至少花一个星期的时间来执行。)在下面的空白处,或者另外的白纸上,写下与每一条策略相关的具体行动。然后写下随后的每个月中你将采取的策略,以制订你的"四周自尊增强计划"。

1.从本章前面提到的需要列表中选取你想予以特别注意的需要(不超过4种)。然后采取一些行动来满足你选出的这些需要。你的具体行动包括哪些?

2.每天至少进行一项"自我呵护行为"。在接下来这个星期,你每天将进行什么活动?

3.开始建立你的支持系统。你将具体做些什么?

4.开始建立或增强你的亲密关系(例如,与伴侣一起度过一段有意义的时光,参加沟通技巧培训或参加周末的夫妻交流会)。你将如何行动?

5.训练自己保持适当界限的认识和能力(例如,阅读相关的著作、参加匿名戒酒者协会、戒酒学习班或匿名互助活动等)。你将具体做些什么?

6.学习并实践坚持自我的技巧(见第14章)。你将具体怎么做?

7.开始增强个人健康和塑造体型(例如,在生活中学会放松、坚持锻炼和加强营养——见第4、第5和第16章)。接下来这个月你打算怎么做?

8.开始识别并表达自己的情绪情感(见第13章)。你将具体怎么做?

9.与妄加批判型和自居受害型的消极自我对话进行对抗(使用第8章的"不良想法日常记录表")。

10.使用有益于增强自尊的肯定信念,通过如下方法:
● 每天写几遍肯定信念信条,每次只写一两条就行了;
● 每天朗读肯定信念列表;
● 每天播放肯定信念录音。
你将采用哪一种方法?

11.使用本章提供的表格列出迄今为止你所取得的个人成就。

四周自尊增强计划

在接下来的这四个星期中你将采取上述哪些策略?

第一周:

第二周:

第三周:

第四周:

16

营养：

让你学会如何吃

相对来说，人们较少关心营养与焦虑症的关系。然而，如果我们认为恐惧和焦虑都具有生物学基础的话，那么营养的问题就显得很重要了。人们吃的食物，对人体内部的生理和生化有着非常直接而且重要的作用。

在近三十年中，饮食、压力以及心情的关系被广泛论述。我们知道，有些食物和物质可能引发压力和焦虑，而其他一些则会让人平静、镇定。有些物质具有镇静作用，另外一些则具有兴奋作用。可能你不认为你吃的食物与心情之间有什么关系，或者你可能没有注意到你喝的咖啡和可乐的数量会加剧你的焦虑水平，也或许你还没有觉察到你消耗的糖分与焦虑、抑郁或经前期综合征的关系。本章会阐明这方面的联系，并且会帮助你在感觉方式上作一些积极的改变。

本章关于营养的讨论主要涉及以下三个方面：

◎加剧焦虑的食物、物质和条件

◎降低焦虑的饮食准则

◎降低焦虑的其他方法

这些方面的信息来源于我的个人经验以及营养学领域相关读物。我们的目的是建议，而非规定。如果你想对你的饮食进行深入评估和重新评估，我建议你去咨询营养学家或者对营养学知识有较多了解的内科医生。

加剧焦虑的物质

兴奋剂：咖啡因

在所有可以加剧焦虑以及引起惊恐发作的饮食因素中，咖啡因是最主要的一个。我有好几个患者，追忆起来都发现他们的第一次惊恐发作与咖啡因的过量摄取有关。

许多人发现当他们减少咖啡因的摄取后，会感觉更加镇静，而且睡得也更好。咖啡因对我们身体内的几个不同的系统都有直接的兴奋作用。它增加了脑神经递质肾上腺素的水平，让人们更加警觉，更加清醒。它也会产生与压力反应相同的生理唤醒——增强交感神经系统的活动并且释放肾上腺素。

简言之，过多的咖啡因会使你处于慢性紧张与唤醒状态，这样就容易被焦虑与惊恐侵袭。而且，咖啡因通过消耗维生素B_1（一种抗应激维生素，硫胺）引起人们的应激。

咖啡因不仅含于咖啡，而且含于茶叶、可乐、巧克力糖、可可粉以及非处方药中。请利用接下来的图表来看看你每天最多能摄取的咖啡因数量（毫克）。

如果你很容易焦虑和恐惧，我建议你把每天摄取的咖啡因数量减少到100毫克之内。例如，每天最多喝一杯过滤过的咖啡或者一份可乐饮料。对于咖啡爱好者来说，这看起来是一个很大的牺牲，但是如果你每天早上把咖啡数量减少至一杯的话，你会惊奇地发现你的感觉变得如此之好。如果你的惊恐发作有所减少，那么这种牺牲将是多么值得啊。如果你对咖啡因非常敏感，建议你最好戒掉它。

咖啡因图表

咖啡	＿＿杯	@ ＿＿毫克	= ＿＿毫克
茶	＿＿杯	@ ＿＿毫克	= ＿＿毫克
可乐类饮料	＿＿杯	@ ＿＿毫克	= ＿＿毫克

非处方药 ＿＿＿杯 @ ＿＿＿毫克 ＝ ＿＿＿毫克

其他来源（巧克力每支25毫克，可可饮料每杯13毫克） ＿＿＿毫克

每天摄入总量 ＿＿＿毫克

咖啡、茶以及可可饮料所含的咖啡因（毫克/杯）

速溶咖啡	66毫克
过滤咖啡	110毫克
滴漏咖啡	146毫克
袋装茶——煮5分钟	46毫克
袋装茶——煮1分钟	28毫克
散装茶——煮5分钟	40毫克
可可饮料	13毫克
去除咖啡因的咖啡	4毫克

可乐类饮料所含的咖啡因（毫克/杯）

可口可乐	65毫克
胡椒博士饮料	61毫克
矿泉水	55毫克
健怡胡椒博士饮料	54毫克
健怡可乐	49 毫克
百事可乐	43 毫克

请注意，人们对咖啡因的敏感性是有很大个体差异的。和其他的成瘾药物一样，长期服用咖啡因会增强人的耐受性甚至可能出现戒断反应。如果你习惯于每天喝五杯咖啡，但突然减少至一杯的话，你会出现一些戒断反应，比如疲劳、抑郁以及头痛。在几个月之内逐渐减少咖啡的饮用量更好，比如在一个月内从五杯减少到四杯，然后在下个月减少至两到三杯，然后逐渐减至一杯。有些人喜欢饮用一些去咖啡因的咖啡，每杯只含有大约3毫克的咖啡因，而另外一些人则喜欢用花茶来代替咖啡。

然而，还有一些人，哪怕只饮用一杯可乐或一杯茶，也会有很强的过敏反应。我有一些患者，即使只服用很少量的咖啡因，他们也会产生恐惧感，并且不易入睡。因此，通过实践找出你每天最适合的咖啡因摄入量是很重要的。对大多数易于产生焦虑和惊恐的人来说，每天咖啡因摄入量不要超过100毫克。

尼古丁

尼古丁是与咖啡因一样强烈的兴奋剂。它会增强生理唤醒，血管收缩，并且加重心脏工作负担。吸烟者可不这么认为，他们还辩称吸烟会使他们平静下来。然而，研究证明，吸烟者往往比不吸烟者更容易焦虑，尤其是在他们摄取的其他兴奋剂完全相同的情况下，比如服用同样的咖啡以及非处方药。而且，吸烟者的睡眠质量也往往没有不吸烟者好。我发现，当吸烟者戒烟后，他们不仅感觉更加健康，更加有活力，而且他们较少处于焦虑与惊恐状态。简而言之，如果你现在还抽烟的话，这就是另一个让你戒烟的理由。

兴奋剂类药物

我们已经提到，非处方药含有咖啡因，特别是含有伪麻黄碱和苯丙醇胺的感冒药和止咳药。除了这些药物，一些处方药含有安非他明，包括苯甲胺、右旋苯异丙胺、梅太德林（合成迷幻药的一种）以及利他林。过去，这些药物经常被作为处方药，用于抑制食欲以及抗抑郁。如今，这类强效兴奋剂药物很少再使用。如果你曾经患过焦虑症以及惊恐发作，使用这类药物是很危险的。

可卡因也有类似的问题，它作为非药物使用非常广泛。有很多人，在惊恐发作的早期会服用可卡因，我本人也遇到过好几个这样的例子。如果你很担心惊恐发作，那么很明显，它是一种你应该避免服用的药物。

造成身体压力的物质

食盐

过多的食盐（氯化钠）摄入会从两个方面影响身体：1）它会消耗体内的钾（一种对神经系统功能正常运行非常重要的矿物质）；2）它使血压升高，给心脏和动脉带来额外的负担并且会加速动脉硬化。你可以减少调味盐的使用量，在烹调和餐桌上用天然盐（比如酱油）来代替，并且尽可能地少食用腊肉、咸的快餐以及其他含有盐的制成品。常规下，每天最好把食盐的摄入量限制在1茶匙（或5.7克）内。如果你要买加工好的食物，那么应尽量选择那些含钠少的或者无盐的。

防腐剂

在商业食品加工中，大约有5 000种化学添加剂。普通的人工防腐剂包括亚硝酸盐、硝酸盐、重亚硫酸钾盐、味精、二叔丁基对甲酚、丁基羟基茴香醚以及人工色素和香料。我们的体内并没有处理这些物质的功能，同时，对于这些物质的长期的化学作用来说，我们也知之甚少。到目前为止，已经明确证明其中的一些含有致癌物质，这些产品也被迫退出了市场。但还有一些仍在使用，尤其是味精、亚硝酸盐和硝酸盐，许多人使用后都会有过敏反应。我们知道，古时候人们吃的食品中不含添加剂，因而癌症的发病率也很低。人们应该尽可能多地食用未经加工的食物，要多吃身体能够消化的食物。如果可以买到的话，尽量购买未使用杀虫剂（有机肥自然生长的）处理的蔬菜和水果。

肉中的激素

红肉和市场上买到的绝大多数鸡肉都来自于经常被喂激素的动物，被喂过激素后，这些动物可以快速生长。有证据表明，激素会使这些动物产生压力（阉过的牛和猪有时会因为心脏病死在货车上）。尽管目前还没有明确的证据，但许多人都认为含有激素的肉和肉制品会对人们带来危害。一种特定的激素——己烯雌酚，由于它可能导致乳腺癌和子宫肿瘤，已经引起了大家的注意。

尽量减少食用红肉以及市场上供应的家禽肉，而应该食用有机生长的牛肉、家禽肉以及鱼类，如鳕鱼、大比目鱼、鲑鱼、真鲷、比目鱼、鳟鱼以及鳙鲽。

增大压力的饮食习惯

压力和焦虑的加剧不仅与你吃的食物有关，而且与你吃饭的方式也有关。在现代快节奏的社会中，许多人没有足够的时间吃饭。下面的一些饮食习惯会加重你每天的应激水平：

◎吃得太快或者边走边吃。

◎每口食物咀嚼次数均不到15~20次（食物必须在口中部分消化，以后才能充分消化）。

◎吃得太多，到了感觉肚胀的程度。

◎一餐中喝太多的流食，它会稀释胃酸和消化酵母；一餐中食用一杯流食就足够了。

上面所有的习惯都增加了胃肠的负担，影响了对食物的消化和吸收。这在两个方面增加了压力水平：

◎通过消化不良、肚胀以及肚痛带来直接影响

◎通过对必需的营养元素的不良吸收带来间接影响

如果食物在口中和胃中不能很好地消化，那么它就会未经消化而穿过肠胃，食物会腐败、发酵，会引起肚胀、肚痛以及胸闷憋气。结果人们只能从食物中吸收小部分营养元素，导致人们在无意识的情况下出现营养不良。

因此，除了重新考虑你要吃的食物外，你可以通过给自己足够多的吃饭时间、充分咀嚼食物以及不要吃过量的食物来减轻压力及可能出现的

营养不良情况。

糖、血糖过低与焦虑

最近，在注重营养的人们眼中，糖成了一个比较令人厌恶的词。然而事实上，人的身体和大脑的正常运转都需要葡萄糖或者是自然出现的糖。葡萄糖是身体运行的燃料，它提供了维持生命的能量。大多数葡萄糖都来自于饮食中的碳水化合物，如面包、谷类植物、西红柿、蔬菜、水果以及面食等。这些食物中的淀粉会逐渐转化为葡萄糖。

另外，单糖，比如提炼过的白糖、红糖以及蜂蜜，会很快地转化为葡萄糖。这些单糖可能会引发一些问题，因为在很短的时间内系统要承受太多的糖分。我们的身体并不能很快地加工这么大量的糖分，事实上，直到20世纪，大多数人都摄入了大量的提炼过的糖。今天，美国标准饮食中都含有糖，比如，绝大多数饮料（咖啡、茶和可乐）含有的白糖、谷类植物中的糖、沙拉调料中的糖、肉制品中的糖，同时，每天食用的甜点或者饮用咖啡时吃的炸面圈或饼干中也含有糖。事实上，美国人平均每人每年要消耗120磅的糖！这么多的糖分，不断地给身体带来压力，结果会导致新陈代谢的慢性失调。对一些人来说，这种慢性失调会导致血糖高或糖尿病（21世纪以来显著提高，大约5个人中就有1个）；对于更多的人来说，问题恰好相反，血糖水平周期性地低于正常值，这种情况被称为低血糖。

当每100毫升血糖低于50~60毫克时，或者当它从一个高的水平很快降到一个较低水平时，就会出现血糖过低的情况。这种情况一般发生在饭后2~3小时。压力状态下低血糖也可能发生，因为在压力情况下人的身体燃烧糖分的速度很快。低血糖最普遍的主观症状如下：

◎轻微头痛

◎焦虑

◎颤抖

◎感到重心不稳或身体虚弱

◎易怒

◎心悸

　　这些症状看起来是不是很熟悉？所有的这些都是惊恐发作的症状！事实上，对于一些人来说，惊恐反应是由于低血糖引起的。一般来说，这些人吃些东西后就可以从惊恐中恢复过来。他们的血糖会升高，感觉也会更好些。（事实上，诊断一个人是否血糖过低的非正式的、非临床的方法是看一个人饭后3~4小时内是否会出现这些症状，以及吃些东西后这些症状是否会消除。）

　　大多数患有惊恐症以及广场恐惧症的人发现，他们的惊恐反应并不一定与低血糖相关。然而，血糖过低会加剧由其他原因引起的焦虑和惊恐反应。

　　胰腺过多释放胰岛素会引起血糖低于正常值。胰岛素是一种能够让血液中的糖分被细胞吸收的激素。（胰岛素经常被用来治疗糖尿病人，以降低他们的血糖水平）在低血糖中，胰腺往往会分泌过多的胰岛素。当你吸收太多糖分的时候，半个小时之后你会出现血糖升高的情况。面对突然或慢性压力的时候也可能发生这种情况。压力会导致血糖被快速地消耗。然后你会感觉混乱、焦虑、头脑昏沉以及颤抖，那是因为：1）你的大脑得不到足够的糖分供应；2）发生了二级压力反应。当血糖太低的时候，你的肾上腺会释放肾上腺素以及皮质醇，这会让你感觉更加焦虑和兴奋，同时也会促使你的肝脏释放更多的糖分，以保证血糖水平回到正常范围。因此，血糖过低的主观症状不仅会由血糖不足引起，而且也会由于肾上腺素调节的二级压力反应引起。

　　通过一个6小时的葡萄糖耐受性临床测试，可以正式地诊断血糖过少。在你饮用过高浓度的糖溶液12个小时之后，在6个小时内每隔半个小时就测量一下血糖。如果你的血糖过少的问题一般或比较严重时，血糖测验结果会呈阳性。不幸的是，这个测试会漏掉很多不明显的病例。你很可能得到血糖过少的主观症状以及葡萄糖耐受性测试的阴性结果。下面列举的任何主观症状都可能暗示你患有低血糖：

　　　　◎在吃完饭几个小时后（或深夜），你会感觉焦虑、轻微头痛、虚弱、易怒；如果这时吃些东西，几分钟后这些症状就会消失。

◎食用一些糖分之后你会感觉非常好，然而，二三十分钟后，你会感觉抑郁、易怒以及失落。

◎在早晨4~7点的时候，你会经历焦虑、烦躁甚至心悸和恐惧（血糖水平在早上处于最低水平，因为整个晚上都在消耗）。

那么，如何应对低血糖呢？幸运的是，下面几种方法可以克服血糖过低的问题：1）改变饮食习惯；2）多补充一些其他的食物。如果你怀疑你血糖过低或者曾经正式诊断出低血糖，你可以采取下面的一些建议。这样做的结果是广泛性焦虑会减少，情绪会变得稳定，面对惊恐时也会变得坚强。你或许会注意到你不再那么容易产生抑郁情绪以及不稳定的心境了。

低血糖患者的饮食改变

1.从你的饮食中尽可能地杜绝各种类型的单糖，包括明显含有白糖的食物，比如，糖果、冰激凌、甜点、可口可乐、百事可乐；也包括一些比较精细的糖，比如，蜂蜜、谷糖、加糖的谷物、糖蜜以及高果糖食物。在食用任何加工制品之前都要先阅读一下标签，看看是否包含有不同形式的糖。

2.用水果（不要用干果，糖分太集中了）来代替糖分。不要用果酱，或者用1∶1的水来稀释果酱。

3.减少或杜绝单纯的淀粉，比如，意大利面食、加工过的谷类、土豆片以及白面包。用碳水化合物来代替，比如，面包和谷类等全谷物食品、蔬菜、棕玉米以及其他的谷物。

4.在两餐之间吃一些复合碳水化合物或蛋白质食品（如坚果、全谷类的烧烤和奶酪），比如，在上午的10点半到11点，特别是在下午的16点到17点。如果你在早晨4点到5点醒来，你会发现，如果你吃一些快餐，你就能够再睡几个小时。作为两餐之间的选择性的快餐，你可以每天吃4~5次小快餐，之间的间隔最好不要超过2~3个小时。所有这些选择的意义在于保持稳定的血糖水平。

补充营养

1.复合维生素B：在吃饭的时候，吃50毫克的由11种维生素B混合而成的维生素，每天吃一次。（对一些人来说，低剂量的复合维生素B就足够了，比如每种维生素B25毫克或10毫克。）

2.维生素C：在吃饭的时候吃1 000毫克，每天1~2次。

3.铬（经常被称作葡萄糖耐受性因素）：每天200微克。在当地的健康食品店中可以找到这种物质。

4.可选：糖氨酸（包括L-甘氨酸、左旋谷氨酸、左旋酪氨酸、亮氨酸、L-丙氨酸、L-蛋氨酸、赖氨酸）的组合。这些组合在许多低血糖或血糖疾病患者健康食品店中都是可以找到的。可以参照药瓶的说明或执业营养师的建议。在你的日常饮食中，一定要将淀粉如面包或米饭与蛋白质如奶酪或有机肉（包括非加工鱼类）组合起来。

复合维生素B和维生素C可以帮助你增加对压力反应的恢复，它可以加速血糖的运转。维生素B还可以调节体内碳水化合物转化为糖分的新陈代谢进程。

矿物质铬和糖氨酸对体内血糖水平有直接的、稳定的作用。谷氨酸盐是一种氨基酸，它对减少糖分的需求很有帮助（如果你有酗酒问题，它也可以帮助你降低对酒精的渴求）。

如果你对血糖过低这个话题感兴趣并且愿意深入了解的话，你可以阅读威廉·达夫蒂写的《食糖成瘾》一书。

食物过敏与焦虑

当身体试图阻止外来物质入侵的时候，会发生食物过敏反应。对一些人来说，某些食物就像外来物质一样，不仅会引起典型的食物过敏反应，比如流鼻涕、唾液分泌过多以及打喷嚏，而且还会引起一系列心理症状或心身症状，包括：

◎焦虑或惊恐

◎抑郁或心情不稳定

◎头昏眼花

◎易怒

◎失眠

◎头痛

◎精神惶惑

◎疲劳

这些反应在很多人身上都发生过，可能只是在他们吃某一种特定的食物或几种错误的食品搭配时，或者是由于感冒或感染而抵抗力很弱时才会发生。可对某些高度敏感的人来说，只要吃错一点东西就会引起微弱的症状。通常这样的心理症状较微弱且出现得较晚，因而很难把这些症状与错误的食品搭配联系起来。

在我们的生活中，有两种最常见的食品会引起食物过敏反应，那就是牛奶或牛奶制品和小麦。牛奶中的酪蛋白和小麦中的麦麸容易引起这些问题。其他容易导致过敏反应的食物来源，包括酒精、巧克力、柑橘类果实、谷物、鸡蛋、大蒜、花生、酵母、贝壳、大豆制品以及西红柿。判断食物过敏的明显标志之一是成瘾。人们往往会对自己喜欢吃的或者成瘾的食物产生食物过敏反应。巧克力就是最著名的例子，当然，如果你喜欢面包（小麦）、牛奶制品以及其他特定的食品时，你可能也会拿出证据来支持这个观点。往往很多年过后，人们也不能发现他们最喜欢的食物会给他们的心情以及幸福感带来微妙的但却是有害的影响。

如何找出食物过敏是否会加重焦虑这个问题的答案？像血糖过低的例子一样，你可以在营养学医生那里通过正式的测验来获取信息，也可以自己实施非正式的测试来获取信息。

医生通常会结合皮肤测试和血液检测来进行食物过敏测试。最常用的测试是"划痕测试"。过敏症专科医生会在你的前臂或后臂进行皮肤测试，再等待15~20分钟看皮肤是否发红、起红点，以此来判断过敏症。

另一种较不正式且价格低廉的测试食物过敏反应的方法是戒断测试。如果你想看看自己是否对小麦过敏，那么在两周内不要吃任何含有小麦的食物，这时候看看是否会感觉更好些。然后，在两周结束的时候，突然吃大量的小麦，并且仔细观察接下来几个小时内出现的症状。在试过小麦之后，你可以进一步试试牛奶和牛奶制品。每次只测验一种可能产生过敏反应的食品是很重要的，这样就不会混淆实验结果。

同样，把戒断某种食物之前、过程中以及之后的症状进行对比也是个不错的主意。在戒断一种食物的几天内，有些人会感觉非常难受，好像他们的身体在经历断除症状。这是食物过敏的一个信号。在好几种情况下，这些症状可能会持续几个星期，因而消除这种食物的影响时间可能会被延长。如果出现这种情况，我建议你咨询一下营养学家，以帮助你做一个戒断测试。

另一种测试食物过敏的方法是在吃完饭之后测一下脉搏。与你的正常速率相比，如果你的脉搏每分钟增加10次的话，很可能你吃了过敏的东西。

好在你并不需要永远都远离你过敏的食物。在戒断某种食物几个月后，偶尔吃一下可能也不会有副作用。例如，与几乎每餐都吃面包相比，你会发现一周只吃2~3次感觉会更好。

对一些人来说，食物过敏可能会导致过度焦虑以及情绪不稳定。如果你对这个问题持有怀疑，可以试着采用戒断方法测试或者咨询一个具有执业资格的营养学家。

注意　尽管这部分的重点是食物，一些人可能会对周围环境中的其他物质产生机体或非机体的过敏，而这也可能会导致一系列的心理症状，包括焦虑和惊恐。这些物质包括食物防腐剂、天然气、合成纺织品、家用清洁器和清洁剂、烟雾中的碳氢化合物、汽油、昆虫喷雾、模子、报纸油墨、煤油、松节油、焦油或沥青、石棉、丝带、打字机丝带、化妆品、口红、染眉毛油、洗发水、香水、科隆香水、发胶等。如果你觉得自己可能会对其中的任何物质过敏的话，你可以去咨询一个研究过敏的专家。

向着素食主义者的方向进军

我们经常发现素食主义者往往比肉食主义者更加镇定平和。低压、随和类型的人更容易被素食主义所吸引。然而，根据跟一些病人的访谈以及本人经历推断，可能还有其他原因。朝向素食主义的饮食改变可以让人更加镇定，同时减少人的焦虑。

如果你习惯吃肉、奶制品、奶酪以及鸡蛋制品，从你的食物中剔除所有的动物蛋白质是不必要也是不明智的。例如，仅放弃红肉或者限制牛奶的摄入（并且使用大豆和大米代替的话），可能会取得显著的并且有益的效果。

素食主义何以能让人更镇定？前面我们提到过，存在于红肉上的激素可以产生一种影响，而这种影响与机体自身的类固醇所产生的一样，可以激活对压力的防御机制并抑制免疫性。另一个原因是肉类、家禽、奶制品以及奶酪产品、鸡蛋、糖和精制面粉都是酸性食品，这些食品在合成品中未必呈现酸性，但是在人体内新陈代谢后会释放一种酸性物质，这样会使得人体有更多的酸。这会引起两个问题：

当体内含有更多的酸时，食物通过消化道的时间会延长，并且会导致维生素和矿物质不能完全被吸收。这种对维生素——尤其是维生素B、维生素C和矿物质的选择性吸收不良会增加人体的压力负荷，最终也会导致营养不良。食用一些额外的东西并不一定能完全改变这种情况，除非你可以完全消化并且吸收它。

酸性食物，尤其是肉类，会产生影响新陈代谢的物质。特别是当你已经处于压力状态并且不能正常消化蛋白质食品时。结果你会变得行动迟缓、劳累，甚至会产生过多的黏液和血窦问题。尽管这种改变与焦虑并不完全是一回事，但可以确定的是它会对身体产生压力，而这又会加剧紧张和焦虑。酸性物质越少，你就会越感觉到身体轻盈，头脑清晰。同样要注意的是，许多药物也会在体内产生酸性反应，并且可能会导致与酸性食物同样类型的问题。

为了保持体内的酸碱平衡，减少酸性食物——绝大部分基于动物的食品，糖分以及精制面粉的摄取有助于减少酸性，同时增加碱性食物的数量。所有的蔬菜，除了李子和梅子外的绝大多数的水果，未经加工的谷物诸如糙米、小米和荞麦以及豆芽等都是很好的碱性食物。理想的状况是，人们消耗的50%~60%的卡路里都应该来自这些食物，尽管在冬天多吃一些动物蛋白质会更好。试着在你的饮食中增加一些碱性食物，看看你的感觉是否会有所不同。

加大蛋白质与碳水化合物的比例

最近，许多营养学家提倡吃的复合碳水化合物（未经加工的谷物，面团以及面包）要占到总的卡路里的70%。流行的说法是太多的脂肪会引发心血管疾病，太多的蛋白质会导致体内酸性和毒性的增加。理想的饮食应该包含15%~20%的脂肪，15%~20%的蛋白质，其余的为碳水化合物。

然而，在过去几年中，大量的证据表明不宜食用过量的碳水化合物。碳水化合物可以用来制造葡萄糖，这种类型的糖可被用作身体及大脑的燃料。为了把葡萄糖传送给细胞，胰腺需要分泌胰岛素。吃高含量的碳水化合物意味着你的体内会产生更多的胰岛素，而过多的胰岛素对一些体内最基本的荷尔蒙以及神经内分泌系统有副作用，特别是前列腺素和含于血液中的复合胺。

简单来说，吃大量谷类、面包、面团甚至淀粉（如大米、玉米以及西红柿）可以提升胰岛素水平，而这会打破其他的基本系统的平衡。解决办法并不是消除复合碳水化合物，而应该减少蛋白质和脂肪的消耗，并同时不增加饮食中的总的卡路里。这样做，可以避免吃太多高脂肪和蛋白质的食物。相反，相对于脂肪和蛋白质来说，当你减少每餐碳水化合物的含量时，可以适当地吃一些油腻食品和蛋白质。理想的比例应该是40%的碳水化合物，30%的蛋白质和30%的脂肪。

巴里·西尔斯博士在他的《饮食地带》一书中，给我们呈现了大量的研究结果。研究表明，相对于蛋白质和脂肪来说，降低碳水化合物的比例是有价值的。许多人在报告中说，当他们增加蛋白质与碳水化合物的比例时，他们会感觉更好并且更有能量。我的几个病人注意到每餐增加蛋白质与碳水化合物的比例对焦虑症和抑郁症有良好的改善作用。这并不令人奇怪，因为焦虑和心境障碍经常会涉及神经递质的缺乏，特别是含于血液中的复合胺的缺乏。如果没有充足的来自蛋白质的氨基酸供应，身体没法产生神经递质（尤其是含于血液中的复合胺）。无论你是否同意西尔斯博士的看法或者选择40：30：30这个比例，我推荐你每餐吃一些富含蛋白质的东西（尤其是鱼、家禽、鸡蛋、蛋白质粉、豆腐、豆豉、豆角和谷类）。另外，要注意蛋白质所占的卡路里的含量不要超过30%——特别是猪肉、鸡肉以及鱼肉等，这会让你的体内含有过量的酸。

外出吃饭时该怎么做

现代生活的压力和限制规定要求我们经常在外吃午饭或晚饭。不幸的是，餐馆中绝大多数食物，即使是最好的食物，都包含了太多的卡路里，太多的饱和脂肪，太多的盐，并且往往用不新鲜或者腐臭的油来烹调。许多餐馆的食物都不如自己做的新鲜。对绝大多数人来说，在餐馆吃饭并不是保持健康的好选择。

如果你经常在餐馆吃饭，我有下面一些建议：

1.尽量避免吃快餐食品或"垃圾食品"。

2.当需要的时候，去那些使用天然食物或健康食物的餐馆吃，这些餐馆可能会使用天然的尤其是有机的食物。

3.如果找不到天然食品餐馆，去一家能够提供高质量海产品的餐馆，可以点一些新鲜的鱼，尤其是不含黄油和普通油的烤制品。在吃鱼的同时还要吃一些新鲜的蔬菜、西红柿、大米以及蔬菜沙拉。沙拉最好不要使用乳脂和牛奶配料。

4.作为第三种选择，尝试着去一家高质量的中国或日本餐馆，一餐饭最好包含米饭、蔬菜、新鲜的鱼以及豆腐。

5.一般来说，当外出吃饭时，吃的东西至多包括一个蛋卷、小块黄油以及少量的奶油汤，比如，鲜鱼与咸肉、洋葱等煨成的汤。把沙拉调味品放在边上,可以使用一些油或醋以及低脂肪的意大利调味品。可以再加上一些主菜,如鸡肉(优选有机的)和白鱼(不需要复杂的调味料)。如果可能的话,尽量不要使用高脂肪的甜点。告诉服务员按照你的要求来准备食物,对此不要有任何的犹豫。学习享受一下简单食物带来的乐趣。当你减少丰富的、高脂肪的以及含糖的食品后,你会发现这是多么地简单和惬意呀。

当回顾所有用来改善饮食的方法后,记着没有必要同时采取所有的方法。我建议你在开始的时候先减少咖啡因和糖分的摄入,这对于增强你对压力和焦虑的免疫力有最直接作用。除了这些建议外,按照你自己的步调改善你的饮食。如果你决定了真的想要这么做,而不是给自己施加压力,那么你更可能保持这种饮食的改善方法。

总结:低压/焦虑的饮食原则

本章以下内容中涉及的饮食原则皆为建议而非处方,更不能代替专业的营养学家或营养学内科医生开具的营养评估报告,或其设计的饮食建议和计划。但以下饮食原则也很重要,因为它们能直接减少焦虑的症状。

1.尽可能地戒除此前提及的兴奋剂类物质及能引起压力反应的物质,比如,咖啡因、茶、尼古丁和其他兴奋剂、盐(减少至每天1茶匙,或5.7克)和防腐剂。(减少焦虑,最重要的是戒除咖啡因和尼古丁。)用绿茶(咖啡因含量降低)或花茶代替红茶。

2.戒除或降低提炼糖、红糖、蜂蜜、蔗糖、葡萄糖的摄入量,此外,还要减少包括玉米糖浆、玉米甜料以及高果糖的摄入量。用水果和无糖饮料代替甜点及含糖的饮料。可以适量饮酒,因为它们将最终转换为糖。同样,戒除阿斯巴甜(甜味剂)和糖精。尤其是戒除阿斯巴甜,因为它能导致惊恐发作,长此以往还可能对神经系统造成伤害。正常糖分摄入,可以尝试用甜叶菊,它没有副作用。

3.尽可能减少或戒除饮食中的加工制品,用全营养和新鲜的食材(最好是有机物）来代替。尽管很多食物标注为"健康食品"，但也经过了高度加工，比如，蛋白粉。用新鲜果汁或者水果替代碳酸饮料。

4.如果你对某种食物过敏，就尽量不吃或少吃。特别要关注当你完全不吃小麦和/或乳制品时的感觉。留意那些食用之后感到疲惫或使胃部产生黏液的食物。

5.尽量不要吃红色的肉类和含有激素及其他化学物质的家禽肉。可以用散养家禽和/或海产品（如大比目鱼、大马哈鱼、鲷鱼、比目鱼、鲑鱼、多宝鱼等）替代。尽量不要吃大的海鱼，如旗鱼、青枪鱼和金枪鱼，这些食物含有过量的水银。

6.多吃一些谷类、麸和未经加工的蔬菜和高纤维的水果（如苹果）来增加营养纤维的摄取。（注意，过多的纤维会导致气胀和肿胀，也会影响蛋白质的吸收。）

7.每天至少喝够6杯250毫升的矿泉水和纯净水。可使用反渗透加活性炭净水装置。可能的话，尽量不喝瓶装水。如无法避免，打开之后尽量喝完，不喝隔夜水，即使放进冰箱也不行。

8.增加非加工的、新鲜蔬菜的摄入量。每天吃一些混合的蔬菜沙拉就是个好办法。每天吃一些新鲜（非冷冻和罐装食品）烹调的蔬菜。

9.尽量买有机食品。

10.保持（油、坚果、沙拉等）脂肪摄入产生的卡路里最好不要超过这些食物的30%。动物脂肪以及含有胆固醇的食物卡路里不超过10%，比如，红色的肉类、动物内脏、肉汤、奶酪、黄油、鸡蛋、全脂牛奶、有壳的水生动物。避免摄入反式脂肪酸，如油炸食品、薯条、沙拉酱、人造黄油以及含有氢化油的加工食品。

11.为了避免体重过重，摄入的能量不要超过你所需要的。如果你已经超重的话，减少卡路里的摄入，多做些有氧运动。

12.从以下四种分类来选择食物：1）水果和蔬菜（每日4~5次）；2）全麦谷物，包括糙米和全麦面包（每日2~3次）；3）动物蛋白质，尤其是有机家禽、海产品、鸡蛋，如果你是素食主义者，可以食用同等量的豆类（每日2~3次）；4）奶制品，特别是低脂或无脂的奶制品（每日1次）。如果你对牛奶过敏，可用米浆或杏仁乳来代替。在饮食中，着重摄入前两类食物，适当摄入后两类。一般来说，倾向素食主义远离肉食主义的饮食习惯就很好。同时，调整饮食中蛋白质和碳水化合物的比例。蛋白质不超过30%，有益脂肪20%~30%（胆固醇数值超过250的人群，降低脂肪含量），复合碳水化合物40%~50%。

使用下面的"饮食日记"来监控你的饮食，至少要坚持3天。你通过什么方式可以改善饮食习惯？你在下个月乐意作哪些改变？

饮食日记

说明：使用下面的图表来评价你三天的饮食习惯。平均每日用量偏离理想状况最多的就是你最应该改善的地方。把这个表复印几份，以便可以用来监督你2~3周的饮食习惯。

三天之内观察你每种食物消耗的次数。对于每个种类来说，把总的次数除以3就可以得到你这段时期每日的平均用量了。把你的饮食模式与理想状况进行对比。					
周_____ （日期）	每日1次	每日2次	每日3次	每日平均次数	每日理想的次数
咖啡因 1次=1杯咖啡或1杯红茶，或者1杯普通茶（不含添加物或调味料）					
甜食 1次=1块糖、1片派、1杯冰激凌					
酒 1次=1罐啤酒、1杯白酒或鸡尾酒					
蔬菜和水果 1次=1杯青豆、1个苹果、1个橘子、适量的土豆					
整片的面包或整粒的谷粒 1次=1片面包、3/4杯谷粒、3/4杯米、燕麦或藜麦					
牛奶、奶酪、酵母菌 1次=1杯牛奶、1片中量的奶酪、1盒酸奶					
肉、家禽、鱼、鸡蛋、豆和坚果 1次=3盎司瘦肉或鱼肉、2个鸡蛋、5/4杯烹调过的豆、3/4杯坚果					

应对焦虑的保健品

维生素B和维生素C

众所周知，在遭受压力时身体会很快地消耗尽体内存储的维生素B和维生素C。我给我的病人推荐每天应该多吃复合维生素B和维生素C。许多人发现他们这么做以后自身的能量水平出现显著改善而且从焦虑中解放了。维生素可以维持神经系统功能的正常运行。维生素的缺乏，尤其是B_1、B_2、B_6、B_{12}等的缺乏，可能导致焦虑、易怒、疲劳，甚至是情绪不稳定。最好是吃包含这11种维生素B的复合维生素B补充剂，因为它们往往是相互作用的。维生素C有助于提高免疫力，并且有利于治愈感染、疾病和外伤，这是众所周知的。大家所不知道的是，维生素C可以支持肾上腺，而肾上腺是应对压力必不可少的。维生素B_5（泛酸）同样也对肾上腺有帮助，许多人发现它对应对压力过大很有帮助。

根据我的个人经验以及同事们的工作经验，我建议你们有规律地采用下面的剂量来食用复合维生素B和维生素C：

◎复合维生素B：每天服用25~50毫克的11种维生素B（高压条件下每日两次）。

◎维生素C：不定时地服用1 000毫克，或每日两次（在高压条件下每日两次）。如果维生素C和生物类黄酮一起食用效果会更好一些。

请注意不能过多地服用维生素B，因为它们是水溶的，唯一的例外是维生素B_6。如果你长期服用维生素B_6，记好每天不要超过100毫克。（然而，为了减轻经期前的症状，可能要多服用一些维生素B_6。）一般来说，每天多服用一些维生素C是无害的，并且它也是抵抗感染和感冒的屏障。然而，如果每天的服用量都超过8 000毫克，那么一些人可能会得胃病和肾结石。

在吃维生素B、维生素C以及其他的维生素的同时，最好也吃些肉类。食物消化时产生的胃酸和酶有助于分解和消化维生素。不要空腹吃维生素（氨基酸除外，后面会讨论到）。与成片的相比，胶囊形式的维生素在胃中要更容易消化。

钙

我们知道钙可以扮演镇静剂的角色，对神经系统有镇静效果。钙，随着神经递质一起参与神经细胞突触之间神经信号的传递过程。

如果钙被消耗尽，则会导致神经细胞的过度活动，而这是焦虑的神经心理基础之一。每天摄取1 000毫克的钙是很重要的，可以从含钙丰富的食品，比如，从牛奶制品、鸡蛋或大叶蔬菜中摄取，或者从含钙的补品（碳酸盐钙是个好的选择）中摄取。如果要食用含钙的补品，记得要与镁结合起来，因为这两种物质可以互相平衡，并且可以一前一后地工作。对一些人来说，镁与钙一样有放松作用。在你的补品中，钙与镁的比率应该为2∶1或1∶1。

注意 如果你觉得自己缺少钙或者其他矿物质，可以让你的营养师或者医生给你做个头发分析测试。使用一些头发样本，可以测出大量的不同矿物质的缺乏。某种矿物质缺乏可以用来预测其他的情况。例如，铬太少可能意味着碳水化合物的新陈代谢有问题，或者血糖可能过低；如果钴过少则意味着缺乏维生素B_{12}；如果你体内铝、铅或者汞过多，也可通过这个测试测出来。特别需要注意的是，过多的汞与焦虑有密切关系。

抗氧化剂

身体需要抗氧化剂来对抗发炎过程，否则可能导致一系列心血管疾病。具有抗氧化效果的食物包括豆类（菜豆和花豆）、浆果类（有机蓝莓、树莓和草莓）、苹果、核桃、山核桃和竹心等。加强抗氧化能力的补充剂还包括维生素C（每日2克）、维生素E（每日400 IU）、硒（每日100毫克）、辅酶Q_{10}（每日100毫克）、白藜芦醇（可从红酒中摄入）和虾青素（每日4~12毫克）。

让人放松的草药

几百年来，草药一直被用来提高镇静与放松的效果。通常它们并没有处方镇静剂那样有效，比如，阿普唑仑或者氯硝西泮（卡瓦除外），它们没有副作用，也不会让人上瘾。通过使用草药，许多人都从轻度的或者中度的焦虑状态中康复过来。下面的一些草药对我的病人来说最为有效。

卡瓦：来自太平洋岛的让人放松的草药

卡瓦（或称卡瓦卡瓦）是一种天然的镇静剂，最近几年在美国非常流行。我的一些病人证明它与阿普唑仑一样有效。作为胡椒树家族的一个成员，卡瓦产自南太平洋。几个世纪以来，波利尼西亚人不仅在正式的宗教仪式上使用它，而且把它作为一种交际镇静剂。小的剂量可以让人感觉很舒服，而大的剂量则会让人毫无生气，产生睡意并且减少肌肉弹性。

在欧洲的一些国家，比如，德国和瑞士，卡瓦被批准用来治疗失眠和焦虑。从现有的研究来看，卡瓦有助于降低边缘系统的活动，特别是杏仁核的活动，而杏仁核则是产生焦虑的大脑中心（见第2章）。目前还不清楚卡瓦的详细的神经物理作用。

与阿普唑仑或者氯硝西泮等镇静剂相比，卡瓦最主要的优点是它不会让人成瘾。它不会像一些镇静剂那样会损害记忆或者加剧抑郁。研究表明，它对于治疗轻微到中度的焦虑（非惊恐发作）、失眠、头痛和肌肉紧张、胃与肠的痉挛十分有效，同时它还有助于减轻尿道感染。

买卡瓦时，最好注意卡瓦内酯的比例（一种有效的成分）的标准提炼物。卡瓦内酯的比例可以在30%~70%变动，如果你拿卡瓦胶囊或药片的总体毫克数乘以卡瓦内酯的比例，你就可以得到这种剂量的真实的药效。例如，一粒含有70%卡瓦内酯的200毫克的胶囊事实上相当于140毫克卡瓦内酯的剂量。

在健康食品店里卖的绝大多数含卡瓦的补品，每粒胶囊中都含有50~70毫克的卡瓦内酯。欧洲的研究表明，每日服用3~4次这样的剂量，效果就相当于镇静剂。

目前，关于每日服用多少卡瓦可以达到长期镇静的效果，还没有有力的数据支持。在波利尼西亚岛上，当地居民长期以来每天都服用很多卡瓦，皮肤就可能会变色。有时卡瓦的影响还会反映在皮炎比例的增加上，当停止服用卡瓦时，皮炎会有所减轻。如果你只关注卡瓦带来的致病因素，那么请立即停止使用卡瓦，在没有理疗师和内科医生的建议下不要服用卡瓦。如果你每天都服用卡瓦，我建议你们服用的时间不要超过6个月。如果断断续续地服用，那么可以无限期地服用。

一般来说，最好不要同时服用卡瓦和镇静剂。尽管没什么危险，但这样的结合可能会造成头昏眼花以及丧失方向感。特别是当你在服用中等到较高剂量的阿普唑仑或氯硝西泮（每日超过1.5毫克）时，不要使用卡瓦。

对于帕金森症患者、孕妇或者处于哺乳期的妇女来说，不要服用卡瓦。在驾驶或者操作机器前也要谨慎地使用卡瓦。几年前，人们普遍担心卡瓦会导致肝脏问题。在欧洲，一些药品制造商使用了含有肝脏毒素的卡瓦的茎和叶，随后一些人患上了肝病。从那以后，美国公司只使用卡瓦的根（正如波利尼西亚人几个世纪以来所做的一样），这被认为是安全的。尽管目前在一些国家受到限制，卡瓦在美国从未被禁止。美国食品药品监督管理局警告：有肝脏病史的人，在没有事先咨询医生的情况下不应该使用卡瓦。

缬 草

缬草是一种草药镇静剂和止痛剂，在欧洲广泛应用。近年来，它在美国也获得了广泛的应用。欧洲绝大多数的临床研究发现，它在减轻轻微到中度的焦虑和失眠上可以作为一种有效的镇静剂，乔纳森·戴维森和凯瑟琳·康纳在《对付失眠的草药》一书中对此进行了阐述。同时它有较小的副作用，也不会上瘾。

缬草也不像镇静剂类处方药那样会对记忆和注意力造成影响，也不会引起倦怠和困倦。如果使用它来帮助睡眠，第二天一般也不会引起残留反应（尽管有一些人会受影响）。一般来说，缬草对轻微的和中度的焦虑有良好的治疗效果，但是对于更严重的情况则没有这么好的效果。

　　由于源于缬草科植物，缬草有很多种化学成分，包括提炼的油、环烯醚单萜以及生物碱。任何一种成分都不是治疗疼痛的成分，总的效果是所有的成分协同作用的结果。因此单一的成分不可能被分解以及人工合成。

　　缬草在促进睡眠方面有良好的声誉。无数研究表明，它可以减少入睡时间，也可以提升睡眠质量。如果你尝试了缬草并且发现它没有用，不要放弃。一些研究表明，使用这种草药一般需要2~3周才可以充分发挥它的作用，不管是用于失眠还是焦虑。

　　健康食品店里卖的缬草有三种形式：胶囊、流浸膏剂或者茶。在治疗焦虑和失眠的时候，按照瓶子或包装上的使用说明试着使用每一种形式，这样可以发现你最喜欢哪种形式。胶囊是最便利的，但是有些人认可流浸膏剂和茶的效力。你会经常发现缬草和西番莲、并头草、蛇麻草或甘菊组合会使口感更好，也会更有效果。

　　对于白天缓解焦虑来说，缬草的有效剂量在200~400毫克，在夜间为了促进睡眠，合适的剂量是400~800毫克。最好在入睡前一个小时服用缬草。白天，对于轻微到中度的焦虑来说，你可以每日服用2~3次200~400毫克的剂量。

　　一定要买有药效的缬草产品。一般来说，瓶上的标签说明这种产品按照标准含有至少0.5%的缬草烯酸，那么就说明这种缬草产品有足够的药效。同样要注意保质期，因为放置越长的药品越可能失去药效。如果这种产品包含了除缬草之外的其他草药或成分，标签上会给出一个完整的清单，并表明包含何种成分以及推荐的剂量。不要使用那些不提供详细成分的产品。

　　作为一般的规则，不要连续服用缬草6个月以上。长期服用缬草，会带来诸如头痛、易激动、烦躁、易怒以及心悸等副作用。然而，如果你每周服用3~4次，则可以无限期地服用。同样，避免与苯二氮草类镇静剂，比如阿普唑仑、氯羟安定以及氯硝西泮，或者止痛类药物，比如替马西泮（一种安眠药）、安比恩（一种安眠药）以及扎来普隆等混合使用。它可以与其他草药一起使用，比如卡瓦、金丝桃科草混合使用，尤其可以与蛇麻草和甘菊共同使用。

欧洲的长期经验表明，缬草是一种特别安全的草药。然而，仍旧有一些报告认为缬草会引起焦虑、烦躁以及心悸的增加，这很可能是过敏所致。如果引起这些反应的话，就要停止使用。

金丝桃科草

金丝桃科草或金丝桃科植物有很长的使用历史。希波克拉底在2 000多年前就推荐这种草药来治疗焦虑。当前，它在欧洲和美国使用非常广泛，以用来治疗轻微到中度的抑郁以及焦虑。

金丝桃科植物在减轻抑郁方面具有直接的作用，同时也可以间接地缓解焦虑。欧洲的研究表明，与镇静剂相比它具有抗焦虑的特点，但美国尚未肯定这一观点。有证据表明，金丝桃科植物可以提高焦虑症涉及的三种神经递质的水平：5-羟色胺、去甲肾上腺素和多巴胺。在这个基础上，它可以被看作是比SSRI类抗抑郁药物更好的选择，后者只能提升5-羟色胺的水平。

在很多健康食品店和药店都可以买到金丝桃科草。一定要买含有0.3%金丝桃素（有效的成分）的品牌。标准的剂量是每天3粒300毫克的胶囊。

开始的时候，每天可以服用两粒胶囊以适应这种草药，然后可以把剂量提升到3粒或900毫克。如果你发现金丝桃科草引起胃的不适，那么在吃饭的时候服用一剂。

切记金丝桃科草只有在4~6周后才能获得药物疗效，这点很重要。如果你在前2~3周没有发现效果，不要失望，也不要停止服用。你应该继续使用它，至少要一个月。

金丝桃科草在几百年的使用中有着良好的安全记录。对一些人来说，它可能会增强感光性，对太阳光的敏感性会增加。如果你正在服用金丝桃科草并且需要经常到太阳光下，那么你可以限制暴露在阳光下的时间，或者使用30SPF（SPF为防晒系数）或更高的防晒霜。

如果你已经在服用SSRI类或者三环类抗抑郁药物并且想换成金丝桃科草，在使用草药前最好放弃处方药。一般来说，如果没有医生的批准，不要同时使用SSRI类药物和金丝桃科草。

金丝桃科草可以与放松的草药（如卡瓦和缬草）同时服用，目前没有强有力的证据表明金丝桃科草和镇静剂（如阿普唑仑和氯硝西泮）共同使用会有问题。然而，如果你服用单胺氧化酶抑制剂类抗抑郁药物，比如，苯乙肼或反苯环丙胺，那就不要服用金丝桃科草。

总的来说，如果要治疗轻微到中度的抑郁，金丝桃科草很可能会有帮助。同样，在使用4~6周后也可以缓解轻微到中等水平的焦虑，虽然它在缓解恐惧症、强迫症以及创伤后应激障碍的症状方面可能没有效果。如果你患有严重的焦虑症状，通过认知行为治疗和其他自然疗法不能缓解时，我建议你咨询一下具有执业资格的精神科医生并且考虑尝试SSRI类药物（见第18章）。

如果想了解更多的关于金丝桃科草的知识，请参考由哈罗德·布卢姆菲尔德、米凯尔·诺德弗斯以及彼得·麦克威廉斯合著的《金丝桃科草与抑郁》一书。

其他有帮助的草药

西番莲

西番莲是备受称道的和缬草一样好的天然镇静剂。在食用较高剂量时，它既可以减轻神经系统的紧张又可以使肌肉放松，因此常被用于治疗失眠症。它在健康食品店里以胶囊或者流浸膏剂的形式出售。有时你会发现这种产品可以与缬草或其他缓解类草药联合使用。使用时要遵照瓶子或包装上的说明。

雷公根

几千年来，雷公根（积雪草）在印度一直非常流行。它有轻微的放松作用，同时可以帮助缓解神经系统的衰弱。有发现表明，它可以促进血液循环、提高记忆功能以及促进产后恢复。在绝大多数的健康食品店，你可以找到胶囊或膏剂的形式。

银杏叶

来自于银杏树，通过提升专注度以及精神透明度，银杏叶可以间接地减轻焦虑。它通过增加血流量、氧气以及大脑的神经营养等来发挥作用。研究发现，它可以改善老人的精神功能以及耳鸣。如果每片为60毫克，我建议每日服用1~2片。如果你有规律地服用阿司匹林，那么要限制银杏叶的服用，因为联合使用会抑制血块凝结。

在使用上述任何草药的时候，要确保不要超过推荐使用的量。如果想知道更多的关于草药的知识，请参看由哈罗德·布卢姆菲尔德、米凯尔·蒂拉或艾尔·敏德尔撰写的书，或者咨询一个对草药非常精通的医生（通常需要一个全面的内科医生或者理疗家）。

舒雅液：快速起效的天然抗抑郁剂

与前面描述的草药不同，舒雅液是一种在体内自然生产的物质。过去十多年在欧洲非常流行，首次在美国出现是在1999年。欧洲开展的广泛的研究表明，在治疗抑郁症方面它与处方药SSRI类抗抑郁药物一样有效。

舒雅液看起来是通过增加大脑中5-羟色胺和多巴胺的活动来发挥作用的。健康的人群可以产生足够的舒雅液，研究表明临床抑郁症患者体内缺乏这种物质。

舒雅液的一个明显的优势是它基本上没有什么副作用。由于它在体内是自然生成的,副作用很小。当开始服用它的时候,一些人偶尔会有呕吐或恶心反应,但是几天后这种反应往往会消除。舒雅液可以很快地发挥作用,与抗抑郁处方药以及金丝桃科草不同,在开始服用的几天内它就可以发挥作用。

除了有助于治疗抑郁外,舒雅液也被证明有助于治疗骨关节炎和肌纤维瘤。由于对软骨的再生有帮助,因而它也许可以恢复和保持健康的关节功能。舒雅液也具有潜在的抗氧化剂的特点,它可以被身体用来合成谷胱甘肽—— 一种重要的抗氧化剂,以保护细胞不受放射性物质的伤害。最后,舒雅液对肝脏有好处,它还有助于把体内因酒精、药物以及环境中产生的毒素排出体外。

目前,关于使用舒雅液来治疗焦虑的资料是有限的。绝大多数已有的研究都评价了它作为抗抑郁剂的疗效。如果它像SSRI类药物一样具有多方面的功用的话,它会有助于抗抑郁又会有助于抗焦虑。

舒雅液在绝大多数的健康食品店和药店都可以找到,每片200毫克。给抑郁症患者推荐的剂量是每天400~1 200毫克。由于一些人会产生恶心以及肠胃不适感,最开始每天服用200毫克(如果是这种情况的话,最好服用带有防止肠胃不适包裹层的药片)。两天后,每天可以服用2次200毫克。如果一周内没感觉有什么不适的话,可以把剂量增加到每天800~1 200毫克。如果主要是用来治疗关节炎和肌纤维瘤的话,每天800毫克可能就足够了。

患有双相情感障碍(躁狂抑郁症)的患者,只有在专业的内科医生的指导下才可以服用舒雅液,因为它可能会加重躁狂症状。

如果想了解更多关于舒雅液的知识,请参考理查德·布朗博士撰写的《从现在开始不再抑郁》一书。

氨基酸

在过去几年中,氨基酸——蛋白质的天然组成部分,已经被用来治疗焦虑症和抑郁症患者了。许多人不愿意用处方药而选择氨基酸,这是因为它的副作用较小，并且不会上瘾。你或许可以通过与知识渊博的医生、理疗师或者当地健康食品店的职员交流以扩展关于下面知识的了解。

色氨酸

色氨酸是一种天然物质，它是神经递质5-羟色胺的前体。很多身体功能的调节都涉及5-羟色胺，包括心情、睡眠、食欲以及疼痛。它会产生一种平静感和舒适感，色氨酸的缺失经常与焦虑联系在一起。

一些研究表明，在减轻失眠、广泛性焦虑和抑郁方面，色氨酸和处方抗抑郁类药物一样有效。

色氨酸可以通过两种形式获得：5-羟色胺和L-色氨酸。你可以在健康食品店找到5-羟色胺。推荐的剂量是50~100毫克，每天2~3次，与不与食物一起吃均可。L-色氨酸在20世纪80年代使用得非常广泛，但1989年被美国食品药品监督管理局从市场上取消了。原因是一个公司在制造的过程中掺进了杂质，结果引起了一种罕见的血液病，由此导致了几千人得了严重的疾病。在20世纪90年代中期，L-色氨酸在严格的制造标准下重新引入美国，但仅限于处方药。近年来，通过健康食品店和网络，公众又可以重新买到它。许多人发现它比5-羟色氨基酸更具有镇静作用，因此它更适合失眠者。推荐的剂量是睡前服用1 000~2 000毫克，就着富含碳水化合物的小吃和水果汁一起服用。5-羟色氨基酸或者L-色氨酸，与维生素B$_3$（烟酰胺）（100~500毫克）和B$_6$一起服用可以提高它的疗效。如果你服用SSRI类药物、SNRI类药物、三环类或者单胺氧化酶抑制剂类抗抑郁药物，那么就不需服用任何形式的色氨酸，除非是在医生的指导下。

茶氨酸

茶氨酸是1949年从茶叶中提取发现的一种氨基酸。随后，被用于各种食品中。

茶氨酸能穿透脑血管障壁,提高大脑抑制性神经递质伽马氨基丁酸(简称GABA)的浓度,有效减少焦虑和应激反应。茶氨酸还能促进大脑中的阿尔法波运动。补充茶氨酸比伽马氨基丁酸更容易对大脑产生影响(见下文)。还有研究证明,茶氨酸具有加强免疫功能的作用。

美国国家卫生研究院2007年的研究结果表明,口服茶氨酸能抑制大脑皮层神经元活动,从而产生抗应激效果。

目前,茶氨酸被普遍当作一种温和的天然镇静剂来使用。这种胶囊中茶氨酸含量为100毫克,在保健品商店(氨基酸类物品处)或者网上都可以买到。轻微或中度焦虑症患者可服用1~2粒胶囊(含量为100毫克)。需要辅助睡眠的患者可能用量更大。据报告,只有少数患者服用100~200毫克之后,出现了副作用。

伽马氨基丁酸

作为氨基酸的替代物,或许你会考虑使用伽马氨基丁酸——一种在绝大多数健康食品店都可以找到的氨基酸。氨基酸具有轻微的镇静作用,许多人都把它作为处方镇静剂如阿普唑仑和氯羟安定的替代品。尽管它不像处方药那样有效,但是它副作用较小。

用于镇静的伽马氨基丁酸的通常用量是200~500毫克。每天服用1~2次这样的剂量是很好的(在24小时内不要超过1 000毫克)。

空腹或者和碳水化合物类小吃(如一片烤面包、一块饼干、谷类、米糕等)一起服用是个不错的主意。碳水化合物类食物有助于提升镇静效果。避免伽马氨基丁酸与蛋白质共同服用。尽管这样做并没有什么害处,但是服用蛋白质(由许多不同的氨基酸组成)会影响伽马氨基丁酸的吸收。

酪氨酸

由于焦虑症经常伴随着抑郁症,你可能会想,是否有一类氨基酸也能治疗抑郁症。去甲肾上腺素是大脑中的一种神经递质,其数量减少就可能导致抑郁,而酪氨酸能够增加其数量。

一些轻度或中度抑郁症患者服用酪氨酸后,症状得到改善。这让他们感觉更好,也不再依赖处方药来缓解抑郁。处方药虽然有效,但副作用也不小。

在绝大多数的保健品商店都可以买到含250毫克或500毫克酪氨酸的胶囊或药片。如果你想试试,请注意以下的一些建议:

1.孕妇、苯丙酮尿症(一种需要避免苯丙氨酸的疾病)患者或者正在服用单胺氧化酶抑制剂类药物(如苯乙肼或者反苯环丙胺)的患者禁止服用。高血压患者在医生的指导下服用。

2.一次性服用500~1 000毫克酪氨酸,早晨服用为宜。避免在摄入大量蛋白质后立即服用,因蛋白中含有抑制其作用的氨基酸,使其无法穿过脑血管障壁。宜空腹服用。可从500毫克开始,逐渐增加剂量至1 000毫克。若服用后出现任何不良反应,如头疼、恶心、焦虑等,应立即停用。

3.若用量正确,几周就会见效。若无专业医生指导,每日服用不超过1 000毫克。若你患有严重的抑郁症,并且/或者有过自杀的想法,不要试图依靠氨基酸来解决问题,请咨询专家。

关于氨基酸治疗抑郁症的深入讨论,请参见琼·马修斯·拉尔森和茱莉亚·罗斯的相关著作。

欧米加-3脂肪酸

欧米加-3脂肪酸,特别是DHA和EPA,对大脑和神经系统的健康非常重要。如果没有充足的欧米加-3脂肪酸,神经细胞膜的流动性会变弱,会引起神经细胞活动水平变慢、惰性增强。近来的研究发现,欧米加-3脂肪酸补充剂在减轻抑郁症状的时候很有帮助。欧米加-3脂肪酸最好的来源是野生的鱼(尤其是鲑鱼和沙丁鱼)、肉以及家禽。服用液体的鱼油

（每天两大汤匙）或胶囊（每天2~3片，或者每天服用1 000~2 000毫克）可能有助于减轻抑郁和心情烦躁。鱼油应该储存在冷库或者冰箱中，这样可以防止它遭受氧化损害。每天服用400 IU的维生素E（混合的生育酚）可以防止氧化。

激素补充剂

有很多激素可以弥补我们的不足。你可以在当地的药店或者健康食品店看到。其中一些有助于放松并且可以帮助睡眠。下面介绍最常用的一种激素补充剂。

褪黑素

褪黑素是一种隐性激素，每到晚上的时候，松果腺就会提醒大脑该睡觉了。补充褪黑素可以调节睡眠。每次的剂量是0.5~5毫克。尽管一些人认为很有用，但另一些人却认为它没什么用处，而且在早上还会让人感觉头昏眼花。

小 结

1.使用本章的"咖啡因图表"来测量你饮食中的咖啡因含量，试着将你的用量降到每天100毫克以下。如果你对咖啡因非常敏感，你也许想完全戒掉咖啡因，而使用脱咖啡因咖啡（或脱咖啡因茶）来替代经常服用的咖啡，用脱咖啡因的软饮料来代替含咖啡因的饮料。

2.戒烟。除了可以显著地减少心血管疾病和癌症之外，还可以降低对惊恐发作和焦虑症的易感性。

3.减少使用那些会给你的身体产生压力的物质。把食盐的摄入量减少到每天1茶匙（5.7克）。用蔬菜、水果和全谷类（最好是有机的）来代替含防腐剂的加工制品。如果可能，用市场上可以买到的肉类来代替有机牛肉、家禽和鱼。不要食用加工过的肉类。

4.要把饮食当作一个放松的活动。不要边走边吃东西，也不要过量饮食。要彻底咀嚼口中的食物，同时，一顿饭中液体食物的量不要超过250毫升。

5.检查一下饭后（或者在清晨）3~4个小时内是否有血糖过低的主观症状——轻微头痛、焦虑、抑郁、虚弱或颤抖，并且看看饭后会不会马上缓解。你可以进行一个正规的6小时的葡萄糖耐受性测试。如果你觉得血糖过低会让你感觉焦虑，那么在饮食中不要吃以任何形式出现的白糖、红糖、蜂蜜、玉米汁、谷物甜料、糖蜜以及高果糖。避免食用天冬甜素。最近的研究表明这种物质与一些人的惊恐症有关。如果你血糖过低，大多数新鲜的、天然的水果（干的除外）都很好，不过水果汁还需要用水稀释。参照一下本章推荐的"低血糖患者的饮食改变"，考虑采用建议的补充剂。你也可以咨询一个合格的营养学家，以建立一个适合你的饮食和食用补品习惯。

6.检查自己食物过敏的易感性。注意所有你喜欢的食物类型（特别注意小麦和牛奶制品），并且试着从饮食中戒断两周。两周过后再吃这些食物，看看是不是有症状。

7.参看本章描述的"低压/焦虑的饮食规则"。采用"饮食日记"来监控咖啡因、脂肪、糖分、酒精的摄入，在几周内要均衡地使用每一种重要的食品。不要想着马上改变你的饮食，否则你会对饮食改变进行抵制。每周或者每个月进行一个小的饮食改变，这样可以逐步改变你的饮食习惯。

8.考虑食用一些为减轻焦虑和压力而推荐的补充剂，特别是维生素B、维生素C、钙镁补充剂和抗氧化剂。你可以咨询支持高能量维生素的营养学家和内科医生。

9.你可以试着使用草药（如卡瓦、缬草等）作为一种温和的镇静剂来减轻焦虑。你也可以试着用金丝桃科草和舒雅液来治疗轻微到中度的抑郁。鱼油胶囊（高含量的欧米加-3脂肪酸）对抑郁也有帮助。这些东西在当地的药店和健康食品店都可以找到。除遵医嘱外，不要服用超过推荐使用的剂量，除非你咨询过一位学识渊博的医生。

10.你可以看看氨基酸是否有帮助,尤其是伽马氨基丁酸或者L-色氨酸对焦虑以及酪氨酸对抑郁的影响。如果想了解更多的关于氨基酸治疗焦虑和抑郁的信息,请参考琼·马修斯·拉尔森和朱莉亚·罗斯撰写的书。

11.为了维持大脑正常运转,需要注意很多事情,其中下面三个标准对治疗惊恐发作、恐惧症以及/或者焦虑症是特别重要的:

◎足够量的5-羟色胺

如果可能,可以通过SSRI类药物,比如,舍曲林或帕罗西汀(见第18章)来补充5-羟色胺。可以提高5-羟色胺的天然药物包括缬草、舒雅液或氨基酸中的L-色氨酸。你也可以通过吃含色氨酸丰富的食物比如,火鸡、金枪鱼、鸡蛋、牛奶,足够的锻炼,以及每天暴露在太阳光下至少1小时等方法来提高5-羟色胺的水平,但这还不够,生活中还需要"魔法配方"——感情和爱。

◎充足的、稳定的血糖水平

请回顾前文关于血糖过低和饮食规则部分的内容。放弃饮食中的甜食,有机水果除外。当你开始有血糖过低的症状时,可以经常食用一些不含糖的零食(在车上、工作中吃,等等),如不含糖的坚果或奶酪。一定要服用复合维生素B和铬的补品。

◎充分的阳光

请阅读第17章关于季节性情绪失调的内容,看看是否具有光线缺乏的问题。如果有,请参考诺曼·罗森塔尔撰写的相关著作。同时,如果可能,在秋天和冬天时,增加暴露于太阳光和亮光的时间。

17

**引发焦虑的
健康问题**

导致焦虑的原因究竟是什么?这个问题并没有确定的答案,事实上,焦虑往往源自各种生活风格、身体和心理因素。本章旨在检验那些可能加剧焦虑、加重身心系统压力或者增加焦虑易感性的常见身体状况,包括肾上腺衰竭、甲状腺失衡、念珠菌病、身体毒性、经前期综合征、更年期、季节性情绪失调及失眠。第16章所讨论的低血糖症及食物过敏也会有相似的影响。为了恰当处理惊恐、恐惧症、广泛性焦虑、抑郁症等问题,妥善应付这些身体状况是很关键的,因为它们中的任何一个都有可能加重焦虑问题。尽管本章罗列的内容并不能穷尽所有可能造成焦虑症复杂化的情境,但已经包括了我在实践中遇到的一般情境,其中一些情境是显而易见的,而其他的就不那么清楚了。如果你有失眠或深受经前期综合征的困扰,你可能会了解一些身体状况对焦虑的影响,但你(和你的治疗师)可能并不知道如肾上腺衰竭、念珠菌病、身体毒性、甲状腺失衡或者季节性情绪失调等其他身体状况的影响。任何为焦虑所困的人都应该了解本章所讨论的症状、原因及所有应对失调的处理方法。

肾上腺衰竭

　　持续不断的压力会使人的肾上腺过分劳累。在《生活的压力》一书中,压力专家汉斯·谢耶描述了肾上腺遭受的持续不断的压力是如何导致一种慢性功能低下或肾上腺衰竭的。反过来，肾上腺素的缺乏又将影响到处理压力情境的方式，这就可能造成面临压力时更焦虑的状态。睡眠不充分，过多暴露在过热和过冷的环境下，暴露在生化毒素、污染源或其他引起过敏的物品之下或连续服用"可的松"一段时间，这些都有可能造成肾上腺衰竭。突如其来的严重创伤或严重的身体疾病也可能引发或加剧肾上腺衰竭。对于由压力造成的肾上腺素持续降低，证据不一。因此，本章使用"肾上腺衰竭"作为替代词。有很多因素，尤其是突如其来的创伤，比如，丧失或生活变迁会引发焦虑症。焦虑症和肾上腺衰竭经常一起出现，有时难以治疗。

肾上腺衰竭有不同的发展阶段。在面对压力时，肾上腺是超负荷工作的，产生了大量的肾上腺素、去甲肾上腺素及类固醇激素，比如肾上腺皮质激素。随着压力的持续，肾上腺过度劳累，就会进入暂时功能低下阶段。如果个体相对健康，腺体将会努力自我修复以达到"肥大（增生）"。但是，如果高压持续下去，腺体会最终耗尽自己而持续定格在功能低下状态。在这个阶段，腺体可能会在两种状态之间徘徊：或过量生成肾上腺素，从而导致恐慌或情绪起落；或与之相反，产生过少的肾上腺素。肾上腺持续衰竭导致的最终结果是慢性疲劳症、肌纤维瘤、慢性支气管炎或鼻窦炎及自动免疫失调，症状包括从狼疮到风湿性关节炎等系列的疾病。

肾上腺衰竭症状包括：

◎压力承受性弱（为不该烦恼的事情烦恼）

◎无精打采且疲劳（通常表现为早晨赖床）

◎迅速起床时感觉头轻飘无力（称为姿势型血压偏低）

◎光敏感（难以适应户外强烈光线）

◎记忆力差及注意力集中困难

◎失眠

◎低血糖症

◎过敏（对食物、环境物质、花粉、模具等）

◎经前期综合征增加

◎频繁的感冒和呼吸道疾病

低血糖症与肾上腺衰竭。低血糖症与肾上腺衰竭通常是同时出现。肾上腺与胰腺共同作用有助于维持稳定的血糖水平。当肾上腺功能低下时，血糖水平就容易不稳定，随着肾上腺疲劳的加重，免疫系统受到威胁，个体也就更容易过敏、患支气管炎症、呼吸道感染、感冒等。

成瘾与肾上腺衰竭。就像对糖分的渴望一样，人体对咖啡因、烟草或娱乐性药物的成瘾总是与肾上腺衰竭相关的。持续服用以上任何物质都会使情况变得更严峻。如果持续服用任何一种成瘾药物，其所面临肾上腺衰竭的可能性就会高于常人。

日常生活与肾上腺衰竭。由于完美主义和自我施压，日常生活的慢性压力和过高要求通常也会导致肾上腺衰竭。

肾上腺衰竭的康复

肾上腺衰竭的康复可以从以下方面着手。改变生活风格、补充药物及修订食谱都是很有帮助的。列表如下：

简化生活。问自己哪种习惯、惯例及职责是扰乱而非丰富自己的生活。

有规律地练习自己喜欢的放松方式。无论是渐进式肌肉放松、引导可视化、瑜伽，还是冥想，尝试每天练习。

每天都要有适当的休息时间。切记休息不是一种奢侈，它对过上有活力的、令人满足的生活很重要（见第4章）。给每天的工作安排至少2次20~30分钟的放松时间。晚上用来放松效果更好。

尽量在夜间留出8个小时的睡眠时间。充足的睡眠也不是奢侈品，如果可能的话，最好在晚上10~11点上床休息。而在早晨，只要有机会赖会儿床，可以给自己这样的特权。

定期锻炼。每天给自己20~30分钟的时间进行适度锻炼，最好是户外运动（见第5章）。

戒断咖啡因、酒精、尼古丁及其他致人兴奋的药物。如果可能，每天只喝一杯咖啡，少量啤酒或葡萄酒。减少每天碳酸饮料的摄入量，不超过一瓶或一罐。如果你对咖啡因过敏，可以用药草茶代替咖啡因类的饮料。如果患了低血糖，饮用甘草类的茶就更有好处了。

在两个月之内，戒掉除木糖醇和甜叶菊之外的所有糖类。包括白糖、红糖、蜂蜜、巧克力、糖蜜、玉米糖浆、棕糖浆及干果，以适度食用新鲜水果来代替。木糖醇是一种以桦树纤维为原料的糖，食用木糖醇不会造成胰岛素水平的升高，血压也只是少量增高。甜叶菊是来自南美的一种药草，比糖要甜，不含热量且比人工甜味剂如天冬甜素和糖精更安全。健康食物中大多含有木糖醇和甜叶菊。两个月后，可以继续少量服用自然糖，如蜂蜜。

健康饮食、均衡搭配。拒绝精加工及引发过敏的食物。注重饮食中应包含全麦谷物、新鲜蔬菜及水果。从豆制品、谷物、鸡蛋、有机家禽、无激素和无抗生素的肉类中摄取蛋白质。不要过量食用碳水化合物，尽量少食用简单淀粉：通心粉、面包、面包片、土豆片、谷物、糖类、面卷等。每餐都要食用包含脂肪、蛋白及大分子碳水化合物的食物。早餐不要只喝果汁，也不要喝精加工的果汁。（见第16章）

如果有低血糖，注意膳食合理。正餐后2~3个小时后再食用蛋白质—碳水化合物小吃。（见第16章）

肾上腺衰竭辅助治疗

某些辅助治疗可以减轻肾上腺衰竭，因此，应该向自己的私人保健医生咨询所需要的辅助药物及剂量：

◎含生物黄酮素的维生素C：每天三次，每次500~1 000毫克，随三餐服用

◎锌：每天30毫克

◎维生素B_6：每天两次，每次50毫克

◎钙和镁（最好是两者的化合物，例如，柠檬酸盐或天门冬氨酸盐），上床睡觉前服用1 000毫克的钙和1 000毫克的镁

有研究者发现，欧亚甘草根胶囊对治疗肾上腺衰竭很有帮助。但如

果是血压或者雌激素水平偏高的患者，便不宜服用甘草了。甘草也被发现对低血糖症有帮助。

甲状腺失衡

甲状腺位于胸骨之上，直接掌管着整个身体的新陈代谢。它会产生两种激素：甲状腺素和三碘甲状腺氨酸。它们对调节身体体温和促进其他身体活动的新陈代谢起着重要的作用。

甲状腺可能会有两种失衡方式：一种为功能低下，不能分泌足够的激素，称为"甲状腺功能减退"；另一种是腺体过分活跃，称为"甲状腺功能亢进"。

据《甲状腺解决方案》的作者所言，近10%~20%的成年人都会受到某种甲状腺失衡症状的威胁。

甲状腺功能低下总是与抑郁、低能、体重增加、疲劳、无生气相连。病人可能感到发冷尤其是手脚冰冷，而且体重很容易增加。其他症状还包括女性经期出现的症状、水肿、注意力不集中、健忘等。相反，甲状腺功能亢进者总是感到焦虑、精力过剩、烦躁、难以入睡、体重减轻、心律加快、盗汗、体温增高等。甲亢很容易被误诊为广泛性焦虑。如果自己不仅感到焦虑还有"过度"的感觉，胃口很好但依然体重下降或者总是流汗，那么最好是去医院检查一下自己的甲状腺。

如果怀疑自己患了甲状腺疾病，最好咨询家庭医生，他们会测量完整的甲状腺血压图，包括下列四个因素：

◎TSH（甲状腺促激素）。一种由脑垂体分泌的激素，它能够控制甲状腺激素分泌的多少，TSH超过正常水平的4倍或者4倍以上的是甲状腺亢进的标志，低于正常水平的0.5倍显示甲状腺能力低下。同时，T3水平高也是甲状腺亢进的标志。

◎T4（自由甲状腺激素）。一种不太活跃的甲状腺激素，需要转化为更为活跃的形式T3。

◎T3（自由三碘甲状腺氨酸）。一种活跃的甲状腺激素形式，低水平的T3通常与抑郁及其他形式的甲状腺功能低下密切相关，甚至一些医生会因为T3处于正常水平的末端而怀疑甲状腺有问题。

◎甲状腺球蛋白抗体和甲亢抗体。通过这两种物质可以检验抗体的数量，抗体是袭击甲状腺并抑制甲状腺功能的。高水平的抗体标志着患有慢性淋巴细胞性甲状腺炎，它会导致甲状腺低下或亢进，需要药物治疗。

治疗甲状腺失衡

如果甲状腺图显示甲状腺功能异常，有多种不同的治疗方案供选择。如果血液测验证实功能低下，就可采用90天甲状腺药物治疗，如左甲状腺素钠、左旋甲状腺素钠制剂、三碘甲状腺氨酸钠等。此类药物服用一段时间后，要调整剂量。有时候用甲状腺素来做天然的甲状腺激素，但由于此类药品标准不一，不同批次T4/T3含量不同，其近年来使用趋势有所下降。

无论是天然还是合成药剂，一旦开始甲状腺素替代疗法，用药1~2个月内，都要调整用量以确定最合适的剂量。若出现药物过敏现象，则需要将剂量调整至最低，以减轻行动迟缓、抑郁、体重增加等症状。一般情况下，患者需服用甲状腺激素一年。之后，患者可以停止用药，以观后效。但大约2/3甲状腺功能低下的患者都需要继续服用甲状腺激素。

若甲状腺测试显示为甲状腺功能亢进，医生首先要进一步检查以排除如毒性弥漫性甲状腺肿（另一种自体免疫性疾病）等其他疾病的可能性。轻微的甲亢可以在一段时间内自行康复。有时候，用普萘洛尔等β阻抗剂来减少焦虑、心跳过速和盗汗症状。若出现更严重的情况，可用抗甲状腺激素、放射性碘（可阻滞甲状腺分泌）或者用外科手术切除部分或全部甲状腺进行治疗。如果甲状腺被完全切除，就必须服用合成的或天然的甲状腺激素来预防甲状腺低下。

身体毒性

过量的体内毒性不会直接导致焦虑增加，但可能会给身体带来巨大的压力继而使焦虑症状更突出。身体毒性通常会加重过敏和化学敏感性，而这些又会反过来加重焦虑。可能导致身体内集聚毒性的因素包括：使用化学物品、成瘾物质及食用了食物中的残留农药等；置身于深受污染的空气和水中。例如，频繁与清洁剂、除臭剂、洗发水、化妆品及毛毯（可能会释放出一种有毒化学物）等室内物品接触；使用处方药或保健药；在压力下产生的大量多余的新陈代谢废物等。

毒素水平高的人往往会频繁出现如下几种症状：

◎疲劳没精神。

◎关节肌肉痛。

◎头痛。

◎头昏脑涨或心理迷惑。

◎过于敏感且喜怒无常。

◎失眠。

◎对环境中的化学物品敏感。

◎抑郁。

◎舌苔厚重或者体味不正常。

◎过量黏液（咳嗽并喘息）。

◎过敏。

◎鼻窦或呼吸问题。

肝脏和盲肠是受毒性聚集影响最多的器官。除脑和心脏以外，肝脏很可能是身体内最重要的器官了，它是新陈代谢的"加工厂"，具有数以百计的对生活很关键的功能。一些最重要的功能包括：

◎血液过滤。

◎分泌胆汁，对消化脂肪很必要。

◎从血液的养分中进行维生素的萃取和存储（如维生素A、D和E）。

◎综合氨基酸和糖类中的脂肪酸。

◎氧化脂肪产生能量。

◎当身体耗尽血糖或葡萄糖时以肝糖的形式存储糖。

◎去除消化物副产品的毒素（如蛋白消化后产生的氨水）。

◎去除新陈代谢废物、所有化学物品、外来物品的毒素。

接触有毒物质、药物、不良饮食或者暴饮暴食都会导致脂肪积累在肝脏上进而影响它的功能。经常大量的饮酒则会危害肝脏健康并最终导致肝硬化。长期的饮食过度都可能会导致肝脏过度工作，长此以往也会削弱它的作用，尤其是当食物中含有防腐剂和添加剂时，情况会更严重。过度食用煎炸类食物或加工食品也会给肝脏带来负担。

去除生活方式中的"毒性"

为检验身体内毒性水平是否降低，日常饮食和生活风格的改变是一个重要的指标。

不要选择有防腐剂和添加剂的食物。 尽量食用没有经过加工处理的完整的食物。确保每天食用大量的新鲜水果和蔬菜，最好每天五种。

减少或拒绝食用咖啡因、尼古丁、糖和酒精。 这些物品不仅可能会引发其他一系列健康问题外，它们还会在身体内留下大量的有毒物质。

尽量少使用药物。 仅需要服用医生开的必要的药物，避免服用保健类药物。

减少食用动物蛋白（尤其是红肉），增加植物蔬菜类蛋白量（如豆腐、豆豉及豆类）。 代谢过程中，尤其是在消化不良的情况下，动物蛋白会产生有毒性的副产品。

饮用已净化或过滤过的水。 一天8杯250毫升的水有助于肾脏完成自然的排泄过程，肾脏是帮助机体实现排除各种有害物的器官。

食谱中应包含丰富的纤维。 确保食谱中包含高纤维食物，例如：全麦谷物、各种豆类、大多数新鲜水果、新鲜未加工的蔬菜、坚果及种子及豆类（如青豆、小扁豆或豌豆）。当然，也可以依据健康专家的建议进行纤维补充。

远离酸性、带血的食物，多食碱性、解毒性食物。减少摄入红色肉类、糖类、油炸类、脂肪类、牛奶、奶酪、鸡蛋、精细面粉以及偏咸食物，同时也要避免你过敏的食物，如小麦或豆奶。

多摄取新鲜蔬菜、水果、全麦、豆类及坚果，多摄取未加工食物，减少烹制好的熟食的比重。每餐中都要有新鲜的、未加工的蔬菜或水果是非常有好处的。记住从酸性到碱性食物转变的程度应因人而异，注意个人饮食结构和需要。如果一贯以来的饮食习惯都不良，那么就慢慢改变。每周可以有一天来放宽对饮食的要求。

有规律的有氧运动。这有助于通过出汗排除毒素，进而有助于消化系统、肾脏及淋巴系统的运转。

与家庭医生探讨抗氧化剂补充剂的使用问题。这些补充剂包括维生素C、维生素E、β-胡萝卜素、硒、锌、硫辛酸、辅酶Q_{10}以及氨基酸、半胱氨酸以及蛋氨酸。

寻找有助于减少身体毒性的草药。在使用任何草药或辅助药物前，要向中医（天然取向的）或营养学专家或草药专家进行咨询。一些公认的能有助于去除毒素的草药有奶蓟、蒲公英根、牛蒡属、辣椒、姜、欧亚甘草、棘皮、金柚等。高活性复合维生素及矿物辅助药物有助于对抗重金属中毒，以及为肝脏解毒。

支持肝脏去毒。摄取那些可以保护肝脏，促进肝功能的食物。这些食物主要包括苔类食物，如卷心菜、椰菜及布鲁塞尔苗芽；高硫食物，如大蒜、洋葱、鸡蛋以及豆类；香草类食物，如蒲公英根、牛蒡属以及奶蓟等都有助于肝脏解毒。

经前期综合征

经前期综合征指的是很多妇女在月经期前数日都会经历的一系列身体与心理的不适症状。一般的生理症状包括水肿、胸痛、胸胀、痤疮、头痛、饥饿感增加及偏爱甜食。心理症状则包括抑郁、易怒、焦虑、紧张、情绪波动、分心健忘、疲劳，甚至有"即将疯狂"的感觉。有超过半数的妇女，除了上述生理症状外，她们所经历的抑郁、焦虑、易怒是逐渐加重的。惊恐反应也是经前期综合征的一个症状，但是需要确认惊恐发作是典型发生的还是在经前其频率和强度才有所加重的。如果是后者，那么采取措施减轻经前期综合征将有助于减少或消除惊恐发作。

大多数医学理论认为经前期综合征与女性体内雌激素和孕酮（黄体酮）的失衡有关，尤其是在月经周期的后半段时间内。在这14天中，有经前期综合征的妇女倾向于雌激素水平上升而黄体酮水平下降。相对于充足的雌激素含量，不充足的孕酮水平更有可能加重水肿，减少脑部血液中5-羟色胺的含量，导致血压偏低、削弱了维生素B$_6$的活性，并改变了其他激素的水平。

另一种关于经前期综合征的理论认为，日常饮食、环境污染可以导致人体内毒素的积累，而在经期，身体即可将体内过量毒素排泄释放出来。因此，经前期综合征仅反映出经前这段时间毒素的过量积累。也就是说，摄取健康饮食并减少暴露在其他有毒物质中将有助于缓解经前期综合征症状。

这两种理论可能都是合理的。排除食物中的毒素的确有助于减缓经前期综合征症状。补充维生素、矿物质以及草药尤其是一些可以提高身体孕酮含量的草药也可以缓解经前期综合征。下文是关于如何应对经前期综合征的一些建议。但是在采纳这些建议以前，应咨询医生、营养专家或者是精通这些问题的资深中医。

通过饮食减轻经前期综合征

避免食用或减少食用下列食物：

◎含糖分很高的食物或大量简单碳水化合物食物（如面包、薯片或通心粉）。尤其需要重视的是，在预期症状出现前一周，应克服大量吃糖或碳水化合物（包括巧克力）的冲动。

◎腌制的食物和精制食盐。这将有助于减少肿胀及水肿。

◎高脂肪食物。减少以脂肪形式摄取卡路里将有助于降低雌激素水平。

◎含咖啡因的饮品,包括咖啡、茶及可乐。咖啡因总是与胸部问题及其他心理症状(如焦虑、抑郁、易怒等)密切相关。

◎酒精。

摄取大量新鲜水果和蔬菜,全麦面包和谷物以及豆类、坚果、非圈养家禽及鱼类。还可以选择适量的豆类食物,如豆腐或豆奶等。

提供维生素及矿物补充

下文中列出的是有助于减轻经前期综合征症状的维生素和矿物质:

维生素B$_6$ 经前一周每天服用200毫克维生素B$_6$,但服用不可超过一周。

大剂量复合维生素B与镁和钙一同服用(1 000毫克的钙、1 000毫克的镁) 补充钙和镁将有助于减少经期的抽筋症状。

锌 每天服用15~20毫克,服满一整月。

精炼脂肪酸 精炼脂肪酸的一个重要来源是鱼油,包含二十二碳六烯酸和二十碳五烯酸、欧米加-3脂肪酸。每日服用鱼油胶囊,即可摄取1 000~2 000毫克的EPA/DHA。也可以用蓖麻子油代替,它包含植物形式的欧米加-3脂肪酸。但是其对二十二碳六烯酸和二十碳五烯酸的转换却并不像鱼油一般高效。紫草油、黑葡萄干籽油、月见草油都是γ-次亚麻油酸(GLA)的来源,γ-次亚麻油酸是一种对人很重要的欧米加-6脂肪酸,可通过每日摄取300~900毫克的上述食物得以补充。

适用于经前期综合征的草药

下列草药有助于减缓经前期综合征的生理和心理症状:

黑升麻 这种草药在治疗经前期综合征和更年期上很受欢迎。推荐用量通常为每天两次,每次20或40毫克的片剂或胶囊。它可以缓解经前期综合征症状，如头痛、情绪波动、失眠等。

当归 该草药可以在出现经前期综合征症状时增加能量、稳定情绪，有助于减轻经期抽筋。可以通过服用胶囊（参照标签上所提供的药量），饮用酊剂，流体摄取，也可以直接将当归作为茶水进行补充。

欧亚甘草根 每日三次，可以直接食用或者冲茶或者萃取出汁液服用，可以稳定激素水平并缓解抽筋症状。

迷迭香、树皮及卡瓦 它们都可以减轻抽筋症状。

康普茶 它有助于增加能量并刺激免疫系统。已有报道称其对很多女性都是有帮助的。

有规律的锻炼

有规律的锻炼能够使人们的新陈代谢充满活力，有益心情并减少压力水平。如果不能进行剧烈锻炼，尝试每天至少走1.5千米。（参见第5章）

经前期综合征处方

下文是医生给出的减轻经前期综合征的药方：

口服避孕药 这些药将有助于维持雌激素和孕酮之间的平衡。口服避孕药的效果可能会受抗生素或金丝桃科草之干扰而被削弱。而且对口服避孕药可能带来的很多长期或短期的副作用是需要避免的。

利尿剂 它有利于减少水肿和胸胀。

天然孕酮 很多妇女都使用天然孕酮液以提高经期前的孕酮水平。这是可行的，但最好还是能在使用之前咨询一下该药剂方面的资深健康专家。使用孕酮药剂一个月后，监控体内孕酮水平以确保其没有上升并以此判断恰当的剂量及使用膏体的频率。

抗抑郁类药物 抗抑郁类药物有时也用于缓解经前期综合征导致的情绪波动。

要进一步了解经前期综合征,可以阅读《经期缓解手册》或《经前期综合征自助书》。

更年期

医学上更年期的定义是停经超过6个月。妇女停经期平均在50~51岁,当然,早的可能在40岁,晚的则可以延迟到55岁。伴随更年期的症状包括:

◎潮热

◎头痛

◎情绪波动

◎阴道干涩

◎失眠

◎膀胱或尿道感染

◎手脚冰凉

◎健忘、精力无法集中

◎性欲下降

◎焦虑或抑郁

更年期综合征的主要原因是两种主要的女性激素——雌激素和孕酮下降。有趣的是,更年期的症状仅出现在那些中老年妇女价值得不到肯定的国家和地区。而很多传统文化中,青春和性感的外表并不是崇拜的对象,年长的妇女受到尊敬。在这些文化中,更年期症状几乎是不存在的。更年期的潜在心理基础是普遍存在的,上述例子就清晰显示出文化是如何影响症状的。在美国,有60%~85%的更年期妇女都会经历潮热,而在玛雅印第安妇女中,却无人这样。

作为一种更年期的处理方案,雌激素替代理论可以上溯至20世纪50年代,它是伴随着给妇女注入人造雌激素的实践而产生的。在大约20年之后,医生最终认识到雌激素替代是与高达13倍的子宫内膜癌的形成密切相关的,在70年代,向雌激素中加入孕酮就成为比较流行的做法,因此,该处理就变成了"激素替代"理论。激素替代疗法是一种有效的处理方式,有助于减少潮热及其他更年期症状,此外,还能降低妇女患上骨质疏松症的风险（随着年龄增加，骨头逐渐变薄）。但是，又过了20年，激素替代疗法却明显提高了乳腺癌的发病可能，尤其是对于有得该病倾向的人。

更糟糕的是，有研究（妇女的健康主动权，2002）发现，心脏病和猝死随激素替代疗法的增加而上升。经过一段时间的研究之后，调查者中断了研究并告知所有被试立即停止服用共轭雌激素和甲孕酮（人造雌激素和孕酮的品牌名）。除此以外，激素替代疗法还可能会带来反胃恶心、胸闷、抑郁、肝脏失调、水肿、血糖紊乱等症状。因此，除了短期使用，目前很多医生都不再建议使用激素替代疗法。

正如经前期综合征一样，通过食疗、锻炼、补充剂及中药，更年期症状也能得到有效治疗。

下面的措施都是有帮助的：

生物同源激素

生物同源激素是一种激素制剂，其分子结构与人体自身产生的激素相同。不同于其他从动物身上提取的合成激素，生物同源激素是从大豆和山药上提取制造的。普遍认为，生物同源激素比人工合成激素更天然。

此类激素在治疗女性更年期各种症状方面确实有效。但据梅奥诊所发布的健康咨询，并没有持续的证据表明，生物同源激素在治疗更年期综合征方面比传统治疗手段更有效或者更安全。因此，服用前请先咨询妇科医生。

其他用于治疗更年期综合征的药物还包括低剂量抗抑郁类药物、加巴喷丁及其他预防骨质疏松症的药物。

中草药

很多妇女发现"黑升麻"是一种有效的草药，可以用以减少更年期症状。美国印第安人使用数个世纪以来，"黑升麻"确实可以减轻潮热和其他更年期症状，例如：抑郁、头痛、阴道干涩等。如果使用"黑升麻"，建议购买的药品中至少包含1毫克活性成分三萜（烯）。当归对于减轻潮热和其他更年期症状也很有帮助。虽然还不清楚是否所有的中草药都能将雌激素和孕酮水平提高至正常，但欧亚甘草和圣洁莓的确有助于维持激素水平。

辅助治疗

下面的辅助治疗对于减轻更年期症状也是很有帮助的：

◎维生素E——每天400~1 000 IU

◎亚麻油

◎钙和镁（每天分别摄入1 000毫克和500毫克）

◎红三叶草

饮　食

除了要按照第16章所描述的坚持摄取健康食物外，食用高植物雌激素的食物也是很有益的，因为这些雌激素与雌激素受体之间的连接就像人体内雌激素与受体的连接一样。这样的食物包括豆类制品、亚麻籽油、苹果、全麦、旱芹、欧芹。一般说来，以蔬菜和植物为主的食物倾向比以动物为主的食物含有更多的植物雌激素，这也就能解释为什么那些生活在以植物为主要食物（包括豆类）的文化氛围中的妇女很少表现出更年期症状。

运　动

有规律的身体锻炼，对于减轻焦虑和抑郁症状是很有效的，同时它也有利于减轻潮热症状。

参考克里斯蒂安·诺思拉普的相关著作以对更年期综合征获得进一步的了解。

季节性情绪失调

当经历从春到夏、从夏到秋，再从秋到冬时，你是否会出现下面的症状呢？请对下述症状进行核对。

☐ 乏力

☐ 即使睡眠充分，但清醒的时候，仍然感到很疲惫

☐ 情绪改变，如感到焦虑、易怒、悲伤或抑郁

☐ 生产效率和创造力下降

☐ 感到对饮食和体重失去控制感

☐ 出现更多的记忆力和注意力不集中等问题

☐ 对社会问题的兴趣不足

☐ 应对压力的能力下降

☐ 对未来的热情下降，对生活的热爱下降

如果自己有上述的两或三种症状，那么就很有可能成为季节性情绪失调患者或者是这种失调的一种亚类型失调的患者。季节性情绪失调是一种发生在冬季几个月中的循环性的抑郁，尤其是在11月至次年3月。可能是没有接触足够的阳光造成的。随着白天一天天地缩短，太阳的角度从秋季开始改变，季节性情绪失调综合征也就开始出现了。据估计，有20%的美国成年人或36 000 000人深受季节性情绪失调和亚季节性情绪失调的困扰，离赤道越远，人就越容易出现这种症状。

焦虑与季节性情绪失调

很多有焦虑症状的人在从晚秋到冬季的过渡中都会感到症状的加重。惊恐发作可能会更频繁，广泛性焦虑和抑郁也可能会一同增加。这种状况毫不奇怪，因为负责抑郁的神经大脑系统，交感神经系统和5-羟色胺系统也同样参与焦虑症，尤其是惊恐症、广泛性焦虑及强迫症。这些系统生物化学失衡以某种方式出现就可导致抑郁，而以另外一种方式出

现，则可能加重焦虑症。不幸的是，对很多个体来说，焦虑和抑郁问题同时存在，并且在冬季都会加重。

无论表现出来的是焦虑还是抑郁，季节性情绪失调的症状都是由光线的减少造成的。其实，季节性情绪失调不仅可以由冬季减少的阳光量造成，也可以由工作或者在家等户内活动的时间过长造成，夏季在没有窗户的室内工作的人也可能患上季节性情绪失调，在一段很长时间的阴雨天气之后，敏感的人也可能患上季节性情绪失调。

过去，人们曾经一度认为季节性情绪失调是大脑对褪黑素抑制不足造成的。褪黑素是由松果腺分泌的，通常是在夜晚数小时黑暗后开始产生，是大脑提醒人们开始休息的一种机制。等天亮了，褪黑素的分泌被抑制住，人们也就知道该起床了。尽管这种说法已经流行了很多年，但是该假设始终没有被系统的研究所证实。研究的结果多种多样，研究者们以不同的视角发现导致季节性情绪失调的线索。目前得到最多关注的假设是光线不足将导致大脑血液中5-羟色胺的水平下降，诺曼·罗森塔尔，该领域的一个著名研究者，在《冬季抑郁》一书中写道：他们（抑郁症患者）产生的5-羟色胺水平太低了。罗森塔尔及其他的研究者相信低水平的5-羟色胺是导致季节性情绪失调症状的主要原因。

5-羟色胺的缺乏经常与抑郁、焦虑或者两者息息相关；这也正是那些5-羟色胺再摄取抑制剂类药物（SSRIs）——如百忧解、舍曲林或帕罗西汀——经常能够减轻抑郁及很多焦虑失调的原因。但是为何光线减少就会影响5-羟色胺呢？为何这些仅仅对某些人起作用呢？对于第一个问题的回答，目前尚在继续研究；而对于第二个问题，有证据表明那些易患季节性情绪失调的人在神经系统接收和加工光线的时候是有困难的。

在冬天，有季节性情绪失调的人总是很想吃糖类和碳水化合物。摄取大量的碳水化合物通常可以增加色氨酸（一种从蛋白食物中分离出来的精炼氨基酸）进入大脑的量。一旦进入大脑，色氨酸就会变成5-羟色胺，它是对身心健康具有重要作用的神经递质。摄取糖类和碳水化合物可以使色氨酸相对于人体其他氨基酸来说更具有进入大脑的优势。因此，如果在冬天有服用糖类和淀粉的倾向，很可能是因为身体需要5-羟色胺。

季节性失调的"光疗法"

最能有效减少季节性情绪失调症状的是"光疗法"。原则上讲,如果在冬天能每天在户外活动上一段时间,季节性情绪失调症状就有可能减轻。当然,如果是滑雪教练或者是扫雪机司机的话,这就有些不太现实了。光疗理论是利用多种室内发光设置以增加个体暴露在光线中的时间的办法。有时候,对于一些对光敏感的人,使用比正常光稍亮一些的电灯光就能改善症状,但是,大多数的病人还是要经受更高的光线水平——至少比正常的室内灯光要亮上4倍方可。

光线盒通常可以用来减轻季节性情绪失调症状。所谓光线盒就是盒子中的一套荧光灯,再加上一个散光的塑料屏幕。大多数的这种装置可以传递2 500~10 000流明的光能——估算一下要高于室内灯光的正常范围(200~1 000流明)。典型的理论程序包括每天早晨坐在光线盒子2~3英尺的范围之内0.5~2小时,但眼睛没有必要直接盯着盒子看;相反,可以利用这段时间读书、写作、吃饭、缝缝补补或者做一些需要做的事情。每日可以达到减少症状所需要的光线的暴露量因人而异。众多临床暴露时间也是根据他们自己的需要而定的。

正如罗森塔尔所证实的一样,如果能得到妥善管理,光线理论是非常有效的。在实验中,如果有规律地使用它,它能够在一周之内帮助75%~80%的季节性情绪失调患者。当然,在应用光线理论之前,还是应该咨询了解这种理论及应用的医生或健康专家,因为,虽然这种理论和疗法是非处方型的,但是为了节省时间,也为了防止可能出现的头痛、眼睛疲劳、易怒或失眠,最好还是在使用的过程中争取得到帮助。

应对季节性情绪失调

国家季节性情绪失调组织提供如下建议:

◎跟医生讨论症状。可能你会碰到精神病专家,他会诊断
季节性情绪失调及季节性情绪失调亚类型并开处方药减轻

你的症状。SSRI类抗抑郁药物对于处理季节性抑郁也是很有效的。

◎如果确诊为季节性情绪失调或者季节性情绪失调亚型，而且医生建议用光疗法治疗，请坚持治疗，不要因为感到一丝好转就省略某些疗程或者缩短治疗时间，否则很容易复发。跟主治医生讨论，以确认疗程的长短、治疗的时间、与光线保持的距离以及光线的强度。

◎在冬季，白天尽量避免处在黑暗的环境中，尽可能多地享受阳光。

◎依靠日常身体锻炼，最好是户外锻炼，充分利用天然光线来减少冬季抑郁症状。

◎如果实在因为特别寒冷而不能参加户外锻炼的，可以在室内锻炼身体。如果可能，就找间南面朝阳的房间，每天多抽出几个时间段坐上一会儿，每次时间不必很长。

◎重新安排室内的工作空间，尽量靠近窗口工作或者在工作位置附近设置明亮的灯光。

◎建立规范的作息时间表。那些季节性情绪失调的病人通常说如果改变他们的生活时间表，他们就会在起床及入睡前非常清醒，丝毫不疲惫。

◎清楚室外温度，穿足够的衣物以维持体温，保持能量。很多受季节变化影响的人称自己对极端的温度非常敏感。

◎在白天多安排家庭出游或者社会活动，晚上尽量早休息。不要熬夜，否则会打乱自己的睡眠周期和生物钟。

◎明智地安排时间，避免或者尽量减少不必要的压力以保持能量。

◎分享应对处理季节性情绪失调的过程，将它作为一种获取信息、理解、确认以及支持的方式。

◎如果可能，在冬季温暖、阳光普照的日子安排一次度假。

在冬季，通过天然的或者处方药物的形式提高5-羟色胺的水平是很有帮助的。所谓天然的方式，可以尝试服用5-羟色胺。最初可以每天服用50毫克，该剂量可以逐渐扩大到每天300毫克（参见第16章获取更多有关色氨酸的信息）。如果感到并没有从5-羟色胺上获益，咨询您的医生，可以尝试用SSRI类药物，如舍曲林、西酞普兰、氟伏沙明、帕罗西汀或依地普仑（参见第18章获得更多关于SSRI类药物的信息）。

失　眠

　　失眠影响了大约30%的成年人，也是加重焦虑症的最重要的因素之一。各种焦虑问题一般都会在一夜很差的睡眠之后变得更加糟糕。

　　我们中的大多数人都需要7~8小时的睡眠，其中至少要有6个小时是不中断的。每天睡眠的前半段时间是用来补充身体系统，为第二天做准备的，后半段时间则更多的是快速眼动睡眠或梦睡眠，这段睡眠对于大脑整合知识，串连此前"未完成的事情"都是很必要的。睡眠事实上要经过很多阶段的：在快速眼动睡眠阶段之后还有4个逐渐加深的阶段。每夜这五个阶段的循环都要重复3~4次。

　　不能睡眠的问题可能是入睡的问题，即需要花费20分钟的时间方可入睡。但也可能是保持的问题，即入睡很容易，但总是天还不亮就已经醒来，而且再也难以入睡。一般来说，焦虑更多地与前者情况相连，而抑郁则更多地与后者相连。但如果一个人既焦虑又抑郁，那么两种问题都存在也是可能的。

十种一般问题

　　为何无法入睡？失眠是很复杂的，可以有各种各样的原因。实际上，大多数情况下，失眠是由多个原因引起的。下面这十个原因是失眠的最常见的起因。

　　1.白天喝了太多的咖啡。过量摄取咖啡、茶、可乐饮料及其他含有咖啡因的食物或者药物都是导致失眠的一个常见的罪魁。当然，人与人是不一样的，一些人对咖啡非常敏感，一杯咖啡都能造成一夜难眠。与之相反，另一些人甚至可以在上床休息之前喝咖啡。一般说来，对于有睡眠问题的人来说，最好能保证中午之后就不再饮用咖啡因，甚至可以考虑早晨也不要再喝。（参见第16章中的"咖啡因图表"以决定每天的咖啡因摄入量。）

2.锻炼身体不充分。针对失眠最好的疗法是白天做有氧锻炼。剧烈运动有助于减轻肌肉的紧张度并消耗掉过量的压力激素（如肾上腺素和甲状腺素），这两种激素都会影响睡眠。同时，锻炼还能减轻可导致夜间大脑持续兴奋的被压抑的挫败感。如果你白天从来都没有锻炼过，可能会很难以相信锻炼对睡眠及减轻焦虑的功效(见第5章)。当然，还有一点值得注意，即最好不要在睡眠前3个小时内进行剧烈运动，因为这可能会带来过量刺激，干扰入睡。

3.夜间过量的刺激。任何晚间21点之后出现的过量刺激都会使人难以入睡（或者保持睡眠）。可能是戏剧化的或吵闹的电视节目、上网冲浪、完成很困难的任务（包括困难的阅读），也可能是激烈的电话交谈或家庭内的争吵。同时，长期暴露于明亮的灯光（如电脑屏幕的灯光）也可能让人难以入睡。最好的做法是在睡前2~3个小时使自己平静下来，可以看一些平缓的电视节目、阅读或交谈一阵，等等。但最好的办法是睡觉前尝试淋浴或泡个热水澡放松一下心情。

4.过度担心睡眠问题。睡眠是一个自动化的过程，需要顺其自然。越是尝试睡眠，就越不能如愿。一般地说，担心睡眠将会阻止人们入睡，无论是晚上睡觉前还是早晨早醒之后。告诉自己停止担心并不是很有用的，所以，最好的方式是分心策略。第4章中描写的各种放松技巧都很有用。

如果肌肉感到很紧张，渐进式肌肉放松是很有效的。而冥想或引导可视化对改善紊乱的焦虑思想也是很有用的。对一些人来说，仅仅听舒缓的音乐或电视的噪声就能睡着，而对另一些人来说，可能一本无聊的小说才能起到同样的效果。如果发现自己是担忧的，可以尝试转移注意力的策略以将注意力从对睡眠的关注引到其他方面。

一个很有名的、经受住时间考验的原则是如果躺在床上一段时间

（超过30分钟到1个小时）之后，不要再接着躺下去，应起床并做一些放松运动，或者在比较舒服的椅子上思考或者阅读直至真的感到很困倦，然后再上床。这样一来，床就仅会跟睡眠——而不是清醒联系起来了。

5.5-羟色胺和/或褪黑素不足。压力可以耗尽大脑中神经递质5-羟色胺和褪黑素的存储。这两种物质对睡眠来说都是必要的。5-羟色胺可以激活大脑中负责睡眠的部分，对于制造褪黑素也很重要。松果腺体可以在黑暗的条件下将5-羟色胺转换生成褪黑素。大脑使用化学物作为提示睡觉的信号。简而言之，如果没有褪黑素，人们将很难入睡，同时，如果没有5-羟色胺，也很难合成褪黑素。

从健康食品商店或药房获得天然补充剂来增加5-羟色胺和褪黑素含量是较容易的。以5-羟色胺的形式存在的色氨酸（50~150毫克）或者L-色氨酸（500~1 500毫克）是一种能够自然转化为大脑中5-羟色胺的氨基酸。可以先遵照医师嘱咐的剂量在睡前尝试用5-羟色胺基酸，如果对结果不满意，尝试L-色氨酸，它可以从健康食品店或者网上得到。当与碳酸食品（比如橘子汁或者饼干）及100毫克的维生素B$_6$一同服用时，5-羟色胺的效果可以得到加强。人们可以在健康食品店中找到含0.5~5毫克褪黑素的药片，同时，因为人们的最佳剂量因人而异，因此可以用实验的方式找到适合自己的最佳剂量。如果2~5毫克会给自己带来副作用，那么可以考虑降到更低的剂量——0.5~1毫克。请记住在睡前同时服用5-羟色胺及褪黑素是有利于提高睡眠质量的。

如果天然补充剂不能帮助起到提高睡眠质量的作用时，可以考虑咨询医生，开一些能提高5-羟色胺含量的药品。任何SSRI类药物（如帕罗西汀或舍曲林）对于治疗失眠来说都是有效的（参见第18章获得更多关于SSRI类药物的介绍）。尤其是，如果要应对伴随着失眠的长期抑郁症，使用SSRI类药物是可以收到良好效果的。一般说来，当服用SSRI类药物时，需要每天服药半年到一年（甚至更长）才能起到作用。如果您正在寻找一种可以帮助睡眠但同时又不会产生成瘾问题的药物（如替马西泮和安比恩），那么您可以尝试曲唑酮，睡觉前服用25~100毫克即可。

6.低血糖症。导致夜晚皮质激素水平过高的原因是夜间的血糖水平。

当夜间血糖水平下降时，身体会释放能调节血糖水平的激素，如肾上腺素、胰高血糖素、皮质激素和生长素等。如果释放的该类激素过多，它们可能会唤醒个体。遵循第16章中所提出的控制血糖水平的方法去做，将有助于入睡。如果早晨醒来感到腹中饥饿或者血糖水平偏低，尝试去吃一些蛋白质—碳水化合物小吃，如面包、坚果黄油或者奶酪和饼干。

7.不规律的睡眠时间。失眠的一个很常见的原因是人们的作息不规律。如果睡眠能够有规律，即每天都在大约同一个时间睡觉或起床，那么身体的睡眠状况会更好。如果有一天睡得太迟了，那么很可能在第二天就无法入睡了。这就是为什么很多人在经历了周末两个晚上睡眠很迟之后，周日晚上会很难入睡。睡眠紊乱的一个极端的例子是需要倒班的工作。如果不是万不得已，最好不要从事这种频繁倒班的工作。因为这样工作一段时间后，将很可能会导致睡眠不足并影响到自己的身体健康。

身体有一个睡眠—清醒循环，即"生理节奏循环"，每天都如此——理想状态下是十六七个小时不在床上，七八个小时在床上。如果每天都有同样的作息时间，那么这个循环将会运转正常，确保良好的睡眠状态。

8.不理想的睡眠环境。睡眠环境也会有很多问题，这些问题以微妙的方式影响着睡眠的质量，但往往都会被忽略掉。一个很常见的问题是床垫，要么太软要么太硬。如果可能，可以调查一下哪种床垫是使自己真正感到舒服的床垫。这对于枕头也是适用的（比一般旅店中的更舒服）。房间的温度也是一个很重要的变量。很多人在房子温度达到80华氏度（约26.67摄氏度）以上时会出现睡眠问题。如果没有空调，可以用电扇来为房间降温。最优温度大概是70华氏度（21.11摄氏度）。此外，噪声和光线也是很重要的问题。如果不能逃开噪声，可以用电扇或白噪音机来掩蔽它。如果光线过强，可以使用黑色的窗帘或眼罩来降低光线。

9.吵闹的搭档。如果有一起睡的人，那么这个人将是睡眠环境中的一个很关键的部分。很吵的鼾声是睡眠的一个干扰源，它会对很多人造成影响，因为人们没有别的办法，只能继续躺在那里听这个制造噪声的人的无休止的鼾声。有很多治疗打鼾的方案，包括在当地药店里就能买到的喷雾和鼻子防护。在网上也会有各种各样的帮助处理打鼾的设备出售，或者也可以寻求专治打鼾的耳鼻喉专家的帮助。对于另外一些更严重的情况，还可以借助激光手术或者使用高频无线波的手术技术进行治疗。谁都不必跟鼾声一直生活在一起。更多详细信息可以参考《不再打鼾》一书。

　　10.安眠药。安眠药包括苯二氮䓬类镇静剂，如阿普唑仑、氯羟安定、氯硝西泮、安定、利眠宁、替马西泮、盐酸氟西泮，还有非苯二氮䓬类镇静剂，如安比恩、鲁尼斯塔和扎来普隆。数百万的人都会服用安眠药，在某些情况下，这些药是生活所必需的，比如，坐夜间航班或者处于谈判高度紧张的时刻。但如果他们长期规律地使用这种药物，那么问题就来了。主要的问题有三个：第一，安眠药的镇静作用将会逐渐减弱，并最终消失。如果每天晚上都服用这种药，那么它迟早会不起作用的。第二，即使药物仍然能够帮助睡眠，但它也会影响睡眠的质量，因为它缩减了深度睡眠的时间（增加了浅睡阶段的时间）。第三，除非仅仅偶尔接触一下这类药物，否则它们都可能导致药物成瘾性。无论是阿普唑仑、氯硝西泮，还是氯羟安定，如果服用这种镇静剂数星期，就很可能不能自拔了。

　　上文中所述的是可能影响睡眠的一般问题。除此以外还有其他问题，包括具体的睡眠障碍，如睡眠呼吸暂停及"不宁腿"综合征，或具体的健康状况，如哮喘、过敏、酸反流或慢性疼痛。至于对睡眠的更深层的论述、睡眠问题以及提高睡眠质量的方法，请参见彼得·豪利的《不再有不眠之夜》或威廉·德蒙特的《给睡眠一个承诺》。

良好睡眠的一般原则

　　睡眠同营养、有规律的锻炼一样，是构成身体和心理所必需的部分。下文所设计的原则将有助于维持一个健康的睡眠习惯。

　　做

　　　　◎白天锻炼身体。中午或者晚饭之前进行20分钟或者更长的有氧锻炼是效果最佳的方式。每天至少45分钟的快走才是足够的。很多人发现，睡前散步20~30分钟是很有帮助的。

◎每天都按照规律的作息时间休息和起床。即使早晨很困倦，也要努力遵守作息制度表，不要改变晚上入睡的时间。这样，第二天就能够继续做自己想做或者正在做着的任何事了。我们的身体喜欢有规律的睡眠和清醒状态。

◎在每天临上床的一两个小时内最好让自己平静下来。避免剧烈的身体或心理活动，如情绪失调等。

◎尝试在睡觉之前淋浴或泡个澡。

◎在上床睡觉之前做一个睡眠的"仪式"，即每晚睡觉之前都做哪些活动。

◎减少噪声。如果必要，可以使用耳塞或者可以掩蔽噪声的机器，如电扇。

◎遮挡额外的光线。

◎维持房间内温度在65~70华氏度（18.33~21.11摄氏度）。太热或者太冷的房间都会影响睡眠。如果天太热，而又没有空调时，要使用电扇降温。而且房间要保持通风状态，不能太封闭。

◎买一个质量好的床垫。尝试改变床垫的硬度。如果垫子太陷或者太软可以买一个新垫子，或者再在下面加一块大板。而对于那些太硬的床垫来说，可以在床垫和床垫套之间放上一个蛋格状的泡沫衬垫。

◎枕头不可以过高或者过于膨胀。压缩的羽毛枕头是最合适的。

◎如果睡在身边的人打鼾、乱踢、乱打、辗转反侧，可以分床而眠。可以跟他（她）讨论以决定相互之间保持多大的距离可以彼此接受。

◎如必要，可以看心理治疗专家。焦虑症和抑郁症一般都会导致失眠。与资深心理治疗师交谈是有帮助的。得到更多的情感支持并向自己信赖的人表达感情也会有助于睡眠。

忌

◎强迫自己入睡。如果上床20~30分钟之后仍然无法入睡，最好起身离开床铺，做些其他放松性的活动（例如，看电视、坐在椅子里听让人放松的音乐、冥想或者喝一杯茶水），等到自己已经很疲惫了再回到床上来。同样的方法也适用于早醒后无法接着入睡的人。

◎吃得过饱或者饿着肚子上床。在上床之前吃一点健康的点心是有帮助的。

◎上床睡觉前摄取大量的酒精。对一些人来说，上床前喝一小杯酒是有帮助的，但是不要过量。

◎摄取过量咖啡因。尝试限制所摄入的咖啡因的量。如对咖啡因过于敏感，最好一点都不要食用，或者用脱咖啡因茶或者草药茶来代替。

◎抽烟。尼古丁是一种轻微刺激物，除了被大力宣传的对健康的危害以外，它还会干扰睡眠。对于一个烟民来说，应该跟医生讨论如何才能更好地改掉这个习惯。

◎在床上做一些与睡眠无关的活动。避免诸如在床上工作或阅读等活动，除非它们是睡眠仪式的一部分，这样做将有助于加强床与睡眠之间的联系。

◎白天小憩。短暂的小憩（15~20分钟）是比较合适的，但是长达一个小时或者更长的睡眠将会影响到夜晚的睡眠。

◎恐惧失眠。学会接受失眠。即使前一天晚上仅仅休息了两个小时，第二天也仍旧可以工作得很好。越不挣扎、不休息或不恐惧，失眠的干扰就越小。

一般规则

◎如果医生或健康医生批准，患者可尝试用天然补充剂来辅助睡眠。如大剂量的灌木及秸草成分的中草药就可以促进睡眠（参见第16章获取更多关于中草药的信息）。不要超过推荐的剂量，确保在选用中药之前跟医生讨论一下。

◎一些人发现在入睡之前摄取0.5~3毫克的褪黑素是有帮助的。用实验的办法尝试何种剂量是最合适的。

◎5-羟色胺对很多人的睡眠都很有帮助。可以在大多数健康食品药店中以5-羟色胺或者L-色氨酸的形式获得。如果尝试用5-羟色胺，可以在睡觉前服用50~150毫克；如果选用L-色氨酸，可以在睡觉前服用500~1 500毫克。各种形式的色氨酸的效果都可以通过与碳水化合物小吃及100毫克的维生素B$_6$共同使用而得到增强。如果需要，可以每天晚上都服用色氨酸。最后，对一些人来说，睡前摄取500~1 000毫克的氨基丁酸也可以促进睡眠。要注意药的剂量，有些人发现高剂量地服用此类药物可能带来过度兴奋。

◎使用深度放松技巧，放松紧张的肌肉或高速运转的思想。渐进式肌肉放松或音乐指导的眼保健操都是特别有帮助的（参见第4章）。选择一个可以自动重复播放的设备，这样就可以持续不断地听了。

◎如果是疼痛导致失眠，尝试使用止疼片。这会比安眠片更合适。

◎除非偶尔的紧急情况外，避免或最小剂量服用安眠药，如替马西泮、安比恩或舒乐安定。服用这些处方镇静剂很可能会干扰睡眠周期并最终加重失眠。如果必须借助药物睡眠，可以选用25~100毫克的镇静剂。

◎如果已经开始依赖安眠药，而且这种感觉令人痛苦，那么就应该找有帮病人戒断药物经验的医生咨询以便解决这个问题。

小 结

1.如果怀疑患上肾上腺衰竭,那么需要尽可能避免摄取咖啡因、糖类等食物,且需要妥善处理食物过敏的问题(参见第16章)。尽量坚持高蛋白、低碳水化合物饮食,减少甚至拒绝食用垃圾食品及加工食品。为了能减少压力,很重要的几点就是,简化生活、保证睡眠、每天坚持锻炼。

2.如果发现自己有甲状腺功能减退和甲状腺功能亢进等症状,应就医并做完整的甲状腺血液检验。遵医嘱用药并保证充分的锻炼。

3.如果有疲劳、头痛、"脑雾"或迷惑、肌肉酸痛、对化学物质敏感、易怒、皮疹及过敏现象,这就说明身体中有毒性。应遵循文中"去除生活方式中的'毒性'"一节中所列出的饮食和生活方式等建议。尽量避免摄取咖啡因、尼古丁、酒精以及娱乐性药物、精炼糖及垃圾食品。遵医嘱服用那些真正需要的处方药物。锻炼身体并随即洗个澡也很重要。如咨询医生或者健康专家,可能需要吃一周的原味食物或者四五天的果汁快餐,服用抗氧化补充剂,以及使用去毒中草药,如奶荆、蒲公英以及牛蒡属;或者依靠亚麻籽产品为盲肠去毒。

4.为减轻经前期综合征症状,应减少或拒绝食用糖类及精炼碳水化合物类食品。此外,减少摄取咖啡因、酒精以及盐也是有帮助的。在食谱中增加蔬菜、新鲜水果以及豆类食物。也可以增加每日的锻炼。还可以选用经前期综合征一节中所提到的药物,包括复合维生素B、维生素B_6、维生素A、钙镁补充剂、鱼油胶囊以及γ-次亚麻油酸。很多女性都发现服用当归是很有帮助的。向家庭医生或者健康顾问进行咨询,使用最天然的孕酮药膏。

5.如果你处在更年期综合征的困扰下,应和专业人士讨论用天然的孕酮和天然的雌激素来代替人工合成的激素。黑升麻类药草是一种中草药,它对于更年期很有帮助,可以单独使用或与其他中草药一同使用,如当归和欧亚甘草。吃植物雌激素含量高的食物并有规律地锻炼身体。

6.对于季节性情绪失调的患者来说,应遵照本章中所提供的各项建议,确保在冬季暴露在户外或者室内灯箱中至少1小时。如果此处所列的建议不够，还可以考虑用其他办法提高冬季血液中色氨酸含量。可以用天然的办法，如服用色氨酸或者金丝桃科草；或者咨询医生关于SSRI类药物的事情，比如：舍曲林、依地普仑、西酞普兰、氟伏沙明（参见第18章获得关于SSRI类药物的详细信息）。

7.失眠的原因及治疗方案是很复杂的。应仔细阅读前文有关失眠部分以确定造成睡眠问题的可能原因。尝试一般原则部分列出的各种不同建议。如果你还需要帮助，可以阅读失眠相关著作或咨询睡眠专家。

18

药物治疗焦虑

药物可以用来缓解那些日常生活中的焦虑，也被专业医生用来治疗焦虑症。对很多人来说，药物治疗是通向康复路上的一个转折点，但另一些人为摆脱焦虑而长时期服用镇静剂，最终导致对其成瘾，这样看来，药物就可能会影响康复的进程并使其变得更复杂；还有一些人，他们或者害怕吃药或者在生理上排斥各种药物，因此，对这些人来讲，药物治疗也不是个很好的选择。有一个道理很清楚，那就是对每一个人来说，其使用药物的利与弊都不尽相同。

正如在本文中即将看到的，我们为大家提供了一套有助于克服焦虑症、惊恐以及恐惧症的非药物治疗的策略。我个人的观点是，先不要急于用药，因为人们总是可以找到自然的治疗方法的。药物可能会诱发身体非自然的生理变化，还有随之而来的短期及长期的副作用。

很少有人发现，他们可以仅仅通过执行一个全面的康复计划就能避免使用药物或者不再服用那些以前经常服用的药物。这个全面的康复计划包括：

◎调整营养膳食并使用恰当的补充剂

◎每天积极锻炼

◎每天练习深度放松或冥想

◎改变自我对话，改变基本信念，以一种悠闲、放松的方式

生活

◎来自家庭和/或朋友的支持

◎简化生活及环境以减轻压力

如果焦虑症状尚属"较轻微"，上述方法就很有必要。所谓"轻微"，即症状并不会影响工作或者影响重要的人际关系。当然，这些症状也不会给人造成极大的和（或）持续不断的痛苦。

如果焦虑症状很严重，恰当地使用药物是治疗方案中很重要的部分，尤其是对于那些患有惊恐症、广场恐惧症或强迫症的人以及那些患有社交恐惧症以及广泛性焦虑症的人来说（这些人的焦虑可能已经影响了他们的生活质量），药物治疗就更重要。在我的病人中，有50%~60%的人都需服用药物。自然疗法与药物的结合对于他们来说是最有帮助、最有效的，对康复来说也是最人道的方法。

要知道，没有明确目的地服用药物是经常无效的。但在恰当的时间服用正确的药物的确可以帮助一些人改善其情况。本章首先会提供应对焦虑的各种类型药物的信息。此外，还会提供一些原则以助于选择最适合你的药物。

何时进行药物治疗才是最有用的

以我的经验来看，在一定的情况下，某些人群是适合进行药物治疗的。病人如果出现下列情况，我会推荐他们去看医生或者精神病专家，同时还推荐了几种适合他们的药。

1.惊恐发作过于频繁（例如，每天1次以上）且严重的话，可能会妨碍个人工作及生活的能力，阻滞个人关系的发展，影响安全感及对生活的控制意识。尤其重要的一点是，如果在历经两至三周的恐慌或焦虑症状后没有任何明显改善时，使用药物治疗就尤其重要了。"严重"意味着不能正常生活且（或）遭受极大的痛苦。不幸的是，长时间经历严重的焦虑症可能导致精神系统持续焦虑，且持续的时间可能会比用药物提前减轻焦虑的时间更长。有两种药物最常用于治疗惊恐发作。一种是抗抑郁类药物，虽然它们被称为"抗抑郁"，但这种药物也有一种潜在的减轻焦虑的功能。最常用的抗抑郁类药物是SSRI类药物，如帕罗西汀、舍曲林、氟伏沙明、西酞普兰和依地普仑。另一种是SNRI类药物，经常被用于使用SSRI类药物没有疗效的人群。SNRI类药物包括文拉法辛、普瑞克替和度洛西汀等。还有一种偶尔使用的抗抑郁类药物是三环类药物，如米帕明或者去甲替林，但目前，该类药物是SSRI类药物或SNRI类药物之后的第二选择。

另一种治疗惊恐（或者其他的焦虑症）的药物是苯二氮䓬类镇静剂，最典型的药物是：阿普唑仑、氯硝西泮或者氯羟安定（这些药物的使用方法将在本部分结束后作进一步描述）。许多医生会短期使用镇静剂治疗，因为过度使用镇静剂有很强的依赖性。戒断苯二氮䓬类镇静剂很困难。但是，在严重的情况下，医生会把镇静剂作为一种处方药，要求患者持续使用六个月到两年，且剂量通常要足以明显减少惊恐的严重性和频率，以及减轻对恐慌的焦虑。

2.某些难以面对恐惧情景的广场恐惧症患者（参见第7章），他们经过数次尝试不用药物进行治疗，但均未能取得什么效果。针对这种情况我推荐使用小剂量的苯二氮䓬类镇静剂，例如，氯硝西泮（每天0.25~0.5毫克）可以帮助他们敢于面对引发恐惧的情景。如果药物的剂量足够低，那么即使在此期间停止了药物的使用，这种良好的效果也很可能会持续下去。但如果是高剂量使用药物（每天超过1毫克），其效果却反而不及低剂量。尽管在药物的帮助下，可以使暴露过程顺利进行，但也需要保持轻微的焦虑。在镇静剂的作用下经历完所有的暴露等级后，有必要在不用镇静剂的情况下再经历这一过程，只有这样才能保证从恐惧症中完全且永久地恢复过来。

SSRI类抗抑郁药物（见下文所示）在帮助人们逐渐适应恐惧情景的过程中是非常有效的。实际上，很多精神病医师都认为SSRI类药物是治疗广场恐惧症的一种有效药物。

3.当应对危机情景时，你会产生急性焦虑症。可以在短期内使用苯二氮䓬类镇静剂以帮助人们应对特殊的压力时期（例如，面试一份新工作，应对一个重要的健康危机,亲密亲属的过世或者其他重要的生活事件)。也可以使用一些止痛剂(例如,替马西泮或安比恩)以保证病人在这段时间内睡眠充分。

4.如果伴随惊恐症、广场恐惧症、特定性恐惧症、广泛性焦虑症、其他焦虑症或者慢性或者严重的抑郁症,那么抗抑郁类药物通常是很有效的。对于轻微的抑郁症患者(例如,胃口正常,睡眠正常,对轻微的愉悦刺激也感兴趣,当然也没有自杀的想法)来说,可以使用金丝桃科草、舒雅液或氨基酸,如色氨酸、酪氨酸、苯基丙氨酸(参见本章结束处"使用天然药物"的补充讨论)。中度抑郁或重度抑郁症患者可通过使用SSRI类药物、SNRI类药物、三环类药物或其他种类的抗抑郁药物进行治疗。这种药物将有助于同时减轻抑郁、恐惧及焦虑的症状。

5.如果人们在公共讲话或者其他表演节目时感到焦虑,尤其在焦虑中包含着心悸的情况下,短期地使用β阻抗剂类药物是很有帮助的,如普萘洛尔(心得安,一种β-受体阻滞剂,用于治疗心律不齐、心绞痛等)。偶尔(非定期的)服用一种苯二氮䓬类镇静剂,如阿普唑仑或者氯硝西泮制剂,也能帮助人们应对高耗能的情形。

6.SSRI类抗抑郁药物或者SNRI类抗抑郁药物,都可以帮助应对严重的社交恐惧症或广泛性焦虑症(比如,回避各种社交情景或无法参与工作中的各种重要会议)。应与个人或小组认知行为理论相配合进行药物治疗(参见第1章关于社交恐惧症的内容)。

7.强迫症患者受益于抗抑郁药物,但更多时候,将药物与认知理论、暴露和反应预防疗法结合起来使用将更为有效,比如,氯米帕明、帕罗西汀或者氟伏沙明等药物通常被用来治疗强迫症。服用该类药物的强迫症患者中,60%~70%的人都能减轻症状。无论这种强迫症是否和抑郁伴生,所有的这些药物对于治疗过度强迫症都非常有用,但是的确也有很多难以想象的副作用。

更多关于使用药物与否的决定性因素的介绍,请参见本章后面"选择药物时应注意什么"部分。

治疗焦虑症的药物汇总

下文是对治疗焦虑症的几种主要类型处方药的描述，各自潜在的优缺点如下：

选择性5-羟色胺再摄取抑制剂（SSRI）类抗抑郁药物

SSRI类抗抑郁药物包括百忧解、舍曲林、帕罗西汀、氟伏沙明、西酞普兰以及依地普仑。在过去的20年中，它们成为精神病学家用来治疗焦虑症的最常用的药物。选择性5-羟色胺再摄取抑制剂类药物（SSRIs）可以通过抑制突触间（神经细胞之间的空间）5-羟色胺的再吸收而提高脑中5-羟色胺类神经递质的水平。随着5-羟色胺的增加，神经细胞中5-羟色胺受体的数量会减少（尚不会减少到所需的水平）。5-羟色胺受体数量的减少会在服用SSRIs的第一至两个月内发生，这在专业上被称为"向下调节"。

"向下调节"让5-羟色胺受体系统中数以百万计的细胞变得对由压力而形成的神经化学环境不太敏感了，也即意味着情绪上不会有大起大落的变化，对焦虑也不会有太大的敏感了。

SSRIs的功效一般与传统的三环类抗抑郁药物（例如，丙咪嗪、去甲丙米嗪、去甲阿米替林）的效果不相上下，有时还会优于传统类药物。并且，对大多数人来说，各种新药相对于传统药物在不同方面的副作用都更小。SSRIs最常用来治疗惊恐症、广场恐惧症或者强迫症，也用以治疗社交恐惧症，尤其是那种对大多数社交情景都感到恐惧的广泛性社交恐惧症。有时它还可以用来治疗创伤后应激障碍或者广泛性焦虑症，尤其是当这些病症与抑郁并发时使用得更多。人们对于SSRIs的反应是大不相同的，如果试过其中一种但没有效果，可以再尝试使用另一种。一般在使用SSRIs一到两年之后，它的药效方能更充分地表现出来。一般在服用SSRIs至少18个月以后，就不会再出现病症复发状况，但本文此时并不能提供关于复发比率的可靠数据。通常来说，每日服用各种药物的剂量如下所示：百忧解20~60毫克；帕罗西汀20~40毫克；舍曲林50~100毫克；氟伏沙明50~100毫克；西酞普兰20~40毫克以及依地普仑10~20毫克。对强迫症患者来说，有效剂量可能会稍高一点儿。但也有一些强迫症患者发现小剂量也能带来不错的效果。

优　点

SSRIs对于各种类型的焦虑症或者抑郁症都很有效，尤其是那些惊恐症、广场恐惧症或者强迫症。对于厌恶服用药物的人或者老年人来说，SSRIs是比较容易接受且安全的。它们是非成瘾性的，长期服用不会造成任何问题。而且，在大多情况下，它也不会导致体重的增加。

缺　点

尽管相对于传统的三环类抗抑郁药物，SSRIs有更小的副作用。但是它们也会给一些人带来一定的负面影响，包括神经过敏、易激动、烦躁不安、犯困、头痛、晕船反胃、肠胃疾病以及性功能紊乱等。这些负面的效果通常在两周之后消失，所以安全度过治疗的早期阶段是很重要的。所有的负面效果都可以通过最初服用小剂量，再逐渐增加剂量直至达到治疗效果的办法予以改善，例如，开始时可以每天用5毫克的百忧解或帕罗西汀，10毫克的舍曲林或氟伏沙明。大多情况下，开始时可以每天服用1/4片，经过数周之后，逐渐增加至一片。人们需要对这个过程做好准备，因为逐渐服用更多的药量是要花费很多时间的（也许还可能在加大剂量后一至两天出现副作用）。

副作用的一种可能情况是性欲减退或者性功能紊乱（例如，缺少性高潮或者高潮被推迟）。这是很令人心烦意乱的，以至于有时会使人们不愿意继续使用药物。对部分服用SSRIs的人来说，即使最初会有性欲下降的趋势，但性功能可以在2~3月之后恢复。如果情况仍不能得到好转，那就需要在医生的指导下进行，有四种办法：1）在希望有性欲的日子，减少一半药量；2）配合SSRIs再增加服用5~10毫克的丁螺环酮；3）配合

SSRIs服用金刚烷胺或二苯环庚啶；4）尝试补充"性黄金"（去氢表雄酮），药店均有销售，每日只需服用25~50毫克即可。很多人发现配合服用1~2种以上药物将有助于人们在持续服药期间保持正常的性欲。

同时，尽管SSRIs很有效，在服用4~5周之后就能出现重要的转机，但要充分实现治疗效果，一般还需要12周甚至更长时间（也有些证据显示还有需要一年方能显示出效果的情况）。如果面对的是严重的且障碍性的惊恐症或焦虑症，医生可以建议在等待SSRIs起作用期间，搭配使用镇静剂，最常使用的是高效苯二氮䓬类药物（参见下文所述）。

在过去的数年中，很多人发现帕罗西汀是最难停服的药物，5%~10%停止服用帕罗西汀的人可能会经历诸如惊恐发作、情绪浮动、盗汗、人格解体以及"电休克"等严重症状。因此，在决定使用帕罗西汀之前，要确保与医生讨论这些可能的症状。

使用SSRIs的最后一个缺点在于花费上。如果没有医保，服用SSRIs，每个月需要花费200多美元。SSRIs的最佳持续时间为1~2年。如果是短期服用SSRIs，则可能增加症状复发的可能。

注意　对于有双相情感障碍的患者（躁狂抑郁症）必须在专业医生的指导下使用SSRIs，因为SSRIs可能会延长躁狂周期。

高药效的苯二氮䓬类

高药效的苯二氮䓬类镇静剂——阿普唑仑、氯羟安定以及氯硝西泮都可以用来治疗焦虑症。当一些人对新型的苯二氮䓬类镇静剂过敏时，传统的苯二氮䓬类镇静剂，如地西泮或者利眠宁和二钾氯氮，也可以偶尔用于治疗。

苯二氮䓬类药物通常会与SSRI类抗抑郁药物（或者传统的三环类抗抑郁药物）一同使用以应对严重的惊恐症、社交焦虑症、广泛性焦虑症、强迫症和创伤后应激障碍。通常说来，在抗抑郁药物已经可以充分实现抗焦虑的效果（例如，服用药物4~6周之后）之后，是可以逐渐停服苯二氮䓬类镇静剂药物的。

苯二氮䓬类药物一般可以抑制住整个中枢神经系统的活动，因此它们可以直接而有效地减轻焦虑。它们可以锚定脑中的受体，降低负责焦虑的脑区（一般地说包括杏仁核、蓝斑核和边缘系统）的活动。总的说来，高剂量的苯二氮䓬类镇静剂可以促进睡眠，而小剂量的苯二氮䓬类镇静剂则可能只会减轻焦虑，没有镇静作用。各种苯二氮䓬类镇静剂之间的区别在于每种药物的"半衰期"不同，或者说是它们化学代谢物滞留在身体中的时间的长度不同（例如，阿普唑仑有8小时的"半衰期"，氯硝西泮有18~24个小时，而地西泮有48~72个小时）。

目前，用以治疗焦虑症的最常用的镇静剂是阿普唑仑。阿普唑仑区别于其他苯二氮䓬类镇静剂的地方主要在于它有一种抗焦虑的效果，它能减轻焦虑，同时，它比其他镇静剂的镇静作用小些。因为阿普唑仑的"半衰期"很短，通常医生都会开每天2~3剂的药量。如果每天只服用1剂药量，就可能会经历焦虑反弹症状，即在药物失效后，焦虑水平反而可能会上升。有更长"半衰期"的苯二氮䓬镇静剂，比如，氯硝西泮则较少出现焦虑反弹现象，因此只需每天一剂药量。研究表明，相对来说，高剂量的阿普唑仑（每天2~6毫克）对于充分降低惊恐发作是很有必要的。但是，在治疗实践中，更可能使用较小的剂量：每天1~2次，每次0.25~1毫克。阿普唑仑缓释制剂的"半衰期"比常规的阿普唑仑长，服药频率也比常规的阿普唑仑低。

优 点

苯二氮䓬类镇静剂药物可以迅速起作用，可以在15~20分钟减轻焦虑症状。抗抑郁药物需要有规律地服用，而苯二氮䓬类镇静剂却不像其他抗抑郁药物一样，它通常会根据需要而选用。也就是说，仅在面临挑战性情境，即将参加一个面试或者乘飞机等，才服用小剂量的阿普唑仑、氯羟安定或者氯硝西泮。

对很多人来说，苯二氮䓬类镇静剂往往比抗抑郁药物的副作用小

（尤其是三环类抗抑郁药物）。有时有些人不能服用抗抑郁类药物，那么就可以选择苯二氮䓬类镇静剂。如果价格能降下来，苯二氮䓬类镇静剂类药物还是可用的。

缺　点

不像抗抑郁药物，苯二氮䓬类镇静剂往往有成瘾性。药剂量越大（例如，每天服用高药效的苯二氮䓬类镇静剂超过1毫克）以及服用的时间越长（例如，超过一个月），就越容易产生生理上的依赖。生理的依赖意味着一旦突然停止服用药物，就很可能出现严重的焦虑症状。很多服用阿普唑仑（或者其他苯二氮䓬类镇静剂）高剂量达一个月或者低剂量长达数月的患者报告称自己很难摆脱药物依赖（有证据表明，由于氯硝西泮有较长的"半衰期"，因此摆脱氯硝西泮会比摆脱阿普唑仑稍微容易些，时间也要稍短一些）。突然停药是危险的，可能会引发惊恐发作、严重焦虑、困惑、肌肉紧张、易怒、失眠，甚至是焦虑症。只有逐渐减少剂量，用几个星期或者甚至是几个月的时间来停药才能够摆脱对药物的依赖。人们摆脱阿普唑仑依赖性的难易程度是不同的，但总的原则是，最好能在专业医生的指导下用1~4个月的时间逐渐减少药量。在这个戒断阶段，人们仍然还是可能会受到惊恐发作或者其他焦虑症的侵扰。

如果减少苯二氮䓬类镇静剂量过快，可能会受到焦虑反弹的困扰。所谓反弹是指焦虑症状比未服用药物之前还要严重。反弹可能会造成复发，也即焦虑症又回归至服用药物前同样的严重程度，或者甚至更严重的程度。为了使这种威胁最小化，应该在减少苯二氮䓬类镇静剂的服用量时非常小心，最好能用超过数月的时间来完成（例如，如果最开始每天服用阿普唑仑1.5毫克，要服用6个月，可将每日的用药量每2~3周减少0.25毫克）。

苯二氮䓬类镇静剂的另一个缺点是，只有在服用它的时候才会有效。除非患者已经学习过应对技能（如腹式呼吸、放松、运动、压力管理、利用自我对话、坚持自我等）而且已经形成了放松的生活方式，否则一旦停止服用苯二氮䓬类镇静剂，焦虑症就会百分之百地再次出现。仅服用苯二氮䓬类镇静剂而没有其他配套治疗方案，就相当于治标不治本。

苯二氮䓬类药物的最后一个问题是它的效果比较泛化，不管是在对焦虑方面，还是在对整个情感方面。很多人都报告称，在服用该药物期间，他们的情绪反应备受压抑（例如，他们可能会很难在需要的时候哭出来发泄情绪）。焦虑症通常与未释放的情绪及压抑有关，服用这些药物却只能减轻症状而不能解决根本问题（一些人还可能会对苯二氮䓬类药物产生截然相反的反应，尽管不常见，但服药期间他们可能变得更情绪化或更冲动）。另外，尽管并不常见，但服用苯二氮䓬类药物也会引发一些情绪迟钝现象。

对于那些患严重惊恐症和焦虑症的人群来说，用其他类型药物丝毫没有效果的情况下，长期服用苯二氮䓬类镇静剂在一些时候是必要的。尽管对于大多数人都是有效的，但长期服用苯二氮䓬类镇静剂也会造成很严重的问题。很多长期服用苯二氮䓬类镇静剂的患者都报告说，他们感到没有气力、压抑而且（或者）萎靡不振，就像是药物挖走了他们身上的能量一般。通常，如果他们能够转而服用抗抑郁类药物控制焦虑的话，他们又能重新获得力量感及对生命的热情。以我的经验来看，苯二氮䓬类镇静剂最适合用于处理短期的、急性的焦虑和压力而不是长期持续的症状，比如，广场恐惧症、创伤后应激障碍或者强迫症。只要可能，无论在何处，对于慢性的、长期的焦虑症患者来说，使用SSRI类或SNRI类抗抑郁药物都最合适。但是，一些人好像在漫长的治疗过程中需要使用小剂量的苯二氮䓬类镇静剂药物。他们在保护自身不受焦虑侵害的过程中逐渐成瘾或受到其他副作用的影响，以至于他们已不能使用单一的某种自然方式或者其他类型的药物来治疗了。如果患者已过50岁，且服用苯二氮䓬类镇静剂药物已过2年，那么就应该定期进行体检，包括对肝脏功能的检查。

5-羟色胺-去甲肾上腺素再吸收抑制剂（SNRI）类抗抑郁药物

SNRI类抗抑郁药物的工作原理是依靠阻滞两种主要神经递质的再

吸收，即5-羟色胺和去甲肾上腺素。其中最常用的是药物是度洛西汀、文拉法辛和普瑞克替。去甲文拉法辛是文拉法辛的镜像形式（文拉法辛分子看起来就像在镜子中）。尽管目前没有关于去甲文拉法辛和文拉法辛的系统化研究，一些患者声称去甲文拉法辛的副作用比文拉法辛更小。SNRI类抗抑郁药物是一种强效药物，在使用SSRI类抗抑郁药物不能起到作用时，可以考虑尝试使用这类药物。它最常用于治疗抑郁症、惊恐症和（或者）广泛性焦虑症，也可以用于治疗其他类型焦虑症，例如，广泛性社交焦虑症或者强迫症。

相对于SSRIs，SNRIs的主要优势在于可以稳定去甲肾上腺素和5-羟色胺受体系统，而不仅仅是5-羟色胺系统。因此，对一些人来说，SNRIs在减轻焦虑的效果上比SSRIs更好。事实上，许多研究表明，SSRIs和SNRIs的疗效大致一样，SNRIs的副作用和SSRIs一样，包括头晕、恶心、虚弱、口干、失眠和性功能障碍。和SSRIs一样，停用SNRIs时，剂量应该逐渐减少，突然停药会导致严重的戒断症状。

5-羟色胺调节和刺激（SMS）抗抑郁药物

SMS抗抑郁药物是一种新型药品，既能如SSRIs促进5-羟色胺再摄取抑制，又能对一个或多个5-羟色胺受体进行调节。

维拉佐酮是5-HT1A受体的部分激动剂，与抗焦虑药物丁螺环酮和非典型抗精神病药阿立哌唑作用机制相同，推荐剂量为每日10~40毫克。

2011年初，维拉佐酮经批准开始在美国使用。同年9月，美国食品药品监督管理局开始质疑其是否比此前一系列SSRI类药物更有优势。一些患者反馈该药物在治疗焦虑症和抑郁症方面效果不错，而另一些患者则因出现了恶心、腹泻及失眠等不良反应，最终停药。据称，服用维拉佐酮导致的性功能不良反应，比其他SSRI类药物的比例更低，但是到目前为止，没有证据表明这种优势持续不变。

沃替西汀的推荐剂量为每日5~20毫克，2013年末，在美国试用。因其对不同的5-羟色胺受体产生不同影响，被称为具有多峰功能的抗抑郁药物。具体来说，沃替西汀对5-HT3A和5-HT7受体具有对抗性（抑制）作用，也对5-HT1A和5-HT1B受体的神经递质具有促进作用。同时，它还和典型的SSRIs一样，是一种有效的5-羟色胺再摄取抑制剂。

此前的研究表明，对不同受体产生的不同作用，可能导致去肾上腺素（SNRI类药物中）和多巴胺（情绪稳定剂中）增加，同时也导致谷氨酰胺增加。因此，除具备5-羟色胺再摄取抑制剂功能外，该药物还具有其他功效。

沃替西汀不仅有助于老年人抗抑郁，其对于认知效果的潜在作用也正在进一步试验中。

左西酞普兰于2013年在美国被批准用于治疗严重抑郁症，它似乎对焦虑症也有好处。它和美国禁用的药物米那普仑（一种常用于治疗疼痛的药物，尤指纤维肌痛）密切相关。尽管它能阻断NMDA受体，它的主要作用类似于SNRI类药物，这将在本章稍后描述。NMDA受体是大脑中的一种谷氨酸受体。与血清素、去甲肾上腺素和多巴胺受体（神经细胞上与化学神经递质结合的部位）一样，谷氨酸受体是一种在焦虑和情绪障碍中发挥重要作用的受体类型。

三环类抗抑郁药物

三环类抗抑郁药物包括丙咪嗪、去甲阿米替林（用以抗抑郁或治疗遗尿）、氯米帕明、阿密替林及多塞平。这些药物，尤其是丙咪嗪通常被用于治疗惊恐发作，无论这种惊恐发作是自发的还是伴随广场恐惧症而发的。三环类抗抑郁药物似乎可以减少很多人惊恐反应的频率与强度。它们也可以减轻伴随惊恐症与广场恐惧症而产生的抑郁。尽管过去人们都相信丙咪嗪是对抗惊恐症的最有效的抗抑郁类药物，但是目前的证据表明，对于不同的个体来说，各种三环类抗抑郁药物都是有帮助的。去甲阿米替林对治疗强迫症是尤其有帮助的。

这些日子以来，人们更多地使用抗抑郁类药物而不是三环类药物，因为后者有更多副作用。例如，在对丙咪嗪的研究中，通常有1/3的试药者因无法忍受副作用而退出（而在服用SSRIs的人群中，仅有10%的人因难忍副作用而退出）。另外，相对于SSRIs，有时三环类抗抑郁药物对有些人的效果会更好，因为大多数三环类抗抑郁药物都改变了脑中的受体系统（改变了去甲肾上腺受体而不是5-羟色胺系统受体）。就像 SSRIs一样，对三环类药物来说，最好能从低剂量开始服用（例如，每天只用5毫克的丙咪嗪），然后逐渐增加到一种治疗所需的剂量（例如，每天100~200毫克）。

优 点

正如SSRIs一样，三环类抗抑郁剂也不会导致生理依赖。它们不仅有助于治疗抑郁症，还有助于治疗惊恐症与焦虑症。即使人们并不抑郁，药物也可以对抗惊恐发作。因为普通的药物就能见效，所以也无须花费多少。

缺 点

三环类抗抑郁药物（不像SSRIs）容易产生反副交感神经生理上的副作用，包括口干、视力模糊、头晕眼花或者丧失方向感及血压偏低（导致头晕眼花），还有可能产生体重上升或者性功能障碍等症状。特别是服用丙咪嗪的头一段日子里，焦虑可能会增加。如果服用的是氯米帕明（对于强迫症非常有效），它的副作用尤其令人讨厌。

尽管这些副作用倾向于在1~2周之后消失，但总还会有25%~30%服用三环类抗抑郁药物的人在最初的适应阶段结束后，仍受副作用的折磨。

像SSRIs一样，三环类抗抑郁药物需要3~4周才能起到一定的治疗效果。虽然也可以阻止惊恐发作，但这些药物在减少预期性焦虑或者处理被迫面临恐惧情景时的反应方面不如SSRIs以及苯二氮䓬类镇静剂有效。最后，当停止服用三环类抗抑郁药物之后，30%~50%的人会复发（再出现原来的惊恐或者焦虑症状）。但在停用苯二氮䓬类药物后这种复发率比三环类药物低很多。

单胺氧化酶抑制剂类抗抑郁药物

如果已经尝试服用SSRI类与三环类抗抑郁药物但仍然没有疗效的话，医生可能会选择另一种很传统的抗抑郁药物——单胺氧化酶抑制剂。最常见的用于治疗惊恐的此类药物是苯乙肼，当然有时也使用反苯环丙胺。尽管单胺氧化酶抑制剂是有效的药物，但却最不常用，因为如果将此类药物与含有氨基酸酪胺的药物配合服用，比如，酒、过期的奶酪以及某些肉类或者一些药物，包括一些速效止痛剂等，它们将可能会导致血压上升，这种后果通常是很严重的，甚至是致命的。所以，如要服用单胺氧化酶抑制剂，最好严格遵照医嘱。

优 点

单胺氧化酶抑制剂类药物有阻断惊恐的潜在效果，当其他类型的抗抑郁药物不起作用时，此类药物总是很有效。也有研究显示，它们在治疗社交恐惧症，尤其是广泛性社交恐惧症（对一种广泛意义上的人际交往情景的恐惧）时是很有帮助的。它们也可以帮助治疗对其他抗抑郁药物无反应的重度抑郁症。

缺 点

使用本药物的副作用包括：体重增加、血压过低（低血压）、性功能紊乱、头疼、疲倦及失眠。这些负面效果通常会在服用药物后的3~4周表现出来，然后很可能会消失。

饮食上的控制是很关键的。当服用单胺氧化酶抑制剂类药物时，要避免服用包含酪胺（β-氨基乙基苯酚的俗名）的食物，包括大多数奶酪、家庭制的酸奶酪、大多数的酒精饮料、过期的肉以及鱼、肝脏、成熟的香蕉还有某些蔬菜，还要避免服用非处方感冒药、减肥药以及某些抗组胺剂等。另外，还需要避免服用安非他明、SSRI类或者三环类抗抑郁药物。

其他的抗抑郁药物

其他的抗抑郁药物包括瑞美隆（米氮平）、安非他酮以及曲唑酮。瑞美隆是一种去甲肾上腺类/特效含血清素的抗抑郁药物，而且，正如文拉法辛一样，它有双重作用，包括提高突触间隙中5-羟色胺和去甲肾上腺素的水平。小剂量的瑞美隆有很好的镇静作用，可以用以辅助睡眠。大剂量的瑞美隆也是一种有效的抗抑郁药物。当患者无法忍受文拉法辛带来的副作用的时候，便可使用大剂量的瑞美隆。精神科医生通常会将该类药物同SSRIs（如帕罗西汀或西酞普兰）一同服用，以提高SSRIs抗焦虑或者抗抑郁的效果。这种策略被称为"加强疗法"。

安非他酮通常对治疗抑郁症非常有帮助，但是对于有焦虑症的人来说却是难以忍受的，因为其副作用中就包括焦虑与失眠。而从积极的方面看，安非他酮是为数不多的不会造成性方面副作用的抗抑郁药物之一。

曲唑酮是一种流行于20世纪80年代很老的环状抗抑郁药物，但它并非常被用于治疗焦虑症，而是作为一种有效的镇静剂存在的。不像替子西泮、安比恩或鲁尼斯塔，它不会造成药物成瘾，而且比天然的镇静剂更有潜在作用，比如，褪黑素，而它的副作用也同表中所列的三环类抗抑郁药的副作用是相同的。

β-阻断剂类药物

尽管有很多种不同的β-阻断剂类药物（经常被称为β-阻断剂），两种最经常用于治疗焦虑症的药物是普萘洛尔以及天诺敏。这些药物对治疗那些有着明显身体症状的焦虑症是很有效的，对心悸（迅速而不规则的心脏跳动）及盗汗尤其有效。β-阻断剂类药物对于阻断这些外在的焦虑症状是很有效的，但对于由神经系统调控的内部的焦虑体验却并不是那么有效。心得安或阿替洛尔可以与苯二氮䓬类镇静剂药物，例如，与阿普唑仑一同使用，以治疗惊恐症伴生心悸的综合症状。单独使用时，通常是用单剂量（例如，20~40毫克的心得安，25~50毫克的美托洛尔）的β-阻断剂减轻在面对高挑战情境，例如，在公共场合讲话、求职面试或者期末考试或者音乐独奏会等时身体的焦虑症状（快速心跳、颤抖或者红脸）。同时，β-阻断剂还经常被用来治疗可能与惊恐症并发的冠性心律不齐、二尖瓣脱垂综合征。

尽管这些药物相对安全，但是它们也会带来一定的副作用，比如，血压过低（导致头晕或者头重脚轻）、疲劳以及困倦等，它们还会给一些人带来抑郁。但它们不会像镇静剂那样，会造成生理成瘾性。此外，如果曾经服用过它们一段时间，应尽量逐渐减少药量以避免血压的反弹性上升的可能。我们并不推荐哮喘病患者或有其他可能引发呼吸困难的疾病的患者以及糖尿病患者使用β-阻断剂。

布斯哌隆

布斯哌隆已经被使用了30多年。直至今天，人们仍然能够发现它在应对广泛性焦虑上的作用，但是它在减轻惊恐发作的频率和强度上却并不是非常有效的。一些研究显示，布斯哌隆在治疗社交恐惧症或者在与SSRI配合治疗强迫症上是很有帮助的。对一些医生来说，相对于阿普唑仑和其他苯二氮䓬类药物，他们更偏爱布斯哌隆，因为布斯哌隆不太可能会带来困倦而且没有成瘾性。这样，即使患者真的对布斯哌隆形成了生理上的依赖或者需要用一段时间来摆脱布斯哌隆，也不会面临很大的困难。但目前的研究并没有发现在治疗广泛性焦虑方面，布斯哌隆比SSRIs更有优势。

一般使用布斯哌隆的剂量为，最开始为5毫克，一天2~3次。2~3周即可达到充分抗焦虑的效果。尽管有研究报道证实布斯哌隆存在着一些副作用(无精打采,反胃,困倦或者双重焦虑),但布斯哌隆对治疗广泛性焦虑是有很好的疗效的。

其他用来治疗焦虑的药物

当抗抑郁类药物或者苯二氮䓬类镇静剂都无效或者不能完全治愈惊恐症的时候,心理治疗师可以尝试使用其他药物,如丙戊酸、加巴喷丁或噻加宾。虽然此类药物通常用于治疗癫痫症或者躁郁症,但它们也会有抗焦虑的效果。人们相信,它起作用的机理在于能够提高脑中神经递质伽马氨基丁酸的活动水平(噻加宾实际上是一种选择性伽马氨基丁酸再吸收抑制剂)。我曾经见过一些病人受益于这几种药物或是单独服用或者是与SSRI类抗抑郁药物一同服用,丙戊酸的有效剂量为每天700~1 500毫克,加巴喷丁则为每天300~1 800毫克,噻加宾则是每天4~10毫克,普瑞巴林则是每天150~300毫克。

这些药物的优点在于它们可以迅速起作用,而且不会导致药物成瘾,且没有任何性方面的副作用。有很多人都已经真正从这些药品得到了好处。而在缺点方面,一些人报告说,加巴喷丁或噻加宾使人感到很疲惫,浑身乏力或者"好像无法控制自己的身体"。如果抗抑郁药物的效果不好又不想产生苯二氮䓬类药物的成瘾,那么这些药物是值得一试的。

选择药物时应注意什么

选择有利于焦虑康复的药物需要考虑很多问题。首先也最重要的是,在做决定以前,最好先咨询自己的精神科医师(最好是知识且经验都很丰富的医师),可以协助自己(并非命令式的指导)。第二,自己的决定也涉及很多个人的因素,包括:1)焦虑的严重性;2)个人在药物问题上的看法与价值观;3)耐心,因为在这个情景之下,很多药物都需要试验方可找到恰当的治疗方案。

当考虑采用某种疗程时,要对该疗程的相关问题有清楚恰当的回答与简单的概括。下面的12条简述几乎囊括了引导人们接受或者拒绝服用某种药物的所有情况。

1.一个忙乱的医生在工作、家庭以及社区中有着各种各样的任务。他会花时间冥想、慢跑、表达情感、采用积极的自我对话，但仍然有令人精疲力尽的惊恐发作。他发现一种SSRI类抗抑郁药物能帮助他改善睡眠，而且在处理周围的日常事务中也会有更少的焦虑。

2.一个母亲患上了广场恐惧症，很长一段时间里整天深居简出，对采用暴露疗法进行治疗时产生的恐惧无法抗拒。她发现，服用一种SSRI类药物有助于她的治疗。在一年的暴露治疗之后，她有足够的信心在不借助药物的情况下继续治疗。

3.一位已服用抗焦虑与抗抑郁药物一年的秘书发现她怀孕以后，为了得到一个健康的宝宝，她忍受着加重的症状停止服药9个月。

4.一位离婚的丈夫在得了心脏病后便患上了焦虑和抑郁混合症，尽管他一直拒绝服用药物，但是这次他决定还是服用苯二氮䓬类药物帮助自己应对这次危机。

5.一位妇女在刚刚被提升时获悉她的母亲过世了。她选择服用药物数月以应对她充满压力的生活环境。

6.一位脊柱按摩疗法医生，同时也是一位热衷于各种健康实践的营养课教师得了强迫症。他发现，为了能够应付自己的工作，他需要服用SSRI类抗抑郁药物。

7.有一位学生决定参加针灸师资格考核课程，尽管她患有惊恐发作，但是却有一个强烈的愿望——仅使用天然方法（例如，中草药、营养以及冥想）应对焦虑，而不使用药物。

8.一个人服用各种SSRI类抗抑郁药物治疗惊恐症已有五年，他很想测试一下如果不用药物，他会如何。于是，他停止继续服药超过两个月，目前情况还很好。

9.一位长期服用苯二氮䓬类药物的患者感觉药物正在使她变得抑郁，而且她觉得自己还不如焦虑一些，在生活中有点稍强的情感体验，而不应该感到麻木不仁、了无生趣。

10.一位有惊恐症的官员不能忍受任何抗抑郁类药物，但他发现长期以来每天服用低剂量的镇静剂是最有效的。

11.有一位妇女属于某宗教组织，该宗教认为祈祷和正确的生活方式是解决困难的方法，所以，该妇女就有一个很强烈的哲学信念，认为药物对于康复来说是没有作用的。因此，她虽有恐慌症状，却并不选择用药物治疗。

12.一个嗜酒的人在戒酒两年之后开始服用阿普唑仑来治疗焦虑。在两个月内，他开始加大药量。他的医生和帮他进行"12步计划"的朋友都建议他不要再继续服用药物了。为了保持"无瘾"生活方式，他停止了服药。

无论你是在考虑开始服药或者考虑是否应停止服药，在做决定时都应该考虑到两个重要因素：个人的价值观以及症状的严重程度。下文中将予以讨论。

个人价值观

自己关于药物的价值观是怎样的？您是将服用药物视作康复程序的一部分还是强烈认为仅仅使用自然方法更好？尽管就症状而言可能需要服用药物或者大夫可能也会鼓励你使用药物，但这个决定最终还是得自己做。如果你碰巧就推崇非药物的天然疗法，那么这也是一个合理的选择。如果在进行如本书中所列的天然疗法时能够有足够的动机，足够坚持以及勤奋，很多人都可以从焦虑症中恢复过来的。与之相反，也会有一些人由于缺乏足够的兴趣和动机去投入时间与努力来完成每天的放松练习、身体锻炼、脱敏训练及认知技术训练等，他们通常要通过药物才能使症状减轻。药物对很多人来说的确能够使人在很大程度得到放松。

在作出是否使用药物的决定之前，应该对其有充分的了解，以保证能作出正确且明智的决定。这种决定不能够仅仅凭着一时冲动，例如，希望能够通过服用高剂量药物以尽快排除所有的焦虑症状。千万不可因为对药物本身的恐慌而不敢服用药物。本章的目的就是给人尽量多的信息以便人们能够作恰当的决定。

症状的严重性

除个人的价值观以外，另一个需要考虑的就是症状的严重性。总的原则是，症状越严重，通过药物的治疗就越有可能起作用。严重性可以从两个方面来看：身体其他功能是否正常及抑郁的程度如何。可使用下述问题来衡量自身情况的严重性。

首先，焦虑问题是否明显影响了你日常生活的能力？是否有时候无法工作，或者是否根本就不能工作？焦虑是否影响你照看孩子或与配偶的相处？是否有时候难以静下心来完成一件基本的事情，比如，做饭或者付款？

第二，焦虑问题是否给你带来了相当程度的痛苦，以至于每天都会有2~3个小时感到很不舒服？是否每天都在与焦虑作战？是否每天早晨都会从恐惧中醒来？如果对其中任何一个问题回答"是"，你就需要考虑使用药物了。

另一个考虑使用药物的因素是抑郁程度。大约一半的案例都明显伴有抑郁出现。而在惊恐症、广场恐惧症、强迫症以及创伤后应激障碍中，伴随有抑郁出现的情况尤其常见。目前，有一种综合症状也受到一定程度的关注，即焦虑抑郁症。抑郁的表现包括乏力、持续的情绪低落或冷漠、没有胃口、睡眠不好、频繁的自我批评、难以集中注意力，很可能还会有自杀倾向。如果有抑郁症，抗抑郁类药物会尤其有用，因为它有助于恢复动机和能量，继而去实现本书中所讲到的技术，例如，腹式呼吸、放松、运动、认知重构及逐步暴露疗法。如果患者曾经有过自杀的想法，那么医生很可能会推荐他去使用药物治疗。

症状的长期性

除症状的严重性之外，持续性——症状的持续时间将是另外一个需要考虑的问题。

如果焦虑是近期才开始，由压力环境造成的，那么无论是什么问题引起的压力，通过学习压力管理技巧即可度过焦虑期。另外，如果焦虑症状已经超过一年，尤其是当已经尝试过认知行为疗法并且尚未取得想要的效果时，多尝试几种药物将是有帮助的。总的说来，症状越严重或者症状持续的时间越长，药物起到作用的可能性就越大。

基因检测

抗抑郁药物如SSRI类、SNRI类和其他更新的类型如SMS抗抑郁药物已作为一线药物治疗焦虑症和情绪障碍，如重度抑郁症。有一些幸运的患者首次尝试抗抑郁药就缓解了症状，虽然三到四周才能显示出疗效，但副作用极小。但对大多数人来说，首次尝试的抗抑郁药要么无效，要么会引起不良副作用。

找到适合的药物可能需要对不同的抗抑郁药进行几次试验（每次至少持续3周），直到找到有帮助、副作用可耐受的药物（显著的副作用通常在试验进行约两周后消退）。不同药物的试错过程需要两个月或更长时间，这需要医疗服务提供方和来访者双方相当大的毅力和耐心。在某些情况下，如果你尝试了几种药物都没有效果，特别是如果你有自杀的想法，你可能需要考虑在批准的医疗机构接受艾司氯胺酮鼻腔喷雾治疗。通常情况下，你可以在24小时内缓解症状。

基因检测可以加快识别更有可能适合你的大脑和身体的药物。在你对各种抗抑郁药进行了两到三次试验都没有成功后就可以进行基因检测。该测试在临床上还没有完善，因此是治疗焦虑症和情绪障碍的二线方法。

基因检测目前被用于精神病学以外的其他医学领域，比如用基因检测来显示某种药物（比如它莫西芬）能否有效治疗乳腺癌。

基因检测的关键在于确定你身体是否有合适的酶来代谢各种类型的药物。你的肝脏会产生不同的酶，P450（或CYF450）酶可以处理不同类型的药物。由于遗传特征，特定的基因会导致这些酶的变化，抗抑郁药物会根据你是否有合适的酶来代谢药物而对你产生不同的影响。

基因检测能够鉴别一种在大多数人中具有显著差异的CYP450酶，该酶被命名为CYP2D6。到目前为止，有这种酶可以让你更好地吸收不同类型的SSRI类或SNRI类抗抑郁药物，包括百忧解、帕罗西汀、氟伏沙明、文拉法辛和欣百达等。它还可以预测一些较老的三环抗抑郁药物的潜在良好反应，如去甲替林、阿米替林、丙咪嗪、神宁健和氯米帕明。

　　单独的基因检测可以帮助识别不同的CYP2C19酶，该酶使你的身体能够代谢不同的抗抑郁药物，如西酞普兰、倍思乐、依地普仑和左洛复。CYP2C19酶代谢的其他非抗抑郁精神药物包括非典型抗精神病药物阿立哌唑和奥氮平。

　　请注意，CYP2D6和CYP2C19酶可以代谢精神领域以外的许多其他药物。

　　还有多种其他药物代谢酶的基因检测，包括CYP2C9、CYP3A4和CYP3A5。所以你可能需要做不止一次的基因检测来获取足够的证据，让你在充分了解的情况下选择"正确的"抗抑郁药物。这些检测也可用于预测各种非精神药物的代谢。

　　所有基因检测都会把你划分为四种类型之一。1）正常代谢型，你具有正常代谢药物所需的酶，副作用相对较小；2）中间代谢型，你可能无法像正常代谢者那样代谢药物，如果你服用其中一种药物，初始副作用风险会增加，需要更密切的观察和管理；3）弱代谢型，你没有足够的酶来代谢药物，不利的是，药物会在你的体内积聚，可能导致更持久的副作用。在这种情况下，仍有可能以较低剂量服用药物，并逐渐减少至治疗剂量；4）超快代谢型（酶代谢药物过快，导致药物在发挥作用之前就离开了身体）。

　　总之，在你用过至少两三种不同的抗抑郁药而没有效果之后，基因检测可能会有用，因为1）服用每种药物长达一个月后没有明显效果，2）你无法接受副作用，并且这些副作用在服用该药物一两周后仍未消退。在基因检测之前，一些精神科医生坚持尝试四到五种不同的抗抑郁药物，最终也成功找到了一种很适合患者的抗抑郁药物。因此，原则上讲，基因检测是一种非必需的选择。在尝试六种不同的抗抑郁药物的漫长过程中，基因检测是一种加快药物选择过程的方法，不仅包括SSRI类和SNRI类，还包括SMS抗抑郁药物，如沃替西汀，以及较老的三环类抗抑郁药物，如丙咪嗪、去甲替林、阿米替林等。

当前基因检测的局限性

基因检测仍处于发展的早期阶段，以下是它的一些局限性：

1.一种基因检测可能不足以确定你的最佳药物。要找到最适合你的大脑和身体的药物，有必要进行两种或更多不同的检测，这就造成费用非常昂贵。

2.没有适用于所有抗抑郁药物的完整阵列的基因检测。当你在两三种不同的药物上的试验失败后，检测可能值得尝试。如果基因检测本身不能为你找到一个"最佳"药物，不要放弃，你和你的医生可以继续通过尝试其他药物来找到有效药物。例如，对于某些患有社交焦虑症的人来说，第一代单胺氧化酶抑制剂类抗抑郁药物（如纳迪尔和反苯环丙胺），在所有其他抗抑郁药物都失效时可能有效。但服用这些药物后，你可能会出现体重增加和挑食的问题。

3.检测只关注身体如何代谢不同的药物，不能提供药物如何在生理上影响大脑或脑受体的信息。

4.检测费用会因检测类型、检测次数以及医疗保险公司的承保范围而不同。请提前致电你的医疗保险公司评估你希望接受的基因检测的承保范围。

总结

本节中的内容主要基于妙佑医疗国际(明尼苏达州罗切斯特)及其位于佛罗里达州杰克逊维尔和亚利桑那州凤凰城的卫星校区的研究和临床试验。其他许多诊所也提供基因检测。除了妙佑医疗国际，也许最著名的研究是艾苏瑞斯医疗的精神药物基因组学检测。该检测通过许多不同的基因检测来评估CYP450酶（与妙佑医疗国际相同），以及可能与精神疾病相关性较低的其他几组酶。该公司的基因检测将38种精神药物分为三类：1）绿色箱（按指示使用药物），2）黄色箱（慎用并监测），3）红色箱（避免使用，除非服用的剂量较低且有广泛的监测）。

注意　目前，预测抗抑郁药物反应的基因检测领域竞争激烈，由提供检测的各种专业公司和机构组成。因此，与大多数自助方法不同，我只推荐了两家较知名的检测机构。

对于基因检测，需要注意几点。基因检测仍处于试验阶段，有待美国食品药品监督管理局完全批准。美国食品药品监督管理局指出，酶的类型与某些抗抑郁药物倾向之间的联系尚未经严谨的研究得到证实，而仅仅是基于观测证据。昂贵的基因检测只提供了一种改善焦虑症和情绪障碍治疗的途径。虽然进行基因检测可能会帮助你更好地选择合适的抗抑郁药物，却不能解决影响焦虑症和情绪障碍的其他多种因素。因此，基因检测是一项相对较新的技术，可能对于在多个抗抑郁药物试验中失败的人有一些好处。

服用多长时间的药物

对任何一个目前正在服药或者正在考虑尝试服药的患者来说，到底需要服用药物多长时间是一个需要考虑的重要问题。但不幸的是，答案并不简单，决定服用药物时间长短的因素至少应该有三个：

◎ 何种类型的药物（如镇静剂或抗抑郁类药物）

◎ 何种类型的焦虑症（如恐慌、社交恐惧症、强迫症）

◎ 使用自然疗法的动机和决心（拒绝服用药物的决心将有助于停止对药物的依赖或者减少剂量）

何种类型的药物

某些类型的药物，例如，镇定剂或β-阻断剂，只在平时焦虑症犯的时候才用，也即，仅仅需要在面临急性、猝发焦虑情境下时服用药物，如面临恐惧场景时。另外，还可以服用镇静剂数周以帮助人们度过相对困难的时期，比如，深爱的人过世、参加律师资格考试。在1~2年的时间中，如果患者服用任何类型的抗抑郁药物治疗焦虑症都无效，服用1~2年镇静剂将会起到不错的作用。而对于长期服用（超过一年）的情况而言，尽管会有某些问题，但在很多案例中它的作用还是得到实验证明了的（参见前面关于苯二氮䓬类镇静剂的部分）。

抗抑郁类药物通常需要每日服用，最少持续6个月。在我的经验中，服用药物一到两年的时间对治疗焦虑症是最有效的。如果服用这类药物一段时间之后停止服药，复发的可能性较低。对一些人来说，维持某种剂量水平，长期服用（超过2年）抗抑郁药物可以带来最优化的生活质量。

何种类型的焦虑症

如患有比较轻微的广场恐惧症，患者可能仅仅需要在暴露疗法的早期阶段服用药物（一种镇静剂或一种抗抑郁药物）。而在后期阶段，患者可以逐渐放弃药物，通过自身设计的步骤完成暴露疗法。不借助药物完成暴露疗法将有助于提高对恐惧症的掌控感。另外，如果患者遭受频繁的惊恐发作或者整天待在家不敢外出，那么较长期地服用药物将是有帮助的。对于SSRI类抗抑郁药物来说，前面所述的一到两年间的时间长度将是适合的。在某些案例中，长期服用低剂量的抗抑郁类药物是非常必要的。

对于社交恐惧症而言，患者可服用一种抗抑郁类药物（SSRI类抗抑郁药物或者单胺氧化酶抑制剂抗抑郁药物）或一种苯二氮䓬类药物，尤其在患者的症状是广泛性社交恐惧症的情况下（在各种社交场合中感到焦虑）更需使用此类药物。使用药物1~2年将会使治疗的效果达到最高水平，而长期使用小剂量的优势也在一些案例中得到彰显。

对于强迫症而言，长期服用高剂量SSRI类药物通常是最优策略。2年之后，可减少药量，以衡量出能够解决与强迫症相连的神经生物问题所需要的最小剂量。另外，对于一些有强迫症的人，他们的问题是可以仅仅通过认知行为疗法得以解决的——有时从开始就采用认知疗法，有时则在使用药物1~2年之后（参考杰弗里·施瓦兹的书《脑力锁定》）。

药物治疗仅仅适应于中度至重度广泛性焦虑症，或在患者不愿作出行为和生活风格改变等情况下。

最后，创伤后应激障碍可以通过抗抑郁药物联合认知行为疗法共同治疗。病情较严重的可能需要长期坚持服药才行。

使用自然疗法的动机和决心

如果坚持使用自然疗法，那么在很多情况下，患者是可以排除或者减轻自己对药物的长期依赖的。脑部有一种内部机制，可以治愈因压力诱发的失调，而这种失调可能正是患者最初选择使用药物的原因。尽管这种恢复可能比骨头断裂或者韧带拉伤后恢复所需要的时间长，但结合恰当的认知、行为及生活方式的改变，它还是很可能恢复到原来状况的。患者关于自然恢复或者最终摆脱药物的信念将会帮助患者真正实现他们的信念。人们常说的"心想事成"并不是一个虚伪的概念。本书中提供的任何方法都将帮助患者用自然的方法治愈焦虑症。越能更多地有规律地使用该方法，就越容易获得健康的头脑与体魄。

停止用药

如果患者已经决定停止服用处方药，注意遵守下面的原则：

1.确保已经在某种水平上掌握了本书中所描述的克服焦虑症与惊恐症的策略。特别是最好能够建立起日常睡眠放松及身体锻炼的日常练习制度，此外，还要加上使用腹式呼吸、练习自我对话以克服焦虑状态。如果自己计划摆脱阿普唑仑或一种苯二氮䓬类镇静剂，上述技巧将有助于处理戒断期及长期内的焦虑反复问题。要明确一点：在戒断阶段，如果能够尽可能地缓慢处理，任何从焦虑状态的复发都是暂时的，并不会总是持续下去的。

2.咨询医生以建立起逐渐减少药物剂量的程序。如果已经服用过一种苯二氮䓬类镇静剂（减量阶段应依剂量而定，但可能需要长达6个月，1年甚至更长的时间），那么咨询医生这一点将尤其重要。缩减如帕罗西汀的抗抑郁药物或心得安的β-阻断剂抗抑郁药物剂量时，需要一个逐渐减少的阶段（通常需要1~2个月）。一般来说，服用药物的时间越长，减量阶段就越是一个渐进的过程。

3.对很多人而言，缩减苯二氮䓬类药物剂量是很困难的。因为神经系统已适应这些药物，所以要实现对无药物生活的适应就需要相当长的一段时间。通常精神科医生在减少苯二氮䓬类镇静剂类药物剂量的过程中或过程后，通常会开SSRI类抗抑郁药物，或其他如加巴喷丁等非成瘾性抗焦虑药物以便于减轻戒断症状。有时候高剂量的氨基酸色氨酸、伽马氨基丁酸、牛磺酸及静脉注射或者口服氨基乙酸，可以在戒断阶段或者其后的阶段中起到一定的帮助作用。

有两种戒断苯二氮䓬类药物的方法：一种是在数个月的时间内慢慢减少剂量，正如所描述的那样，最好是能在非成瘾性药物的帮助下；另一种相反，在药物戒断程序的2~3周内迅速减少药量，并使用一种可替代的苯二氮䓬类药物，例如，地西泮或者其他的镇静安眠剂替代正在减少服用的强药效的苯二氮䓬类药物（如阿普唑仑或氯硝西泮）。在戒断弱药效的苯二氮䓬类药物之后，可以使用抗抑郁或者其他非成瘾性抗焦虑药物以帮助适应戒断发生后数月中可能的不适应症状。关于苯二氮䓬类药物的更多信息，请参阅海瑟·阿什顿的书。

4.准备好提高自己对本书中所述戒断过程中所涉及策略的依赖。尤其重要的策略是腹式呼吸、放松、锻炼、应对焦虑的策略以及反驳消极的自我对话。戒断对药物的使用是一次良好的实践和提高策略技巧的机会。不依赖药物，学会使用自我激励策略以掌控焦虑及惊恐，将能够增强患者的自信心。

5.如果在面临突如其来的焦虑或压力时需要依赖药物，请不要失望。药物戒断并不意味着之后短期的药物使用是没有帮助的。例如，由于外伤而造成急性应激时，使用镇静剂或安眠药两周是合适的，也不太容易导致药物依赖。如果有季节性情绪失调，可以坚持在冬季使用一种抗抑郁药物。如果偶尔依赖药物一段时间，不必认为这是缺乏自控力的表现。在现代生活中的压力之下，有相当多的人都会使用药物帮助其应对压力。

在医生的帮助下进行

本章的目的在于提供在处理焦虑症时关于全面看待药物使用的观点。可能在很多情境中，处方药的优势超过了与之相关的风险与缺点。但是，在服用任何药物以前，都应该了解它潜在的副作用和缺点。家庭医生的责任是：1）全面了解你的病史；2）了解任何特殊药物的副作用和缺点；3）决定使用某类药物并征得你的同意。当医生问及你的服药史时不要有所隐瞒，如果他们忘记询问时，也要告知他们：1）你对某种药物过敏；2）你怀孕了；3）你正在服用任何其他的药物或者非处方药；4）你正在使用天然药物。

一旦进行了信息交流，双方便都能得到充分的信息，共同决定患者最好服用何种药物。如果家庭医生不愿意合作，不允许患者表达充分的信息，不征求患者的意见的话，那么我强烈建议再另找一位医生。药物可能会给解决特殊问题带来决定性的改变，但是很关键的一点是，应该非常仔细而负责任地使用药物。

注意 有些互联网网站上会提供各种抗焦虑药物，尤其是镇静剂，无需药方即可以买到。我提醒各位读者不要跟这些网站打交道，因为他们可能会收了钱但是什么都不提供，或是提供一些错误药品，抑或提供一些劣质或有毒的药品。当真的需要使用药品时，建议大家最好是能够咨询经验丰富的内科医生或者精神科医师，服用需使用处方才可开出的正规药品。

总 结

恰当地使用药物与你总的价值观或崇尚自然的生活方式并不矛盾。在有些时候或有些情况下使用药物还是很有效的，如果自己在那些时候和情况下不使用药物就相当于没能很好地照顾自己。在我看来，真正最值得问的问题是："你能做的对自己来说最富有同情心的事情是什么？"在一些情况下，答案可能是使自己远离药物，尤其是在你全面依赖药物或者药物成瘾很长时间，却又不能说出自己为何要使用药物的情况下。在另一些情况下，答案可能是使用药物几个月（将近一年）以度过困难时期，或是促使人们顺利完成认知行为疗程及其他自然疗程。还有一些情况，长期服用药物（尤其是SSRIs），再配合使用本书中所建议的认知行为疗法和生活方式改变的方法，也许是人们可以做的对自己来说最有同情心的事情。

使用天然药物

因为本章主要涉及处方药物治疗，因此我并没有过多提及能够治疗焦虑问题的天然药物。关于治疗焦虑症与抑郁症的天然药物方面的内容在本书第16章"应对焦虑的保健品"部分中有详细介绍。

这类天然药品有两种：天然镇静剂和天然抗抑郁药物。天然镇静剂包括一些草药，例如，卡瓦、缬草、西番莲及洋甘菊，以及茶氨酸和伽马氨基丁酸。天然抗抑郁药物同样也有减少焦虑的效果，包括：草药金丝桃科草、舒雅液、色氨酸以及茶氨酸。这些药品均可在当地营养品商店或者网上购买。单独使用其中一种或者同时使用几种均可对治疗焦虑症和抑郁症的处方药进行有效补充。

决定是否使用天然药物的关键在于判断自己的焦虑症处于何种程度。如果焦虑对你来说只是一种比较烦人的事情，造成日常生活不适或不便，而不至于让你感到虚弱或者高度抑郁，那么我建议你向精神科医师寻求处方药之前，不妨试试天然药物。如果你正在服用SSRI类抗抑郁药物或者苯二氮䓬类镇静剂，首次使用天然药物之前，请先咨询这方面经验丰富的医生。

小　结

1.回顾本章，给自己一个关于治疗焦虑症的各种类型药物的总结。熟悉各种药物的优点和缺点，而这些可能与患者所应对的特殊问题相关。

2.如果患者目前并没有服用药物，但是很想知道自己是否能够通过吃药获益，请与在焦虑症治疗领域经验丰富的精神科医师进行协商。

3.如果患者目前正在服药，而且正打算停止用药，请咨询给自己开药的医师，讨论何种做法才是最合适的。如果患者及其医师决定停止用药，请遵循"停止用药"部分的停药规则。最好能在通读本书第4章到第15章，掌握一些技术以后再选择停止使用药物。如果患者想逐渐摆脱已经服用了超过1个月的苯二氮䓬类药物，最好能够花一些时间逐渐减少使用的剂量，很可能要持续数月之久，甚至长达一年，《阿什顿手册》是了解戒断苯二氮䓬类药物最权威的方式。尽管阿什顿博士已经退休，但她关于戒断苯二氮䓬类药物的重要手册可以在网上搜索。

4.正如本书第16章所描述的那样，如果患者感到自己的焦虑问题相对较轻（焦虑带来的更多的是一种不便利或者烦恼，而不是虚弱或高度抑郁的状态），在使用药物以前，可以考虑尝试天然药物。你也许可以参考哈罗德·布洛姆菲尔德所著的《用草药处理焦虑》一书，或我写的《焦虑的自然缓解》。

19

冥想：

物我两忘的境界

为了训练思维能力，使人的思维变得平静，人们早在3 000多年前已经开始练习冥想了。正如大家所知道的，冥想来源于佛教与印度教的精神训练。东方哲学告诉我们，人类苦难的源泉是我们自动的、条件性的思维（这个概念跟认知理论中的术语"自动思维"非常相似）。世上原本没有本质上坏的事，只有被认为是坏事的事和当作坏事对待的事。通过冥想训练，人们就有可能回过头来清楚地看到自己的"自动思维"和缺少判断的反应模式。有规律的冥想训练可以帮助人们摆脱自动思维模式而免于深受该模式的困扰。根据东方人的观点，冥想是从自己想象出的痛苦中摆脱出来，实现自由状态的一种好办法。（数个世纪下来，基督教神秘主义者也已经练习出了一套冥想模式。）

　　冥想是如何帮助实现自由的呢？一句话，依靠意识的扩展。意识可以定义为，一种人们可以在自己内心深处体验到的纯粹的、非条件性的觉知状态。它存在于各种条件性的思考与情感反应之下或之前。虽然这些非条件性的意识有时是可为人觉察的，但大多数时间里，它会被构成一般日常生活经历的心理交谈及情绪反应所遮蔽。只有在人们平静下来，仅能观察此时此刻的内心经历，而不求作出评判、不求尝试做别的事情时，这种隐藏在思想与情感之下的整理好的意识才会重新出现。

　　当人们体验这种非条件性的意识状态时，就只剩一种深深的平静感。伴随着这种内心的平静，会生发出其他非条件性的状态，例如，非条件性的爱、智慧、内省及愉快。就其本身而言，这种内部的平静状态并不是人为所要发展的部分，因为它是人生来具有，深藏在人心中的。人们只要保持足够长的时间的平静，它就会出现。冥想练习是实现这种平静的最直接的一种方法。

冥想训练可以帮助人们拓展意识，使其比恐惧的思想或情感反应更强烈。只要意识比恐惧更强烈，人们就可以跳出恐惧，不再受其支配，还可以在头脑中置身其外，只是超然地旁观它。我们通常依靠一些内部状态来判断一个人，这些状态比那些为恐惧所限制的部分更强烈。

随着人不断地冥想和意识范围的扩展，使得在目前的基础上对构成经验的意识流与情感流进行观察变得更容易一些。人们沉迷其中的可能性不会很大。

人们也许会认为增强自身观察内在思想及情感的能力似乎会造成与自身的疏离，而不是加强它们之间的联系。事实上正好相反，正是灵活的思想与条件性的情绪模式将人们从自我中心解放了出来，引导个人远离深度的内在自我，进入一种被称为"心灵旅程"或"个人舞台"的地方。练习冥想就是为了培养更好的自我整合和自我完善的能力。随着个人意识的加深及范围的扩大，人们开始更多地与自己交流。灵活的思维与情感仍旧存在，但它们对个人的影响却不再那么强烈。因为人们不会再或很少再会陷入焦虑、担忧、气愤、内疚、羞愧、悲伤等不良状态中，所以个人将可以真正自由地享受生活，而且还可以轻松地面对自身的反应，允许它贯穿生活的始终，任其自由发展。这样，内心意识就会变得非常广阔，足以观察每一种忧虑：如果它是合理的，则可采取相应的行动；如果是不合理的，则不必再考虑这种担忧。那人们对自己思考的内容及经历的内容有更多选择。人们并不会被头脑中无限的灵活思维与情感的奔涌所打散。尽管这些思想与情感依然存在，但是人们与它们之间的关系却发生了变化。人们的内在意识变得如此广阔以至于更容易见证和接受这些思想和感觉，而不是被它们引导。

冥想的益处

冥想最初以"超觉静坐"的形式首先在20世纪60年代中期的美国流行。在超觉静坐时,教师采用一种梵文咒语,如"Om Shanti"或者"So-Hum",然后要求被试者端坐在一个安静地方重复这种声音,精力必须非常集中(但是不能强迫自己)于这个词或者声音,其间要能保证不被任何外在事物分心。

在20世纪70年代,赫伯特·班森进行了关于"超觉静坐"的研究,并发表在他著名的著作《放松反应》中。班森开发了自己的冥想程序,其中包括在每次呼吸时都在心里默念一次"一"这个字。他证实了有关冥想对人生理上的影响:

◎心率降低。

◎血压降低。

◎耗氧量降低。

◎新陈代谢比率下降。

◎血液中乳酸的降低(伴随着焦虑的降低)。

◎前臂血流量上升,手的温度也上升。

◎皮肤电阻增加(与深度的放松相联系)。

◎大脑α波活动的增强(也与放松相联系)。

班森认为冥想的积极效果并不仅仅是在"超觉静坐"中表现出来,而且并没有必要给每个人一种咒语。他发明的"一字呼吸法"取得了同传统的"超觉静坐"一样的效果。他把由冥想引导的深层次的心理放松视作"放松反应"。

自班森的研究开始,有相当多的研究都关注于冥想的长期效果。据说它具有改变个性品质、行为以及态度的效果。对于焦虑症患者,冥想可以打破既成的心理模式,帮助患者重建思想。(有规律的冥想训练在重复性的心理模型上的效果甚至会优于其他直接作用于减轻肌肉紧张度的渐进式肌肉放松训练。)

人们已经反复利用冥想来减轻焦虑与担忧。一般地说,如果每天都做冥想训练，那么镇静剂或者其他药物的剂量就可以减少。其他更多的益处包括：

◎更敏锐的警觉性。

◎能量水平及生命力的增加。

◎自我批评的减少。

◎客观性的增加（非评价性地观察情境的能力）。

◎对酒精类、精神类及处方药物的依赖的降低。

◎对情绪的可容纳性增加。

◎自尊与个性感。

在20世纪80年代与90年代，乔恩·卡巴金·辛做了"冥想"方面的研究，研究一种压力管理的方法。卡巴金·辛使用了一种名为"正念"的促进方法，并发展出一整套名为"正念减压法"的有关压力管理程序（MBSR），如今在遍及美国的各大高校及诊所均有传授该程序的课程。（"正念"这个术语涉及各种形式冥想的基础：平静地旁观，不予判断，完全接纳自己的内心体验。一些人比较偏爱这个词汇，因为它是一个纯粹的心理学概念，超越了东方"冥想"概念的范畴。）卡巴金·辛的两本畅销书《多舛的生命》及《正念此刻是一枝花》对将冥想或正念练习引入主流社会产生了巨大的影响。

近来，正像津德尔·西格尔等人在《针对抑郁的基于正念的认知疗法》中所指出的那样，冥想练习已经在使那些经历过三次或更多次抑郁的人不再复发中显示出了作用。除药物以外，它是一种有助于防止抑郁症复发的方法。目前，很多内科医生及心理治疗医生都将冥想与正念练习作为一种处理大范围生理与心理问题的辅助治疗方案。简言之，冥想/正念练习对于促使心理的平静是一种很有效的技巧，尽管它源于一种精神传统，但练习冥想，并从冥想中获益是不需要学习任何精神观点的。

冥想的类型

　　有两种广义的冥想类型："集中"的与"非集中"的。有时候，也称之为"结构性"的与"非结构性"的。所谓"集中"的方法强调的是依靠对某特殊物体的聚焦来集中注意力。在冥想过程中，每次思想想要游移时，都要将注意力拉回并聚焦到某物体上。"超觉静坐"及班森的"一字呼吸法"属于这种类型：前者需要集中精力念梵文咒语，而后者则是需要每呼一口气时都默念一次"一"这个字。一种广泛流行的使注意力集中的形式是聚焦于呼吸的感觉。当冥想时，仅需要将注意力拉回关注呼吸的循环，体验着随着呼吸胸腔及腹腔的起伏。本章中所涉及的冥想训练中很多都包括这种将注意力维持在呼吸上的技巧。

　　非集中式、非结构式的冥想方法并不要求将注意力集中在特殊物体之上。相反的，无论在意识中出现什么内容，都可成为聚焦的对象。仅需要被试者旁观想的内容、感觉到的、希望得到的或者经历中所包含的生理的感觉，不需要以任何形式去抵抗或者判断这些感觉。被试者只需要将注意力集中在目前的状态、眼前的经历中，而不必经过任何判断。

　　有时，术语"正念"是用以表达非集中注意类型的冥想，因为正念意味着有目的地关注当下发生的任何事情，而不加判断（Kabat-Zinn，2005）。而在本章中，术语"正念"是用以表达一种态度、一件事情或在任何形式的冥想中可以采取的办法，无论是在集中性还是在非集中性的冥想中。例如，当将注意力聚焦在呼吸或者某句咒语上时，被试者将维持一种"思考的姿势"于思想、感情以及情感上。正念是一种非判断性、接受性的事物，这种事物可以在任何类型的冥想中出现，而且事实上，也会在冥想之外的经历中出现。冥想就是一个被试者故意留出时间的过程。再者，正念也是一种在冥想练习或者任何清醒的经历中可以采取的事物、方法或者态度。

学会冥想

学会冥想是一个过程，至少包括以下三个阶段：

　　◎正确的态度

　　◎正确的技巧

　　◎锻炼正念

正确的态度是带进冥想的一种头脑中的心理姿态。发展这种态度需要花费时间和决心。幸运的是，练习冥想本身就有助于学会正确的态度。正确的技巧指学会具体的有助于冥想的定位方法。发展集中注意的能力指练习额外的技巧以减少很多初学者（有时一些经验很丰富的人也会有的）难以避免的分心。锻炼正念是对自身与自身内心的关系的根本改变。正是发展成为一个非判断性内部观察者的过程使得一个人可以做到只是做一个旁观者而不会为外在事物所动。

正确的态度

练习冥想的态度是很关键的。事实上，培养正确的态度是练习的一个部分。坚持冥想训练的成功与能力在很大程度上取决于实现它的方法。下文所述的八个方面基于卡巴金·辛的大作。如果真的很关注专业的冥想训练，那么他的大作《多舛的生命》以及《正念此刻是一枝花》是值得推荐的两本书。

初学者的思维

不带任何判断、偏见或者目的地观察人正在进行的经验过程通常被称为"初学者的思维"。从实质上看，这也不过就是当人们第一次看见某个事物时，会带着新鲜感去感知这种事物。看起来可以接受的是：在目前状态下，你所看见的就是事物实际上应该的样子，不需要假托假设或者判断。例如，等下次见到一些熟人时，尽量多地考虑考察这个人真实的样子,不加入感情、思想、目的或者判断。如果初次见到一个人,自己应该会如何看待他呢?

无奋斗目的

人们每天做的每一件事情几乎都是有目标导向的。而冥想却没有目的。尽管我们需要花费一定的努力来练习冥想,但是它是无目的性且不需要"一定要这样"。当坐下来冥想的时候,最好能够清除头脑中的任何目标,这个过程不需要放松、清空头脑中的思想、减轻压力或者实现启迪,也不需要通过是否有目的来评估冥想的质量。参与冥想的唯一目的只是去观察"此时此地"的实在的经历,可以使用的方法包括重复咒语或者关注呼吸帮助集中注意力。如果我们此刻感到紧张、焦虑或者痛苦,没有必要一定要从这种感情中摆脱出来;相反的,我们只需要观察它们,尽量与它们和平共处,尽量使它们保持原有的简单状态。这样,我们就可以停止对抗或抗争。

接 受

"接受"是奋斗的反面。人们可以通过对目前经历状态的简单接受逐渐对"接受"的能力进行培养。"接受"并不意味着一定要喜欢所有出现的事情(例如,紧张或痛苦),而是仅仅意味着与它们和平共处而不是尝试将其排除在外。有句俗语说道:"所拒绝的东西反而会持续。"无论是在现实生活中或者是冥想中,只要是拒绝的或者是奋力争取的事情,这实际上反而会花费更多的能量将其扩大化。要允许存在不舒适或者问题,允许以原始模样存在。尽管它们还存在,但是已经变得较容易对付了,因为人们已经不再奋力地追求它或者尽量避免它了。

在冥想练习中,随着学习接纳情况发生的每一步而不是拒绝它,"接受"就发展起来了。随着越来越多的学习,人们将会逐渐发现,无论某一时刻出现何种情况,这些情况都将很快发生改变——实际上,可能是比尝试对其产生抗拒更快的改变。

在生活中，"接受"并不意味着重新设计自己，维持事情的真实存在，不再尝试改变与成长。相反的，"接受"是可以清除掉生活中的空间以实现清楚的反馈与恰当行为的。当不再对抗困难、对困难发生反应时，很多能量都会空余出来以供其他反应所用。因此，有时候，在实现"接受"之前，经历一系列的围绕某个问题的情感反应是必要的。

非判断性

"接受"的一个重要先决条件是非判断性，即当人们将注意力集中在目前正在经历的事情上时，我们不难注意到自己总是频繁地对事物作判断，包括外部的环境和自己的情绪和感情。这些判断是建立在个人价值以及"好与坏"的标准之上的。如果有人表示怀疑，不妨请他拿出5分钟的时间，请他注意在那段时间中他对多少事情进行了判断。练习冥想的过程，与其说是停止判断，不如说是与这些过程保持距离。可以简单地观察自己的内心判断，而不需要对它作出反应，更不要判断它。相反的，我们可以培养一种延迟判断的能力，观察任何出现的事物，包括对自己的判断的想法。在持续观察呼吸或者所选择的其他需要集中注意力的事物时，人们可以对这些想法的出现与否进行控制。

耐　心

耐心与"接受"与"非对抗性"的性质一样。它意味着允许某些事情不被展开，即允许自己的冥想训练过程停留在原地，而不必去改变它们。

每天想要保持半个小时到一个小时的冥想训练，耐心是必要的。在经过几周的冥想训练，却没有任何有趣的事情发生的时候，还是需要耐心才能维持冥想训练。保持耐心就是去阻止匆忙的行为。这在当前一切以目标导向的快节奏的社会极具意义。

用以引入实现冥想练习的耐心将有助于确保冥想的成功及其永久性

效果。静下心来冥想将有助于帮助人们养成耐心，因为冥想可以帮助人们实现本部分中所描述的所有特征，那些有助于冥想的态度也正是那些可以被冥想练习所加深的态度。

学会放手

我们的思维通常很像猴子。一旦我们抓住某种思想或者情感状态——有时是那些真正令人感到痛苦的事情，然后我们就没有办法放手了。培养放手能力对于冥想练习是很关键的，更不必说对有些焦虑的生活了。当人们抓住一些经历之后，无论是高兴的还是痛苦的，人们就阻止了自己不要判断或奋斗的顺其自然的能力。学会"接受"将有助于学会"放手"。所谓学会放手，就是以一种自然的期望顺序接受事情原本的样子。如果我们发现，在冥想之前，很难对一些观念置之不理，这样人们就可以实际上采用冥想作为一种手段认识自己对这些观念所产生的思想和情感——包括坚持的过程本身。人们越是仔细地观察围绕在某些问题中产生的思想与情感，就能够越快地扩展自己对这些问题的认识并学会放手。当所考虑的事情强烈地需要情绪的介入时，在坐下来冥想以前，通过谈话或者写日志来放松情绪是一个不错的方法。培养本章中所描述的所有态度将有助于人们学会放手。

承诺与自律

有强烈的改变自我的承诺，并且整个过程中都能坚持下来，是建立冥想练习的两个重要方面。尽管冥想从本质上说是非常简单的，但在实践中却并没有那么容易。在当今这个强烈的"目标取向"的社会中，学会重视并安排时间有规律地"顺其自然"是需要承诺的。我们中几乎没有人是伴随着"难得糊涂"的价值观长大的，因此人们要学会停止目标导向行为，甚至只是每天仅仅抽出20~30分钟时间用来锻炼都需要承诺与纪律。

这里的承诺与长跑训练中所需要的承诺很相似。长跑运动员不能仅仅在自己想要练习或者喜欢练习的时候才练习，他们每天都要坚持练习，无论他们感觉如何，无论他们是否有即时的成就感。

在建立一种冥想练习时，最好能先判断自己是否喜欢该活动——无论它是习惯的或者不是习惯。每周练习5~7天，至少坚持两个月（如果在开始时做不到如此频繁，最好不要惩罚自己——仅需要做到最好就可以了）。如果能在每天的一定时间段内留出一定的时间练习冥想，例如，作为早晨起床的第一件事或是每天晚饭前的一段时间的一件事来做，等等。如果可以保持有规律的练习，那么两个月后，这个过程将足以形成一个能持续下来的习惯（充分的自我加强）。不同阶段的冥想经历也会有所不同：有时感到很好，有时感觉比较普通，而有时感到难以继续冥想下去。

虽然完成冥想练习的关键意义并不是要去争取什么，但是长期的冥想练习将最终改变人们的生活。冥想不会改变生活中所经历的任何事情，但是它会在更高的水平上改变个人与所经历事情之间的关系。

正确的技巧：冥想训练的纲要

有一种技巧可用于冥想，其中最重要的方面也许就是以正确的姿势坐下来。一般的坐姿是挺腰而坐或在地板上盘腿而坐，或将脚平放在地板上。挺腰而坐的姿势可以聚焦体内能量。尽管平躺式姿势对其他形式的放松是必要的，但是却不能实现能量的凝聚。在冥想练习开始之前，做一些肌肉放松训练是很有帮助的。一种方法就是练习瑜伽。在一段历史时期，瑜伽姿势的主要目的就是放松并在冥想前实现能量平衡。下文列出纲要的目的便是帮助人们将冥想练习变得更容易也更有效。

1.找一个安静的环境。尽量想尽一切办法减少外部的噪声和干扰。如果这个不太可能的话，可以放轻音乐、乐曲或者自然声。海浪的声音就是一个很不错的背景。

2.减少肌肉的紧张程度。如果感到紧张，不妨抽出一些时间（不要超过10分钟）放松肌肉。如果比较熟悉瑜伽姿势，它将是一个用以放松的好方法。身体上半部分肌肉的放松——头、颈及肩的放松通常都是很有帮助的（参见第4章）。如果你感到精力充沛或思绪混乱，先做一些体育锻炼可以使之后的冥想更容易。

3.以适当的坐姿坐下。东方的标准坐姿是盘腿坐在地板上的坐垫或枕头上，将双手放在大腿上，向前弯曲，这样重力就可以分在大腿与臀部上。

西方的标准坐姿（为很多美国人所喜欢）是坐在一个舒适的直背椅子上，脚放在地板上，腿也无须弯曲，手放在大腿之上（手掌可以是朝上的也可以是朝下的）。

两种姿势都需要将背和颈保持直立状态但又不能有太多拉伸的感觉，而且不能是一种过于紧张且不灵活的姿势。如果需要拉伸或者移动，适可而止即可。一般说来不能头枕着什么东西躺下，因为这个姿势很可能会使人很快入睡。

4.留出20~30分钟的时间冥想（初学者可能会希望在10分钟内就开始）。可以选择在伸手可及的地方放一个定时器或者是放一段背景音乐，定20~30分钟长的时间，等这段音乐完了，练习者也就知道时间已经到了。如果想将表或者闹钟放在视力可及的地方，也是可行的。每天练习20~30分钟，数周之后，你就很可能想尝试45分钟至1个小时的练习了。

5.每天有规律地进行冥想练习。即使每天只是冥想5分钟，坚持下来也还是挺重要的。最理想的是去找一段固定的时间练习冥想。至少一天一次，一天两次是最合适的。

6.不要在饱腹的时候冥想。只要不在疲劳或者吃得很饱的时候做，冥想实际上是很容易的。如果不能在用餐以前冥想的话，那么要等饭后至少半个小时才能再练习冥想。

7.选择一个注意的焦点。最通常的集中注意的焦点是自己的呼吸周期或者咒语。下面结构化的冥想练习都是使用的这些技巧。其他的用以冥想的辅助物还包括图片、重复播放的音乐或者圣歌、神圣的物体。如果你练习的是非结构化的冥想，只需放松并允许任何想法和感受通过你的意识流，参见上一小节"正确的态度"中的所有指导。

8.在冥想过程中，闭上（或几乎闭上）眼睛可以减少外界干扰，但有些人更喜欢微微睁开眼睛，模糊地看外部物体，这能减少被内心想法、感受和白日梦分散注意力的倾向。如果你在克服分心上有困难，可以试试这个方式。

9.在冥想过程中，你会发现你经常被无关的想法、感受和身体感觉分散注意力。这种情况发生时，不要评判自己，只需平缓地将注意力放回你选择的焦点。如果一个不愉快的想法或感觉吸引了你的注意力，试着提醒自己，"这只是一个想法"或"这只是一个感觉"，只需面对这个想法或感觉，不必深入其中。最后，这种想法或感觉会离开。偶尔问一下自己："不管发生什么事，我能找一个地方待着吗？"和"我能全身心投入吗？"

10.分心、无聊、烦躁、嗜睡、急躁是冥想过程中常见的反应。这些状态出现时，注意到它们即可，让它们保持原样，然后回到当下。

11.当你完成一天的练习后，轻轻睁开眼睛（如果眼睛已经闭上），伸展身体。注意你的感觉，无论这种感觉是积极的还是消极的，都不要评判它。如果你在练习后感觉不错，不要期望你的下一次练习也应该如此，要让每一次练习都成为一次独特的体验。

冥想练习的目标只是让你充分感受当下，但定期冥想的一个重要好处是培养正念：能够后退一步，观察你正在进行的体验，而不会陷入其中。

在你第一天坐下来冥想之前，你不太可能意识到你的大脑有多容易分心。使用结构化的冥想技巧可以在一开始就培养你集中注意力的能力。之后，你可能想放弃这些形式，更直接地关注于你正在进行的体验流。

锻炼正念：冥想练习

正念就是在不作评价的情况下关注那些出现在目前经历中的事物。它就是对当前经历的一个见证，不需要改变、干涉或者对经历有别的反应。一个最好的描述正念的方法就是认识到它包含了所有本章中所描述的正确态度：无奋斗目的、接受、非判断性、初学者思维、耐心、学会放手、承诺与自律。正念并不是那些需要竭尽全力才能得到的事物。如果你奋力想要追求它，它反而会躲开。依靠放松、放手及简单地不带有判断色彩地观察正在经历的意识流，就可能真正经历正念的过程。用词汇描述正念的含义是不可能比直接的经历更准确的。

共情是正念很重要的一部分。很多训练冥想的教师总是强调，无论情况如何，都应该对内部的经历保持一种友情或者共情的态度。这一点在最初时可能还难以做到，因为对焦虑、生气或者痛苦等消极状态的厌恶和判断是深深根植在人心中的。当人们学会不去判断而是接受所出现的事情时，就能够培养出对自身的共情与接纳。最后，在一种很复杂的层面上，正念可以改变人们处理害怕与痛苦的方法。随着实践的加强，即使当恐惧与痛苦出现在人们面前，人们也可以学会放松、保持目前状态。

下文所述冥想练习受到了乔恩·卡巴金·辛、杰克·康菲尔德及其他冥想教师的启发。它们起源于那些数世纪用冥想训练学生的基础实践。此处所描述的练习强调聚焦在呼吸循环上——每次分心之后都要将注意力拉回到呼吸中来。按顺序完成这个练习应该是最好的办法。一旦人们已经获得了一些冥想的经历，就可以将这些练习的某些方面融入日常生活中。

基础冥想练习

1.找一个舒服的姿势坐下，保持身体直立。采用腹式呼吸法，缓慢地呼吸，保持10分钟，将注意力集中到吸气、呼气及整个呼吸循环过程。

2.如果思想开始游离，不妨任其游离，然后再慢慢将注意力拉回到呼吸上。这种情况在冥想过程中，可能会反复发生。因此，呼吸时尽量放松，不要有压力。

3.如果发现自己频繁分心，可以尝试采用平缓呼吸练习（见本书第4章），直到自己足够放松且可以相对容易地集中注意力时，停止计数。

4.练习时间可以从10分钟开始，然后逐渐增加至30分钟。练习时，可尝试定时或者播放30分钟的冥想音乐，这样就会明白何时结束。

在冥想过程中感受自己的身体

1.开始练习时,将注意力集中到呼吸上,再慢慢开始感受整个身体,呼吸时尤其注意手臂和腿部觉知。若注意力稍有分散,慢慢将其拉回手臂和腿部。

2.和前面的练习一样,当思想开始游离时,不妨任其游离,然后再慢慢将注意力转回到手臂、腿部和呼吸上。一开始这种状况可能会反复出现,通过练习,注意力就会更集中。

3.练习时间可以从10分钟开始,然后逐渐增至30分钟。

正视思想和感受

1.经过前两种练习达到舒适的感觉后,可将觉知的范围扩大,包括聚焦思想和感受。

2.当任何思想和感受涌现时,静静地注视它们,就像注视车流穿梭或落叶漂浮在水面上一样。让任何新的思想和感受都成为聚焦对象。

3.若你被某种思想或情绪束缚,接受这一事实,然后静待它消退。

4.思想或情绪是无常的,通常来得快也去得快,除非你硬要与其纠缠。

5.有时候,打消的念头又冒出来了,那就让它冒出来,只需静静注视它,直到它彻底消退。

6.若你出现不安、烦躁、易怒或"想爆发"等这类感觉,只需接受,不要去抵抗它,等它消退。

7.若你出现恐惧、焦虑、愤怒、悲伤或沮丧情绪,试着与其和平共处,将注意力集中到呼吸上,直到它们消退。保持平静的呼吸,将有助于分散这些情绪。

8.练习时间可逐渐增加,然后保持每天练习30分钟。

正视你能觉知的一切事物

正视、接受你能觉知的一切：思想、情绪反应及舒服、不舒服、放松、烦躁不安、嗜睡等一系列身体感受。正视任何感觉的发生、消退，不作任何抵抗。每当被任何一种思想或情绪束缚，将注意力拉回冥想对象即可，它可以是一段咒语、一个字或者你的呼吸过程。每天静坐30分钟，保持平静的呼吸节奏，试着接受练习中的一切觉知，与其和平相处。

步行冥想

1. 选择一个不被打扰的环境，花5分钟觉知行走过程中的一切变化。可以往前、往后或者绕圈走。

2. 要记住，行走不是为了到达某个终点，应专注于行走本身。

3. 尽情感受行走过程中的变化，每跨一步都去感受脚、踝、小腿、膝盖、大腿的变化，可以放慢脚步，慢慢体会。

4. 若注意力被某种思想、情绪或其他东西分散，接受这一点，再将注意力转移至缓慢行走中腿部和脚部的感受。

5. 练习时间可以从5分钟开始，然后逐渐增至15分钟。

有规律地进行以上任何一种练习，都有助于形成生活中的正念。进行一次冥想很容易，但要长期保持冥想训练却需要决心，详见下文。

冥想练习的维持

学习冥想可以与学会某种运动相类比，如棒球、网球或高尔夫。在真正达到精通之前需要花费相当长的时间进行训练。这包括作一项承诺以保证一定时间内即使感到不喜欢或不方便做时仍然能够保持训练。每天留出20~30分钟的时间可以使训练更容易保持下去。最佳时间段一般是清晨醒来后或晚上入睡前，当然入睡前不能过于疲劳。其他的好时间段可以是午饭前或晚饭前或是工作休息时间。留出了固定的时间段，生活中就有了冥想的空间。

除自己的承诺及自律之外，还有很多其他的事情可以对练习起支持作用。或许最有支持作用的就是在当地找一个定期练习冥想的训练班或小组。可在当地医院或者大学中找到这样的一个训练班（成人教育课程），或者在驱车可及的地方找到一个自助式冥想小组。很多地方都有"超觉静坐"课程。定期冥想小组的支持将会在难以继续坚持练习之时帮助训练者增强动机。

在一些地方，人们可能会很幸运地遇到些冥想技巧纯熟，柔韧性好到足以全身触地的好老师。如果想在当地找小组或者老师，可以与内观冥想协会或精神磐石冥想中心联系。

内观冥想协会为全美国提供各个领域的冥想治疗方案。冥想治疗一般包括每天冥想8个小时（中间可以间断数个小时），既包括坐姿疗法又包括行走疗法。治疗可以停止1~10天，有些甚至可以持续更久。做停止治疗的处理是加深正在进行的冥想练习的一个有效途径。对于初学者来说，一般并不提倡这种做法。

可能出现的常见问题

随着越来越有规律地冥想，人们可能会遇到很多问题和关心的事情。下文取自《使焦虑的心平静下来》中所列出的一个清单。

1.**我没有时间冥想**。通常当一个人说他没有时间做某件事情的时候，那就意味着他并不认为这件事值得优先考虑花费时间去做。如果能得到有规律的训练，冥想和正念都会逐渐地改变一个人的生活及其处理焦虑的能力。需要回答的问题是，人们到底打算给冥想多少优先权，打算给多少承诺以允许它们能在生活中占据一个有规律的位置？

2.**冥想太枯燥了**。有时冥想是比较枯燥的，这完全可以预期得到。此处的问题在于人们是否有对冥想应该是什么的不合理预期。对于一个会思想的人，解决枯燥的方法就是当它出现的时候，仔细地观察它的存在。

通过对它的仔细研究，或许你可以更了解枯燥了。例如，枯燥通常会包括特定消极的自我对话或判断。人们可以通过对枯燥状态中的思考与反应来观察到底发生了什么，而不仅是对枯燥作出反应。这样一来，人们就会发现自己不再觉得枯燥了。

3.**安静地坐着冥想时，反而会使我感到更焦虑。**冥想真的会令人更加焦虑吗？或者依靠停止行动并安静地坐着是否就能对已经存在的焦虑了解更多呢？当人们不再分心时，任何为分心所掩盖的焦虑都很可能出现。现在你有机会处理焦虑而不是逃避或者尝试避免焦虑。通过接受焦虑，并将其当成自己注意和意识的一个目标，这样就有机会改变与它之间关系的作用方式。在焦虑改变之前，我们都会有机会与其和平共处。我们可以使自己的心胸变得更宽广以容纳它们，而不是要与焦虑对抗。

冥想练习帮助人们应对焦虑的最重要的方式就是仅训练人们接受焦虑状态而不是试图摆脱它们。越多地学会接受焦虑及带着焦虑工作，焦虑就越不可能成为你不得不应对的敌人。最后，越不对抗焦虑，它就越容易应对。因此，如果在冥想过程中感到焦虑，应带着它呼吸，允许它存在。这样一来，人们便可以学会应对焦虑与担忧的新方法了。

4.**我过于焦虑与激动，而不能冥想。**如果冥想练习似乎并不能帮助人们平静下来，应该怎么办？如果在10分钟或者更长的一段时间后，仍然感到高度的兴奋、注意力依然分散，又应该怎么办？如果这些情况会出现，那么练习者的身体可能真的能量过多而难以安静地坐下来。最应该做的事情是保持体育锻炼。尝试做一些有氧运动（参见第5章）或是20分钟的瑜伽健身操。将身体中的这些能量都发泄出来之后，尝试再次坐下来练习冥想。

5.**没有进行定期冥想训练的自律性。**尽管冥想的目标是一周7天，但是可能会发现自己一开始很难以做到这一点。不要试图做到完美，尽量尽自己所能做到最好即可。随着练习的持续进行，人们将可以体验到冥想所带来的益处，也很有可能产生出内部动机而将其继续进行下去。有一个事实是，冥想练习是需要自律的，就像学习使用录音机或者学会某种运动一样。如果冥想练习需要坚持很长一段时间时，那么就需要对自己作出承诺。但是如果最初不能做到，也不要惩罚自己。尽量做到最好就是了。读书、听磁带或者最好的是找到一块可以经常练习的地方。所有这些都将有助于人们保持定期训练的动机。

冥想与共情

提高观察心理活动能力的一个重要方面就是将共情引入自己的观察之中。仅学会观察思想和情感还不够,如果不能培养出对自己行为的共情,你就可能陷入矛盾之中。将共情与真心引入自我观察之中就是开始与自己和平共处。

很多人,尤其是那些有完美主义倾向的人,对待自己就像是一个严厉的军事训练员在招募新兵。如果这一点不是很好想象,还可以观察自己,看自己会花多长时间批评、贬低自己或者促使或驱使自己做那些自己并不愿意做的事情。当自己不再促使或批评自身时,他(她)便会陷入一种非常被动的恐惧之中,或是陷入一种受害者的心态中。为了摆脱恐惧,人们可能会不断地用"如果这件事情发生了会怎么样?""如果那件事情发生了会怎样?"来吓自己。当人们处于一种受害者的状态时,他会用"做什么是毫无用处的""做什么是毫无希望的""这是没有用的理由"而使自己陷入抑郁。一旦患者开始感觉到不太抑郁了,他们的完美主义倾向可能会使自己陷入一种"我应该……""我必须……""我不得不……"的单调生活中。人们应该注意到自己批评、恐吓、压抑或催促自身越多,将必然造成他们对自己思想的了解变得非常有限。想了解更多关于消极的自我对话的知识,请参阅第8章"自我对话:让积极战胜消极"中"杞人忧天型(导致焦虑)""妄加批判型(导致低自尊)""自居受害型(导致抑郁)"和"完美主义型(导致长期压力和精疲力竭)"这几节。

在自我观察中培养同理心在改变自己同自身的关系上是很重要的。共情允许人们远离判断、批评,甚至远离对忍受、接受及爱的不敬。共情依赖于对自我以及世界其他方面本来面目的接受,这个态度是可以通过冥想的过程进行培养的。与自身的不足和平相处,接受自己的人性化的一面是人们可以学会的事情。为了更深一步地了解冥想过程中共情所起的作用,读者可参考杰克·康菲尔德的《心灵之路》。

冥想与药物治疗

很少有书会提到处方药是如何影响冥想经历的。一些规范的冥想训练程序,例如,"超觉静坐"要求在学习冥想技巧之前,初学者应远离各种非必要的处方药。我的观点是不同的药物会以不同的方式对人们产生影响。但有两种影响可概括如下:

苯二氮䓬类药物,如阿普唑仑、氯羟安定或者氯硝西泮,可能会加剧注意力的分散,使人们在冥想过程中很难集中精力。人们发现苯二氮䓬类药物容易增加大脑中β波(快波,与思维相关的非同步波)的活动,会降低大脑进入α波(与放松及冥想状态相连的同步脑电波)的能力。尽管在服用苯二氮䓬类药物时进入冥想状态并不是不可能的,但是人们可以发现这个过程相对变难了。我曾经有机会同卡巴金·辛讨论过这个问题,他的回答是服用镇静剂并不应该成为阻止人们每天坐下来、培养思想的努力的理由。

对大多数人来说,SSRI类抗抑郁药物(如舍曲林、帕罗西汀、西酞普兰)似乎并不会阻止冥想过程。但有一些人报告称在服用SSRI类药物或SNRI类药物期间,冥想会变得比较困难。另外,我也听说过一些报道发现在服用SSRI类药物之后,冥想反而变得更容易了,因为SSRI类药物似乎不会明显地阻碍培养冥想的练习。

不幸的是,我并没有获得关于三环类抗抑郁药物丁螺环酮或者其他抗焦虑药物(如加巴喷丁或噻加宾)对冥想效果的影响的信息。如果在冥想过程中减少剂量数天后再恢复使用原有剂量,便可以评价这种药物的效果了。请在尝试完成这项任务之前咨询自己的医师。

总　结

本章的目的就是将冥想练习视作一种应对焦虑、恐惧及担忧的另一种策略。尽管冥想是一种很有效的方法,但是这并不意味着使用了它就可以不使用其他本书中所述的处理焦虑、恐惧的方法。腹式呼吸、锻炼、应对可怕的自我对话、通过暴露疗法面对恐惧、保证良好的营养、处理会加重焦虑的情景、应对过分自信及自尊，以及最后在需要的时候依赖于药物等都是可以用来帮助康复的。最后，患者将会发现冥想训练在克服焦虑的过程中可能起到的作用。如果可以每天坚持练习并坚持很长一段时间，他们将发现这是一个非常有力量的工具。

应该记住，冥想的成功仅仅在于坚持去做。越是经常地去做，就能够越快地训练自己的思想，使其不再过分活泼、更稳定、更容易观察到。患者可以训练自己以接纳每一刻，不予评价孰优孰劣，有规律地训练心灵的耐受力将能建构起内部力量。有规律的冥想练习将能够帮助发展最初有助于冥想训练进行的那些态度：接受、耐心、非判断性、放手和信任。

小　结

1.开始冥想练习，在前两周应遵循本章"正确的技巧：冥想训练的纲要"部分的纲要。人们开始可以每天坚持10分钟，然后逐渐增加到30分钟。应对自己作出承诺，保证每天都会练习。最好能够找出某些特定的时间段和地点进行练习，以更好地保证自己不会分心。回顾"正确的态度"部分以帮助人们培养出参与冥想练习的方式。

2.在1~2周之后，或者当人们感到自己已经获得了保持注意力的能力时练习"冥想练习"中所包含的练习。最好能够按照一定的顺序循序渐进地完成它们。可以先将练习录音以帮助人们在最初的时候能够按照一定的步骤做，也可以用那些专业的练习冥想的音像资料。在人们花时间练习每一种练习类型数次之后，他们便可以找出自己喜欢的练习类型。

3.找到有规律地进行冥想训练的一些人或者团队来支持自己的冥想练习。如果没找到，你可以使用与冥想相关的录音，阅读一些关于冥想的书，可以从布兰特利、卡巴金、康菲尔德和戈德斯坦的书读起。

20

预防复发

有30%~40%的人接受了最先进的治疗来解决他们的焦虑问题，但恢复的程度有限。他们没有体验到他们希望找到的解脱。在那些最初从治疗中获益的人中，很大一部分人在一段时间后复发。在某些情况下，复发是由个人压力的暂时增加引起的，并且可以克服。在其他不那么幸运的情况下，复发往往更持久。

挫折VS复发

很重要的一点是要理解焦虑症的康复过程是非线性的。暂时的挫折就是你可能会经历惊恐发作的复发，突然对进入之前已经掌控的恐惧情境产生抗拒感，或者完全不能容忍暴露期间的不愉快的感觉，这些都是恢复过程中完全正常和预期的一部分。

你可能已经完全摆脱了惊恐发作一两个月，突然之间，过多的压力源可能会再次引起意想不到的恐慌激增。或者你认为自己已经克服了对飞行的恐惧，而且已经成功地飞行了两次。当你决定进行一次更长距离的飞行时，飞行恐惧症又顽固地再次出现。这些都是挫折。

挫折和复发不是一回事。

挫折的基本特征是你在恢复过程中的暂时中断，不会持续太久。焦虑回来后可能会有糟糕的一天，甚至糟糕的一周，但你积极应对，继续前进，这是正常的康复过程。

本章的主要目的是为你提供处理挫折的技巧和策略，这样你就可以有效地防止挫折带来的暂时中断演变为复发。

复发是随着时间推移而形成的一系列挫折。当你不能意识到下一节"治疗后未好转的原因"中描述的最常见的复发原因时，就会引起复发。如果你不知道自己复发的潜在原因，你也可能不会利用建议的策略来处理/克服复发的每个常见原因。

当你对那些预示你可能会复发的典型警告信号熟视无睹时，也会引起复发。这些警告信号通常是隐性的，本章第二节"注意复发的隐性信号"列举了一些最常见的警告信号。

简单地说，焦虑症康复过程中的挫折——无论是惊恐发作、恐惧症还是过度焦虑——都是暂时的、正常的、不可避免的。通过感知潜在复发的常见警告信号应对挫折和利用各种技巧阻止挫折，你就可以继续恢复，无任何复发风险。当你继续克服暂时的挫折时，它们可能不会那么频繁和剧烈。最终，你会进入一种状态，即挫折是相当罕见的，复发的可能性是微不足道的。你的焦虑状态变成了一种记忆：一种过去的事情。

治疗后未好转的原因

为什么尽管接受了良好的治疗，却没有好转？为什么有的人会复发？假设他们接受了一个良好的认知行为疗法的疗程，在某些情况下，还接受了适合于治疗焦虑症的药物治疗，会发生什么呢？

本节介绍接受认知行为疗法和/或药物治疗后没有完全康复的五个可能原因。本章第二节列出了一些可能会引起复发的"警告信号"。

如果你是由于没有接受合适的治疗而没有康复（即你的治疗师只是坐下和你交谈或尝试了一些非认知行为疗法的形式），你需要继续寻找对你有效的治疗。如果你已经接受了合适的、认知行为疗法导向的治疗，但仍未获得你所希望的改善，以下是五个未完全康复的原因。

没有继续练习认知行为疗法的基本技术和策略

从惊恐症、恐惧症、过度焦虑、强迫症中康复需要一段时间的持续努力。你需要每天（或每周至少三到四天）抽出时间练习腹式呼吸、深度肌肉放松，进行有氧运动，挑战和反击引发焦虑的自我对话，逐步面对内心的焦虑感觉（尤其是惊恐症）或避免外部情境（恐惧症）。如果你不能或不愿意在认知行为疗法的治疗过程中做出这样的努力，你可能不会从中获得太多益处。如果你在治疗结束后，停止了放松、锻炼和对抗引发焦虑的自我对话的基本练习，也会增加复发的风险。从焦虑症中康复需要对你的生活方式做出永久性的改变，每天（或几乎每天）花时间练习防止焦虑症和恐惧症复发的技巧。

如果你发现自己很难坚持能确保长期康复的日常练习。首先，你可以要求你的治疗师进行定期的"增强疗程"（在你完成治疗后），以帮助你保持在康复计划的轨道上。第二，如果你住在大城市，你可以加入一个焦虑症支持小组。这样的小组需要聚焦于每个人在做什么来维持康复，而不仅仅是发泄问题。如果当地没有支持小组，你可以在网站上搜索针对你的特定焦虑症的书籍。你也可以在网络上寻找与你的焦虑症相关的视频。

需要服药时未服药，未服用适当剂量或在药效尽显之前停药

处方药通常不是必要的。但如果你的问题相对严重，可能需要结合认知行为疗法和药物治疗来获得最好的效果。"严重"是指你的问题至少满足以下标准之一：

1.你的焦虑足以扰乱你的工作，让你难以开始工作和/或在工作中展现能力（或它已经导致你停止工作）。

2.你的焦虑会妨碍你与家人和/或重要他人保持令人满意的亲密关系

的能力（或它会阻碍你与任何重要的人建立关系）。

3.你的焦虑会让你在醒着的时候有50%的时间感到非常痛苦。这不仅是一种讨厌或恼怒，你常常会感到不知所措，难以度过一天。

如果你认为你的焦虑症符合这些标准中的一项或多项，你可能会受益于SSRI类药物，如依地普仑、左洛复、西酞普兰或帕罗西汀；SNRI类药物，如欣百达或倍思乐；或布斯哌隆或SMS抗抑郁药物，如沃替西汀。如果你的情况很严重，但因为害怕药物或反对药物而不尝试药物治疗可能会妨碍你的康复。我自己的一些来访者好几年都没有康复，直到他们最终决定尝试药物治疗。

关于何时使用药物以及使用哪种药物的详细指南可以在第18章"药物治疗焦虑"中找到。你也可以转诊到一个擅长治疗焦虑症的精神科专家。

服药时间不够。研究发现，服用SSRI类抗抑郁药物如依地普仑、西酞普兰、左洛复或帕罗西汀（或SNRI类抗抑郁药物，如倍思乐或欣百达）最有效的时间段约为1年至18个月。服用此类药物仅6个月的一组患者的复发率在50%~70%，而服用药物18个月的一组患者复发率降至30%。通常你可以从起初的高剂量服药转变为低剂量服药。阅读第18章"药物治疗焦虑"获得更多信息。

持续服用SSRI类药物、SNRI类药物或SMS抗抑郁药物的时间越长，你的大脑就越能从严重焦虑症状造成的最初创伤中恢复和再生。严重的惊恐症或社交焦虑症的最初创伤可能就是对大脑产生的物理影响。不幸的是，严重的焦虑症状持续时间越长，如果未经治疗，大脑创伤的可能性就越大，焦虑症状长期存在的风险也就越大。尽早用药能减轻这种创伤效应。持续服药1年至18个月（在某些情况下甚至更长时间）可以让大脑有机会休息和更新。虽然这个自然段的信息很大程度上是基于我三十几年来治疗焦虑症的经验，但也有一些研究支持这一观点。参见约翰·普雷斯顿、约翰·奥尼尔和玛丽·塔拉加撰写的《临床精神药理学手册》。

药物（特别是SSRI类药物或SNRI类药物）可能会对你产生过多的副作用。因为你的医生根据案头用药参考（针对药物临床疗效的推荐剂量范围）给你治疗。许多焦虑症患者不能耐受最初以治疗剂量水平给药的药物，因此他们会因为副作用立即或几天后停药。在开始任何SSRI类药物或SNRI类药物治疗时，以分离量给药是非常重要的，可能是正常治疗剂量范围下限的四分之一或五分之一。然后，在2周至1个月的时间内逐渐将剂量向上滴定，直至治疗剂量范围的下限。关于治疗焦虑症的抗抑郁药物逐步滴定的详细讲解见第18章"药物治疗焦虑"。一些不经常治疗焦虑症的医生可能没有意识到这个问题。

上述观察结果主要适用于治疗焦虑症状的抗抑郁药物，如SSRI类药物、SNRI类药物和SMS抗抑郁药物。如果你没有学到任何其他技能或改变生活方式来解决问题，使用和停用高效镇静剂（如阿普唑仑、劳拉西泮或氯硝西泮）后的复发率通常很高，即便短暂服药1个月 （见第18章"药物治疗焦虑"）。

没有以更平和放松的方式改变生活方式

即使你接受了认知行为治疗并服用了适当的药物，如果你的生活方式过于复杂和忙碌，以至于你一直处于高压力状态，你的康复仍然有限。如第2章所述，焦虑症由三组因素引起：遗传、个性因素（基于童年经历）和累积的压力。基因组成或童年经历不可改变，但你可以尽量减轻生活中的压力。如果你减少和管理你的压力，就会减少面对焦虑时的脆弱性。外部压力因素包括工作要求、高峰时段通勤、雾霾、食品添加剂、消极的家庭成员和亲戚或噪声污染等。这些类型的压力源通常需要外部的解决方案：采取直接的行动来改善你生活中的压力环境，例如改变你的通勤时间、吃更健康的饮食或寻求夫妻治疗（如果你和伴侣或配偶相处中持续存在问题）。

内部压力因素与你自己的态度有关，比如过度强调成功而牺牲了其他的一切，或者倾向于在太短的时间内完成很多事情。压力的内在来源需要内在的解决方案，总的来说就是改变你的态度和优先事项。很多人不会从恐慌、恐惧或过度焦虑中康复，除非他们愿意把自己的内心平静和健康放在与事业成功和物质成就同等重要的位置上。

学会简化生活是用来减少压力水平的最重要的干预措施之一。由于篇幅限制，本书中没有关于这一主题的章节。关于让生活更简单，请阅读我写的另一本关于焦虑的、更小巧的书《十个应对焦虑的简便方法》中的第7章和第8章。

没能改变让焦虑持续的人格和人际关系问题

认知行为疗法和暴露疗法可以帮助你改变恐慌的/引起恐慌的想法，面对你的恐惧。然而，它们可能没有改变核心的人格特征，即一开始就易焦虑。例如，如果你的父母追求完美主义、控制欲过强，你也可能是完美主义者。你或你的生活中没有什么东西能完全符合你过高的标准，所以你会让自己承受持续的压力。如果你的父母对你高度批判，你可能在成长过程中对取悦他人和赢得认可有过度的需要。如果你一生都在以牺牲个人需求为代价取悦他人，你很可能会怀有很多未表达的怨恨，从而更容易患焦虑症。不安全感、过度依赖、过度谨慎和过度控制欲是焦虑症患者常见的其他人格问题。核心的人格特质通常与人际交往问题有关，例如，也许你对配偶或重要他人期望过高（完美主义），或者你的需求不够多（过度需要取悦他人）。你可能会怨恨你的父母试图控制你，但你不会向他们表明自己的需求。

第11章"加重焦虑的人格类型" 介绍了四个主要的人格问题，这些人格问题不仅让人们更容易焦虑，而且在有效治疗后也会导致焦虑复发。以下为四种人格类型：

◎完美主义

◎过度需求认可

◎忽视身心压力征兆的倾向

◎过度控制欲

针对每种人格问题，第11章列出了克服特定人格特质的负面影响的多种建设性策略。

面临生存问题

你焦虑的根源可能比人格层次更深。尽管接受了认知行为疗法和药物治疗，但焦虑仍然可能会持续，因为你对生活感到空虚或毫无意义。在当今时代，有如此多的价值观相互冲突，传统权威（如教会或一致的社会规范）丧失，很容易让人感到飘忽不定和困惑。现代生活的节奏（包括强调虚拟而不是面对面的交流）可能会导致混乱的感觉。"存在主义的焦虑"需要一种不同的方法，认知行为疗法对其不适用。

如果你感到生活毫无意义，没有方向，也许你需要去发现自己独特的天赋和创造力，然后找到一种方式去有意义地表达它们。我们每个人都有独特的天赋和贡献。

第21章"人生的意义"的第一节"发现你自己的目标"包含了一系列确定和追求你自己目标的准则和练习。首先，有一个详细的问卷来确定你最重要的个人价值。其次，是让你能够根据主要价值观来确定最重要的目标的练习。你可以列出你的短期和长期目标，并确定在实现目标的过程中可能遇到的任何障碍。该节的最后，讲述了创建行动计划的一系列步骤，执行行动计划的一系列方针和对计划作出真诚承诺，以实现最重要的目标。

总　结

在上述五种焦虑症未完全康复的潜在原因中，你认为哪一种可能适用于你？如果你认为你还没有从治疗中完全康复，并且可能会复发，你能做些什么呢？当你弄清楚需要做什么来确保你在治疗焦虑症后持续康复时，你的整个生活就会变得更好。你的惊恐症、恐惧症、过度焦虑、强迫症、抑郁症、头痛、失眠或易怒肯定都会得到改善。

注意复发的隐性信号

通常来说，焦虑症在部分或完全康复后复发是罕见的。你相信自己做得更好了，多年来你一直斗争的惊恐发作或恐惧症似乎正在退居幕后。但随后你会遇到突如其来的、意想不到的压力源，或者你会无意识地回到旧的行为模式或逃避很久以前你认为能克服却导致了焦虑的问题。在这种情况下，你可能会经历短暂的挫折，处理好它，继续前进。但如果你没有完全克服短暂的挫折，你的焦虑症可能复发得更持久。有很多警告信号可以表明潜在的问题不只是短暂的挫折，而是关于最初的焦虑问题的更持久的复发，这种焦虑问题是你以为你已经克服了的。

认知警告信号

某些心理倾向或思维模式可能预示着挫折的开始，甚至是焦虑症康复后的潜在复发。

1.你容易过度或长时间焦虑。当你回到在有效治疗之前引起强烈焦虑的情境时，你开始预见危险或威胁。

2.你开始高估情境中威胁或危险的风险。在之前治疗中，你能从现实出发评价情境。

3.你试图抑制或对抗你的焦虑，而不是抱着"好吧，它又来了，所以让它在那里吧，我去做自己的事"的态度接受焦虑，你试图抵抗、掩藏或逃避焦虑。

建设性回应

这是应对认知警告信号的最好方法之一，也是应对任何焦虑激增的最古老、最具代表性的策略，克莱尔·威克斯著名的接受焦虑思想而不是抵制焦虑思想的四步法：1）接受而不是逃避思想；2）接受而不是抗拒你身体正在做的事（即你身体上的焦虑感）；3）随焦虑的想法或感觉的浪潮波动,而不是试图强行穿过它们;4)让时间流逝。

有关这四个步骤的更完整描述,请参阅本书第6章。如果你还想进一步了解,可以读克莱尔·威克斯的经典著作《给焦虑症患者的忠告和帮助》和《在焦虑中享受平静》。

处理复发的认知警告信号的另一种方法是利用有益的应对陈述,比如"这种感觉不舒服,但我可以接受""最糟糕的事情不可能发生"或"这是一个学习处理我的恐惧的好机会"。第6章的"应对陈述"一节列出了23种应对陈述。在练习应对陈述时,请遵循第6章"练习应对陈述的方法"一节中的指导原则。三种最常见的方法是:1)每天写下你更喜欢的应对陈述清单。2)有感觉地慢慢背诵你更喜欢的应对策略清单。3)给你更喜欢的应对陈述列表录音并播放。经常演练你的应对陈述有助于将其内化。如果你已经使用了以上所有策略来应对复发的认知警告信号,但仍然感到过度焦虑,你可以咨询一位专门治疗焦虑症的治疗师。如果你之前咨询过焦虑症治疗师,而且他们仍然有空,你可以找他们进行几次"强化治疗"。

压力过大的身体警告信号

过度的压力会带来身体上的感觉,这意味着你做得太多了,生活节奏太快了。压力过大的身体警告信号包括:

◎感到过度劳累或精疲力竭。

◎出汗。

◎恶心反胃。

◎发颤。

◎头晕或头晕目眩。

◎一种遥远的感觉,好像"你不在这里",这被称为"人格解体"。

请参阅第6章的"惊恐发作量表1",该量表是一个完整的身体感觉类型清单,这些感觉可以表明你的原始焦虑症在康复过程中受到了至少一个挫折以及有复发的可能性。

建设性回应

在第4章"别笑，你真的知道如何放松吗？"中描述了各种减少由过度压力造成的警告信号的策略，包括腹式呼吸、肌肉放松练习、引导可视化（更多资源见附录2）和定期冥想练习（见第19章）。体育锻炼是缓解过度紧张的症状最有效的策略之一。第5章"体育锻炼：选择适合你的运动"讲解了利用锻炼缓解压力的指导方针和详细方法。

良好的时间管理和足够的休息时间对缓解过度压力的症状有很大帮助。关于缓解压力的方法的详细讨论，参阅第4章末"休假和时间管理"一节。

安全行为

与焦虑复发的认知警告信号或过度紧张的身体感觉相反，安全行为是你试图阻止焦虑复发的自我保护行为。安全行为往往会适得其反。你试图通过这些行为来逃避焦虑时，却会带来更多的焦虑。

以下是安全行为的一些常见类型：

过度寻求安慰。例如，你有轻微的头痛，持续了一天以上，你担心自己可能有严重的问题，如脑瘤或硬脑膜下血肿，所以你不停地打电话给医生，甚至预约了医生来让自己安心，事实上这就是一种非常常见的症状（很可能是单纯的紧张性头痛）。

拖延症。例如，你即将有一场考试或表演。你不给自己充足的时间准备，而是等到最后一分钟，给自己施压，试图在极短的时间内充分准备。

过度准备。还是以即将到来的考试或现场表演为例，你花了过多的时间准备考试，导致了显著的"预期性焦虑"（对即将发生的、对个人要求较高的情境的焦虑），这会让你在实际事件发生的前几天都很痛苦。

过度检查。举个例子，你在医院测血压时发现有一次测量出的血压较高（很常见的情况），你就开始焦虑自己得了高血压，所以你买了一个家用血压测量仪，在家里反复测量血压。即使大部分测量结果都在正常范围内，你仍要继续测量以确保自己没病。还有一个例子，你的丈夫要晚点到家（可能是因为加班或交通堵塞），尽管他对此做了合理的解释，你还是很担心，一直给他打电话。当然，如果你的丈夫决定关掉手机来拒绝接听重复的电话，情况可能会变得更糟。

完美主义。追求完美是焦虑复发、幻想甚至是抑郁的警告信号。完美主义通常在表演情境中显现出来，包括在一群人中发言、做演讲或现场音乐表演。追求完美往往是徒劳无益的。你通常将标准设置在实际无法达到的水平上。如果你没有达到自己过高的期望，你就会自我批评，甚至感到羞愧。想要了解更多关于完美主义以及如何处理它的信息，请参阅第11章"加重焦虑的人格类型"中关于完美主义的一节。

过度依赖支持者。在面对长期存在的恐惧症时，一开始就有一个支持者陪伴通常会有所帮助。例如，如果你在多年不坐飞机后第一次飞行，有人陪伴可以分散你的注意力，缓解焦虑，让你安心。或者你有牙医恐惧症，因此好几年不看牙医，这也积聚了很多牙齿问题。当你很长一段时间以来第一次去看牙医时，有人陪伴会很有帮助。当你进行检查时，让支持者坐在候诊室就可以了。当你第一次面对多年来一直逃避的恐惧情境时，支持者是可以帮助你的"拐杖"。但如果你每次面对恐惧时都需要支持者，你就永远不会知道你有独自处理恐惧的能力。为了完全暴露在大多数恐惧症中，放弃需要支持者这样的安全行为是有必要的，这样你就会对自己克服恐惧的能力充满信心。这种信心在你真的需要独自面对某种情境时尤其重要，比如在离家很远的地方开车或在高速路上开车。

建设性回应

1.注意到你正在采用安全行为来保护自己免受焦虑。

2.暴露而不是反抗。不要反抗或逃避不舒服的暴露情境（面对你害怕的事情）。克服安全行为的关键是完全接受这种情境和具备容忍不适的能力(除非不适飙升到压倒性的程度,但这通常是不可能的)。

3.应对。你的目标是应对一个引发焦虑的情况,而不是求助于那些会阻碍你进步的安全行为。你仍然可以依靠对你最有帮助的应对策略来忍受暴露于不舒服情境下而产生的不适。两种常见的应对策略是依靠腹式呼吸(见第4章)或使用应对陈述,比如"我可以焦虑,也可以处理这种情境"或"我以前处理过这种情境,我可以在焦虑的情况下再处理一次"。(见第6章"应对陈述"一节,了解应对陈述的完整列表。)完整的应对策略列表可以在第6章"应对惊恐早期阶段的措施"一节中找到。如果你只是在应对高度焦虑而不是惊恐发作,你可以用"焦虑"这个词来代替标题中的"惊恐",也就是"应对焦虑早期阶段的措施"。

注意 应对策略和安全行为之间有一个非常重要的区别。应对策略是一种主动的技巧,你可以利用它来处理引发焦虑的情境。安全行为则是指你在面对引发焦虑的情境时,为了避免或逃避任何可能出现的焦虑而做的事。这是一种逃避策略。试图逃避焦虑通常会适得其反,只会带来更多的焦虑。

4.在处理惊恐发作、恐惧症或过度焦虑的过程中,如果你一直很难放弃安全行为,请考虑寻求专治焦虑症的治疗师的帮助。

小　结

1.理解短暂挫折和完全复发的区别,如本章开头所述。

2.了解有效治疗后复发的原因(见"治疗后未好转的原因")。

3.认识到可能表明挫折甚至复发的"警告信号"(见"注意复发的隐性信号")。

4.用接受的态度应对焦虑的不适,而不是试图逃避。

5.依靠你更喜欢的应对策略来形成一种敢于靠近和接受引发焦虑的情境的态度,而不是逃避。有关应对策略的详细内容,见"认知警告信号""压力过大的身体警告信号"和"安全行为"后面的"建设性回应"。

21

人生的意义

到目前为止，本书前面章节已经讨论了焦虑症的生理的、情绪的、行为的和精神的各个方面，并且提供了一些指导来处理不同层次的问题。在生理层次，可以通过腹部呼吸、放松、体育锻炼和/或药物来帮助缓和焦虑、惊恐和恐惧。在情绪方面，学习识别和表达情感能够减轻由焦虑所引起的精神紧张。行为上，暴露疗法可以解决恐惧问题。精神上，用现实的想法和假设取代害怕的自我对话和信念能够帮助减轻各种形式的焦虑。

对许多人来说，前面所给出的一系列方法已经足够帮助其从焦虑中恢复。无论有没有医生，只要参照本书给出的指导，都可以帮助你从焦虑中恢复过来。然而，这里可能还需要一些其他技巧。到目前为止，本书所介绍的全部技术是有很大帮助的，然而对某些特定人群来说还远远不够。有可能还存在隐藏的焦虑——来自未明确有关人生意义和目标的焦虑。

存在派观点的心理学家（如罗洛·梅）使用"存在性焦虑"来表示由于未能发挥生命潜能而引起的焦虑。"存在性焦虑"是一种模糊的紧张意识、烦恼，或许甚至由于某种原因使本来能够达到的目标没有达到所引起的"安静的绝望"。你生活在一种不完整的情感状态——迷失了某些重要事情的意识，虽然你没有有意地认识到这种意识是什么。如果有人问你，"你过得怎么样？"或"你认为你的生活如何？"你在回答的时候可能不会很干脆，或者事情并不足以使你感觉到如想象的那么有意义。

对有些人来说，缺乏人生意义和目标可能为惊恐发作和恐惧心理的发展提供了一片肥沃的土壤。虽然惊恐也可能由其他更多的原因产生，但有时候它也可能是因为没有明确目标和失望。同样的，担心被现在的生活套牢或限制住，无论某个职业、某种关系的终结还是其他可能限制你的情形，这些都需要有勇气冲出去。对恐惧心理的逃避也深深地反映了对某些冒险的逃避，而这些冒险是发挥人生潜能和实现人生目标必不可少的东西。我就曾经碰到过很多来访者，他们的焦虑症（看起来并不要紧的那些类型）从来就没有完全的治愈，直到有一天发现了能带给人生重要意义的事情并且冒着必要的风险去尝试做这些事情。在某些情况下，这些事情可能是职业的改变；在另外一些情况下，也有可能意味着对音乐创造性能力的培养。

本章的目的是为你提供机会折射出你的人生意义，并且探索一下是否精神因素也能够提供解决问题的一个方向。在精神方面，我指的不是任何特殊的区域，而是追求人生目标的一个基本意识和改变人生中各项事情的强大动力——如果你愿意，那是一种"伟大力量"。精神因素不但能够提供生命的意义，而且能够帮助直接解决焦虑问题，因为它能带给人们诸如心平气和、自尊、信仰和无条件的爱等品质。

如果你感觉到精神和意义很重要，你可能会想看看我写的一本书《超越恐惧和焦虑：一种长效康复的新方法》，书中从更深的层次探索了这一问题。该书提供了一系列方法，旨在超越《焦虑症与恐惧症手册》，是对本书的补充。

发现你自己的目标

每个人都有一个或多个需要实现的目标，从而让生命具有完整的意义。那些完全实现了其目标的人常说，到中年时，他们感觉生活比较满意，是因为他们一直在努力地去实现他们所设定的目标。有关人生目标比较普遍的例子包括支撑起一个家庭、战胜癌症、完成某个教育目标和用你所学的服务于他人、解决孩提时代养成的不良习惯或问题，或把你的知识传播给他人等。人生目标总是有双重功能：1）使你觉得人生更完整；2）使你能够以某种方式更好地服务或为他人作贡献。实现那些能带给你人生意义和目标的事情不但能超越自身的需要，而且对其他人也有有益的影响作用，无论他是小孩、你的上司、你所在的团体，还是任何其他你的施教对象。在挖掘真正目标和潜能时，为了个人的安全和满意度，也为了能作出更有意义的贡献，你可以暂时转移大家对你的注意力。

如果感觉到失去了人生目标，那么如何才能发现这一目标呢？下面的问卷是用来激发你的思维以帮助你形成自己的目标的。你所给的答案能够为你提供一些思路，从而让你了解你生命中最重要的事情是什么。至少给自己一整天的时间来反复考虑这些问题，并写出你的答案，有些问题甚至需要你思考一周或者一个月。一旦得到答案，你就可以看看如果你实现了你的目标后生活会是什么样的情况。强烈建议将自己对这些问题的回答情况和好朋友或咨询师分享以得到他们的意见和反馈。如果实现人生目标涉及职业的改变，那么和职业咨询师在一起讨论是很有帮助的；如果涉及重返校园，那么你需要和你所期望的学校里的咨询师进行交谈。

人生目标问卷

1.你目前正在做的工作是不是你真正想做的事情？如果不是，你会采取哪些步骤一步一步地朝着目标去寻找并干好那份更能实现自我的工作？

2.你是否满足于目前你已经获得的教育水平？你是否会重返校园提高你的学历和实际动手能力？如果是，你会如何迈出朝着这个方向前进的第一步？

3.你有没有创造性的产品？有没有觉得自己在哪个领域会很有创造力？如果没有，你会参与什么样的创造性活动？

4.你是否重视精神生活？如果是的话，你会不会进一步探索？

5.如果你能够做你真正想做的事情，你会想做些什么？（为了回答该问题，我们假设金钱、目前工作的责任、家庭都不是限制因素。）

6.在你一生中，你想实现什么？为感觉到自己的生命是多产的而且有意义的，到70岁之前你想完成哪些事情？

7.你最重要的价值观是什么？什么价值观给了你人生最重要的意义？下面是一些可参考的例子：

536

幸福的家庭	物质生活丰富
亲密关系	职业成就
身体健康	创造性表达
心平气和	个人成长
服务于他人	精神满足
奉献于社会事业	

8.在你生活中有没有觉得很有价值但还没有经历或实现的事情?为更好地实现最重要的价值,需要做哪些改变或需要冒什么风险?

9.你有没有什么还未施展或表达出来的特殊天赋和技术?为更好地施展和表达你的特殊天赋和技术,需要做哪些改变或需要冒什么风险?

10.根据上面的问题,你最重要的生活目标包括(列举):

如何将价值观变成目标

明确个人价值是至关重要的第一步。然后,根据个人价值设定人生目标。那么,如何将这些目标具体化并找到你最在乎的呢?

设定目标并为之努力

可能的话,花几天时间思考自己最重要的目标是什么,可参考"人生目标问卷"中列出的价值观和目标。确定实现这些目标所需的时间范围,然后结合下表,设定每一时间段最重要的目标。

我最重要的人生目标

下个月:＿＿＿＿＿＿＿＿＿＿＿＿＿＿＿

最近半年:＿＿＿＿＿＿＿＿＿＿＿＿＿＿

今年:＿＿＿＿＿＿＿＿＿＿＿＿＿＿＿＿

三年内:＿＿＿＿＿＿＿＿＿＿＿＿＿＿＿

制订计划之前,确定你的目标现实可行。可参考第11章"把重点放在现实目标上"这一部分的内容。若你无法确定某个目标是否可行,不妨询问朋友和咨询师的意见。但也不要妄自菲薄，有些目标乍一看很难实现，若分步骤进行，最后也能达成。

面对可能出现的困难

你真的朝着目标努力了吗？还是成天找借口找理由？有句话说，人应该"对自己的人生负责"，其实就是指为实现人生目标全权负责。回避责任，就是不作为，从而期待他人帮自己完成。回避责任只会让你毫无斗志、能力不足，甚至陷入绝望。

那么，确定目标之后，在实现过程中可能会遇到哪些困难呢？如同治疗恐惧症时所面临的一样，恐惧就是实现目标过程中最大的障碍。若你发现自己迟迟没有进步，不妨问问自己，是不是存在以下情况：

　　◎ 恐惧失去现有的保障（比如，不能随心所欲，否则无法维持生活）。

　　◎恐惧失败。

　　◎恐惧被人拒绝或不被他人喜欢。

　　◎恐惧成功（到时你将不得不面对！）。

　　◎恐惧你的目标工程浩大。

　　◎恐惧你的目标浪费时间。

　　◎恐惧你的目标消耗精力。

　　◎恐惧目标不切实际（比如，遭到他人反对）。

　　◎恐惧变化本身。

克服这些恐惧只有一个办法，和克服恐惧症一样，那就是直面恐惧，不断努力，最终克服恐惧。为了实现主要目标，不得不承担一些风险和经历一些痛苦，但将其划分为一个个小目标（类似第7章中暴露等级设置相关内容），将大有益处。

除了恐惧感，愧疚感也会成为阻碍你实现目标的障碍。你不妨回想一下，是否曾出现过以下想法：

　　"我没有资格去……"

"我不值得去……"

"从没有人为我那样做过,包括我的家人在内。"

"如果我……其他人会反对的。"

"如果我真这么做了,没人能理解。"

前两种想法本该归结为恐惧,但它们也涉及愧疚的情绪。若要克服"我不值得……"的心理,你可能需要经常对自己说"我值得"或"我应该去……"可以重复进行自我暗示,千万别吝啬,直到你认可自己,对此坚定不移。建立这种自信,认为自己可以实现目标,能够增强自尊感。

制订行动计划

确定可能会出现的障碍之后,就可以制订行动计划了。将目标按顺序划分为几个小步骤。记住,这是一个长期计划。你可以为每一个目标设定完成时间。每当你完成一个目标,都别忘了奖励自己,就如在治疗恐惧症取得进步时,对自己进行奖励那样。可邀请你的家人、朋友共同参与,赢得他们的支持。

用下表列出实现个人目标的具体步骤。如有多个目标,可多复印几份以便使用。在朋友或咨询师的帮助下,你能更快确定具体步骤。

在实现目标的过程中,行动计划就像地图,当你需要检查进度或者遇到困难的时候,都可以作为参考。无法顺利实施时,可以思考是不是因为恐惧或者愧疚感而止步不前。

行动计划: 实现目标的各个步骤

1.你的目标是什么?(越详细越好)

_____

_____

2.你打算通过哪些步骤来实现该目标?

_____

_____

3.除此之外, 还需要其他哪些步骤?(预估完成每一步骤所需的时间)

_____

_____

范例：

你可能对当前的工作越来越不满意，打算跳槽。但你根本不知道自己想做什么，更别说为之努力。总的来说，"换个工作"这个目标似乎过于宽泛，但如果将其细分为几个步骤，就变得容易多了。

1.找一位你尊重的职业咨询师（或参加本地大学开设的就业指导课程）。

2.通过以下方式了解不同的行业。

　　◎向咨询师寻求帮助或参加培训课程。

　　◎阅读相关书籍。

　　◎和从事该行业工作的人交流。

3.将就业范围缩小至某一类型（尽你所能以获得帮助）。专注是实现目标的关键。

4.参加相关行业的培训课程。

　　◎向相关的学校或培训活动提交申请。

　　◎如果学校或培训中心提供全日制教学，可申请奖学金或助学贷款。

5.完成学习或培训（如有可能，在职学习）。

6.明确新工作的入门要求。

　　◎收集就业信息（专业简讯、财经简讯、学术期刊、校友会报纸、职业热线或网站都是消息来源）。

　　◎制作一份专业的简历。

　　◎申请该职位。

　　◎参加面试。

7.开始新工作。

坚决采取行动

当你已经明确了最重要的价值观并为实现目标制订详细计划后，最后一步，就是下定决心，采取行动。

采取行动非常有效。它督促你花时间去执行计划，或者关注整个人生是否朝着计划的方向前进。采取行动还包含了勇气和决心，它们能使你克服前进道路上可能出现的焦虑（如参加面试、通过最后考核或者渐渐面对恐怖场景）。最重要的是，要持之以恒，尽力完成每一步。努力的过程中，难免遇到阻碍和困难，且把它们当作成功的必经之路，战胜短暂的恐惧和挫折，继续努力，直到实现目标。最后，你将在独特的价值观的指导下，实现人生目标，找到人生的意义。

总的来说，找到人生目标且将其付诸实践包括三个步骤：1）明确最重要的价值观；2）设置具体目标，有计划有步骤地实现目标；3）付诸行动，实现目标。

那么，如何执行以上三个步骤呢？有兴趣的读者可先了解一种被称为接纳承诺治疗（简称ACT）的方法。在确定价值观和目标之前，ACT能教会你如何接受，也就是不与当前事实抗争；另外，ACT还能教会你如何真正下决心去改变现状。ACT还包括正念训练，有兴趣的读者可阅读相关的入门书籍。

人生目标可视化

在你打算实现自己的人生目标时，用表格的方式把你向往的生活景象写在纸上。可以为每个人生目标单独设计一个可视化过程或把所有目标的实现合并为一个简单的描述。确保你设计的景象足够详细，比如，你所生活和工作的地方、你和谁在一起、你在每一天中都参加了些什么活动、最喜欢什么样的日子等。一旦你完成了一个详细的描述，用自己的话把它录下来。在录音前预留几分钟用于放松指导。在一个常规的、一致的基础上把人生目标可视化，可以大大加速你真正实现这些目标的过程。

精神追求

把有关精神的内容包含在内是因为我的很多来访者获得成功都是因为他们的精神生活得到了很大改善。本部分希望能够帮你激发和培养你的精神追求。如果你已经有了深层次的精神追求，紧接着的事情只是巩固你所知道的，而不是教给你任何新事物。相反，如果你对本部分内容很排斥，觉得不适用，那么你需要强迫自己进一步读读下面的内容或者把它合并到康复训练中。这样你就能够使用本书前面章节给出的策略和指导彻底地解决你的焦虑问题。

精神追求需要你认识并接受一个超越自己智力和意志能力的伟大力量，你可以和它建立某种关系。这些伟大力量能给你带来灵感、高兴、安全和平静，这是其他东西做不到的。

就本书的目的而言，精神追求和宗教有所不同。世界上不同的宗教派别对于这种高能量的本质和人与神的关系提出了不同的教条和信仰系统。然而，精神追求指的是不同观点后的共同的经验——这种经验包括对超越自己和人类阶层的"某人"的意识。不同的人赋予了它不同的称呼（在西方国家，"上帝"是最流行的称呼），并且有着无以计数的定义方式。就本章目的而言，我仅仅把它定义为"伟大力量"。你也可以为自己选择感觉最好的定义方式。你对"伟大力量"的意识可能会和"宇宙意识"一样的抽象，或像海洋、高山的漂亮一样的实际。即使你把自己当成不可知论者或无神论者，你也可以从森林中散步或夕阳下沉思的过程中获得灵感，也有可能从小孩的微笑中享受到特别的快乐。无论是什么启发了你，请超越自己，朝着伟大力量的方向前进。

本节强调的是，培养精神生活能够带给你更大的帮助和好处（如果你觉得它对你来说是正确的话）。在本书介绍的所有方法和建议当中，个人的精神寄托在帮助解决隐藏在不同类型焦虑症背后的害怕和不安全感方面达到了最高的境界。前面章节介绍的其他方法是其作用于不同的层次——身体、情感、智力或行为，而精神意识和成长则会影响到你整个人。它能帮你培养一些基本的不可动摇的信任和忠诚。当然，前面章节介绍的其他方法仍然非常重要也十分必要。请记住本章给出的思想和练习并不能代替本书其他章节中的策略和技术。

我的很多来访者在塑造了精神世界后，他们的状况都经历了很大的改变。培养和伟大力量的关系不一定会治愈特定的恐惧心理和占有心理，但是它为他们提供了精神支持、勇气、希望和忠诚，从而有助于更好地进行后面的个人康复项目。它给了人们这样的信念：他们在世界上并不孤独，并且在感觉到茫然和失去勇气时总有人会指导、支持他们。

精神追求的影响

除了认知行为疗法，精神追求还在减轻焦虑方面发挥着特殊作用。

1.它可以增强你的信心，让你相信有康复的可能。

2.它可以提供一种治疗更严重的慢性焦虑症的方法。

3.它会带来性格、态度和行为的明显变化，从而提高应对焦虑症的能力。

4.它可以为你的焦虑（或整体生活）的感知困难提供一个更加积极的参考框架。一种专注于难以克服的困难的态度可能会转变为促进个人成长和提高的机会。

培养精神追求究竟能够带来什么特定的好处呢？在枚举这些好处前，了解下面的事实是非常重要的，即没有人仅仅是为了获取这些好处而追求精神的成长。你培养精神追求仅仅是因为你有一股强烈的冲动。其好处也仅仅是选择培养和伟大力量关系的自然结果。如果你已经有了精神追求，你就会深知下面列出的好处。

安全与安全感

如果你经常焦虑、担心、惊恐发作或恐惧，内心安全感是尤为重要的。通过培养和伟大力量的关系，让你确信你在宇宙中并不孤独而获得安全感，甚至在你感觉到被其他人孤立的时候也是这样。当你开始相信在困难时能够获得他人的指导、支持时，你会逐渐地获得安全感。无论问题有多严重，也没有通过伟大力量不能解决的。只要认识到这点，就能获得很多安全感。

心平气和

心平气和是保持深沉、持久安全感的结果，越依赖和信任伟大力量，事情就越容易得到处理而不用担心生活带来的不可避免的挑战。这里并不是说你什么都不做就会达到这样一个高度，而是让你学会当你在生活中有困惑不知道怎么处理时，你可以让这些麻烦暂时消失并求助于伟大力量。当问题的解决方法并不明显时，要学习如何处理，这对生活中减少担心和焦虑是很有帮助的。心平气和是在没有焦虑的时候培养的一种状态。

自　信

当你建立了和伟大力量的关系时，请记住你没有创造自己。时刻要记住你只是宇宙生物的一部分，就像鸟、星星和树苗一样。如果我们生活在一个气候良好、物质丰富的宇宙——培养和伟大力量的关系会帮助你相信这一点，那么仅仅借助于你在宇宙上这一事实就表明你是很棒的、有爱心的，并且是值得尊敬的人。无论你如何行动，无论你作出什么选择，你内心仍然是好的和值得这么做。如果你和其他事物一样是宇宙中的一员，自己的判断即使是消极的，最终也不会被计算在内。有人幽默地说："上帝是不会制造垃圾的。"（当然，如果这一说法被用来使那些无知的或不道德的行为正义化则是错误的做法。分清楚人的行为和其本质间的差异是非常重要的。）

放弃过度控制欲

焦虑与预测你不能完全控制的情境的不利结果有关。通过焦虑，你给自己制造了一种控制幻觉。如果你对某事足够焦虑，你会觉得可以阻止它，不会措手不及。如果你不再焦虑，你想象自己会放弃控制。

不论你所遵循的传统信仰如何，心灵成长都会培养你放弃控制的意愿。在不放弃自我责任的情况下，你允许你的"伟大力量"（无论定义如何）在决定你认为不能完全控制的情境的结果时产生一些影响。有时，只要把你的焦虑转移到伟大力量，就能减轻你认为解决问题必须要承担的一些负担。有关处理焦虑的更多内容，请参阅第10章"克服焦虑"。

远离条件性情绪反应模式的能力

精神实践，特别是正念冥想（见第19章"冥想"）可以帮助你更多地接触到无条件的内在自我。这是一种深刻的、内在的意识状态，超越了自我。不管你大脑中陷入了怎样的情节剧，它总是静止平和的。进入无条件的自我，就像到达了一片平静的绿洲，超越了你可能会焦虑的一切。如果你愿意花时间，这种状态是可以培养的。

类似的做法还有冥想、静下来阅读和听动人的音乐、引导可视化或身体训练，比如瑜伽或太极。

给予和接受无条件的爱的能力

伟大力量中最基本的特性是它给你提供了经历无条件的爱的机会。这种爱不同于平常浪漫的爱情或者普通的友谊。它具有无条件为他人牟利的特性。换句话说，无论另外一个人如何表现或行动，你都有去关心他的热情而不作任何评价。你和伟大力量的联系越深，你就越发能够在人生中体会更高层次的无条件的爱。你会感到你的内心很容易向大众敞开，在评论他们和作比较时也感觉更自在了。无条件的爱的能力既可以是给予爱的能力，也可以是体验你生活中被爱的能力。这样你就会开始感觉到生活没多少恐惧，生活中充满乐趣，并且有助于你激发其他人去体验他们无条件爱的能力。通过体验让你想做的事紧跟生活中想要的东西，这种无条件的爱便得以显现。正如

《圣经》里所说的"先找到国王,所有东西就都会走向你"。

指 导

　　发展和伟大力量的关系能够给你提供制订决策和解决问题的指导。伟大力量具有超越你自身智力所能完成任务的普世智慧。在传统的宗教中,这种智慧被称为"上帝的知识"或"上帝的力量"。通过和伟大力量的连接,你能够运用更高的智慧帮助自己解决各种类型的困难。关于伟大力量的这一方面你或许已经经历过了,当你对某事感觉到确信无疑或者有直觉闪现在头脑证明某事正确时,就会有这种感觉。通过学会向伟大力量请求指导,你会惊奇地发现每个诚挚的请求迟早都会得到答复,并且答复的质量会优于通过你自身的智力和意愿所达到的水平。

　　这些都是定义和伟大力量亲密关系的特性,但绝不是全部特性。所有这些特性都能够以某种重要的方式服务于你的个人康复过程。记住,还可以采取很多不同的途径形成对伟大力量的认识。你所选择的特定路径,无论是否传统都取决于你自己。你对所选路径承诺的范围和忠诚度会决定你个人的康复程度。

改变精神信仰

　　培养精神追求不但使你感觉到新的体验和变化,也会改变你对生活和整个世界的基本看法和假设。当你培养精神追求时,很多有关人生意义的信仰和生活状况都会发生剧烈的变化,当这种基本信仰发生变化时,你对自己状态的认识——个人和焦虑的斗争,也随之而变。

　　这种信仰上的变化能够为你带来更多的热情和容忍性,也会帮助你发现所面对挑战更深刻的意义,而不是随便认为它们是专断的或毫无意义的。你的感觉肯定不会像具有特定性焦虑的受害者那么强烈,你可能会把你的处境当作成长和扩展自己的一个机会。

　　后文列出了和精神追求相关的常见的10个假设。它们不是来自任何一本书、传统或信条，而是基于我自身的经历。虽然它们代表的是我个人的观点，但是这些思想已经被我和我很多来访者一致认为是非常有用的观点。当你深入了解这些观点时，仔细思考那些适合你或对你有意义的观点，不要理睬那些你不感兴趣的部分。每个人对生活都有基本的哲学看法，这才形成了不同的自我。

有些观点可能会激起一些问题，在这些问题上，你希望能够和重要人物、可信的朋友或者甚至是和牧师、神父、法师讨论。这些观点可以引领一种更乐观、更宽容的生活观。当你接受那些适合你的观点时，你会发现你看待自己处境的态度——包括对生活的态度，变得多了几分积极，少了几分沉重。

1.生活是一所学校。生活最基本的意义和目的在于它是人们意识成长的"教室"。许多人喜欢将自己的生活意义指向某些人、某些活动、自我形象或他们认为最有价值的东西。无论你将生活中的什么看得最重要——家庭、伴侣、工作、某种角色、自我形象、健康或物质生活的富有，这些事情或许是对你生活意义的定义。如果你不知道生活中什么重要，你的生活可能会失去意义。仔细思考一下在你的生命中什么最有价值和什么给了你最大的满意度和舒适度。然后想象一下，如果这些人生重要的东西突然失去时，你的生活将会如何？

当然，事实是你认为重要的东西早晚是会消失的，没有什么东西你能够永远拥有。然而，如果你认为重要的东西某天突然消失时，那么生活的最终意义是什么呢？只要你假定没有什么比生命更重要——就此时此刻存在的情况而言，那么就不存在什么最终的意义。（和让·保罗·萨特及其他存在主义阐释的那样）唯一有意义的生活是珍惜现在的时刻，既然所有事物，包括生活本身最终都会消失，那么每个人、每件事物怎么都会有个最终呢？

许多形式的精神追求，无论是传统还是现代化的，都超越了这种存在的假设。许多精神追求都假定生活并不是全部。有些人坚持超越人类生活，所以生活看起来只不过是一个短暂的停留——而不是终点。生命逐渐被理解为是另外某种事物的准备或基础，这种事物在你有生之年是不能被完全了解和发现的。

很多人发现这种对生命终点的特殊解释意义是有效和有帮助的，如果把生命的最终意义理解为它是人类在意识下成长的一个教室或一所校园——是为了发展去爱的智慧和能力，那么一切都会消逝这一事实就被赋予了全新的意义。任务和挑战出现在你的生命里，你所作出的反应不会有永恒的影响，当然也不可能完全没有意义。它们更像是学校中的课程，那些你所学的并尽全力去掌握的课程。每堂课都在重复直到你掌握它为止。当你掌握了旧课程之后，新课程又会随之而来。这所"地球学校"就是你学习和成长的地方，它不是你居住的最终场所，最终你是要离开这个校园并继续向前的。

2.不利和困难的情形是为你成长所设计的课程——它们并不是随机的、无常的命运安排。更宏观地看，每件事情的发生都有其目的。如果你接受了生活是一所学校的观点，那么生命中出现的不利和困难情况就可以看作是经历的一部分——就像成长中的课堂一样。这和有人把生命中的灾难看作是随机难料的命运的观点是完全不同的。后一种观点导致人有种遭受迫害的意识，在看起来完全不公平的反复无常的世界，你会感觉到自己力量的弱小，有些人会走运，但另外的人就要遭受厄运了。

这里提出的观点是，生命的困难是促进智慧、热情、爱心和其他积极素质成长的课堂（有些宗教传统称之为测试，而我更宁愿称之为课堂）。遇到的困难越大，学习和成长的潜力越大。如果你接受这种观点，下一个问题你可能会问，是谁确定的课程表或者谁安排了生命的课程？当遇到的生命的挑战尤其困难时，许多人都可能会以某种方式询问这个问题。我们倾向于反抗甚至抱怨我们所面对的灾难和局限，因此问题就出来了："有爱心的神怎么能允许这种情况存在呢？"

对于这样一个问题没有简单的回答，没有人能够完全了解生命的课程是如何分配和管理的，不同的精神传统对这一问题有不同的观点。每个人都需要去面对生命所带来的挑战而不必完全了解其中的原因。很显然的是，如果练习总是很容易，那么肯定也不会有什么成长。如果生命的目标就是增长智慧、意识和热情，那么至少有些练习需要有一定的困难。这或许不会是个让人欣慰的观点，但至少对摆脱生命中出现的困难有重要的意义。

　　持有此观点，你就不再会问"为什么这个会在我身上发生？"而是问些更有建设性的问题："要教给我的是什么东西？我怎么才能学好这些东西？"你也能够承受此时生活中最烦人的任何担心或害怕，并且会尝试询问后面的两个问题而不是第一个问题。

　　3.自身的限制和不足是成长过程中你必须解决的问题。有时候不需花很大力气你就可以解决这些问题。也有时候，为了促使你发挥出你的全部潜力，这些不足可能会伴随你很长一段时间。你有不足并不是你的错，你也不用存有抱怨。仔细想想你自己的不足——你所发现的最难对付的问题。如果你正在应对焦虑症，想想你的处境。你也可以问问那些面对诸如惊恐症、广场恐惧症、社交恐惧症或强迫症的困境几个月之久甚至更长的时间的人为何。希望你在使用了所有最好的治疗方法（如有必要，包括药物疗法）后，已经有了明显的、本质的好转。在大多数情况下，焦虑症的完全恢复是完全可能的。然而，假设你已经接受了所有最好的治疗，非常努力地坚持了一两年并且获得了一定的进步，可是你仍然在一定程度上存在这个问题。你会不会因此认为自己是一个失败者呢？或者是认为不如那些能够快速处理自己问题的人专业或专心呢？

　　如果你努力地去解决你的处境但仍然没有好的结果，或许是在长时间处理自己困境过程中有个重要的成长体验等待着发现。一切都取决于你所学到的课程。碰到在短时间能够轻易处理的困境当然会提高你自我把握的自信——这本身就是个重要的课程，然而却没有发展出热情和耐心的品质，只有通过长时间和自己的缺点作斗争，我们才能充分学习到如何感受热情或有足够耐心处理其他的困难。

　　作为第二个例子，假设你的课程是学习如何放弃对控制的过度需求——或者甚至是学习顺其自然和允许伟大力量或神对自己的生活有更大影响，一种方法（不是唯一的方法）是必须学习如何处理一个复杂的形势，在此形势下，尽你所有努力去控制都不奏效。培养放弃控制的能力需要依靠生活中那些最具挑战性的困难。有些条件和形势是如此具有挑战性以至于使得我们除了不得不放弃它外，而别无选择。在此形势下，如果你一定要去奋斗的话只能徒增烦恼和痛苦。这时你应该完全放弃你的担心或停止抗争，从伟大力量中感受某种回应或者安慰。顺其自然并且信任伟大力量并不会被认为是想放弃某种责任。相反，它提倡的是首先做自己能做的事情来帮助自己，然后再求助于另外的救助资源。

总而言之，因为碰到难以处理的情形而责怪自己的行为是十分错误的，无论你是多么无能，也无论这种情形你已经处理了多久。在这里你可以培养并丰富内在自我的某些素质。最重要的是在这过程中你的反应如何以及你从中学到了什么——而不是条件本身。

4.生命有个创造性的目标和使命。每个人都有些创造性的东西可以发展和培养。生命并不是偶然事件的随机系列，而是有计划的一个过程。这个过程如何被创造，没有人可以完全了解。计划的部分包括前面三节描述的有意识的成长课程。

计划的另外一个重要的方面是创造力天赋、天性或灵性。每个人都至少有一种能够给自己生命赋予意义和目标的创造力。让你的创造性天赋充分展现出来就是你的生命目标或使命，这一点在本章的前面部分有所提及。

生命目标是那些为了实现完美、满意的人生而认为需要去做的事情。它是唯一属于你自己的事情——不能复制的事情，这些事情也只有你才能完成，它来自你的内心，和你的父母、伙伴或者朋友想要你如何做没有任何关系。笼统地说，它使你超越自己并且影响到其他的事和人。

你的目标和使命可能就是个职业或是某个工作——其范围可能涉及整个世界也可能仅涉及另外的一个人，例子包括：负担一个家庭，学会一种乐器，参加志愿服务帮助老幼病残，写写诗歌，在众人面前流利地说话，或者在后院整理花园。

直到你发挥创造性天赋前，生命看起来都不完整。因为你花时间做的并不是你真正想做的事情或者说生下来该做的事情，所以你会感到更加地焦虑。本章的第一部分就是帮助你找到自己的创造性目标和使命。如果你仍然不确定这个目标是什么，你可以做一做本章开头部分提出的"人生目标问卷"，然后跟可信任的好朋友或咨询师讨论讨论你的答案。

你也可以参考娜欧米·史蒂芬的《发现生命的使命》一书，你会发现它很有用。

5.更高层次的支持和指导总是可以找到的。这一思想是本节关于精神追求的基础。很多害怕和焦虑都是因为感觉到被隔离、很孤单造成的，或者是基于某些期望被拒绝最终导致的被隔离和孤单感。但事实是你并不孤单，即使在你发现很难找到可以给你支持和帮助的人的时候也是如此，因为此时你还有另外一种资源可以求助。伟大力量并不仅仅是创造出来并停留于宇宙的抽象实体。它是一种力量、能量或一种存在，并且你可以和这种存在形成个人关系。这一关系类似于你与其他朋友间的个人关系。

在这一个人关系中，你能够体会到支持和指导。支持经常是以灵感或热情的方式出现，它可以在你情绪低迷和失去勇气时帮你提升精神并得到保持。指导则以明确的洞悉力和直觉的方式出现，它为你需要做些什么事情提供辨识力和方向。通常，这种被激发的洞悉力或意识比靠自己常规思想思考出的任何想法都更有智慧。

你可能会经历到下面一些困境。如果认为灵感和直觉来自潜意识，那么它们又是如何来自伟大力量的呢——来自那些看起来与你毫不相干的东西？当然从意识思想的观点看来，任何东西看起来都是孤立的——你感觉自己和其他人、和整个世界都是独立的，更不用说伟大力量了。事实上还存在另外一个层次，虽然意识思想不能解释这一层次，在该层次中所有事情都是联系在一起的。伊斯兰哲学把这个层次称为"所有事物驻留的实体"。现代物理学家戴维·玻姆则把它称为里面所有事物都互相联系的"内隐秩序"。在《圣经·新约》中，这一思想用一句话表达就是"上帝与你同在"。

为了从伟大力量那里得到支持和指导，你需要做的仅仅是询问，没有必要做些其他多余的事情。虽然这看起来很容易，但如果你认为靠自己能力能够完全处理所有问题的话，那么这一方法在实践中或许不能奏效。或者如果你觉得它是不合理的、弱小的，或者有的时候还不如你依赖某个具体可见的人的支持，这一方法也不很容易。为了信任和依靠伟大力量，你应该放弃控制欲和保持谦卑（一般情况下，谦虚地逐渐意识到你不可能完全依靠自己的能力解决所有出现的问题）。放弃和信任的能力正是需要学习的东西。通常被认为是最困难的生命的课程——达到你的绝对极限点的课程，往往都是教人如何放弃的课程。

随着不断地学习如何使用伟大力量来协助生活，随着你的成长，你会逐渐理解到有时放弃控制是正确的。

6.在个人的经历中就可以直接得到和伟大力量的联系。在自己短暂的人生经历中，你就能发现和伟大力量的联系。它类似于你和任何其他人之间的私人关系，这也是一种双边关系。从伟大力量中你可以获得支持、指导、灵感、心平气和、内在力量、希望和很多其他的天赋；你也能够通过祷告把你的需求告诉神并直接交流你的感恩和虔诚。这样的一种关系存在会逐渐地加深并且会成长到一定的程度，以至于你会选择在此关系上花费精力和时间。这儿有很多方法能够证明人生中的伟大力量，有些是相当平常的例子：

◎感觉到有爱在支撑。

◎内在知觉或直觉识别。有些深深的洞察力浮现在你头脑中，而且你清楚地知道它是正确的。

◎在经历一段时间的紧张和挣扎后，你突然感觉到平静。因为本身没有付出任何努力，就会想到有可能来自超越你自身的其他地方。

◎当置身于大自然之美的时候有种敬畏和徘徊的感觉。

◎幻想的经历——事实上是在脑海内外有个精神物体存在的视觉印象。

◎同步性——外部世界发生的事情会很同步地印证你头脑中的想法。它看起来可能更像是一个巧合。如当你在开车的时候正强迫性地担心一些事情，这时有辆小汽车停在你面前，它的牌照很有个性，上面写着"别想了"。

◎奇迹——例如，某些疾病自发地痊愈了，而医学上不能作出解释。

当你阅读这些内容时，仔细回想下自己亲身经历的有伟大力量存在的一些形式，除上面介绍的之外，还有其他更多的形式。

7.真诚地询问伟大力量的问题有了答案。这一观点是前面关于伟大力量是支持和指导源泉观点的扩充，单独描述该观点的原因是要强调伟大力量的支持和指导并不是仅仅发生在你一人身上这个事实——你可以就此问题有意地咨询伟大力量。耶稣著名的论断"有问必答"是真实的，无论你信仰哪个派别的精神传统和取向。

在所有宗教中都假定，祷告者都能获得答案。或许你已经有过通过祷告得到回答的经历。事实通常看起来是这样一种情况，请求者的真诚性与他们获得答复的可能性有很大的关系。举一个普通的例子，当你对某些困境感到不知所措时，你几乎是一字一句地哭诉着以获得伟大力量的帮助。在很多情况下，即使不是大多数，事情的转变和改善往往发生在短时间内。

确实有些科学研究支持祷告的有效性。有几个关于祷告的控制良好的实证研究案例在拉里·德塞医学博士的《恢复灵魂：科学的和精神的研究》一书中能够找到。

总之，关于祈祷有效这一学说既有奇闻逸事也有科学研究的支持。这并不意味着你所有的祈祷都会兑现，以我的经历来说，还有些限制需要铭记于心：1）祈祷必须绝对的真诚；2）祈祷的"回答"不一定会立即生效，有可能需要几天、几周甚至是几个月；3）答案不一定一次性全部得到——相反，有可能是仅仅得到朝着答案方向的第一步（举例来说，如果你祈祷治疗慢性疼痛，答案或许会是下面的形式：去拜访某个医生或医疗人员的强烈的直觉）。祈祷者得到答案的方式也多种多样，有时候答案并不如你所愿。提前知道特定的祈祷者会得到什么样的答案是不可能的。但是可以确信的是，你肯定会得到一个答案并且这个答案是为你的最佳状态服务的。

8.你内心深处真正想问的事或想得到的东西会逐渐走向你。能够使情况向积极的方面转变并最终痊愈的一个最有力的方法就是真诚地持有意愿。凭我个人的经验来说，我和来访者一起已经见证过意志的力量是如何创造出惊人的奇迹的。你所信任和全心全意承诺的事情往往都变成了现实。当这种意图是为了自己最大的利益——并且不会和其他人的最大利益冲突时，它很有可能会得以实现。

坚定地持有意愿可以改变和集中自己的意识。除了你之外世上的事物也可能是如此。外部世界倾向于与你最深层次的期望平齐，歌德著名的诗歌对此进行了总结。

世间所有的行为和创造，

存在一个基本的真理；

无视这个真理必将抹杀无数奇思妙想和宏伟蓝图：

我行我素的时刻，

也是机遇远走的时刻。

所有发生的事

都是为了帮助未曾发生的事。

从决定的那一刻开始，

历史长河就有自己的路，

所有未曾想到的意外和援助

都会走上自己的路。

9.爱比恐惧更强大。纯粹的、无条件的爱诞生于伟大力量（上帝），而且它是你乃至所有人的中心。所有恐惧都可理解为不同形式的孤立：和他人、和自己、和上帝的孤立——和能团结所有事情的爱的孤立。爱比恐惧更强大是因为它的层次更深入。爱是感觉你的心要跳出去和其他人或其他事情结合，而不是与你自己在一起。从更深的层次讲，爱是整个宇宙的"基本状态"或本质。这一观点在伊斯兰教和西方宗教中都得到了统一。爱不是我们可有可无的事物，因为它从本质上定义了我们的实质。恐惧可能会有更深的层次但永远不可能和爱一样，因为恐惧仅仅是当我们感到被团结宇宙所有事物的永恒之爱孤立时才会产生。

很流行的一句话——"我们都是一家人"表达了爱的真谛，并且从超越我们意识所能感觉到的层次上来讲这是完全正确的。你经历的大部分

554

焦虑可能与某些害怕放弃、拒绝和羞辱、失去控制、拘束、受伤或死亡有关。害怕能够以这些形式的任何一种出现，这取决于你的条件和过去的经历。然而，如果你没有感到孤立的话，这些害怕都不会发生。害怕的存在总是指一定程度的孤立——意识思想和内心的孤立、和他人的孤立、和上帝的孤立。如果在本质上大家都是一个整体，那么我们感觉到的每种害怕——无论我们如何相信它，实质上只是一个幻觉。如果我们能够感觉事物真正的本质，就没有理由存在任何害怕心理。

爱和害怕或许组成了人类最有深刻意义的二元性，然而，前者总是能够战胜后者的。

10.死亡不是终点而只是一个转折点。虽然生理已经死亡但我们的本性或灵魂仍然活着。（害怕死亡是个"终点"只不过是个幻觉。）这个基本观点是世界上的所有宗教共有的。他们都假定人在死后灵魂依然存在，虽然关于死后生命本性的认识会有所不同。

通过过去25年广泛的有关"接近死亡体验"的研究，上面的观点已经被事实证实。或许你已经知道，"接近死亡体验"基于人们在生死存亡之间所体验的实验报告。这些报告中都会有以下一些共同的东西，如穿过隧道，遇到具有爱心和智慧的生物，回顾整个生命中的一个个场景，有时候也碰到已经逝世的亲戚。小部分报告描述了其他事物的场景、场所以及所经历的相关事件。纵使全世界收集的成千上万的类似报告都不能"证明"人死后意识仍然存在，但至少在这方面也算是一个强有力的例子。死里逃生的幸存者对死后生活的认识到达最高峰，证据来自这样一个事实，许多经历过死亡的人不再害怕死亡反而在其后续生活经历中有更高的精神追求。如果他们经历的仅仅是个梦，那为什么会有如此深刻和持久的影响呢？

你是不是有对死亡的恐惧？或是不是正是因为对死亡的恐惧才特别害怕生病和受伤？如果是这样，推荐你读读有关接近死亡体验的书籍，并且逐步形成自己对生与死的理解。雷蒙德·穆迪写的《死后余生》很经典，关于这一主题还有大量其他好书，在网上搜索关于"死后生命"或"来世"为主题的书，将会发现大量这一主题的书。

关于伟大力量的观念、你与伟大力量的关系

前一节提出了一些关于精神追求的观点。你自己的观点是什么呢? 花点时间思考以下问题。在空白处或另一张纸上写下你的答案。

1.上帝或一种伟大力量对你来说意味着什么?

2.描述上帝、精神或伟大力量的概念属性。当想到你的伟大力量的本质时,你的大脑会浮现什么想法和图像?

3.你是否体验到与你的伟大力量有一种个人的、有意识的联系? 你是如何体验这种联系的?

4.你觉得是什么阻碍了你接受和/或体验一种伟大力量?

5.通过发展和/或加深与一种伟大力量的联系,你希望获得什么?

发展精神生活的可选方式

练习1: 精神追求和对自己处境的理解

重新回顾前面的各条观点,看看哪些最适合你,哪些是你想进一步提问或讨论的,以及又有哪些对你不合适或不重要。

如果有些观点真的触动了你,你相信它们,这又是如何改变你的焦虑状况的呢? 是如何改变你对生命的一般性看法? 单独用一张白纸,记录下这些问题的答案。

练习2：和伟大力量建立联系

下面的练习旨在帮助你建立和伟大力量的联系并获得对付担心和焦虑的帮助。只有觉得该练习适合你时才能使用。（或许你自己已经发现更好的祷告和冥想的方法。）在练习肯定信念和内观练习前，请放松下来并集中注意力。

1. 以舒服的姿势坐下（如果愿意的话也可以躺下）。至少花5分钟时间用你喜欢的任何方法放松，如腹式呼吸、渐进式肌肉放松、到安静的地方走走或其他的自我调节方法（参考第4章关于特定放松技术的指导）。

2. 如果没有明确意识到，那么在头脑中想想你所担心的情形、人物或其他任何东西。集中思考几分钟直到脑海中有清晰的思路为止。如果感觉焦虑将要出现，允许自己去感觉它们。

3. 带着最大限度的信念，一遍一遍地重复肯定：

"把它传达给伟大力量（或上帝）。"

"我把这个问题留给伟大力量（或上帝）。"

尽你最大的能力以确保感情缓慢而平静地简单重复上面的话，每次都要做到如此，直到你感觉良好为止。在做该练习时，脑袋中铭记关于伟大力量的下列特点，这将会很有帮助：

◎ 所有东西都是可知的——换句话说，存在超越意识能力的智能和智慧来获得问题的解决方式。

◎ 有了伟大力量这种更高的智慧，你所担心的任何事情都会有解决方法。

◎ 即使你不能立刻看到所担心事情的解决方案，也要坚信没有什么问题是伟大力量解决不了的。

4. 如果你有内观倾向，想象一下你正在接近伟大力量。你或许看到自己正在花园或漂亮的房间里，然后想象看到了一个身影——伟大力量，正向你靠近。感觉到的图像在开始可能不能分辨但会逐渐清晰。你会注意到这个身影散发出爱与智慧。他或许是一个智慧男人或女人、光的实体、耶稣、你所信仰的宗教的最高领袖或其他足够代替伟大力量的其他表现形式。

5.在伟大力量出现时——无论你是否看到它，你都可以找到求助的办法。比如，你或许会说："我需要您的帮助和指导。"不断重复你的请求直到感觉舒服为止。

你或许想听听或看看伟大力量是否能够立即为你的请求提供答案或方向。虽然这样也行，但其实你需要做的只是提出你的祈求而不索取答复。该过程的目的是培养你对伟大力量的信任和信仰。（即人们常说的"对上帝的信仰"。）

该过程的关键是真正虔诚的态度。通过向伟大力量请求帮助，你放弃了对某些情形的有意识的控制并且心甘情愿信任你的伟大力量。

6.还可以这样：如果感觉合适，想象一束白光穿过你感到焦虑和担心的身体部位。通常，这个部位是太阳神经丛部位（在胸腔中央的正下方，躯体的中心）或者胃的凹陷部位。想象这些部位被光笼罩着直到焦虑消除或逐渐消退为止。不断地让白光照射那个区域直到身心完全舒服，焦虑完全退去为止。

记录下整个过程的时间。为了感觉和伟大力量的真正联系和深刻的信任程度，你所担心的问题从出现到其真正得到解决，整个过程大概需要30分钟。完成该过程后，如果你的忧虑第二天又复发了，每天重复该过程直到你可以掌控这种情绪即可。

练习3：精神体验清单

如果你已经和一种伟大力量建立了个人的关系，你是如何体验它的？当你回顾你的生活时，你也许能够回忆起那些不同于日常的经历，让你感到鼓舞、敬畏、感动或激动的时刻。在空白处或另一张纸上写下你对下列问题的答案。

1.什么情境、地点、人物、活动或事件能给你灵感？是一种惊奇或敬畏的感觉吗？

2.你认为以下哪种体验是"精神上的"？写下你在每种情况下的一次鼓舞人心的经历。

自然美
（自然界中让你充满敬畏或惊奇的一个地点或一个时刻）

深刻的洞察力
（你真的觉得受到了启发，想要做一些有创造性的事情）

接受或给予爱的表达
（说明何时、与何人）

3.以下经验通常被认为是精神上的。请描述适用于以下经验的个人经历。

接受祷告的回应

同步性（有意义的巧合）

指导

奇迹

4.神秘的或幻想的经历——描述你经历以下的事情的实例。

被爱的存在支持的感觉

在混乱中突然感到平静

万物合一的感觉，或者你自己是万物的一分子

体验能带来平静、幸福或快乐感觉的观点的注入

见证一个精神存在（如天使、耶稣或你的精神传统中的其他人物）

其他（其他你认为能直接反映伟大力量的经历）

精神实践

培养与你的伟大力量的关系在某些方面类似于发展与另一个人的关系。你投入的时间和精力越多，你们的关系就越亲密、越深入。如果你愿意特别重视这个关系，它可以发展成你日常生活的重要部分。可以通过以下实践来加深你对精神的承诺：

精神共同体。定期参加教会或你喜欢的、基于精神的组织的活动。在他人面前记住神圣是一种普通而有力的方式来体验你与你的伟大力量的联系。例如，参加你喜欢的教会活动，参加精神课程和会议，甚至是神圣的舞蹈，比如苏菲舞。你也可以选择参与和你的需求相关的12步计划。12步计划经过精心构思，为许多人提供了一个有效的方法来治疗上瘾。这个方法始于80多年前的匿名酗酒者组织，现在还包括了广泛的主题，如匿名情感、匿名共同依赖者、匿名暴食者、匿名性爱成瘾者和匿名工作狂。

定期阅读你喜欢的励志文学作品。每天至少一次是很好的，可以是醒来时、午休时，或就寝前。你可以阅读与你的宗教相关的传统作品，如《圣经》《摩西五经》《古兰经》或《薄伽梵歌》，或现当代的精神书籍。

定期练习冥想。冥想是一种让你变得安静，直到接触内心深处的练习。冥想是非反应性的、超越条件反射的，最终与你的伟大力量协调一致。冥想提供了一种与自我限制的情绪和想法不同的方式，这样你就可以见证它们，而不是对它们作出反应。关于冥想的更多内容，请参看第19章"冥想：物我两忘的境界"。

定期祷告。祷告是一种以请求的形式主动与你的伟大力量沟通的方

式。有时,你会想通过伟大力量来获得一些品质,比如力量、平和或清晰。大多数时候,你仅仅让你的伟大力量在一个特定的情况下存在。或者你仅把一个问题交给你的伟大力量,不请求别的事。

精神上的肯定。祷告是一个向伟大力量提出请求的机会,重复精神上的肯定则是一种强化精神信仰的方式。著名的精神肯定包括 "放手给主" 或 "与主同在" 之类的陈述。关于精神上的肯定的两本著名的自助书是露易丝·海的《生命的重建》和沙克蒂·高文的《创造性的可视化》。在我的书《超越焦虑与恐惧》的第10章中,有一篇肯定祷文,题为 "恢复整体性的肯定信念",我的许多来访者都觉得这篇祷文很有帮助。想深入了解更多关于精神主题的内容,请阅读这本书,书的最后一章讲到了无条件的爱、宽恕和同情的本质。

大自然中一个寂静的时刻。如果有条件,寻找当地的自然美景(最好是没有交通噪声和人工噪声),例如一个靠近湖泊或河流区域的公园、一片海滩、一片安静的草地或林中空地,在那里你可以看到日出、日落、黑暗的天空、银河。花两三分钟在完全安静的地方,充分欣赏自然美景,接受产生的任何灵感。

富有同情心的服务。真诚地帮助他人,可以当志愿者,也可以在日常生活中对他人做出善良和富有同情心的举动。帮助他人走出生活中的黑暗可以点亮你的灵魂。

读完这部分精神实践清单后,问问自己,你是否愿意更多地参与其中一项或多项。

最后的提醒

前面的内容似乎表明,精神可以解决碰到的所有问题。而且你也会获得这样一种观点:要解决惊恐、恐惧和焦虑等问题,唯一要做的事情就是培养和伟大力量的良好关系。这一点有时候是不正确的。你仍然需要注意本书前面章节所给出的处理有焦虑的特殊问题的所有策略。放松、锻炼、处理惊恐的策略、暴露疗法、改变自我对话和错误信念、表达情感、坚持自我、自尊等都是必要的技术策略。

培养精神追求所能做的事是在你坚持完成康复项目的过程中给你灵感和希望。同时，它也能在你遇到困难、灰心、迷茫的时候提供给你强有力的方式帮你走出困境，继续康复的下一步。

小　结

1.是否认识到了属于自己的生活目标？使用"人生目标问卷"帮助你厘清你生命中最想做的事情。

2.基于你的价值观，列出你最重要的个人目标，再制订一个行动计划——实现每一个重要目标的具体步骤序列。

3.回想在"改变精神信仰"一节给出的10个观点并完成练习1。

4.当面对通过自己努力不能解决的个人问题时，练习冥想，做做练习2中的"和伟大力量建立联系"。

5.在"发展精神生活的可选方式"列表中，选择一个或几个打算下个月花更多时间去练习的项目。

　　　　◎如果你的经历让你感到鼓舞、感动或振奋，超出了你的日常意识，则需要"练习3：精神体验清单"来识别这些体验。

　　　　◎想想你当前参与的精神实践，参阅"精神实践"一节，探索是否需要扩展你目前的精神实践或增加新的精神实践。

附录1　有用的组织机构

美国焦虑症协会

美国焦虑症协会是一个非营利的慈善组织,1980年由恐惧症、广场恐惧症和惊恐/焦虑症治疗领域的领导者们建立。它的目的是提升公众对焦虑症的意识,促进相关的研究,发展有效的治疗,为受害者及其家属提供帮助以使他们得到专家的帮助和有效的治疗。

国际强迫症基金会

国际强迫症基金会的使命是帮助强迫症患者过上充实而富有成效的生活。该组织提供书籍和资料册,开展研究,举办关于强迫症的全国会议。可以访问该组织的网站来获取更多强迫症的知识和专治强迫症的治疗师名单。

社交焦虑症协会

社交焦虑症是指害怕别人对自己的负面评价,这会导致自己感到自卑、尴尬、羞辱和沮丧。目前,它是焦虑症领域第三大最常见的心理健康问题。社交焦虑症协会提供了治疗师名单、视频、书籍和与社交焦虑症、社交恐惧症相关的简报。

附录2　供人放松的资源

有大量的资源可以用来训练自己达到放松的状态，可以是光盘，也可以从电脑或手机上下载。

放松和可视化

深度放松

在网站上搜索"冥想"，就会出现大量帮助你深度放松的资源。

引导可视化

在网站上搜索"放松的可视化"，就会出现很多减少焦虑和深度放松的、可供下载的好资源，包括光盘和书籍。

音乐

在网站可以搜索下载有关放松的音乐。

附录3　怎样停止妄想焦虑

　　妄想焦虑有点像个恶性循环，你在这上面花的时间越长，你就陷得越深。这或许也可被看作催眠的一种形式。你越是反复诱发，你就陷得越深以致不能自拔。

　　你需要有一个清晰的意图并刻意采取某些行动来阻止妄想焦虑的发生。你需要努力从这个心理循环中走出去，并且把你的精力转换到其他方面，比如锻炼身体、表达情感、人际交流、分散注意或者一个特别的日常习惯。（在一些案例中，把你的精力换到另一种你的嗜好上也会奏效。）

　　妄想的漩涡有很强的吸力，很容易让人深陷其中。一般的抵制只能使你原地打转，并没有什么良好的效果，所以我们需要采取一套深思熟虑的行动来打破妄想焦虑。虽然这在开始的时候有点困难（特别是如果你还很焦虑），但通过一些特定的练习后就会变得好些。

　　下面是一些能够帮助你摆脱妄想的活动和经验：

　　1.锻炼身体。选你最喜欢的户外或户内运动、跳舞或者做家务。

　　2.做渐进式肌肉放松练习或者配合腹式呼吸（第4章中介绍了更多细节），持续5~10分钟直到你感觉完全放松，并从妄想念头中解脱出来。

　　3.用鼓舞人心的音乐来释放你压抑的情绪，因为悲伤或愤怒等情绪会驱动你的焦虑或妄想念头。

　　4.和某人谈话。谈谈焦虑之外的事，除非你想表达你的情感，就像在第3步中那样。

　　5.用视觉分心的方法。看电视、电影，玩电脑，看使人开心的书或者去摇滚广场。

　　6.用感觉运动分心方法。试试艺术创作、修理物品或者园艺。

　　7.找一个积极的爱好来取代，比如，填字谜游戏或者玩七巧板。

　　8.培养一个健康的习惯。把腹式呼吸和对自己很重要的积极陈述结合起来使用，坚持5~10分钟，或者直到你完全放松才结束。

肯定陈述的例子

"让它去吧。"

"只不过是些想法——它们很快就会消失的。"

"我是完整的，放松的，并不担忧什么。"

精神倾向

"放手给主。"

"与主同在。"

"让上帝来解决吧。"

附录4　抵抗焦虑的肯定信念

　　下面的肯定信念和脚本旨在帮助你改变对消极自我对话的态度，并做到有建设性地对所有可能滋生焦虑的消极自我对话作出反应。只是粗略地看上一两遍可能没什么用，但如果用几周或者几个月的时间每天背诵它们的话，也许就能从根本上改变你对恐惧的看法。下面有三个小节，每天选取其中一节进行缓慢地通读，给自己足够的时间来思考每一个肯定信念。最好可以把这三个小节的内容都录音，在每两个肯定信念之间留出几秒钟的空隙。然后每天在放松的时候听一遍录音，这样可以帮助你形成积极自信的态度来控制自己的焦虑。

消极想法和积极的肯定陈述

（如果要录音，只需录下肯定陈述部分）

这简直无法忍受。	我能学会如何更好地应对这种情况。
如果这种感觉一直持续下去，永远都不会消失怎么办？	我总有一天能对付它的，没必要把这种焦虑投射到未来。
我觉得自己有缺陷，跟别人比起来显得能力不足。	某些人的路走起来总是会比其他人更艰辛，但这并不会降低我作为一个人的价值——即使我取得的外部成就比其他人少。
为什么我不得不去面对这一切？其他人的生活看起来总是更加轻松惬意。	生活就是一所学堂。不管出于什么原因，我现在走上了一条更艰辛的路——选了一门更难的课程，但这并不是我的问题。事实上，逆境能让我变得更加坚强，也更能理解他人的痛苦。
这种处境真是太不公平了。	从个体的角度来看，生活有时候的确是不公平的。但是如果从更宏观的角度来看，我们会发现一切事物都是井然有序的。

续表

我不知道该怎么去应付。	我能够学会更好地去应对——不管是目前的处境还是将来的任何困难。
我觉得和别人比起来，我的能力是如此地不足。	别人愿意在外部的世界中做什么就让他们去做吧，我走的路更注重内部的成长和变化，这和取得外部成就具有同样的价值。如果我能找到内心的宁静，这也算是一份送给他人的礼物。
每一天都像是一个巨大的挑战。	我正在学着放慢处理事情的步伐，抽出时间来关注我自身，抽出时间来做一些能促进我成长的小事情。
我不明白为什么我会变成这样——为什么这一切偏偏会发生在我身上？	有许多原因可能导致我目前的处境——遗传因素、早期成长环境以及长期累积的压力。弄清楚这些原因能满足我们认知上的好奇心，但却不是用来治疗的处方。
我觉得自己要疯掉了。	焦虑很强烈的时候，我感觉自己快要失控了。但是这种感觉和发疯之间并没有什么关联。在心理疾病的分类上，焦虑和"疯癫"之间相距甚远。
我必须要进行抗争。	与其去和眼前的难题进行抗争，还不如多抽点时间出来关注我自身，那对我会更有帮助。
我不应该让这一切发生在我身上。	有很多长期的原因造成了现在的问题，比如，遗传因素和童年期的成长环境，因此并不是我导致了这个问题。从现在开始，我的责任是让情况逐渐好转起来。

抵抗焦虑的肯定信念

从以下列表中选择你最喜欢的肯定信念，你的清单可以包含5~10个关键的肯定信念（如果你愿意，可以更多），再慢慢地通读清单。你也可以在读清单时录音，每天回放一次。

◎我正在学着释放担忧。

◎每一天我都能更好地控制自己的担忧和焦虑。

◎我正在学着不要滋生自己的担忧——选择平静,抛开恐惧。

◎我正在学着有意识地选择性思考,我会选择对我有帮助、有益的想法。

◎当焦虑性想法出现时,我会放慢自己,深呼吸,释放这些想法。

◎当焦虑性想法出现时,我会花点时间来放松自己,释放这些想法。

◎深度放松可以帮助我远离恐惧。

◎焦虑是由一系列虚假的想法构成的——我可以释放这些想法。

◎如果能看到真实的情况,我就会发现它们大部分都并不可怕。

◎恐惧的想法往往都带有夸张性,我正在学着消除这种夸张,我也会做到的。

◎在大多数情况下,我面临的真正风险实际上非常小。

◎每一种担忧都是由于高估了危险和风险,低估了我的应对能力。

◎对我来说,要放松下来并告诉自己远离焦虑变得越来越容易了。

◎让脑子里忙于一些积极的、有建设性的想法,这样我就没时间去担忧了。

◎我正在学着控制自己的想法,选择性地进行思考。

◎我正在变得越来越有自信,相信我能应对各种可能发生的状况。

◎恐惧正在从我的生活当中消失,我是个冷静、自信、充满安全感的人。

◎当我以一种更从容、轻松的态度面对生活时,我也从生活中获得了更多的舒适和安宁。

◎当我能更容易地放松自己并获得安全感的时候，我认识到真的没有什么可害怕的。

关于可视化和肯定信念的更详细的讨论可阅读我的另一本著作《超越焦虑与恐惧》的第10章"打造你的愿景"。